# 辽河流域

# 水生昆虫分类鉴定检索图鉴

LIAO HE LIUYU
SHUISHENG KUNCHONG FENLEI
JIANDING JIANSUO TUJIAN

王俊才 张 峥 姜永伟 等／著

中国环境出版集团 · 北京

图书在版编目（CIP）数据

辽河流域水生昆虫分类鉴定检索图鉴 / 王俊才等著.
-- 北京 : 中国环境出版集团, 2023.11
ISBN 978-7-5111-5691-4

Ⅰ. ①辽… Ⅱ. ①王… Ⅲ. ①辽河流域—水生昆虫—昆虫分类学—鉴定—图集 Ⅳ. ①Q968.8-64

中国国家版本馆CIP数据核字(2023)第227818号

**出 版 人** 武德凯
**责任编辑** 孟亚莉
**装帧设计** 岳 帅

**出版发行** 中国环境出版集团
（100062 北京市东城区广渠门内大街 16 号）
网 址：http://www.cesp.com.cn
电子邮箱：bjgl@cesp.com.cn
联系电话：010-67112765（编辑管理部）
010-67112735（第一分社）
发行热线：010-67125803，010-67113405（传真）
**印 刷** 玖龙(天津)印刷有限公司
**经 销** 各地新华书店
**版 次** 2023 年 11 月第 1 版
**印 次** 2023 年 11 月第 1 次印刷
**开 本** 787×1092 1/16
**印 张** 22
**字 数** 460 千字
**定 价** 180.00 元

# 著作委员会

# 前　言

应用水生昆虫评价水质开始于20世纪60年代初期，这一时期，科学家们在对环境质量重视的同时，也对水体生态环境进行了系统研究。随着研究的深入，水生昆虫在水质监测与评价中的作用不断凸显，水生昆虫相关学科纷纷建立。西方发达国家从70年代开始先后出版了《水生昆虫学》《水生昆虫生态学》等专著，水生昆虫被广泛应用于人类健康、水产资源利用、水质监测和生物多样性保护等诸多方面。

辽河流域水生昆虫研究始于20世纪80年代，相关部门对水生昆虫做过不少调查研究，但由于水生昆虫涉及门类多、资料缺乏，至今尚无完整、准确记述辽河流域水生昆虫分类鉴定的专著。

《辽河流域水生昆虫分类鉴定检索图鉴》是一本研究水生昆虫分类鉴定的工具书，可应用于人类媒介传染病防治、水产资源利用、水质监测及生物多样性保护等方面。本书收录水生昆虫中蜉蝣目、襀翅目、毛翅目、蜻蜓目、半翅目、鳞翅目、广翅目、鞘翅目、双翅目共9目83科246属388种，并附以实物图片372幅，从常见度、形态特征、地理分布、生境与应用价值等方面，对不同属、种水生昆虫进行了详细的检索描述，鉴定种类简洁直观。

本书资料基于辽宁省生态环境监测中心多年来水生昆虫研究的成果，包括野外采集、标本制备，以及室内种类鉴定和文献收集等大量工作。这是一部较全面系统介绍水生昆虫分类鉴定的专著，涉及生态学、毒理学、环境科学、水产科学和古生物学等多个学科和生产实践，这部专著的出版必将为水环境生物监测和水生态毒理学研究提供具有指导意义的科学依据，并有益于水生昆虫资源的合理开发利用，同时对国际同类研究亦是一项重要补充。

全书分为两篇，第一篇为水生昆虫形态学、生物学、生态学及其应用；第二篇为水生昆虫分类图鉴。本书附有水生昆虫已知种类的特征图、地理分布、中文名称索引及拉丁学名索引等。书中的物种图片除少数几个种外，均为实物拍照，实物标本保存在辽宁省生态环境监测中心，欢迎广大读者识别种类时比对参考。

由于作者水平有限，书中难免有错误及不妥之处，恳请读者不吝指正，以便日后改正。

# 目　录

## 1 概述 / 1

# 1

# Part 1
# 概 述

LIAO HE LIUYU
SHUISHENG KUNCHONG FENLEI
JIANDING JIANSUO TUJIAN

水生昆虫（aquatic insects）是指一个或多个生活史阶段生活在水中或与水体有关的昆虫，有的是幼期阶段生活在水中，有的是成虫阶段生活在水中或与水体有关，也有的是整个生活史阶段都生活在水中，但绝大多数是幼期阶段，包括卵、幼虫或稚（若）虫、蛹生活在水中。目前全世界已知的昆虫数量达 100 多万种，其中 3 万多种昆虫的一个或多个生活史阶段在水中或与水体有关，这些昆虫统称为水生昆虫。水生昆虫分水生和半水生两类。现已知水生昆虫包括昆虫纲的 13 个目，其中蜻蜓目、蜉蝣目、襀翅目、广翅目、毛翅目、双翅目等的幼（稚）虫完全是水生的；弹尾目、鞘翅目、半翅目、鳞翅目的部分成虫或幼虫是水生的。这些水生昆虫的已知种类仅占昆虫种类总数的 3%。它们的种类和数量占底栖动物的 60% ~ 90%，在各种类型的淡水水体和各种各样的小生境中均有分布。例如，弛行于水面漂浮生活的黾蝽、尺蝽、豉甲；自由生活于水中的龙虱、水龟虫、划蝽；在水体底部石块间营底栖爬行、匍匐、附着、穴居生活的蜉蝣稚虫、石蝇稚虫、石蛾幼虫、扁泥甲幼虫、摇蚊幼虫，或攀附在水生维管束植物上生活的蜻蜓稚虫等。这些水生昆虫的经济价值巨大，它们在自然水域中既是渔业发展的重要食物源之一，还是水环境污染监测的重要指示生物。这些水生昆虫在水中与水体有着错综复杂的相互关系。不同种类的水生昆虫对水体污染的适应能力不同，有的种类只适宜在清洁水中生活，有的则可以生活在被污染的水中。因此，水生昆虫的生存与否可以反映水质变化的程度，是水体监测永不下岗的“哨兵”。

## 1.1 昆虫形态

昆虫纲的种类繁多，形态变化极大，但其基本构造有共同的特点。昆虫身体明显分为头、胸、腹三部分，头部触角一对，胸部三对足、一对或两对翅，体被几丁质外骨骼，发育中发生变态，在生长过程中有多次蜕皮现象发生。

### 1.1.1 头部

昆虫的头部由六个胚胎环节融合组成，两侧有一对大而突出的复眼，为主要视觉器官，其次还有单眼。在两复眼之间或前端有具嗅觉、味觉、触觉和听觉机能的触角，触角形态多样，主要有丝状、刚毛状、锤状、羽状、念珠状等（图 1-1）。

头部前端突出的部分及头部各节的附肢组成摄食器官——口器。其基本类型为咀嚼式口器。各类昆虫的口器随它们的食性和摄食方式的不同而有差异，如鞘翅目的成虫和大多数昆虫幼虫的口器，即为咀嚼式口器。其基本构造由一个上唇、一对上颚，一对下颚和一个舌组成（图 1-2）。上、下颚和下唇是头部的附肢。上唇和舌是头部的突出部分。上唇挂在唇基之下，有缝与唇基分开，上唇两侧下方为一对坚固的几丁质上颚，表面具齿，适于咀嚼。上颚后面为一对下颚，分内叶与外叶，并具下颚须。下颚之后为下唇，掩盖口的下缘。下唇板状，又可分为前颚、后颚及下唇须等部分。前颚上还有协助咀嚼的中唇舌与侧唇舌的分化。在下唇及颚间具舌，有感觉作用。半翅目、双翅目等具刺吸式口器，较为简单，上唇呈半椭圆形，上颚和下颚变形针管状，包藏在由下唇变成的长吻内，形成一个分解的喙，折叠在身体腹面。

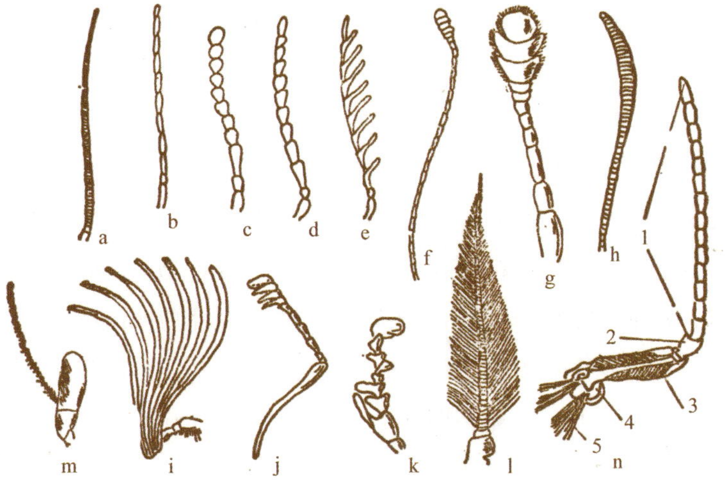


图 1-1　触角的各种类型

a. 刚毛状　b. 丝状　c. 念珠状　d. 锯齿状　e. 栉齿状　f. 球杆状　g. 锤状　h. 纺锤状　i. 鳃片状　j. 膝状　k. 不规则状　l. 羽状　m. 有边毛触角　n. 典型触角　1. 鞭节　2. 梗节　3. 柄节　4. 触角窝　5. 柄节肌

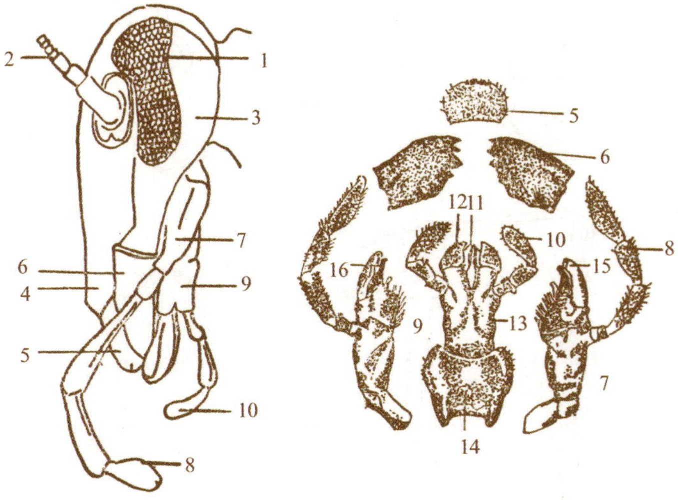


图 1-2　东方蜚蠊的头部侧面与口器

1. 复眼　2. 触角　3. 颅顶侧区　4. 唇基　5. 上唇　6. 上颚　7. 下颚　8. 下颚须　9. 下唇　10. 下唇须　11. 中唇舌　12. 外唇舌　13. 颏　14. 亚颏　15. 盔节　16. 叶节

### 1.1.2 胸部

昆虫胸部由 3 节组成，即前胸（prothorax）、中胸（mesothorax）和后胸（metathorax）。各节均由背板、腹板和侧板组成（为外骨骼的骨片演化形成）。每个胸节的腹部各具足一对，分别为前足（fore leg）、中足（median leg）和后足（hind leg）。多数成虫在中胸和后胸背板外缘各着生一对翅（wing），分别为前翅（fore wing）和后翅（hind wing）。足和翅是昆虫的运动器官，所以胸部是昆虫的运动中心。足的构造依据昆虫所处的环境不同而发生变化，其基本构造为基节、转节、腿节、胫节及跗节。跗节常为 5 节，末端具 1 ～ 2 个爪。根据足的作用不同特化为不同的功能类型，常见的有：跑型，各节圆筒形，跗节细长，其末节包被细毛，中存空，以致在水面跑动时不会被水浸湿；步行型，跗节各节膨大，纵扁成掌状，上密生短毛，第 3 节常形成双瓣形，生活在水草上的种类常具步行足；游泳型，为善于游泳的种类特有，足的各节均宽而粗，呈桨状，胫节和跗节上着生刷状长毛，便于拨水前进；跳跃型，为一对粗壮的足，便于跳跃；捕捉型，有些种类的前足特化成适于捕捉食物的足，其腿节长大，内缘有一条纵槽，胫节能像褶刀似地嵌合在槽内（图 1-3）。水生昆虫的翅有鞘翅、膜翅和半翅三种类型。鞘翅是革质的，硬而厚。膜翅是膜质的，薄而透明。半翅前部是革质的，后部是膜质的。通常在前部之间，有一小片中胸背板，呈三角形，称小盾板。

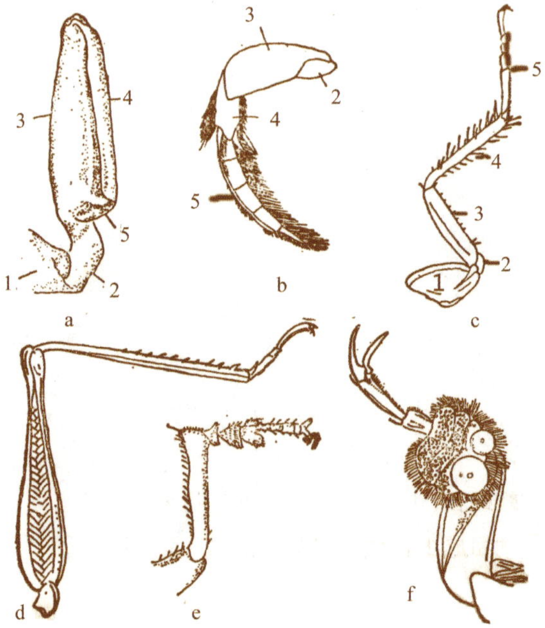


图 1-3　昆虫足的类型

a. 捕捉型　b. 游泳型　c. 跑型　d. 跳跃型　e. 步行型　f. 抱握型（龙虱）
1. 基节　2. 转节　3. 腿节　4. 胫节　5. 跗节

### 1.1.3 腹部

昆虫的腹部具有发达的背板、腹板和侧板，有些种类侧板退化或与腹板愈合。腹部一般由 9 ～ 11 节组成，各类昆虫腹部节数变化不同，如鞘翅目种类的腹部通常 5 ～ 8 节，半翅目常为 10 ～ 11 节。腹部 1 ～ 8 节侧板通常有一气孔，内通气管，用以呼吸。有些种类气孔只保留在体后部，外围以几个小片形成气门板。水生昆虫潜水时气门板闭合防止水进入气孔，上陆时气门板张开使空气得以交换。还有一些种类后端的气门孔发展成为长的管状突起，称呼吸管。管口亦有可开的气孔。为呼吸溶解于水中的氧，某些水生昆虫呼吸器官得到进一步发展，腹部进化成了特殊的薄壁状突起，形状不一，形成气管鳃，这种情况为幼虫特有。多数水生昆虫腹部的第 8 节和第 9 节为雌性生殖节，上有产卵器和生殖孔；第 9 节和第 10 节为雄性生殖节，上有雄性交接器和雄性生殖孔。

## 1.2 发育

昆虫的生殖一般要经过交配后，受精卵孵化为幼虫。在成长过程中，要经过蜕皮，刚刚孵出的幼虫为第一龄，第一次蜕皮后为第二龄，依次类推。同一种类昆虫蜕皮次数是固定的，变为成虫后不再蜕皮，也就是说不再长大了。受精卵到成虫需经历一系列复杂的生长和形态变化的胚胎发育期，这一过程称为变态。

昆虫的变态基本可分为无变态、不完全变态和完全变态三种类型。常见的水生种类如无翅亚纲的紫跳虫为无变态。半翅目、蜻蜓目、蜉蝣目、襀翅目，这类昆虫稚、若虫具有未发育完全的翅芽与生殖器官，其整个形状及摄食和成虫相似，这类昆虫的幼期称为稚虫和若虫，它们发育成成虫时不经过蛹期，这样的变化，称为不完全变态。双翅目、鞘翅目、毛翅目、脉翅目昆虫由卵孵出的幼虫在形态上和成虫完全不同，蜕皮数次后变成不食不动的蛹，而后羽化为成虫，这类昆虫的变化称为完全为变态。

## 1.3 种群分类

昆虫纲的种类繁多，按林奈（Linnaeus）的双名法命名，可分为无翅亚纲和有翅亚纲两大类。一个时期或终生生活在水中的昆虫，称为水生昆虫（图 1-4）。

### 1.3.1 无翅亚纲 Apterygota

无翅亚纲为原始性种类，体形微小，无翅，咀嚼式口器，无变态。常见水生种类为弹尾目（Collembola），其中最常见的是紫跳虫（*Hypogastrura communis*），数量多的时候水面上一片乌黑。水跳虫（*Podura aquaticus*）常集聚于静止的水面上。

### 1.3.2 有翅亚纲 Pterygota

有翅亚纲昆虫具有一对或两对翅，少数出现退化现象。昆虫的摄食方式有咀嚼式、刺吸式、虹吸式等。常见的水生种类有蜉蝣目、襀翅目、毛翅目、蜻蜓目、半翅目、鞘翅目、广翅目、双翅目、鳞翅目 9 个目。

（1）蜉蝣目（Ephemeroptera）：成虫口器极为退化、无咀嚼能力。翅膜质，后翅小，有 2 ～ 3 条尾须，不完全变态。稚虫腹部具叶状气管鳃。如蜉蝣（*Ephemera*）、四节蜉（*Baetis*）。稚虫生活在各种类型清洁的水体中。

（2）襀翅目（Plecoptera）：成虫通称襀翅虫，咀嚼式口器。翅长，后翅较宽。触角和尾须长而分多节，不完全变态。稚虫体扁平，胸部有丝状气管鳃。常见的有石蝇（*Perla*）、网石蝇（*Perlodes*）等。石蝇稚虫一般栖息于溪流石下，依赖清凉且含氧丰富的清洁水体。

（3）毛翅目（Trichoptera）：成虫小蛾状，翅和体多被毛，前后翅不相等，全变态。幼虫具下唇腺，胸足发达。多数幼虫常利用溪流中的木质碎屑、细沙石筑成各式的巢穴以作藏身之所。爬行时头胸和足露出，可携带巢筒爬行。如沼石蚕（*Limnephilus*）、纹石蚕（*Hydropsyche*）。毛翅目幼虫生活在各种清洁的淡水水体中。

（4）蜻蜓目（Odonata）：成虫中型至大型，体多细长，体壁较坚硬；头大，复眼发达，触角短，咀嚼式口器；翅多横脉；不完全变态。稚虫下唇特化成捕捉器，尾部有肛门锥体。如蜻蜓、蟌（豆娘）。稚虫有攀登型、匍匐型和潜伏型之分，攀登型稚虫在湖沼及缓流水域，挺水植物表面栖息。匍匐型稚虫在静水及流水的水底表面栖息。潜伏型稚虫在静水及流水泥沙型底质中，埋藏潜伏栖息。

（5）半翅目（Hemiptera）：刺吸式口器，翅两对，前翅基半部革质，端半部膜质，后翅膜质，不完全变态。若虫与成虫构造相似，但有不少种类的体色、花斑、体表结构、毛被等与成虫有差异。常见如田鳖（*Kirkaldyia*）、红娘华（*Laccotrephes*）。若虫及成虫多在有许多水草的静水湖泊、水田、沟渠及河流缓流水域的水底或水草上爬行生活。黾蝽类则在水体表面生活。

（6）鞘翅目（Coleoptera）：鞘翅目统称甲虫，咀嚼式口器，翅两对，前翅角质，称鞘翅，后翅膜质，折叠于鞘翅之下，完全变态。幼虫蛆状或蠕虫状。如龙虱（*Cybister*）、水龟虫（*Hydrophilus*）。幼虫的小型种类在水体的底部，沿岸水体的边缘爬行生活。大型种类及成虫则能在水中游泳生活。

（7）广翅目（Megaloptera）：体细长，咀嚼式口器，翅两对，前后翅大小构造相似，有多数翅脉。幼虫腹部 1 ～ 8 节侧面有一对气管鳃，腹部末端有钩状臀足或有一长的尾丝。如星齿蛉（*Protohermes*）、泥蛉（*Sialia*）。生活在池塘、河流和流速缓慢的溪流等底部的淤泥中。

（8）双翅目（Diptera）：双翅目包括各种蝇、蚊、蠓、虻、蚋等昆虫。口器有舔吸式、刺吸式、刮吸式等，前翅一对，膜质透明，后翅变成平衡棒，完全变态。幼虫蠕虫状或蛆状，常见如摇蚊（*Chironomus*）、幽蚊（*Chaoborus*），生活在各种水体中。

（9）鳞翅目（Lepidoptera）：成虫虹吸式口器，翅 2 对，头部及翅覆被毛及鳞片。幼虫多足型，咀嚼式口器。如筒水螟（*Parapoynx*），幼虫腹部两侧伸出丝状细长的气管鳃进行呼吸，将植物叶片吐丝联缀成筒状，隐居在巢筒中。生活在静水或流水的缓流水域。

## 1.4 水生昆虫的生活类型和摄食方式

### 1.4.1 生活类型

水生昆虫在水环境中的生活类型可分为：

（1）底栖类，包括在水底生活的，以及在水中附着在其他物体上的昆虫，又可分为附着类、水底爬行类和穴居类。①附着类昆虫紧紧附着在水流急的底层或湖泊浪击处等，这类昆虫往往具有发达的能抓取物体的爪或者在腹部末端具有发达腹足的爪或钩，有些特化的附着类昆虫在腹面具有吸盘，在急流中能紧贴石块上。许多在急流水中生活的昆虫体扁平并具有流线形体型，以减轻水的摩擦力，如扁泥甲。附着生活的水生昆虫在水体底部表面或在其突出物上营终生附着或临时附着。淡水中营终生附着的种类甚少，临时附着的种类则很多，方式亦不同。有些种类如毛翅目的石蚕幼虫及双翅目的摇蚊幼虫、蚋的幼虫等，能在底质上营固定的管、巢等栖息。②水底爬行类是指在水底平面上爬来爬去的昆虫，如石蝇的稚虫；垂直爬行类是指沿水生植物茎根等上下爬行的昆虫，如许多蜻蜓的稚虫。攀爬昆虫还有不少种类有营造管巢的习性，这些昆虫用沙粒或植物碎片筑成管巢。有厚重管巢的种类多在底泥表面爬行，而管巢轻的种类常攀爬于水生植物上。如毛翅目的某些种类和部分摇蚊幼虫等。③穴居类是在水底软泥沙层挖洞并生活的种类，这类昆虫主要生活在池塘、湖泊等静水处或水流比较缓慢的河流等地方，如蜉蝣中的一些种类。穴居生活的种类通常将身体的全部或大部分埋藏于疏松的底质中。淡水中如摇蚊属幼虫、蜉蝣属和河花蜉属的稚虫等，这些种类具有细长的体型和适于掘穴的前足，使之易于在底质中穿行。这类昆虫有时为解决底质中的氧气供应不足的问题，常将部分身体露出于底质外，利用腹部的鳃不断摆动，造成水流获得氧气。还有些种类，如多足摇蚊、莲狭摇蚊等在植物茎、叶上掘穴生活。

（2）浮游类，在水中自由悬浮游泳的昆虫属于这一类，也称漂浮类，此类昆虫为了呼吸特别是要维持与水气界面的接触，一般在水面附近活动，如蚊子幼虫孑孓。

（3）游泳类，许多甲虫成虫和水生蝽类成虫能在水中自由游泳。

（4）漂移类，流动水中的昆虫临时悬浮在水中而随水流漂至下游称漂移，漂移的发生可能是由一些灾难性事件引起，如洪水水位降低或污染等。

（5）水面昆虫，生活在水表面上的昆虫，称为水面昆虫。这类昆虫通常不打破水膜，它们在水面步行滑行或跳跃，与水面接触的部分具蜡质或拒水毛。如黾蝽能在水面上步行和滑行，弹尾目跳虫能在水面上跳跃。

水生昆虫和其他水生动物一样不是简单地平均分布在水底，而是按照各自的空间生态位特点形成各自的分布格局，从而使水底有限的空间得以充分利用。

## 1.4.2 摄食方式

水生昆虫的摄食方式有撕食、集食、刮食和捕食之分，水生昆虫的摄食方式和食物类型见表 1-1。

表 1-1　水生昆虫的摄食方式和食物类型（仿 Wetzel，1983）

| 功能群 | 食物颗粒 | 功能亚群 | 主要食物 | 主要分类阶元 |
|---|---|---|---|---|
| 撕食者 | 粗有机物颗粒：＞1 mm | 咀嚼者和钻食者 | 新鲜维管束植物 | 毛翅目石蚕科（Phryganeidae）、长角石蚕科（Leptoceridae），鳞翅目（Lepidoptera），鞘翅目叶甲科（Chrysomelidae），双翅目摇蚊科（Chironomidae）、水蝇科（Ephydridae） |
| | | 咀嚼者和钻食者 | 死亡维管束植物 | 襀翅目丝襀亚目（Filipalpia），毛翅目沼石蚕科（Limnephilidae），鳞石蚕科（Lepidostomatidae），双翅目大蚊科（Tipulidae）、摇蚊科（Chironomidae） |
| 集食者 | 细小有机物颗粒—超微有机物颗粒：＜1 mm | 过滤收集者 | 悬浮藻类和有机物碎屑 | 蜉蝣目短丝蜉科（Siphlonuridae），毛翅目等翅石蚕科（Philopotamidae）、蝶石蚕科（Psychomyiidae），鳞翅目（Lepidoptera），双翅目摇蚊科（Chironomidae）、蚋科（Simuliidae）、蚊科（Culicidae） |

| 功能群 | 食物颗粒 | 功能亚群 | 主要食物 | 主要分类阶元 |
|---|---|---|---|---|
| 集食者 | 细小有机物颗粒—超微有机物颗粒：< 1 mm | 直接收集者 | 沉积有机物碎屑 | 蜉蝣目细蜉科（Caenidae）、蜉蝣科（Ephemeridae）、细裳蜉科（Leptophlebiidae）、四节蜉科（Baetidae）、小蜉科（Ephemerellidae）、扁蜉科（Heptageniidae），半翅目水黾蝽科（Gerridae），鞘翅目水龟甲科（Hydrophilidae），双翅目摇蚊科（Chironomidae）、蠓科（Ceratopogonidae） |
| 刮食者 | < 1 mm | 泛刮食者 | 生物和非生物基质上附着的藻类等 | 蜉蝣目扁蜉科（Heptageniidae）、四节蜉科（Baetidae）、小蜉科（Ephemerellidae），毛翅目钩翅石蚕科（Helicopsychidae）、细翅石蚕科（Molannidae）、齿角石蚕科（Odontoceridae）、瘤石蚕科（Goeridae），鳞翅目（Lepidoptera），鞘翅目长角泥甲科（Elmidae）、扁泥甲科（Psephenidae），双翅目摇蚊科（Chironomidae）、虻科（Tabanidae） |
| | | 有机刮食者 | 附着于生物基质上的藻类等 | 蜉蝣目细蜉科（Caenidae）、细裳蜉科（Leptophlebiidae）、四节蜉科（Baetidae）、扁蜉科（Heptageniidae），毛翅目长角石蚕科（Leptoceridae），双翅目摇蚊科（Chironomidae） |
| 捕食者 | > 1 mm | 吞食者 | 动物全部或部分 | 蜻蜓目（Odonata），襀翅目鬃须襀翅亚目（Setiplpia），广翅目（Magaloptera），毛翅目原石蚕科（Rhyacophilidae）、多距石蚕科（Polycentropidae）、纹石蚕科（Hydropsychidae），鞘翅目龙虱科（Dytiscidae）、豉甲科（Gyrinidae），双翅目摇蚊科（Chironomidae） |
| | | 刺吸者 | 动物细胞和组织液 | 半翅目负子蝽科（Belostomatidae）、蝎蝽科（Nepidae）、仰蝽科（Notonectidae）、潜蝽科（Naucoridae），双翅目鹬虻科（Rhagionidae） |

## 1.5 水生昆虫的生活史

水生昆虫对生活的水域有特别的适应性，如半水生昆虫，栖息在湿沙地、湿泥地、石块和沙粒组成的小洞穴及岸边植物等区域。岸边的漂浮物、动植物碎屑、水草等为半水生昆虫提供了特别的食物源、栖息地和繁育场所。

适应水生生活的种类具有适应水环境的呼吸系统和呼吸方式以及维持体内盐浓度平衡的机制。在独特的微生态栖境中，具备了生存和利用食物资源的能力。同时由于水生昆虫具有陆栖和水栖虫态，它们还具有从一个生境到另一个生境转换的适应特征。水生昆虫在形态上与陆栖昆虫没有什么差别，但有时水生昆虫有适应水环境的外长器官。如鳃丝状体及乳状突起，这些器官一般在腹部，但也有的在头、胸部或附肢上，鳃是适应水环境的呼吸器官。另有许多水生昆虫的足演化为游泳足。

### 1.5.1 生殖类型

水生昆虫的生殖方式视种类而异，有些种类主要行无性生殖，只在特殊情况下偶然行有性生殖。绝大多数种类行有性生殖。

无性生殖在摇蚊科的某些种类，如孤雌拟长跗摇蚊（*Paratanytarsus grimmii*）、急流棒脉摇蚊（*Conynoneura celeripes*）、片状棒脉摇蚊（*Conynoneura scutellata*）等，可连续多代进行无性生殖。

有性生殖在水生昆虫中普遍存在，不论是雌雄同体还是雌雄异体，生殖时都须经过异体受精，形成受精卵并发育成幼体。

### 1.5.2 幼体发育

水生昆虫的幼体发育有直接发育和间接发育两种方式。直接发育是幼体孵化后，其形态与成体无大差异。幼体变态过程无蛹期，稚虫发育时常具气管鳃和翅芽。常见于蜉蝣目、襀翅目及蜻蜓目等，此类昆虫的发育为不完全变态。间接发育是幼虫形态与成体完全不同，幼虫发育时须经简单或复杂的变态阶段，发育过程须经过卵、幼虫、蛹、成虫四个阶段，常见于鞘翅目、毛翅目和双翅目昆虫等。

### 1.5.3 化性

化性是指某些动物在单位时间（通常为一周年）内出现的世代数。水生昆虫的生命周期有长有短，若一年多世代通称多化种，如孤雌拟长跗摇蚊（*Paratanytarsus grimmii*）等，可连续多代生殖。一年为一世代或二世代者，分别称一化种和二化种，如日本等蜉(*Isonychia japonica*）一年两个世代，七叶高翔蜉（*Epeorus aesculus*）一年一个世代。对于世代时间超过两年的种类，则称二年生、三年生昆虫等。化性是研究昆虫动物生活史的重要参数，也是测量生物生产量时所必须掌握的内容。如测量某一动物的生产量时，常以一个世代为基础，表达时常以一年时间为单位。测量某一动物的周年生产量应是一个世代生产量与化性的乘积。

水生昆虫的寿命与环境气候变化决定水生昆虫某一生活史时期的长短、整个生活史的长短、卵孵化时间、幼虫生长化蛹、羽化及产卵等。水生昆虫有一年一代、一年多代或几年一代等。在许多成虫期短的种类中，常见同时羽化现象，这与增加交配概率，保证足够后代有关。比如，许多水生昆虫成虫具有群舞婚配的习性。水生昆虫的一生中大部分活动时间或发育时间是在水中进行，如蜉蝣、石蚕和蠓等。它们的陆栖成虫期时间很短。在陆地上停留时间很长的水生昆虫则通常处于不活动期，如某些半翅目和鞘翅目水生种类的越冬成虫、最后一龄越冬幼虫或产于干燥地方的卵等。

### 1.5.4 休眠

水生昆虫与其他陆栖昆虫一样，也通过休眠来度过不良环境，但由于水生昆虫栖息地的特殊性，还有与陆栖昆虫不同的蛰伏方式，处于干燥条件或高温环境时，如卵产在干燥区域或即使产卵在水中，但后来环境变干时，卵需要蛰伏直到条件适宜时才能孵化及发育。幼虫蛰伏时可钻入洞穴或在干涸河床的石块下休眠。如某些双翅目和襀翅目（石蝇）的种类，一旦遇到适宜的水环境，则立刻解除这种休眠。还有某些石蝇稚虫在水温很高时发生休眠。在一些间隙性的水环境中，一些毛翅目成虫陆栖则会通过不活动来度过干旱的季节。一旦湿季来临则交配产卵，这样可以保障卵及幼虫期的顺利生长发育。

### 1.5.5 水中呼吸

水面上生活的昆虫和许多半水生昆虫的呼吸系统与陆栖昆虫一样。而在水中生活的昆虫从大气中吸取氧气有多种方式，有些水生昆虫会受限于其在水下停留的时间，浮到水面进行呼吸的次数越多越易于暴露身体而受到天敌的攻击，故这类昆虫发展了一系列适应性结构以减少水面呼吸的危险。常见的水中呼吸方式有：

（1）空气中呼吸类：这类水生昆虫利用其身体具有的气门呼吸空气中的氧。（开启的气门由一层空气膜覆盖。绝不与水接触，这一空气膜像鳃一样能调控溶解氧的进入。）它们不受水中溶解氧的影响，因而在许多水环境中均有分布。

（2）水体表面呼吸类：这类水生昆虫利用身体的管状器官（呼吸管）连接到气门，与气水界面相连进行呼吸。这样可以在身体隐藏于水中的情况下呼吸空气（如蝎蝽等）。为了减少时常浮到水面的危险，有些水生昆虫携带气泡进入水中，有一对或几对气门开口于气泡中，气泡由一层稠密的毛固定（如仰泳蝽）或固定在鞘翅下（如龙虱）。这种空气贮存必要时可以补充，如浮上水面时头部向上，利用触角将气泡中填满空气，而龙虱则是尾部向上，利用腹部末端和鞘翅将气泡填满。

（3）表皮呼吸类：这类昆虫通过体表获取氧气，气体交换一般发生在体表柔软的膜状区。这种膜称为气盾，气门则开口在气盾中。气盾由一丛丛拒水性的毛而固定。许多生活在泥中的水生昆虫呼吸管的端部着生气门且具有齿，可以用来刺穿水生植物的组织抽取藏于细胞间的空气进行呼吸。有些水生昆虫完全依靠溶于水中的氧扩散入其气管或血淋巴进行呼吸，这类昆虫的身体结构发生了许多适应性改变以增大气体交换的面积。最常见的就是气管鳃，它是由体壁向外突起的薄膜形成的，内有大量气管，通常位于身体两侧（如蜉蝣稚虫）或腹部末端[如豆娘（蟌）稚虫]。有些种类具有气门鳃（如蚋蛹），由气门近旁的表皮外伸呈丝状而成，它们直接开口于相应的气管中。还有一些昆虫具有向外突出的表皮囊，囊内充满血淋巴，称为腹管（血鳃）（如摇蚊幼虫）。所有这些鳃状结构都必须供以新鲜水以保证氧气的充分供应，要么整个昆虫、要么昆虫的鳃状结构必须保持运动状态。有的蜉蝣稚虫有共生的摇蚊幼虫，摇蚊幼虫可以取食积聚在鳃上的有机碎屑而使鳃保持清洁。

## 1.5.6 水生昆虫的渗透压调节

生活在淡水中的昆虫，环境中的离子浓度低于体内浓度；而生活在盐水中的昆虫，环境中的离子浓度高于体内浓度。因此，对水中盐浓度的耐性及昆虫本身对盐离子的调节能力，是影响昆虫分布的主要因素之一。

水生昆虫渗透调节有渗透压调节和逆渗透压调节两种主要方式。

（1）渗透压调节，在淡水中昆虫体内离子浓度与环境中离子浓度的差异会使水流入昆虫体内，而离子流出体外，因此，昆虫必须调节移出体内多余的水并吸收离子，这种类型的渗透调节称为渗透压调节。多余水分的排除是通过排尿进行的。离子通过后肠的再吸收而维持在某种浓度上。渗透压调节具体有以下几种方式：①含氯细胞的蜉蝣、石蝇稚虫、石蚕幼虫和水中生活的蝽类成虫及幼虫等，在体表具有零散的含氯细胞。这种细胞能从水中吸收离子，在体表的分布随种类不同而异，但通常集中在鳃和腹部两侧。②许多双翅目幼虫和毛翅目幼虫可利用肛上突的壁吸收离子，并可通过调节肛上突的大小来适应离子浓度的变化。③某些捕食性甲虫幼虫和广翅目幼虫的离子吸收是在肠中进行的，因此这类昆虫必须通过饮水来调节离子浓度。

（2）某些双翅目幼虫（如蚊、蠓等）体内和水环境之间的渗透是离子流向体内，水流向体外，渗透调节则是要保持体内水分，剔除多余离子，这个过程称为逆渗透压调节。这类昆虫排出高浓度离子的尿液，某些种类既能生活在盐水中，又能生活在淡水中，这类昆虫后肠的一部分适应吸收水分，另一部分适应吸收离子。在淡水中吸收离子的部分起作用，在盐水中吸收水的部分起作用。如盐生摇蚊（*Chironomus salinarius*），其肛上突在淡水中吸收离子，在盐水中排出离子。

## 1.5.7 环境转换

从水生到陆栖，大多数水生昆虫离开水体时由水生虫态转变为亚成虫，如蜉蝣、石蝇，广翅目、鞘翅目、蜻蜓目、毛翅目及双翅目转变为成虫。水生昆虫在离开水体之前游至或爬行至岸边，转变为陆栖虫期或游至或漂浮至水的表面后，打破水膜，在水面上转变为有翅的成虫。打破水膜时昆虫长出新翅，在幼虫皮或蛹壳上休息，待翅干后起飞。也有在水下转变为陆栖生活形态的。然后立即游至水面离开水体。

从陆栖到水生，许多昆虫在其生活史中，第一次入水体时，要么是卵，要么是幼虫。雌成虫在水面上空飞行或休息时产卵于水面或水中，也有雌成虫进入水中潜水或爬行至水下淤泥表面产卵。如某些蜉蝣、石蝇、石蚕等。有些雌成虫产卵在沉没于水中或漂浮水中的植物体内或表面。如蜻蜓目、半翅目、水生甲虫等的卵产在水面之上、植物或其他悬挂物上。这些昆虫一旦孵化立即掉入或爬入水中。有些种类卵产在临水潮湿区域或河床干燥的地方，如石蝇、半翅目的蝽类、水生甲虫、蠓及少数毛翅目的种类。这些种类要么是孵化后进入水中，要么是卵受水浸后孵化。也有卵是产在昆虫体背上的，如负子蝽。

## 1.6 水生昆虫的价值

虽然水生昆虫种类仅占昆虫纲种类的约 3%，但是它们对于人类健康、经济、渔业资源、水体环境监测等都具有十分重要的意义。有许多双翅目昆虫是重要的疾病媒介，如蚊、蚋、蠓、虻等能引起人体的过敏、疟疾和脑炎等疾病。也有一些种类具有经济价值，如龙虱成虫和摇蚊幼虫，前者可供食用，后者可为高级鱼类提供优质饵料，经济价值可观。还有些种类，如蜻蜓稚虫、龙虱幼虫等捕食幼鱼，影响渔业产量。水生昆虫是淡水生物群落的重要组成部分，对淡水生态系统起重要作用。淡水水体的清洁与否，都可以从水生昆虫在水体中分布的种类和数量多少进行判断。在水生态系统中，水生昆虫在维持生态系统平衡中发挥着不可替代的重要作用。

### 1.6.1 水生昆虫与人类健康

据报道，人畜 1/3 的传染病是由媒介昆虫，如蚊、蚋、蠓、虻等传播的，这些媒介昆虫的幼期阶段均为水生，成虫阶段为人畜疾病的传播媒介，在医学上又称为医学昆虫。医学昆虫学主要研究危害人畜健康，尤其是媒介昆虫与病原体传播的关系及其基本生态与防治。水生昆虫对人体的危害方式有：

（1）骚扰：摇蚊、蠓、蚋、蚊等的幼虫集体羽化为成虫，大量出现时，可骚扰风景观光及休息人群，大量群体飞行的摇蚊可飞入人的眼、鼻、口及耳内或落入衣领内，引起过敏反应，如红裸须摇蚊（*Propsilocerus akamusi*）是哮喘和其他变态反应性疾病的诱发因素。有些水生昆虫，如某些蜉蝣、石蚕和摇蚊等从水生栖境中大量羽化，成群的昆虫集体出现，在趋光特性的引领下，大量昆虫聚集在路灯的灯光处，影响汽车行驶，防碍交通。有的飞入汽车、飞机内部，阻塞精密仪器的正常运转，不仅造成经济损失，还会引起事故。

（2）叮咬：有些昆虫具刺吸式口器，如蚊、蚋、蠓等，可叮咬人的皮肤，对户外活动及休闲者造成伤害，轻者引起疼痛、瘙痒，重者可导致感染和疾病。这些昆虫可机械性地携带病原体，通过对人、畜叮咬的生物性传播方式，将病原体传播给人、畜，导致人、畜的疾病。如按蚊传播疟疾，库蚊传播丝虫病、乙型脑炎等，伊蚊传播登革热等。这些媒介昆虫病在一些国家流行仍很严重，特别是疟疾，在当今世界仍是主要的公共卫生问题。蚋叮咬人、畜后可至红斑、水疱、化脓性病变、坏死性病变，并有强烈的过敏反应，继发感染淋巴管炎、过敏性休克等。昆虫作为寄生虫病的中间宿主，在饲养的大型家畜（牛、马、羊）中传播盘尾丝虫病，这在非洲国家十分常见。虻叮咬人体后常常引起局部红肿、发炎，甚至溃烂，也可传播盘尾丝虫病。在西非有一种斑虻（*Chrysops*）还可传播一种眼螨虫病。蠓叮咬人体后，会感到剧痒，以致抓破皮肤感染而形成溃疡，它也是传播人、畜丝虫病和家畜烂舌病的最终宿主。

（3）污染：一些摇蚊等水生昆虫大量羽化时可污染食品、蔬菜、药品等。大量虫体（昆虫尸体）落入食品中，不仅影响产品质量，还可产生人类不适的气味。有的水生昆虫幼虫，如拟长跗摇蚊（*Paratanytarsus*）的幼虫孵化后的初期可在水中浮游，在水源地污染饮用水水源，造成居民恐慌。部分毛翅目幼虫和摇蚊幼虫可在输水管道中筑巢栖息，大量分布时可堵塞输水管道，造成输水管道输水不畅。

## 1.6.2 水生昆虫在农业和渔业上的应用

一方面，水生昆虫作为淡水食物链的重要成员，不仅种类多样，数量也极其可观。在水生生态系统中，水生昆虫的大部分种类取食水生植物，进而转换植物组织为动物组织，动物组织以活体动物方式存在，为其他动物（如鱼类、两栖类和水生鸟类等）提供了丰富的食物来源，在水环境生态系统食物网中起着重要作用。水生昆虫资源的保护和开发对渔业发展及其他涉水野生动物的生存都具有十分重要的意义。

另一方面，水生昆虫除对鱼类及其他涉水野生动物提供优质饵料外，有些捕食性种类（如蜻蜓目的蜻蜓稚虫、广翅目的星齿蛉幼虫、鞘翅目的龙虱幼虫、半翅目的负子蝽等）捕食小鱼、蝌蚪、小蛙及其他水生昆虫，给养殖业的发展带来潜在威胁。一些水生昆虫喜欢在水生植物上生活，如黄色羽摇蚊（*Chironomus flaviplumus*）、林间环足摇蚊（*Cricotopus sylvestris*）幼虫，啃食水稻幼茎和叶肉，在泥中掘穴的幼虫还啃食水稻的幼根，危害水稻生长。还有一些摇蚊的幼虫如莲狭摇蚊（*Stenochironomus rvelumbus*）、片状棒脉摇蚊（*Corynoneura sculettata*）幼虫等穴居荷叶和莼菜叶内，蚕食荷叶和莼菜，致使整个荷叶和莼菜叶烂死。给莲和莼菜的栽培带来经济损失。

在娱乐或休闲方面，水生昆虫可用于养殖观赏，也是垂钓者非常喜好的优良饵料。有的地方已规模化人工养殖，常见的是那些个体较大的种类，如襀翅目的石蝇、广翅目的星齿蛉、蜻蜓目的蜻或蜓及鞘翅目的龙虱等。很多种类的昆虫从商店可以购买。此外，鳖负蝽（*Lethocerus*）、三刻龙虱（*Cybister tripunctatus*）、日本真龙虱（*Cybister japonicus*）、黄边真龙虱（*Cybister limbatus*）等在广东、广西、江西、福建等地是人们喜爱的美食。

水生昆虫的防治方法类同其他害虫的防治，原则提倡综合防治，坚持安全、有效、经济、简便的方针。根据水生害虫的生态学基础，因地、因种、因时制宜地制定一套系统的防治方案，将环境、物理、化学、生物等有效防治手段有机结合，争取把防治对象控制在最小的危害水平，力争在局部水域或地区予以消灭。考虑经济效益，除重要的媒介昆虫与农业害虫外，许多水生昆虫对人、畜并没有明显的危害或影响，有的还是水生经济动物食源的重要来源，或对水体污染有净化作用等，因此应该区别对待。

### 1.6.3 水生昆虫的保护

水生昆虫在水体环境中是不可缺少的优秀生物资源，水生昆虫出现的水域，以其生物多样性丰富、水体清洁、无污染变化等特点反映了水体健康的生态环境。随着水体的污染，许多水生昆虫的栖息地遭到破坏，很多种类濒临灭绝。建立濒危种类生物名录对水生昆虫的保护具有重要意义。特别是蜉蝣目、襀翅目、毛翅目等对环境污染敏感的种类。因为有了它们，水体才是安全的、健康的。

我国对于水生昆虫的研究基础还很薄弱，分类学领域也认识有限，许多新种还有待发现。在保护这些水生生物的同时，补充采集成虫是必要的，在鉴定方面，能佐证水生昆虫幼虫（稚虫）分类鉴定的可靠性。保护好这些水生昆虫，对生物多样性验证和稀有种类的鉴定都十分重要。

# 1.7 水生昆虫在水环境监测及评价上的应用

## 1.7.1 现场监测

水生昆虫已经被世界发达国家广泛应用于水环境监测与管理，其在溪流、河流、湖库的水质评价方面具有极为重要的作用。水生昆虫的生境分布与对污染的反应在不同地区基本相同。辽河流域开展生物监测已有 30 余年，在这一过程中，借鉴了国内外的先进经验，在样品采集、种类鉴定、数据处理等方面收获了很多成功的经验。在进行水生昆虫调查之前，要先确定选择重点调查的水生生物群落。制定详细的调查方案，如采样点的选择，样品的采集与运输，质量控制措施等。

### 1.7.1.1 监测类群的选择

河流水质生物监测最常用的生物类群是大型底栖动物、鱼类和藻类。理论上讲，一个生物监测机构应该具备应用所有这些生物类群开展生物监测与评价的能力，因为每个类群都能为水质生物评价提供有用的信息。然而，考虑经济原因，大型底栖动物就成为最常使用的类群（大型底栖动物中水生昆虫的比例占 80% 以上）。大型底栖动物个体较大且较容易采集，因为它们不需要借助显微镜就能够看清楚，一些粗略的分类鉴定可以用放大镜来实现。大型底栖动物能反映广泛的污染类型，不同类型的环境压力通常会有不同的大型底栖动物群落，因此可以用大型底栖动物资料来推断水环境压力的类型及污染等级。

### 1.7.1.2 监测样点的选择

监测样点的选择至关重要，一般要考虑经济因素和自然因素。经济方面应选择交通方便，人为干扰少的地方。自然生态环境选择要考虑水生昆虫的生活习性，尽可能挑选生境相同的地区进行采样。在河流，如流速较快的多石地区，可采集石块表面上的昆虫幼虫、泥沙中的昆虫幼虫及周围水草上的昆虫等。多沙地区可采集沙样（沙中有掘穴昆虫，如蜉蝣稚虫等）、表面腐木及枯枝落叶等基质。如遇到软底质沉积物集聚区（淤泥底）时，采集淤泥即可得到相应的水生昆虫。

### 1.7.1.3 样品采集的可靠性

样品采集时为确保采样方法一致，应编制统一标准的操作手册，尤其是采样人员不一致时，要对其进行培训，以培养其辨认水质变化的能力，树立工作信心。常用于质控过程的是对样品参照点位的采集。参照点位可以反映流域的典型状况，却缺少对污染物的关注。参照点位应定位在未受较大干扰的水域，这些相对原始的河流可以被用来界定生态区良好的状况。

大部分水生昆虫采样，都假设采集的样品能够代表一段较长的河段。这种假设可以通过在一个较长河段中两个相似的小河段进行采样方法的验证。如可能，一个采样点位最好由两个不同的采样小组，重复采样。

#### 1.7.1.4 采样方法

采样方法采用定量和半定量方法配合使用。定量方法使用索伯网采样。半定量方法使用D形网采样。样品分拣后计算每个类型中样品的数量。采集的样品可在实验室内分拣，也可在野外挑拣。实验室挑拣对排除不需要的样品，尤其是较小的类群更有效。实验室也提供了更加可控的环境，更容易进行质控。然而，野外挑拣可以避免样品的破坏，并能提供充分的现场信息。

（1）采样设备。

采样网和分样筛网。国内目前多采用40目孔径的分样筛。在不同深度、流速的底质类型中采样。使用较多的是踢网、D形网及索伯网。这些采样工具可采集涵盖多数小生境的混合样品。这些混合样品往往可以减小采样误差。

为全面分析水生昆虫群落结构，定性采集（手工从岩石和木块中挑拣）是非常必要的。仅仅应用采样器定量采集可能会错过部分优势种、毛翅目和摇蚊科的筑巢种类、隐藏在基质中的种类或特殊小生境中生存的种类。河流中大的木块或卵石中也会有一些种类生存。

（2）采样方法。

使用索伯网采集定量样品时，至少采集2个样方。使用D形网采集半定量样品时，需要采集不同的生境（如砾石表面、腐木、枯枝落叶、沙质底、淤泥底等）。一般情况下，每个采样点需要3个人来完成采样。在每个点位安排3名技术人员的情况下需要采集1.5～2小时。如果仅采EPT（蜉蝣目、襀翅目和毛翅目）的话，速度会更快。

#### 1.7.1.5 分类鉴定

样品的分类鉴定是整个生物监测与评价过程的基础，好的分类鉴定能够得出更准确的评价结果，也能更好地监测出水质的微妙变化。样品挑拣后，在实验室鉴定至属级或种级水平。这样的分类鉴定能提高对水质综合响应的应用。随着更多种类精确的鉴定，生物指数的应用将得到更加普及性的发展。

### 1.7.2 水质评价

水质污染问题是当今世界上最为关注的问题之一。水质污染理论上是由于外来物质的入侵，导致原来相对稳定的生态系统被破坏，从而使整个生态系统的熵值增加，能量和物质循环朝着不良的方向发展。作为水生态系统中最依赖其基本功能的水生生物，在生态系统受到干扰或者破坏时，必然在生态学、形态学、生理学、毒理学，以及遗传学等方面发生部分改变。因此，通过观察某些特定生物的行为或者形态、数量的改变，能较准确地反映出水体的污染情况。

#### 1.7.2.1 水生昆虫在毒理学上的应用

水环境影响最初在水生生物个体上的反映便是其生化和生理上的反应，在模拟自然水体遭受污染影响时，选择的实验动物应该是一些敏感的种类，并且能够尽可能快地提供其负面影响。在实验生物的培养方面，辽宁省生态环境监测中心成功实现了溪流摇蚊和孤雌拟长跗摇蚊在实验室连续多代的纯种培养，为毒理学研究提供了优良的实验材料。在实践应用方面，毒理学评估的方法包括能量代谢酶浓度的测定（ATP 的浓度），特定酶活性的测定（如乙酰胆碱酶、纤维素酶），DNA、RNA、蛋白质和氨基酸的含量及离子浓度的测定等。如相关研究人员用 $^{14}C$ 示踪技术研究摇蚊幼虫对农药的富集作用，研究摇蚊幼虫对底泥中的氮、磷释放作用，三丁基锡对摇蚊幼虫的毒理作用，丙烯腈、乙腈和硫腈酸钠对摇蚊幼虫的急性实验等。

#### 1.7.2.2 水生昆虫在水质评价上的应用

在欧洲和北美的一些国家和地区利用大型底栖动物监测水质经历了近一个世纪的研究，如欧洲学者做了几十年的定性研究，北美的学者则在定性和定量之间做过多年研究。国内学者从 20 世纪 80 年代开始至今也开展了大量基础研究工作，然而较发达国家尚有不小差距。目前应用水生昆虫监测水质的常用方法主要有：

（1）物种丰度：为某一个点位或某一次采集中一些分类性状清晰、容易辨认的特定分类单元的数目；常用的指标有蜉蝣目 / 襀翅目 / 毛翅目 / 双翅目昆虫的数目、水生昆虫的数目以及软体动物和甲壳动物的数目。一般来说，流水中的种丰度要高于静水中的种丰度。

（2）百分比计数：常用的指数有 EPT 百分比，即蜉蝣目、襀翅目和毛翅目昆虫占总分类单元的百分比；蜉蝣目昆虫占总分类单元的百分比；襀翅目昆虫占总分类单元的百分比；毛翅目昆虫占总分类单元的百分比；敏感类群（耐污值小于等于 3 的类群）占总分类单元的百分比；耐污类群（耐污值大于 7 的类群）占总分类单元的百分比；摇蚊幼虫占总分类单元的百分比；长足摇蚊亚科幼虫占总分类单元的百分比；食性为撕食的水生昆虫占总分类单元的百分比；食性为刮食的水生昆虫占总分类单元的百分比；食性为滤食的水生昆虫占总分类单元的百分比；食性为集食的水生昆虫占总分类单元的百分比；食性为捕食的水生昆虫占总分类单元的百分比。

（3）需氧有机体百分率（oxygen demander percentage，ODP）：20 世纪 80—90 年代，英国科学家根据不同需氧特性大型底栖动物可以特征性地出现在不同的水环境下这一特点提出此方法。在自然界的水体中，水中溶解氧的含量是饱和的（高溶解氧），水体中需氧生物，如蜉蝣目、襀翅目、毛翅目等水生昆虫大量存在，此时的水体洁净自然。当有机物质进入水体后，水体中的溶解氧含量会降低，此时低需氧大型底栖动物会大量繁殖，高需氧的敏感水生昆虫会消失。有毒污染物大量进入水体后，水生生物将全部消失。生活在水中的水生昆虫，因种类不同，对氧的需求也有所不同。根据这一特性，将出现的大型底栖动物按高需氧、中需氧、低需氧（参照本章附表 1）三个层次进行统计，以大型底栖动物个体数除以大型底栖动物总数，得出大型底栖动物需氧有机体百分率（$S$）。其公式为 $S=n_i/N\times100\%$；式中，$n_i$ 为某种需氧类型底栖动物数量，$N$ 为该点位监测到的底栖动物总数量，评价标准见表 1-2。

表 1-2　底栖动物需氧有机体百分率评价标准

| 高需氧 /% | 中需氧 /% | 低需氧 /% | 水质状况 |
|---|---|---|---|
| 90 ～ 100 | | 0 ～ 10 | 最清洁 |
| 50 ～ 90 | | 10 ～ 50 | 清洁 |
| | 90 ～ 100 | | 轻污染 |
| | 50 ～ 90 | 10 ～ 50 | 中污染 |
| | 0 ～ 10 | 90 ～ 100 | 重污染 |

（4）群落 Shannon-Wiener 多样性指数（$H$）：

计算公式为

$$H=-\sum_{i=1}^{s}\frac{n_i}{N}\log_2\left(\frac{n_i}{N}\right)$$

式中，$H$——多样性指数；

$s$——生物的种类数；

$n_i$——某物种的个体数；

$N$——群落的个体总数。

评价标准：$H>3$ 清洁；2 ~ 3 轻污染；1 ~ 2 中污染；0 ~ 1 重污染；0 严重污染。这一方法在国内应用最多。辽宁省生态环境监测中心在 2000 年利用水生昆虫中的摇蚊幼虫对辽宁省内的浑河、苏子河、社河及太子河流域进行了摇蚊幼虫多样性和水质评价研究，结果表明，摇蚊幼虫的多数种类对水质污染比较敏感，少数种类具有高的耐污性，但随着水体污染的进一步加剧，耐污种类也会灭绝；当污染减轻或者弱化时，摇蚊幼虫又会重新出现。通常在水质较好的Ⅰ类、Ⅱ类水体中，寡角摇蚊和长足摇蚊占据绝对优势，且种类较为丰富；在Ⅲ类水体中，寡角类摇蚊幼虫偶尔出现，常见种和耐污种同时出现；在Ⅳ类水体中，稀有种消失，耐污种占优势，其个体数目明显增加；在Ⅴ类水体中，幼虫种类较为单一，一些耐污性较强的种类出现，如林间环足摇蚊、双线环足摇蚊及摇蚊属的一些常见种；没有摇蚊幼虫出现的种类标记为超Ⅴ类水体，这种利用摇蚊幼虫多样性指数进行评价的结果与水质理化监测结果基本一致，反映出摇蚊幼虫在水质监测应用中的巨大潜在优势。

（5）生物指数（BI 指数）：BI 指数（biotic index）最先由 Chutter（1972）提出并应用于水质生物评价。计算公式为

$$\mathrm{BI}=\sum_{i=1}^{n} n_i \times \frac{t_i}{N}$$

式中，$n_i$——第 $i$ 个分类单元（通常为属级或种级）的个体数；

$t_i$——第 $i$ 个分类单元的耐污值；

$N$——样本总个体数。

BI 指数的评价标准：$<4.2$ 最清洁；4.2 ~ 5.6 清洁；5.6 ~ 7.0 轻污染；7.0 ~ 8.4 中污染；$>8.4$ 重污染。

BI 指数基于水生昆虫的耐污能力（耐污值）进行评价，耐污值（tolerance value）是指生物对污染因子的忍耐力。最早是由德国科学家 Kolkwitz 和 Marsson（1908，1909）提出，他们根据分类单元在不同水质级别中的相对出现率，给予 0 ~ 10 的值，值越高，表示分类单元越耐污。耐污值的确定有两种方法：由专家观点拟定耐污值，称为经验值；经统计计算确定耐污值，称为试验值。Hilsenhoff（1977）依据专家经验拟定了 200 余个威斯康星州的底栖动物耐污值，并于 1982 年将分类水平从属、种级统一为科级，再用 BI 指数进行水质生物评价。当前，美国已建立了东南部、中西部偏北、中西部、西北部及沿大西洋中部海岸区 5 个地区的底栖动物耐污值，以耐污值为基础的 BI 指数于 1989 年即被美国环境保护局纳入快速生物评价协议，该评价方法已成为美国最常用的水质生物学评价方法之一。

近年来，国内对该领域的研究也愈加深入，1994 年，国内学者杨莲芳、田立新等与美国学者 Morse J C 首次将耐污值和 BI 指数介绍到中国。之后，王备新、张跃平、王建国等分别建立并核定了我国东部地区、江苏省、江西庐山地区大型底栖动物耐污值共计 370 个，辽宁省生态环境监测中心对辽河流域水生昆虫耐污值做了深入研究，结合水生昆虫与水质的关系，通过数据统计、经验比较、文献引用等方法共建立了 263 个辽河流域水生昆虫耐污值（见本章附表 1）。

（6）功能取食群：Cummins 等（1979）根据食物的颗粒大小及在水体中的位置，将水生昆虫功能取食群分成 4 种：①撕碎者（shredders）：取食食物颗粒直径大于 1 mm；可以与其他微型植物和动物一起分解取食水生维管束植物的枯枝落叶或取食活的水生植物。如生活在睡莲内的伸展内摇蚊 [*Endochironomus tendens*（Fabricius）]、营钻木生活的钻木直突摇蚊（*subgenus Symposicladius*），以及生活在水生植物上的三带环足摇蚊 [*Cricotopus trifasciatus*（Meigen）]。②集食者（collectors）：取食直径为 0.45 ～ 1 mm 的颗粒；根据食物在水中的位置及取食方式，又进一步分为滤食者（filterers）和收集者（collector）；摇蚊亚科的大多数种类均属于这种取食方式。③刮食者（scrapers or grazers）：身体具有特殊的齿舌及刚毛刷，能够取食石块表面的小型水藻及大型维管束植物上的小型微生物。如蜉蝣目中的扁蜉科和小蜉科，毛翅目中的石蚕科、舌石蚕科，以及双翅目中的网蚊科等。④捕食者（predators）：直接取食小型动物如水蚤、轮虫等。摇蚊科中的长足摇蚊亚科（Tanypodinae）大多数成员及摇蚊亚科中的哈尼氏摇蚊复合体（*Harnischia* complex）中的成员均属于这种取食方式。上述功能取食群占底栖动物总量的百分比常用来衡量一个生物群落的组成。

（7）SIGNAL 指数：本方法是基于大型底栖动物（主要是水生昆虫）目级分类阶元（部分为纲级阶元）的敏感性而建立，在澳大利亚的河流健康评价中得到广泛应用，其公式为

$$\text{SIGNAL}=\text{敏感性分数总和}/\text{类群数目}$$

不同类群敏感性分数见表 1-3，评价标准为：＞ 6 健康；5 ～ 6 轻污染；4 ～ 5 中污染；＜ 4 重污染。

（8）多种指数相结合的方法。常见的多度量指数包括：SCI 指数（stream condition index）和 CPMI 指数（costal plain macroinvertebrate index）；LMII 指数（lake macroinvertebrate integrity index）和 B-IBI 指数（Benthos-integrity biotic index）。

表 1-3　大型底栖动物不同类群敏感性分数

| 类群名称 | 敏感性分数 |
| --- | --- |
| 襀翅目 | 10 |
| 蜉蝣目 | 9 |
| 毛翅目 | 8 |
| 广翅目 | 8 |
| 半翅目 | 2 |
| 脉翅目 | 6 |
| 鞘翅目 | 5 |
| 双翅目 | 3 |
| 蜻蜓目 | 3 |
| 鳞翅目 | 2 |
| 螨形目 | 6 |
| 十足目 | 4 |
| 腹足纲 | 1 |
| 瓣鳃纲 | 3 |
| 等足目 | 2 |
| 端足目 | 3 |
| 涡虫纲 | 2 |
| 寡毛纲 | 2 |
| 蛭纲 | 1 |
| 介形亚纲 | 4 |
| 弹尾目 | 1 |

附表 1 水生昆虫耐污值及需氧类型

| 分类单元 | 耐污值 | | | | 需氧类型 |
|---|---|---|---|---|---|
| | 辽河流域 | 东部地区 | 江苏省 | 庐山地区 | |
| **蜉蝣目 Ephemeroptera** | | | | | |
| 蜉蝣科 Ephemeridae | 2.4 | 2.4 | - | 4.0 | 高需氧 |
| 蜉蝣属 *Ephemera* | 2.4 | 2.4 | 5.0 | - | 高需氧 |
| 河花蜉科 Potamanthidae | 4.0 | 4.0 | - | 4.0 | 中需氧 |
| 河花蜉属 *Potamanthus* | 1.0 | - | - | - | 高需氧 |
| 红纹蜉属 *Rhoenanthus* | 2.0 | - | - | - | 高需氧 |
| 小蜉科 Ephemerellidae | 4.2 | 4.2 | - | 1.0 | 中需氧 |
| 弯握蜉属 *Drunella* | 0.5 | 0.5 | - | - | 高需氧 |
| 带肋蜉属 *Cincticostella* | 1.0 | - | - | - | 高需氧 |
| 锯形蜉属 *Serratella* | 2.7 | 4.3 | - | - | 高需氧 |
| 小蜉属 *Ephemerella* | 2.0 | 2.0 | - | - | 高需氧 |
| 天角蜉属 *Uracanthella* | 2.0 | 2.0 | | | 高需氧 |
| 锐利蜉属 *Ephacerella* | - | 1.5 | - | - | 高需氧 |
| 越南蜉属 *Vietnamella* | - | 3.2 | - | - | 中需氧 |
| 细裳蜉科 Leptophlebiidae | 3.0 | 4.0 | - | 2.0 | 高需氧 |
| 拟细裳蜉属 *Paraleptophlebia* | 2.0 | 2.0 | - | - | 高需氧 |
| 宽基蜉属 *Choroterpes* | 2.9 | 2.9 | - | - | 高需氧 |
| 细裳蜉属 *Leptophlebia* | 2.0 | - | - | - | 高需氧 |
| 细蜉科 Caenidae | 5.6 | 河流：7.0<br>溪流：4.2 | - | 7.0 | 中需氧 |
| 细蜉属 *Caenis* | 5.6 | 4.2 | 7.0 | - | 中需氧 |
| 扁蜉科 Heptageniidae | 3.6 | 3.6 | - | 4.0 | 中需氧 |
| 高翔蜉属 *Epeorus* | 2.4 | 2.4 | - | - | 高需氧 |
| 溪颏蜉属 *Rhithrogena* | 0.4 | - | - | - | 高需氧 |
| 似动蜉属 *Cinygmina* | 1.6 | 1.6 | - | - | 高需氧 |
| 微动蜉属 *Cinygmula* | 3.3 | 3.3 | - | - | 中需氧 |
| 扁蚴蜉属 *Ecdyonurus* | 1.0 | - | - | - | 高需氧 |
| 扁蜉属 *Heptagenia* | 1.2 | 1.2 | - | - | 高需氧 |

| 分类单元 | 耐污值 | | | | 需氧类型 |
|---|---|---|---|---|---|
| | 辽河流域 | 东部地区 | 江苏省 | 庐山地区 | |
| 尼克斯蜉属 *Nixes* | - | 1.5 | - | - | 高需氧 |
| 赞蜉属 *Paegniodes* | - | 0.5 | - | - | 高需氧 |
| 短丝蜉科 Siphlonuridae | 7.0 | - | - | 7.0 | 中需氧 |
| 短丝蜉属 *Siphlonurus* | 2.6 | - | - | - | 高需氧 |
| 四节蜉科 Baetidae | 4.5 | 4.5 | 7 | 4.0 | 中需氧 |
| 四节蜉属 *Baetis* | 2.5 | 2.5 | - | - | 高需氧 |
| 刺蜉属 *Centroptilum* | 2.2 | - | - | - | 高需氧 |
| 二翅蜉属 *Cloeon* | 3.9 | 3.9 | - | - | 中需氧 |
| 假二翼蜉属 *Pesudocloeon* | 5.5 | - | - | - | 中需氧 |
| 思罗蜉属 *Thraulus* | - | 1.0 | - | - | 高需氧 |
| 圆裳蜉科 Baetiscidae | - | - | - | 3.0 | 高需氧 |
| 长跗蜉科 Metretopodidae | - | - | - | 3.0 | 高需氧 |
| 新蜉科 Neoephemeridae | - | - | - | 0 | 高需氧 |
| 褶缘蜉科 Palingeniidae | - | - | - | 4.0 | 中需氧 |
| 多脉蜉科 Polymitarcyidae | - | - | - | 2.0 | 高需氧 |
| 鲎蜉科 Prosopistomatidae | - | - | - | 0 | 高需氧 |
| 寡脉蜉科 Oligoneuriidae | - | - | - | 2.0 | 高需氧 |
| 毛蜉科 Tricorythidae | - | - | - | 4.0 | 中需氧 |
| 等蜉科 Isonychiidae | - | - | - | 2.0 | 高需氧 |
| **襀翅目 Plecoptera** | | | | | |
| 石蝇科（襀科）Perlidae | 1.2 | 1.2 | - | 1.0 | 高需氧 |
| 纯石蝇属 *Paragnetina* | 1.2 | 0 | - | - | 高需氧 |
| 襟石蝇属 *Togoperla* | - | 1.5 | - | - | 高需氧 |
| 大山石蝇属 *Oyamia* | 1.0 | - | - | - | 高需氧 |
| 纽石蝇属 *Acroneuria* | 2.0 | 2.0 | - | - | 高需氧 |
| 节石蝇属 *Kamimuria* | 1.0 | - | - | - | 高需氧 |
| 偻石蝇属 *Gibosia* | 1.0 | - | - | - | 高需氧 |
| 叉石蝇科 Nemouridae | 1.0 | 1.0 | - | 2.0 | 高需氧 |

| 分类单元 | 耐污值 | | | | 需氧类型 |
|---|---|---|---|---|---|
| | 辽河流域 | 东部地区 | 江苏省 | 庐山地区 | |
| 叉石蝇属 *Nemoura* | 1.0 | - | - | - | 高需氧 |
| 大石蝇科 Pteronarcyidae | 0 | - | - | 0 | 高需氧 |
| 大石蝇属 *Pteronarcus* | 0 | - | - | - | 高需氧 |
| 绿石蝇科 Chloroperlidae | 1.0 | 1.0 | - | 1.0 | 高需氧 |
| 绿石蝇属 *Chloroperla* | 1.0 | - | - | - | 高需氧 |
| 异石蝇属 *Alloperla* | 1.0 | - | - | - | 高需氧 |
| 长绿石蝇属 *Sweitsa* | 1.0 | - | - | - | 高需氧 |
| 卷石蝇科 Leuctridae | 0 | 0 | - | 0 | 高需氧 |
| 卷石蝇属 *Leuctra* | 0 | - | - | - | 高需氧 |
| 网石蝇科 Perlodidae | 2.0 | - | - | 2.0 | 高需氧 |
| 阿石蝇属 *Tadamus* | 2.0 | - | - | - | 高需氧 |
| 狭石蝇属 *Stavsolus* | 2.0 | - | - | - | 高需氧 |
| 同石蝇属 *Isoperla* | 2.0 | - | - | - | 高需氧 |
| 黑石蝇科 Capniidae | - | - | - | 1.0 | 高需氧 |
| 扁石蝇科 Peltoperlidae | - | - | - | 0 | 高需氧 |
| 刺石蝇科 Styloperlidae | - | - | - | 0 | 高需氧 |
| 带石蝇科 Taeniopterygidae | - | - | - | 2.0 | 高需氧 |
| **毛翅目 Trichoptera** | | | | | |
| 原石蚕（石蛾）科 Rhyacophilidae | 1.0 | 1.0 | - | 0 | 高需氧 |
| 须原石蚕属 *Mystrophora* | 1.0 | - | - | - | 高需氧 |
| 原石蚕属 *Rhyacophila* | 1.0 | - | - | - | 高需氧 |
| 纹石蚕科 Hydropsychidae | 6.0 | 3.7 | 5.0 | 6.0 | 中需氧 |
| 纹石蚕属 *Hyrdopsyche* | 6.0 | - | - | - | 中需氧 |
| 短脉纹石蚕属 *Cheumatopsyche* | 3.8 | 3.8 | 3.8 | - | 中需氧 |
| 侧枝纹石蚕属 *Ceratopsyche* | - | 3.9 | - | - | 中需氧 |
| 缺距纹石蚕属 *Potamyia* | - | 0.2 | - | - | 高需氧 |
| 角石蚕科 Stenopsychidae | 3.0 | - | - | 3.0 | 高需氧 |
| 角石蚕属 *Stenopsyche* | 3.0 | - | - | - | 高需氧 |

| 分类单元 | 耐污值 | | | | 需氧类型 |
|---|---|---|---|---|---|
| | 辽河流域 | 东部地区 | 江苏省 | 庐山地区 | |
| 瘤石蚕科 Goeridae | 0 | 0 | - | 4.0 | 高需氧 |
| 瘤石蚕属 *Goera* | 0 | 0 | - | - | 高需氧 |
| 长角石蚕科 Leptoceridae | 4.0 | 4.0 | 4.0 | 4.0 | 中需氧 |
| 长角石蚕属 *Leptocerus* | 4.0 | - | 4.0 | - | 中需氧 |
| 突长角石蚕属 *Ceraclea* | - | 4.0 | - | - | 中需氧 |
| 栖长角石蚕属 *Oecetis* | - | 6.0 | - | - | 中需氧 |
| 姬长角石蚕属 *Setodes* | - | 2.0 | 2.0 | - | 高需氧 |
| 叉长角石蚕属 *Triaenodes* | - | 5.0 | - | - | 中需氧 |
| 沼石蚕科 Limnephilidae | 3.0 | 3.0 | - | 4.0 | 高需氧 |
| 沼石蚕属 *Limnephilus* | 4.0 | - | - | - | 中需氧 |
| 小石蚕科 Hydroptilidae | 4.0 | 4.0 | 5.0 | 4.0 | 中需氧 |
| 小石蚕属 *Hydroptila* | 4.0 | - | - | - | 中需氧 |
| 径石蚕科 Economidae | 2.0 | 2.0 | 4.0 | 6.0 | 高需氧 |
| 径石蚕属 *Economus* | 6.0 | - | - | - | 中需氧 |
| 舌石蚕科 Glossosomatidae | - | 0 | 0 | 0 | 高需氧 |
| 鳞石蚕科 Lepidostomatidae | - | 0.7 | - | 1.0 | 高需氧 |
| 鳞石蚕属 *Lepidostoma* | - | 1.3 | - | - | 高需氧 |
| 等翅石蚕科 Philopotamidae | - | 3.0 | - | 3.0 | 高需氧 |
| 缺叉等翅石蚕属 *Chimarra* | - | 2.5 | - | - | 高需氧 |
| 蠕形等翅石蚕属 *Wormaldia* | - | 1.0 | - | - | 高需氧 |
| 多距石蚕科 Polycentropodidae | - | 1.9 | - | 6.0 | 高需氧 |
| *Neuclipsis* | - | 2.8 | - | - | 高需氧 |
| *Nyctiophylax* | - | 2.0 | - | - | 高需氧 |
| 碟石蚕科 Psychomyiidae | - | 2.0 | - | 2.0 | 高需氧 |
| 畸石蚕科 Dipseudopsidae | - | - | - | 0 | 高需氧 |
| 细翅石蚕科 Molannidae | - | - | - | 4.0 | 中需氧 |
| 拟石蚕科 Phryganopsychidae | - | - | - | 4.0 | 中需氧 |

| 分类单元 | 耐污值 | | | | 需氧类型 |
|---|---|---|---|---|---|
| | 辽河流域 | 东部地区 | 江苏省 | 庐山地区 | |
| 毛石蚕科 Sericostomatidae | - | - | - | 3.0 | 高需氧 |
| 剑石蚕科 Xiphocentronidae | - | - | - | 2.0 | 高需氧 |
| 齿角石蚕科 Odontoceridae | - | - | - | 0 | 高需氧 |
| 弓石蚕科 Arctopsychidae | - | - | - | 0 | 高需氧 |
| 乌石蚕科 Uenoidae | - | - | - | 4.0 | 中需氧 |
| 准石蚕科 Limnocentropodidae | - | - | - | 4.0 | 中需氧 |
| 钩翅石蚕科 Helicopsychidae | - | - | - | 3.0 | 高需氧 |
| 短石蚕科 Brachycentridae | - | - | - | 1.0 | 高需氧 |
| 枝石蚕科 Calamoceratidae | - | - | - | 4.0 | 中需氧 |
| 贝石蚕科 Beraeidae | - | - | - | 3.0 | 高需氧 |
| 鳌石蚕科 Hydrobiosidae | - | - | - | 0 | 高需氧 |
| **双翅目 Diptera** | | | | | |
| 摇蚊科 Chironomidae | 8.0 | - | 5.7 | 8.0 | 低需氧 |
| 寡脉摇蚊亚科 Podnominae | 2.0 | - | - | - | 高需氧 |
| 北绿摇蚊属 *Borcchlus* | 2.0 | - | - | - | 高需氧 |
| 寡角摇蚊亚科 Diamesinae | 3.0 | - | - | - | 高需氧 |
| 北七角摇蚊属 *Boreoheptagya* | 2.0 | - | - | - | 高需氧 |
| 寡角摇蚊属 *Diamesa* | 3.0 | - | - | - | 高需氧 |
| 同寡角摇蚊属 *Syndianmesa* | 1.0 | - | - | - | 高需氧 |
| 拉普摇蚊属 *Lappodiamesa* | 1.5 | - | - | - | 高需氧 |
| 波摇蚊属 *Potthastia* | 3.0 | - | - | - | 高需氧 |
| 似波摇蚊属 *Sympotthatia* | 4.0 | - | - | - | 中需氧 |
| 帕摇蚊属 *Pagastia* | 2.0 | - | - | - | 高需氧 |
| 前寡角摇蚊亚科 Prodiamesinae | 3.0 | - | - | - | 高需氧 |
| 前寡角摇蚊属 *Pordiamesa* | 3.0 | - | - | - | 高需氧 |
| 单寡角摇蚊属 *Monodiamesa* | 4.0 | - | - | - | 中需氧 |
| 长足摇蚊亚科 Tanypodinae | 5.9 | 5.9 | 5.9 | - | 中需氧 |

| 分类单元 | 耐污值 | | | | 需氧类型 |
|---|---|---|---|---|---|
| | 辽河流域 | 东部地区 | 江苏省 | 庐山地区 | |
| 纳塔摇蚊属 *Natarsia* | 5.0 | - | - | - | 中需氧 |
| 沟粗腹摇蚊属 *Trissopelopia* | 4.0 | - | - | - | 中需氧 |
| 大粗腹摇蚊属 *Macropelopia* | 4.0 | 6.0 | 7.2 | - | 中需氧 |
| 流粗腹摇蚊属 *Rheopelopia* | 5.0 | - | 5.0 | - | 中需氧 |
| 特突摇蚊属 *Thienemannimyia* | 4.0 | - | - | - | 中需氧 |
| 无突摇蚊属 *Ablabesmyia* | 5.0 | - | 7.0 | - | 中需氧 |
| 阿纳摇蚊属 *Anatopynia* | 6.5 | - | - | - | 中需氧 |
| 菱跗摇蚊属 *Clinotarypus* | 8.0 | 8.0 | 9.5 | 9.1 | 低需氧 |
| 特氏摇蚊属 *Thienemanniella* | 6.0 | - | 6.0 | - | 中需氧 |
| 前突摇蚊属 *Procladius* | 9.0 | 9.0 | 9.5 | 9.3 | 低需氧 |
| 长足摇蚊属 *Tanypus* | 8.4 | 8.4 | 9.5 | 9.6 | 低需氧 |
| 扎突摇蚊属 *Zavrelimyia* | 3.0 | - | - | - | 高需氧 |
| 直突摇蚊亚科 Orthocladiinae | 4.7 | 4.7 | 4.7 | - | 中需氧 |
| 异环足摇蚊属 *Acricotopus* | 3.0 | - | - | - | 高需氧 |
| 棒脉摇蚊属 *Corynoneura* | 3.5 | - | - | - | 中需氧 |
| 骑蜉摇蚊属 *Epoicocladius* | 2.4 | - | - | - | 高需氧 |
| 矮突摇蚊属 *Nanocladius* | 4.0 | - | - | - | 中需氧 |
| 刺突摇蚊属 *Chaetocladius* | 3.0 | - | - | - | 高需氧 |
| 布摇蚊属 *Brillia* | 3.5 | - | - | - | 中需氧 |
| 拟突摇蚊属 *Paracladius* | 4.0 | - | - | - | 中需氧 |
| 双突摇蚊属 *Diplocladius* | 3.5 | - | - | - | 中需氧 |
| 异三突摇蚊属 *Heterotrissocladius* | 6.0 | - | - | - | 中需氧 |
| 心突摇蚊属 *Cardiocladius* | 4.0 | - | - | - | 中需氧 |
| 施密摇蚊属 *Smittia* | 4.5 | - | - | - | 中需氧 |
| 同直突摇蚊属 *Synorthocladius* | 3.0 | - | - | - | 高需氧 |
| 拟脉锤摇蚊属 *Parametrionemus* | 4.0 | - | - | - | 中需氧 |
| 沼摇蚊属 *Limnophyes* | 5.0 | - | - | - | 中需氧 |

| 分类单元 | 耐污值 | | | | 需氧类型 |
|---|---|---|---|---|---|
| | 辽河流域 | 东部地区 | 江苏省 | 庐山地区 | |
| 拟开氏摇蚊属 *Parakiefferiella* | 5.0 | - | - | - | 中需氧 |
| 拟环足摇蚊属 *Paracricotopus* | 4.0 | - | - | - | 中需氧 |
| 毛胸摇蚊属 *Heleniella* | 4.5 | - | - | - | 中需氧 |
| 真开氏摇蚊属 *Eukiefferiella* | 5.0 | 5.0 | 5.0 | - | 中需氧 |
| 拟刺突摇蚊属 *Parachaetocladius* | 3.0 | - | - | - | 高需氧 |
| 特维摇蚊属 *Tvetenia* | 5.0 | - | 5.0 | - | 中需氧 |
| 提尼曼摇蚊属 *Thienemanniella* | 5.0 | - | 6.0 | - | 中需氧 |
| 伪施密摇蚊属 *Pseudosmittia* | 6.0 | - | - | - | 中需氧 |
| 拟突摇蚊属 *Paracladius* | 4.0 | - | - | - | 中需氧 |
| 松施密摇蚊属 *Krenosmittia* | 3.0 | - | - | - | 高需氧 |
| 裸须摇蚊属 *Propsilocerus* | 8.0 | - | 8.0 | - | 低需氧 |
| 水摇蚊属 *Hydrobaenus* | 7.0 | - | - | - | 中需氧 |
| 拟毛突摇蚊属 *Paratrichocladius* | 3.0 | - | - | - | 高需氧 |
| 刀突摇蚊属 *Psectrocladius* | 6.0 | - | - | - | 中需氧 |
| 浪突摇蚊属 *Zalutschia* | 3.0 | - | - | - | 高需氧 |
| 环足摇蚊属（部分）*Cricotopus* | 6.8 | 6.8 | 6.9 | 4.8 ～ 10.0 | 中需氧 |
| 双线环足摇蚊 *Cricotopus bicinctus* | 8.0 | - | - | - | 低需氧 |
| 三带环足摇蚊 *Cricotopus trifasciatus* | 8.5 | - | - | - | 低需氧 |
| 趋流摇蚊属 *Rheocricotopus* | 7.0 | 7.0 | - | - | 中需氧 |
| 直突摇蚊属 *Orthocladius* | 6.0 | - | - | - | 中需氧 |
| 摇蚊亚科 Chironominae | 5.7 | 5.7 | - | - | 中需氧 |
| 枝长跗摇蚊属 *Cladotanytarsus* | 5.0 | - | - | - | 中需氧 |
| 拟长跗摇蚊属 *Paratanytarsus* | 7.7 | - | 8.0 | 7.7 | 低需氧 |
| 小突摇蚊属 *Micropsectra* | 1.4 | - | - | 1.4 | 高需氧 |
| 肛齿摇蚊属 *Neozavrelia* | 3.0 | - | - | - | 高需氧 |
| 流长跗摇蚊属 *Rheotanytarsus* | 3.0 | - | 7.0 | - | 高需氧 |
| 长跗摇蚊属 *Tanytarsus* | 4.7 | 4.7 | 6.0 | 6.7 | 中需氧 |

| 分类单元 | 耐污值 | | | | 需氧类型 |
|---|---|---|---|---|---|
| | 辽河流域 | 东部地区 | 江苏省 | 庐山地区 | |
| 锥昏眼摇蚊属 *Constempellina* | 2.2 | - | - | - | 高需氧 |
| 西氏摇蚊属 *Thienmanniola* | 6.0 | - | - | - | 中需氧 |
| 无距摇蚊属 *Acalcarella* | 6.5 | - | - | - | 中需氧 |
| 脊突摇蚊属 *Cyphomella* | 6.0 | - | - | - | 中需氧 |
| 弯铗摇蚊属 *Cryptotendipes* | 5.0 | - | - | - | 中需氧 |
| 拟隐摇蚊属 *Demicryptochironomus* | 3.0 | - | 3.0 | - | 高需氧 |
| 林摇蚊属 *Lipiniella* | 6.0 | - | - | - | 中需氧 |
| 罗摇蚊属 *Robackia* | 3.0 | - | - | - | 高需氧 |
| 瑟摇蚊属 *Sergentia* | 3.0 | - | - | - | 高需氧 |
| 倒毛摇蚊属 *Microtendipes* | 6.0 | - | 6.0 | - | 中需氧 |
| 枝角摇蚊属 *Cladopelma* | 4.5 | - | - | - | 中需氧 |
| 小摇蚊属 *Microchironomus* | 7.0 | - | 8.0 | - | 中需氧 |
| 雕翅摇蚊属 *Glyptotendipes* | 7.0 | 9.0 | 6.4 | 8.5 | 中需氧 |
| 哈摇蚊属 *Harnischia* | 5.4 | 5.4 | 7.5 | 7.5 | 中需氧 |
| 拟摇蚊属 *Parachironomus* | 8.0 | - | 8.5 | - | 低需氧 |
| 明摇蚊属 *Phaenopsectra* | 5.0 | - | - | - | 中需氧 |
| 萨摇蚊属 *Saethria* | 5.0 | - | - | - | 中需氧 |
| 拟枝角摇蚊属 *Paracladopelma* | 5.0 | - | 5.0 | - | 中需氧 |
| 内摇蚊属 *Endochironomus* | 7.0 | 7.0 | - | 7.5 | 中需氧 |
| 隐摇蚊属 *Cryptochironomus* | 5.9 | 5.9 | 6.0 | 6.7 ～ 8.0 | 中需氧 |
| 多足摇蚊属 *Polypedilum* | 6.0 | - | 9.6 | 4.0 ～ 9.2 | 中需氧 |
| 二叉摇蚊属 *Dicrotendipes* | 7.9 | - | 8.7 | 7.9 ～ 10.0 | 低需氧 |
| 齿斑摇蚊属 *Stictochironomus* | 6.1 | 6.1 | 6.1 | 6.7 | 中需氧 |
| 间摇蚊属 *Paratendipes* | 5.5 | - | - | - | 中需氧 |
| 恩非摇蚊属 *Einfeldia* | 5.0 | 5.0 | 9.1 | - | 中需氧 |
| 摇蚊属（羽摇蚊群）*Chironomus* | 9.1 | 9.1 | 9.1 | 9.8 | 低需氧 |
| 乌烈摇蚊属 *Olecryptotendipes* | 3.5 | - | - | - | 中需氧 |

| 分类单元 | 耐污值 | | | | 需氧类型 |
|---|---|---|---|---|---|
| | 辽河流域 | 东部地区 | 江苏省 | 庐山地区 | |
| 基费摇蚊属 *Kiefferulus* | 5.0 | - | - | - | 中需氧 |
| 大蚊科 Tipulidae | 1.5 | 1.5 | - | 3.0 | 高需氧 |
| 大蚊属 *Tipula* | 2.2 | 2.2 | - | - | 高需氧 |
| 巨吻沼蚊属 *Antocha* | 0.1 | 0.1 | - | - | 高需氧 |
| 白斑黑毛大蚊属 *Hexatoma* | 3.0 | 2.1 | - | - | 高需氧 |
| 细蚊科 Dixidae | 3.0 | 3.0 | - | - | 高需氧 |
| 网蚊科 Blepharoceridae | 0 | - | - | 0 | 高需氧 |
| 蚊科 Culicidae | 6.0 | - | - | 6.0 | 中需氧 |
| 库蚊属 *Culex* | 6.0 | - | - | - | 中需氧 |
| 幽蚊科 Chaoboridae | 8.5 | 8.5 | - | - | 低需氧 |
| 幽蚊属 *Chaoborua* | 8.5 | - | - | - | 低需氧 |
| 蚋科 Simuliidae | 3.0 | 3.0 | - | 6.0 | 高需氧 |
| 蚋属 *Simuliium* | 2.4 | 2.4 | - | - | 高需氧 |
| 原蚋属 *Prosimulium* | 2.0 | - | - | - | 高需氧 |
| 食蚜蝇科 Syrphidae | 10.0 | - | - | 10.0 | 低需氧 |
| 尾蛆蝇属 *Syrphus* | 10.0 | - | - | - | 低需氧 |
| 水蝇科 Ephydridae | 7.0 | - | - | 7.0 | 中需氧 |
| 水蝇属 *Ephydra* | 7.0 | - | - | - | 中需氧 |
| 虻科 Tabanidae | 6.0 | 7.0 | - | 6.0 | 中需氧 |
| 伪鹬虻科 Athericidae | 2.0 | - | - | 2.0 | 高需氧 |
| 伪鹬虻属 *Atherix* | 2.0 | - | - | - | 高需氧 |
| 鹬虻科 Rhagionidae | - | - | - | 2.0 | 高需氧 |
| 水虻科 Stratiomyidae | 6.0 | - | - | 6.0 | 中需氧 |
| *Odontomyia* | 6.0 | - | - | - | 中需氧 |
| 毛蠓科 Psychodidae | 10.0 | - | - | 10.0 | 低需氧 |
| 蠓科 Ceratopogonidae | 6.0 | 6.2 | - | 6.0 | 中需氧 |
| 蠓属 *Ceratopogonus* | 6.2 | - | - | - | 中需氧 |

| 分类单元 | 耐污值 | | | | 需氧类型 |
|---|---|---|---|---|---|
| | 辽河流域 | 东部地区 | 江苏省 | 庐山地区 | |
| 贝蠓属 *Bezzia* | - | - | 6.2 | - | 中需氧 |
| 库蠓属 *Culicoides* | 6.2 | - | - | - | 中需氧 |
| 澳蝇科 Sciadoceridae | - | - | - | 7.0 | 中需氧 |
| 蝇科 Muscidae | - | - | - | 6.0 | 中需氧 |
| 长足虻科 Dolichopodidae | - | - | - | 4.0 | 中需氧 |
| 舞虻科 Empididae | - | - | - | 6.0 | 中需氧 |
| **鞘翅目 Coleoptera** | | | | | |
| 龙虱科 Dytiscidae | 8.0 | 9.0 | 9.0 | 8.0 | 低需氧 |
| 瓢龙虱属 *Agabus* | 6.0 | - | - | - | 中需氧 |
| 真龙虱属 *Cybister* | 6.5 | - | - | - | 中需氧 |
| 龙虱属 *Dytiscus* | 6.0 | - | - | - | 中需氧 |
| 锦龙虱属 *Hydaticus* | 7.0 | - | - | - | 中需氧 |
| 胖龙虱属 *Noterus* | 6.0 | - | - | - | 中需氧 |
| 水龙虱属 *Hydrovatus* | 7.0 | - | - | - | 中需氧 |
| 沼梭科 Haliplidae | 8.0 | - | 6.0 | 8.0 | 低需氧 |
| 沼梭属 *Halipius* | 6.0 | - | - | - | 中需氧 |
| 小泗沼梭属 *Peltodytes* | 5.0 | - | - | - | 中需氧 |
| 水龟虫（牙甲）科 Hydrophilidae | 9.0 | 8.0 | 9.0 | 9.0 | 低需氧 |
| 尖音水龟甲属 *Berosus* | 8.6 | 8.6 | - | - | 低需氧 |
| 象甲科 Curculionidae | 5.0 | - | - | 5.0 | 中需氧 |
| *Baqous* | 5.0 | - | - | - | 中需氧 |
| 叶甲科 Chrysomelidae | 6.0 | - | - | - | 中需氧 |
| 水叶甲属 *Donacia* | 6.0 | - | - | - | 中需氧 |
| 扁泥甲科 Psephenidae | 1.5 | 1.5 | - | 4.0 | 高需氧 |
| 纯扁泥甲属 *Mataeopsephus* | 1.5 | 1.5 | - | - | 高需氧 |
| 真扁泥甲属 *Eubrianax* | 1.0 | - | - | - | 高需氧 |
| 长角泥甲科 Elmidae | 4.0 | 3.7 | 5.0 | 4.0 | 中需氧 |

| 分类单元 | 耐污值 | | | | 需氧类型 |
|---|---|---|---|---|---|
| | 辽河流域 | 东部地区 | 江苏省 | 庐山地区 | |
| 长角泥甲属 *Elmis* | 3.0 | - | - | - | 高需氧 |
| 狭长角泥甲属 *Stenelmis* | 3.2 | 3.2 | - | - | 中需氧 |
| 豉甲属 *Gyrinus* | - | 6.3 | - | - | 中需氧 |
| 泥甲科 Dryopidae | 5.0 | 4.5 | - | 5.0 | 中需氧 |
| 泥甲属 *Helichus* | 4.0 | - | - | - | 中需氧 |
| 小粒龙虱科 Noteridae | - | 7.0 | 9.0 | 8.0 | 中需氧 |
| 沼甲科 Scirtidae | - | - | - | 5.0 | 中需氧 |
| 长泥甲科 Heteroceridae | - | - | - | 4.0 | 中需氧 |
| 平唇水龟虫科 Hydraenidae | - | - | - | 9.0 | 低需氧 |
| 毛泥甲科 Ptilodactylidae | - | 4.3 | - | 4.0 | 中需氧 |
| **半翅目 Hemiptera** | | | | | |
| 水黾蝽科 Gerridae | 5.0 | - | - | 5.0 | 中需氧 |
| 水黾蝽属 *Gerris* | 5.0 | - | - | - | 中需氧 |
| 盖蝽科 Aphelocheiridae | 5.0 | - | - | 5.0 | 中需氧 |
| 盖蝽（滑了虫）属 *Aphelocheirus* | 5.0 | - | - | - | 中需氧 |
| 蝎蝽科 Nepidae | 5.0 | - | - | 5.0 | 中需氧 |
| 蝎蝽属 *Nepa* | 5.0 | - | - | - | 中需氧 |
| 长蝎蝽属 *Laccotrephes* | 5.0 | - | - | - | 中需氧 |
| 螳蝎蝽属 *Ranatra* | 5.0 | - | - | - | 中需氧 |
| 负子蝽科 Belostomatidae | 6.0 | - | - | - | 中需氧 |
| 负子蝽属 *Diplonychus* | 6.0 | - | - | - | 中需氧 |
| 划蝽科 Corixidae | 9.0 | - | - | 9.0 | 低需氧 |
| 划蝽属 *Sigara* | 7.0 | - | - | 7.0 | 中需氧 |
| 蚤蝽科 Helotrephidae | - | - | - | 5.0 | 中需氧 |
| 尺蝽科 Hydrometridoe | - | - | - | 3.0 | 中需氧 |
| 仰蝽科 Notonectidae | - | - | - | 5.0 | 中需氧 |
| 固蝽科 Pleidae | - | - | - | 5.0 | 中需氧 |

| 分类单元 | 耐污值 | | | | 需氧类型 |
|---|---|---|---|---|---|
| | 辽河流域 | 东部地区 | 江苏省 | 庐山地区 | |
| **广翅目 Megaloptera** | | | | | |
| 齿蛉科 Corydalidae | 3.8 | 3.8 | - | 0 | 中需氧 |
| 星齿蛉属 *Protohermes* | 3.8 | 3.8 | - | - | 中需氧 |
| 斑鱼蛉属 *Neochauliodes* | - | 4.0 | - | - | 中需氧 |
| 泥蛉科 Sialidae | - | - | - | 4.0 | 中需氧 |
| **蜻蜓目 Odonata** | | | | | |
| 色蟌科 Calopterygidae | 5.0 | 2.4 | - | 5.0 | 中需氧 |
| 色蟌属 *Calopteryx* | 2.4 | - | - | - | 高需氧 |
| 绿色蟌属 *Mnais* | 2.5 | - | - | - | 高需氧 |
| 丝蟌科 Lestidae | 9.0 | - | - | 9.0 | 低需氧 |
| 丝蟌属 *Lestes* | 5.0 | - | - | - | 中需氧 |
| 蟌科 Coenagrionidae | 9.0 | 9.0 | 8.3 | 9.0 | 低需氧 |
| 野蟌属 *Agriocnemis* | 4.0 | - | - | - | 中需氧 |
| 细蟌属 *Aciagrion* | 4.5 | - | - | - | 中需氧 |
| 尾蟌属 *Cercion* | 5.0 | - | 9.9 | - | 中需氧 |
| 蟌属 *Coenagrion* | 5.0 | - | - | - | 中需氧 |
| 绿蟌属 *Enallagma* | 4.0 | - | - | - | 中需氧 |
| 瘦蟌属 *Ischnura* | 4.5 | - | - | - | 中需氧 |
| 扇蟌科 Platycnemididae | 9.0 | 9.0 | 9.5 | 9.0 | 低需氧 |
| 狭扇蟌属 *Copera* | 5.0 | - | - | - | 中需氧 |
| 丽蟌科 Amphipterygidae | - | 2.5 | - | 5.0 | 高需氧 |
| 溪蟌科 Euphaeidae | - | 0 | - | 5.0 | 高需氧 |
| 犀蟌科 Chlorocyphidae | - | 2.5 | - | 5.0 | 高需氧 |
| 原蟌科 Protoneuridae | - | - | - | 9.0 | 低需氧 |
| 扁蟌科 Platystictidae | - | - | - | 9.0 | 低需氧 |
| 综蟌科 Synlestidae | - | - | - | 9.0 | 低需氧 |
| 山蟌科 Megapodagrionidae | - | - | - | 9.0 | 低需氧 |

| 分类单元 | 耐污值 | | | | 需氧类型 |
|---|---|---|---|---|---|
| | 辽河流域 | 东部地区 | 江苏省 | 庐山地区 | |
| 蜓科 Aeschnidae | 3.0 | 2.3 | 7.0 | 3.0 | 高需氧 |
| 蜓属 *Aeschna* | 2.0 | - | - | - | 高需氧 |
| 伟蜓属 *Anax* | 2.5 | - | - | - | 高需氧 |
| 春蜓科 Gomphidae | 2.7 | 2.7 | 8.5 | 1.0 | 高需氧 |
| 戴春蜓属 *Davidius* | 3.0 | - | - | - | 高需氧 |
| 施春蜓属 *Sieboldius* | 2.0 | - | - | - | 高需氧 |
| 春蜓属 *Gomphus* | 3.0 | - | - | - | 高需氧 |
| 大蜓科 Cordulegasteridae | 3.0 | 3.0 | - | 3.0 | 高需氧 |
| 大蜓属 *Cordulegaster* | 3.0 | - | - | - | 高需氧 |
| 伪蜻科 Corduliidae | 5.0 | - | - | 5.0 | 中需氧 |
| 毛伪蜻属 *Epitheca* | 4.5 | - | - | - | 中需氧 |
| 大蜻科 Macromiidae | 3.0 | 3.0 | - | 3.0 | 高需氧 |
| 弓蜻属 *Macromia* | 3.0 | - | - | - | 高需氧 |
| 丽大蜻属 *Epophthalmia* | 3.0 | - | - | - | 高需氧 |
| 蜻科 Libelluidae | 9.0 | 8.5 | 9.0 | 9.0 | 低需氧 |
| 蜻属 *Libellula* | 6.0 | - | - | - | 中需氧 |
| 灰蜻属 *Orthetrum* | 7.0 | - | - | - | 中需氧 |
| 赤蜻属 *Sympetrum* | 6.0 | - | - | - | 中需氧 |
| 多纹蜻属 *Deielia* | 6.0 | - | - | - | 中需氧 |

# 2

# Part 2 水生昆虫分类

LIAO HE LIUYU
SHUISHENG KUNCHONG FENLEI
JIANDING JIANSUO TUJIAN

水生昆虫种类繁多，它们的幼虫（稚虫）或成虫栖居于水中。在水面上生活的种类为无翅亚纲的水跳虫（*Podura aquaticus*）等。在水体中生活的种类为有翅亚纲的蜉蝣目、襀翅目、毛翅目、半翅目、鞘翅目、蜻蜓目、双翅目、广翅目、鳞翅目等共9个目。各目分类检索如下：

## 水生昆虫分目检索表

1a 有翅……………………………………………………………………………2

1b 无翅或仅具翅芽…………………………………………………………3

2a 前翅革质，左右两翅在正中线相连，成一直线，咀嚼式口器…鞘翅目（成虫）Coleoptera

2b 前翅部分革质，后翅膜质，左右两翅在后边重叠，口器为分节、刺吸式，倒折在身体的下面……………………………………半翅目（成虫和若虫）Hemiptera

3a 有翅芽……………………………………………………………………4

3b 无翅芽……………………………………………………………………6

4a 下唇延长，向后折转而置于前足基部中间，形成罩形下唇………………蜻蜓目 Odonata

4b 下唇不延长，不形成罩形下唇。口器刺吸式……………………………5

5a 尾须2～3根，腹部具叶状气管鳃…………………………蜉蝣目 Ephemeroptera

5b 尾须2根，鳃呈丝状，主要在胸部………………………………襀翅目 Plecoptera

6a 具胸足……………………………………………………………………7

6b 无胸足…………………………………………………………双翅目 Diptera

7a 腹部无足…………………………………………………………………8

7b 腹部具足…………………………………………………………………9

8a 腹部两侧无或少数种类具长刺状突起…………………鞘翅目（幼虫）Coleoptera

8b 腹部两侧具长刺状突起……………………………………广翅目 Megaloptera

9a 腹部具5对足，在水草茎内栖息或由植物碎片筑成的巢中生活………鳞翅目 Lepidoptera

9b 腹部仅最后一节具原足，自由生活或生活于由不同物质筑成的巢筒中…毛翅目 Trichoptera

## 2.1 蜉蝣目 Ephemeroptera

蜉蝣成虫长形，略扁或圆柱形，体小至中型。头部小，触角短，咀嚼式口器，但极度退化。胸节发达，翅 2 对，前翅大，后翅小。足一般短小，雄性前足甚长。腹部有长丝状尾须。蜉蝣成虫不食东西，生活时间仅几小时到几天。幼虫期不完全变态，称为稚虫，全部水生。通常生活一年，也有达 2 ~ 3 年者。《本草纲目》中描述：蜉蝣，水虫也，状似蚕蛾，朝生暮死。稚虫一般蜕皮 24 次，多在日落后羽化，羽化时稚虫升到水面合适的场所，在背面裂一缝隙，爬出有翅虫，这个阶段的虫态称为亚成虫。蜉蝣成虫如图 2.1-1。

图 2.1-1 蜉蝣目成虫

稚虫的生活方式不同，有些种类附着在水草上；有些种类在水底淤泥上爬行生活；有些种类在底泥中挖掘通道；有些种类具扁化的身体，栖息在澄清的急流中，藏在石头底下生活。稚虫的食物是腐屑、小型藻类、原生动物、腐烂的水草，少数种类是肉食性的，以小型昆虫为食。稚虫（图 2.1-2）是鱼类的天然饵料，亦是优良的水环境监测指示生物。

图 2.1-2 蜉蝣目稚虫

## 蜉蝣稚虫形态特征

蜉蝣稚虫是蜉蝣生活史中最长的时期，其特征与水生生活密切相关。稚虫的外部形态变化多端，主要有：

身体分头、胸、腹三部分（图 2.1-3），头部具 1 对触角，单眼 3 只，1 对复眼和口器。触角长度和形状多样。鲎蜉科（Prosopistomatidae）和圆裳蜉科（Baetiscidae）的触角很短，一般 6 节，表面光滑。蜉蝣科（Ephemeridae）、细蜉科（Caenidae）等的触角节间具毛，且节数很多。稚虫的单眼一般不明显，但细蜉科部分种类的单眼表面突出形成明显的棘。复眼明显，成熟稚虫复眼的外部形状已与亚成虫相似。

稚虫口器咀嚼式（图 2.1-4），分上唇（labrum）、上颚（mandible）、下颚（maxilla）、下唇（labium）和舌（hypoharynx）。上唇呈膜片状，上、下表面和缘部往往密生细毛和刺突，大小形状在不同种类可能变化较大，在扁蜉科（Heptageniidae）和细裳蜉科（Leptophlebiidae）中表现得最明显。上颚端部分为切齿（incisor）、臼齿（prostheca）和磨齿（molar）。其中，切齿可能分为两组，为外切齿和内切齿，其端部往往分叉；臼齿一般基部具柄，端部毛簇状，但少数种类演化成毛或刺状；磨齿往往发达，但在鲎蜉科和一些捕食性蜉蝣中往往较小或消失。下唇端部往往具突起和毛，内缘端部也有可能具一簇细毛。下颚须的长度和节数在科间有变化。下唇的颏上着生有中唇舌和侧唇舌，其形状是很重要的分类特征。下唇须长度、节数和形状亦为重要特征。颏的下方为亚颏，往往较颏大。在下颚、下唇及亚颏的表面可能具丝状鳃。舌较简单，膜质片状，分为 3 叶，边缘常具细毛。

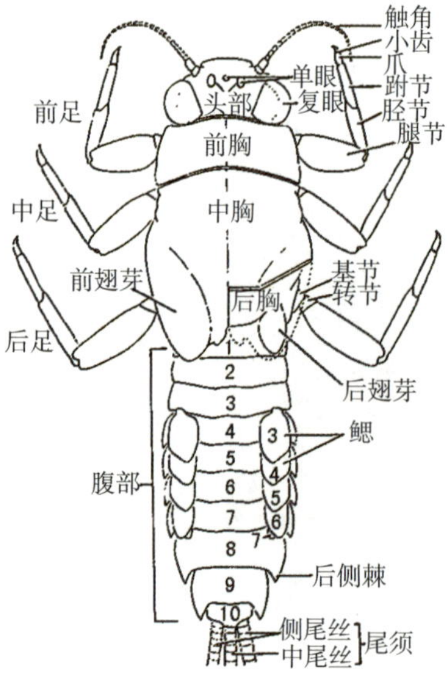


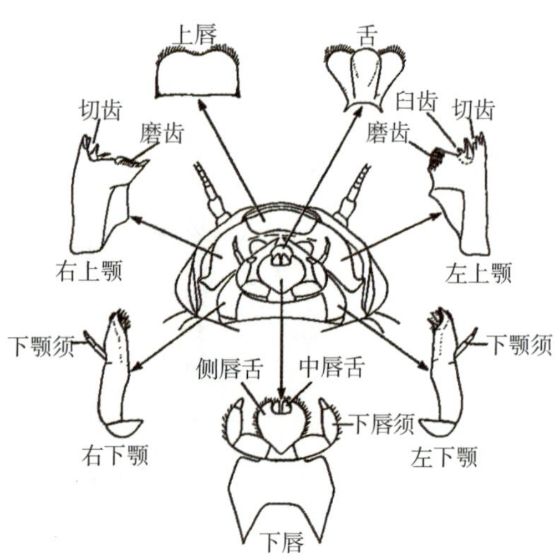


图 2.1-3　小蜉稚虫形态背面观（仿 Edmunds，1976）图 2.1-4　小蜉属稚虫口器形态（仿 Edmunds，1976）

胸部具 1 ～ 2 对翅芽和 3 对足。细蜉科和部分四节蜉科（Baetidae）只具 1 对翅芽，大多数种类具 2 对翅芽。翅芽与胸部背板愈合或分离。足分为基节、转节、腿节、胫节、跗节和爪。足的形状在不同的种类中变化较大，有用于挖掘的挖掘足（蜉蝣科）、滤食用的过滤足 [ 等蜉科（Isonychiidae）] 等。足表面的刺和毛的多少常是重要的分类特征。爪在不同科中形状多样，基本结构为 1 枚爪，其内面常具 1 ～ 2 排细齿。但在拟短丝蜉科（Siphluriscidae），爪基部生有 1 枚可动的指状突起。胸部背板表面常具各种瘤突和刺。

腹部一般具 7 对鳃，着生于 1 ～ 7 腹节。鳃的数目、形状、着生位置变化极大，在分类中经常用到。蜉蝣稚虫往往具 3 根尾须，少数种类具 2 根尾须。

辽河流域现记录蜉蝣目稚虫 11 科 26 属 55 种。

## 蜉蝣目稚虫分科检索表

1a 中胸背板向后扩展至腹部第 7 节的上方，形成甲壳状；胸部翅芽和腹部的鳃全部隐藏在甲壳下……………………………………………………………………鲎蜉科 Prosopistomatidae

1b 中胸背板不明显扩大；腹部的鳃明显可见……………………………………………………2

2a 上颚具上颚牙，头部背面观明显可见；腹部 2 ～ 7 对鳃明显可见，各鳃的边缘分裂成缨毛状………………………………………………………………………………………………3

2b 上颚不具上颚牙，腹部的鳃形状多样，但绝无上述的鳃…………………………………6

3a 胸足各部分不特化，腹部的鳃位于体侧………………………………河花蜉科 Potamanthidae

3b 胸足的胫节和跗节宽扁，呈挖掘状；腹部的鳃覆于背上…………………………………4

4a 侧面观上颚牙向上弯曲；后足胫节端部呈尖锐的突出状…………………………………5

4b 侧面观上颚牙端部向下弯曲；后足胫节端部圆钝 ………… 多脉蜉科 Polymitarcyidae

5a 上颚牙只在基部具少量细长毛，侧缘光滑，不具齿突…………………蜉蝣科 Ephemeridae

5b 上颚牙表面具细毛，侧缘具明显的齿突……………………………褶缘蜉科 Palingeniidae

6a 头部前缘具两对角状突起，其中一对大而明显……………………越南蜉科 Vietnamellidae

6b 头顶和单眼顶部具程度不同的瘤突，但头的前缘不具上述突起……………………………7

7a 腹部第 2 节无鳃…………………………………………………………小蜉科 Ephemerellidae

7b 腹部第 2 节具发育各不相同的鳃………………………………………………………………8

8a 腹部第 2 节的鳃明显扩大，呈卵圆形或方形，完全盖住后面的鳃……………………………9

8b 腹部第 2 节的鳃略大于其他各对鳃，但最多盖住第 3 腹鳃的少部分…………………………11

9a 腹部第 2 节的鳃卵圆形，两者在中部不接触；尾须 2 根……………晚蜉科 Teloganodidae

9b 腹部第 2 节的鳃四方形，两者在中部相互折叠；尾须 3 根…………………………………10

10a 中胸背板的前侧角突出；第 2 对鳃的背中线仅接触或愈合………新蜉科 Neoephemeridae

10b 中胸背板的前侧角不突出；第 2 对鳃在中部相互折叠 ………………… 细蜉科 Caenidae

11a 前足各节的内侧具浓密的长毛…………………………………………………………………12

11b 前足各节的内侧可能有细毛，但绝无上述的长毛 ……………………………………… 13

12a 身体呈小鱼形，背腹厚度大于体宽；鳃大而明显……………………等蜉科 Isonychiidae

12b 身体扁平；鳃较小而不明显 ……………………………………寡脉蜉科 Oligoneuriidae

13a 下颚、下唇、前足和中足的基部具丝状鳃；爪具明显的指状突起 ………………………

……………………………………………………………………拟短丝蜉科 Siphluriscidae

13b 下颚、下唇、前足和中足的基部不具鳃；爪具小齿但无明显的指状突起……………14

14a 身体呈小鱼状的流线形，背腹厚度明显大于身体宽度；鳃呈膜片状 ………………… 15

14b 身体不呈小鱼状，一般较扁；鳃不呈膜片状，分叉或丝状 …………………………… 16

15a 前足的爪两分叉；中后足的爪及跗节明显长于胫节……………长爪蜉科 Metretopodidae

15b 前足爪简单，不分叉 ………………………………………………………………………… 17

16a 触角长度短于头宽的 2 倍；个体相对较大，一般大于 10 mm……短丝蜉科 Siphlonuridae

16b 触角的长度是头宽的 3 倍以上；个体相对较小，一般小于 8 mm………四节蜉科 Baetidae

17a 身体各部分扁平；鳃的背叶膜片状，腹叶丝簇状………………………扁蜉科 Heptageniidae

17b 身体不特别扁平；腹部的鳃形状多样，都为细长丝状或细小缨毛状……………………

……………………………………………………………………细裳蜉科 Leptophlebiidae

## 2.1.1 短丝蜉科 Siphlonuridae

**主要鉴别特征：**稚虫中型至大型，体长 10～23 mm，身体流线形。山地溪流、河流中分布。一年一个世代。辽河流域分布的种类有亚美蜉属（*Ameletus*）和短丝蜉属（*Siphonurus*）。

### 短丝蜉科分属检索表

1a 腹部第 1 对、第 2 对鳃分两片…………………………………………………短丝蜉属 *Siphlonurus*

1b 腹部第 1～7 对鳃单片，各鳃的外缘锯齿状，表面具一条骨化线；下颚端部具一排刷状毛 ……………………………………………………………………………亚美蜉属 *Ameletus*

#### 2.1.1.1 亚美蜉属 *Ameletus*

**属征：**体长 10～15 mm，中型。体纺锤形。鳃 7 对，位于腹部第 1～7 节的侧面，各鳃的鳃叶单片，卵圆形，第 1 对最小。稚虫一年一个世代。

## 亚美蜉属分种检索表

1a 右上颚外侧切齿 2 个。上唇褐色，中央具淡色条纹。体长 10 mm（图 2.1-5）………………………………………………………………山地亚美蜉 *Ameletus montanus* Imanishi

**已知分布**：国外俄罗斯远东地区、韩国、日本，国内陕西、辽宁。

**生境**：稚虫生活在较清洁的河流、湖泊、池塘和其他流水的近岸区，春季羽化。

1b 右上颚外侧切齿 3 个。上唇淡褐色，中部两侧具一对褐色条纹。体长 12 ～ 15 mm（图 2.1-6）………………………………………………肋亚美蜉 *Ameletus costalis* Matsumara

**已知分布**：国外俄罗斯远东地区、韩国、日本，国内陕西、辽宁。

**生境**：稚虫生活在较清洁的河流、湖泊、池塘和其他流水的近岸区，春季羽化。

图 2.1-5　山地亚美蜉个体及上颚、上唇

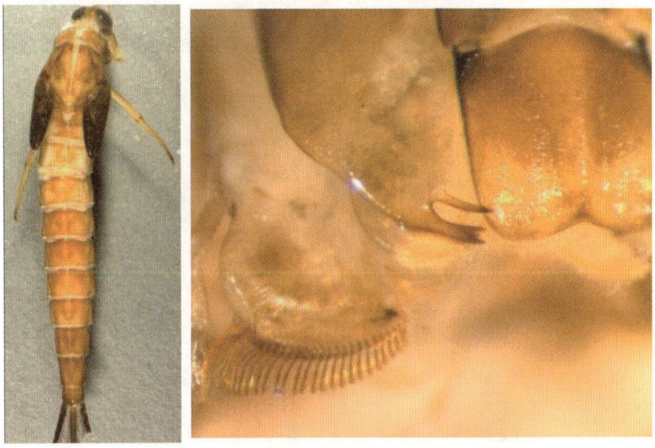

图 2.1-6　肋亚美蜉个体、上唇、上颚及下颚

### 2.1.1.2 短丝蜉属 *Siphlonurus*

**属征：**体长 9 ～ 20 mm，大型。体流线形。上颚外侧切齿顶端 3 分叉；下颚须及下唇须 3 节；腹部背板具八字形斑纹；鳃一般较大，密布气管，第 1 对和第 2 对鳃分成两片，第 3 ～ 7 对鳃单叶（有时 7 对鳃都为两叶）；爪较长。稚虫在溪流、河流的缓流处栖息。晚春、初夏羽化，一年一个世代。

#### 短丝蜉属分种检索表

1a 下颚须第 2 节内缘具 7 根以上刚毛；下唇须 3 节正常；左上颚外侧切齿中部具一突起。腹部背板具树枝状纹和八字形斑纹（图 2.1-7）…二点短丝蜉 *Siphlonurus binotatus* Eaton

**已知分布：**国外韩国、日本，国内浙江、辽宁。

**生境：**稚虫生活在河流的中下游地区。

1b 下颚须第 2 节内缘具 4 根刚毛；下唇须第 3 节具粗大刚毛；腹部背板具八字形斑纹(图 2.1-8）……………………………………………………湖生短丝蜉 *Siphlonurus lacustris* Eaton

**已知分布：**国外欧洲，国内辽宁、吉林。

**生境：**稚虫生活在较清洁的河流、湖泊、池塘和其他流水的近岸区。

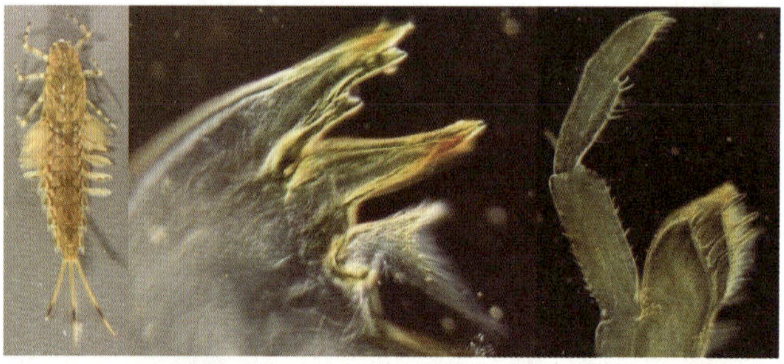

图 2.1-7　二点短丝蜉个体及右上颚、下颚和下颚须

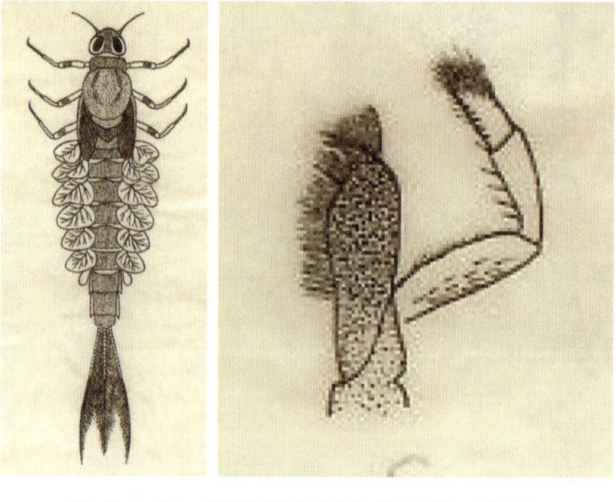

图 2.1-8　湖生短丝蜉个体及其下颚须

## 2.1.2 等蜉科 Isonychiidae

**主要鉴别特征：**体长 10 mm 以上，身体流线形。背腹厚度大于身体的宽度。触角长是头宽的 2 倍。口器各部密生细毛。前足基节内侧具一簇丝状鳃，腿节和胫节的内侧具长而密的细毛。鳃 7 对，背侧的鳃单片，腹侧的鳃丝状。尾须粗大，中尾丝和侧尾丝内侧密生细长毛。稚虫在河流中分布。辽河流域发现 1 属 1 种。

### 等蜉属 *Isonychia*

属征同科的特征。

日本等蜉 *Isonychia japonica* Uimer（图 2.1-9），体长 18 mm，身体呈巧克力褐色。身体背中央具一明显的淡色条纹，从头顶一直到达腹末。鳃 7 对，背叶近圆形，边缘锯齿状。腹叶丝状。尾须 3 根，中尾丝短于侧尾丝。

图 2.1-9　日本等蜉个体及前足

**已知分布：**国外俄罗斯远东地区、日本、朝鲜，国内四川、甘肃、广东、辽宁（铁岭）。

**生境：**稚虫在河流上游水生植物较多的水域栖息。轻污染水体中多见。每年 5—6 月或 9—10 月羽化，一般一年两个世代。

## 2.1.3 扁蜉科 Heptageniidae

**主要鉴别特征：**体长约 15 mm，身体各部扁平，背腹厚度明显小于身体宽度。足的关节为前后型。鳃 7 对，分背腹两叶，背侧鳃叶片状，腹侧鳃叶丝状。尾须 2 ～ 3 根。稚虫生活在流水环境和溪流的各种底质中，在洁净水体的石块、枯枝落叶等下方表面往往能采到大量的稚虫。稚虫刮食性和滤食性。

### 扁蜉科分属检索表

1a 尾须 2 根……………………………………………………………………………2

1b 尾须 3 根……………………………………………………………………………4

2a 下颚端部无可动的齿；腹部的丝状鳃发达……………………………似假蜉属 *Ironodes*

2b 下颚端部具 3 枚可动的齿；腹部的丝状鳃不发达…………………………………3

3a 腹部背板中央具 1 行细毛……………………………………………高翔蜉属 *Epeorus*

3b 腹部背板中央不具成行的细毛，但具 1 对刺突…………………………假蜉属 *Iron*

4a 第 1 对和第 7 对鳃的鳃叶部分扩大，延伸到身体的腹面，形成吸盘状……………………

……………………………………溪颏蜉属 *Rhithrogena*、拟溪颏蜉属 *Pararhithrogena*

4b 第 1 对和第 7 对鳃的鳃叶不扩大，往往小于中间的几对鳃……………………………5
5a 第 1 对鳃极小，呈鳞片状………………………………………………赞蜉属 *Paegniodes*
5b 第 1 对鳃较小，呈膜片状……………………………………………………………6
6a 腹部背板的侧后角明显突出，呈尖锐的刺状，长度明显长于后一体节……………………………………………………………………短鳃蜉属 *Thaleryosphyrus*
6b 腹部背板的侧后角突出呈刺状，但长度不超过后一体节的长度……………………7
7a 腹部背板 2 ～ 9 节中线处各具一纵脊状突起 ……………………背刺蜉属 *Notacanthurus*
7b 腹部背板具成对的突起，绝不在中线处具棱突……………………………………8
8a 下颚须端部具 1 列长毛…………………………………………………动蜉属 *Cinygma*
8b 下颚须端部具 1 列栉状齿……………………………………………………………9
9a 头壳前缘具明显的缺刻；腹部中间几节鳃的丝状部分减少到 5 根以下或消失…………………………………………………………………微动蜉属 *Cinygmula*
9b 头壳前缘多样；腹部中间节鳃的丝状部分中等发达或发达…………………………10
10a 下唇的侧唇舌向侧面略扩展；舌的侧叶短小，边缘平直；下颚表面的细毛排列成一列… …………………………………………………………………扁蜉属 *Heptagenia*
10 b 下唇的侧唇舌向侧面强烈扩展；舌的侧叶向侧面扩展，边缘凹陷；下颚表面的细毛散生…………………………………………………………………………………11
11a 第 5 对和第 6 对鳃的端部附生一突出部分……………………………似动蜉属 *Cinygmina*
11b 第 5 对和第 6 对鳃的端部无附生物突出，且逐渐变窄呈尖细状…………………12
12a 上颚臼齿部分的刺少于 6 根；下颚的栉状刺少于 13 根……………尼克斯蜉属 *Nixe*
12b 上颚臼齿部分的刺多于 5 根；下颚的栉状刺多于 13 根………………………………13
13a 前胸背板的后侧角向后显著伸展，延伸到中胸背板的侧面；尾须上具刺突但无毛……………………………………………………………………扁蚴蜉属 *Ecdyonurus*
13b 前胸背板的后侧角略扩展，但不明显延伸到中胸背板的侧面；尾须不具细毛或具细毛………………………………………………………………亚非蜉属 *Afronurus*

扁蜉稚虫在中国分布 16 属，辽河流域发现 4 属，记述如下：

### 2.1.3.1 高翔蜉属 *Epeorus*

**属征**：稚虫体长 10 ～ 15 mm。上唇前缘具浅缺刻；下颚表面具细毛列；鳃 7 对，第 1 对鳃的膜片部分扩大，在腹面两者相接或不相接。尾须 2 根，具刺或细毛。稚虫在溪流、河流的砾石表面栖息。清洁水体中多见。

## 高翔蜉属分种检索表

1a 第 1 对鳃叶扩大，在腹面左右相接。头部前缘中央深色条纹两侧具 2 个大的淡色斑纹。体长 10 mm（图 2.1-10）……………………………七叶高翔蜉 *Epeorus aesculus* Imanishi

**已知分布：**国外日本，国内辽宁。

**生境：**稚虫在山地溪流及河流上游栖息。6—7 月羽化。一年一个世代。

1b 第 1 对鳃与其他鳃大小相同，在腹面左右不相接……………………………………………2

2a 鳃叶具紫褐色斑点，散布在大部分鳃叶上，体长 10 ～ 15mm（图 2.1-11）…………………………………………………………………………宽叶高翔蜉 *Epeorus latifolium* Ueno

**已知分布：**国外日本，国内黑龙江、吉林、辽宁。

**生境：**河流上游、溪流中广泛分布。晚春、初夏，初秋、晚秋羽化。一年两个世代。清洁水体中多见。

2b 鳃叶无紫褐色斑点…………………………………………………………………………3

3a 头部前缘具 2 个近“C”形的淡色斑，外侧的斑纹不明显。尾须长为体长的 1.5 倍，体长 10 ～ 13 mm（图 2.1-12）……………………弯钩高翔蜉 *Epeorus curvatulus* Matsumura

**已知分布：**国外日本、朝鲜，国内辽宁、内蒙古。

**生境：**稚虫在山地溪流的急流中多见，栖息地水体清洁。晚春或秋季羽化，一年两个世代。

3b 头部前缘具 4 个淡色斑纹，中央的两个较小、圆形，外侧的两个大。尾须与体长约相等。体长 10 mm（图 2.1-13）………………………… 伊卡高翔蜉 *Epeorus ikanonis* Takahashi

**已知分布：**国外日本，国内辽宁。

**生境：**稚虫在山地溪流栖息。早春羽化。一年一个世代。

图 2.1–10
七叶高翔蜉个体

图 2.1–11
宽叶高翔蜉个体

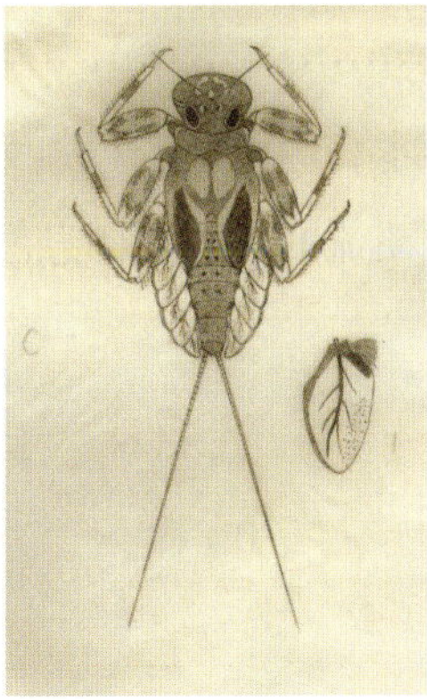

图 2.1–12
弯钩高翔蜉个体

图 2.1–13
伊卡高翔蜉个体

### 2.1.3.2 扁蚴蜉属 *Ecdyonurus*

**属征：**体长 7 ～ 12 mm。头部和前胸较宽；前胸背板后侧角突出，向后延伸到中胸背板的侧面；鳃 7 对，第 1 对鳃小，各鳃的丝状部分发达；尾须 3 根，尾须的节间具刺，两侧具细毛。稚虫在山地溪流、河流上游及湖泊沿岸的砾石中栖息。

#### 扁蚴蜉属分种检索表

1a 头部前缘无淡色斑纹……………………………………………………………………2

1b 头部前缘具淡色斑纹……………………………………………………………………3

2a 腹部背板无明显斑纹。体长 12 mm（图 2.1-14）……………………………………………………………………桃碧扁蚴蜉 *Ecdyonurus tobiiironis* Takahashi

**已知分布：**国外日本，国内辽宁。

**生境：**稚虫在山地溪流中栖息。4—5 月羽化。一年一个世代。

2b 腹部背板具明显的淡色 U 形斑。体长 13 ～ 15 mm（图 2.1-15）……………………………………………………………………德拉扁蚴蜉 *Ecdyonurus dracon* Kluge

**已知分布：**国外分布在日本、韩国，国内辽宁。

**生境：**稚虫在山地溪流的流水中栖息。

3a 头部前缘具 4 个小的淡色斑。尾须上有带斑（图 2.1-16）……………………………………………………………………稚丝扁蚴蜉 *Ecdyonurus yoshidae* Takahashi

**已知分布：**国外日本，国内辽宁、吉林、黑龙江。

**生境：**稚虫在河流中下游环流的砾石下及湖泊砾石的沿岸栖息。5—6 月羽化。一年一个世代。

3b 头部前缘具 2 个小的淡色斑（有时在触角的左右具 4 个淡色斑），尾须上无带斑（图 2.1-17）……………………………………奇埠扁蚴蜉 *Ecdyonurus kibunensis* Imanishi

**已知分布：**国外日本，国内辽宁。

**生境：**稚虫在山地溪流的砾石间栖息。初夏羽化，一年一个世代。

图 2.1-14
桃碧扁蚴蜉个体

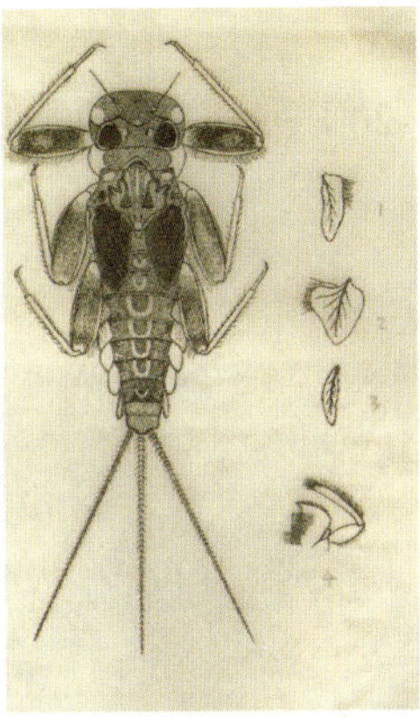
图 2.1-15
德拉扁蚴蜉个体

图 2.1-16
雅丝扁蚴蜉个体

图 2.1-17
奇埠扁蚴蜉个体

### 2.1.3.3 扁蜉属 *Heptagenia*

**属征：**稚虫体长 9 ～ 13 mm。上唇为头宽的 0.4 ～ 0.6 倍。下颚顶端密生栉状齿。腹部表面具一细毛列。鳃 7 对，各鳃分为片状部分和丝状部分。尾须 3 根，各节的节间具刺和细毛。稚虫在河流的缓流处栖息。本属在辽河流域仅发现 1 种。

扁蜉属 A 种 *Heptagenia* sp. A（图 2.1-18），体长 12 mm。头部前缘有两个小的圆形淡色斑。前胸背板有两个大的卵圆形淡色斑，中胸背板中部具两个圆形斑。足腿节宽，中部具一圆形淡色斑。腹部背板第 4 节和第 8 节各具一淡色斑。鳃 7 对，第 7 对鳃单片。尾须基半部颜色较深、具密生的长细毛。

**已知分布：**国外日本，国内辽宁。

**生境：**稚虫在河流的缓流处栖息。

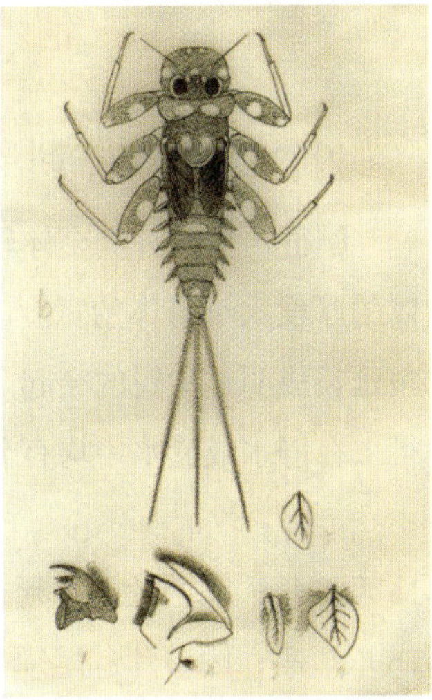
图 2.1-18　扁蜉属 A 种

### 2.1.3.4 微动蜉属 *Cinygmula*

**属征：**稚虫头壳前缘中央具明显缺刻，背面观，下颚须部分露出头壳之外。下颚端部具梳状栉毛。上唇为头壳宽的 1/4。鳃 7 对，各鳃的丝状部分少，一般只有少数几根。尾须 3 根。稚虫生活在山地溪流的流水中，清洁水体指示种。

## 微动蜉属分种检索表

1a 鳃叶宽大，腹部背板第 4 ～ 7 节各具 1 对倒三角形淡色斑（图 2.1-19）…………………………………………………………………………………………微动蜉 A 种 *Cinygmula* sp.CA

**已知分布：**辽宁。

**生境：**稚虫在清澈的山地溪流砾石间栖息。

1b 鳃叶窄小，腹部背板第 9 节有一淡色斑（图 2.1-20）………微动蜉 B 种 *Cinygmula* sp.CB

**已知分布：**辽宁。

**生境：**稚虫在清澈的山地溪流砾石间栖息。

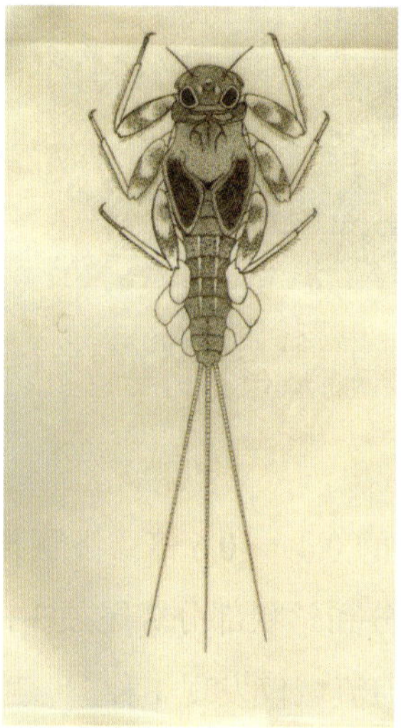

图 2.1-19　微动蜉 A 种

图 2.1-20　微动蜉 B 种

## 2.1.4 四节蜉科 Baetidae

**属征：**本科种类个体较小，体长为 3 ～ 12 mm。身体流线形，运动时有点像小鱼。身体的厚度大于身体的宽度。触角长度大于头宽的 2 倍。后翅牙有时消失。腹部各节的侧后角延长成明显尖锐的突起。鳃 7 对，有时 5 对或 6 对。尾须 2 或 3 根，具有长而密的细毛。稚虫在静水或流水中均有分布，以捕食性种类为主。

### 四节蜉科分属检索表

1a 爪细长；鳃两片；尾须 3 根……………………………………………………………………2

1b 爪短小；鳃单片；尾须 2 ～ 3 根…………………………………………………………3

2a 前翅芽下面无后翅芽；1 ～ 6 对鳃明显呈大小类似的两片……………二翅蜉属 *Cloeon*

2b 前翅芽下面有后翅芽；1 ～ 6 对鳃多数长大于宽………………………刺翅蜉属 *Centroptilum*

3a 尾须 2 根，内缘具长细毛或无……………………………………………花翅蜉属 *Baetiella*

3b 尾须 3 根……………………………………………………………………………………4

4a 爪比跗节的 1/2 短，爪的腹面具小齿…………………………… 四节蜉属 *Baetis*

4b 爪比跗节的 1/2 长，爪的腹面无小齿……………………………原二翅蜉属 *Procloeon*

### 2.1.4.1 二翅蜉属 *Cloeon*

**属征：**上颚具细毛簇，切齿端部分离；下颚须 3 节；下唇须 3 节，第 3 节四方形。爪细长，具两排齿或无。鳃 7 对，分为两片。无后翅芽。尾须 3 根。第 8 ～ 9 背板侧缘具刺。稚虫在河流的缓流处或湖沼沿岸的水草中栖息。春季或晚秋羽化。辽宁发现此属 1 种。

双翼二翅蜉 *Cloeon dipterum* Linne（图 2.1-21），稚虫体长 9 mm，黄绿褐色。头小，触角长约为体长的一半以上。足细长，腿节末端具一暗色横带。胫节、跗节基部褐色。腹部背板中间具淡色点纹。第 9 节不明显。尾须 3 根，中部具黑色斑带。中尾丝两侧、侧尾丝内侧具长细毛。鳃 7 对，1 ～ 6 节的鳃分两叶，第 7 对鳃卵圆形。

**已知分布：**国外日本，国内辽宁。

**生境：**稚虫在河流、湖沼沿岸水草较多的水中栖息。

图 2.1-21　双翼二翅蜉个体、腹部背板及鳃

### 2.1.4.2 刺翅蜉属 *Centroptilum*

**属征：**上颚切齿至少在端部分叉，具细毛簇；臼齿细，针状；下颚须 3 节，第 2 节与第 3 节等长，第 3 节方形，向内凹陷。第 7 对鳃单片，呈圆形。第 8 ～ 9 背板侧缘具齿（个别种类无）。稚虫在清澈河流上游的流水中栖息。辽宁发现此属 1 种。

羽翼刺翅蜉 *Centroptilum pennulatum* Eaton（图 2.1-22），稚虫体长 10 mm，浅黄色。下唇须 2 节，第 2 节端部平直。胸部背板暗色斑纹显著，后翅芽小。腹部背板具显著的不同形状的斑纹。腹部第 8 节侧缘具 4 ～ 6 个齿，第 9 节具 5 ～ 8 个齿。鳃 7 对，1 ～ 6 节的鳃分背腹两叶，背叶细长并下垂，腹叶宽大。尾须 3 根，约等长，中部具 5 个黑色环带。

**已知分布：**国外欧洲，国内辽宁。

**生境：**稚虫在清洁河流上游的水体中栖息。

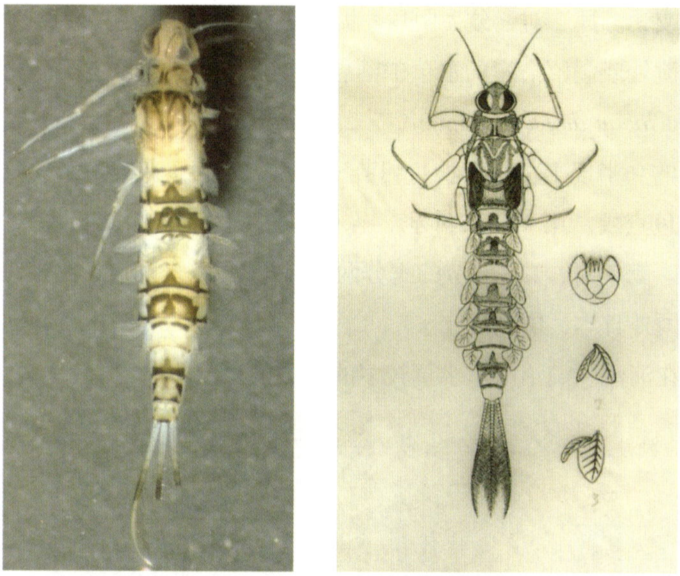

图 2.1-22　羽翼刺翅蜉个体

### 2.1.4.3 花翅蜉属 *Baetiella*

**属征：**上颚切齿愈合成一个齿；下颚须 2 节；下唇须第 2 节具小的内突，第 3 节端部呈对称状隆起。前足腿节具长毛，胫节具一列刺，跗节端部无长刺。爪具细齿。腹部背板常具单个或成对的瘤突或无瘤突。鳃单片，圆形。

稚虫在山地溪流、河流上游的流水中栖息。辽宁发现此属 2 种。

#### 花翅蜉属分种检索表

1a 尾须长。胸部腹板中、后胸各具 1 对刺状突起。腹部背板 1 ～ 7 节中部具 1 丘状刺突，两侧各具 1 对暗色斑纹。体长 6 ～ 7 mm（图 2.1-23）……………………………………………………………………………………日本花翅蜉 *Baetiella japonica*（Imanishi）

**已知分布：**国外日本，国内辽宁。

**生境：**稚虫在清洁河流上游的水体中栖息。

1b 尾须短。胸部腹板中、后胸的刺状突起痕迹状。腹部背板 3 ～ 9 节具 1 对暗色圆斑纹。体长 5 ～ 6 mm，黄褐色（图 2.1-24）…………………………花翅蜉 A 种 *Baetiella* sp. BA

**已知分布：**辽宁。

**生境：**稚虫在清洁河流上游的水体中栖息。

图 2.1-23 日本花翅蜉个体和前胸腹面刺突

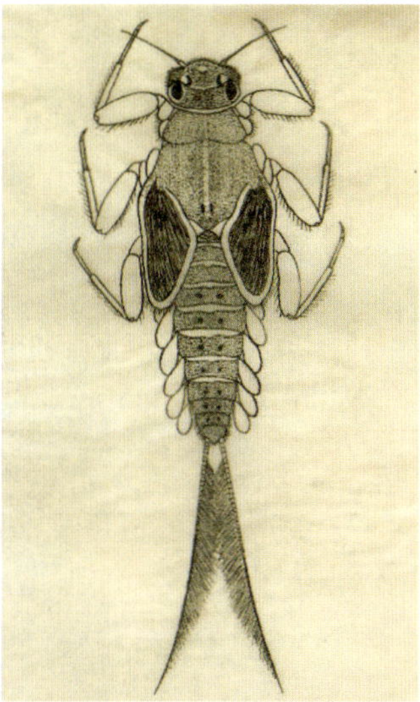

图 2.1-24 花翅蜉 A 种

### 2.1.4.4 四节蜉属 *Baetis*

**属征**：稚虫体长 5 mm 左右，小型种类。上颚无细毛簇，下颚须 2 节，下唇须 3 节，第 2 节的内侧隆起。前足腿节具毛瘤，胫节无成排的毛，爪具一列齿。鳃 7 对，单片。稚虫在清澈的山地溪流、有机污染或无机污染的河流中均有分布。稚虫一般 3—11 月羽化，一年 2 ～ 3 个世代。

**四节蜉属分种检索表**

1a 上唇前缘外侧刚毛树枝状。爪具 11 个小齿（图 2.1-25）…………………………………………………………………………………………三和四节蜉 *Baetis sahoensis* Gose

**已知分布**：辽宁朝阳。

**生境**：稚虫在河流上游的水体中栖息。轻污染水体中多见。

1b 上唇前缘外侧刚毛栉状。爪具 13 个小齿（图 2.1-26）………四节蜉 A 种 *Baetis* sp. BA

**已知分布**：辽宁。

**生境**：稚虫在河流上游的水体中栖息。

图 2.1-25　三和四节蜉个体及上颚

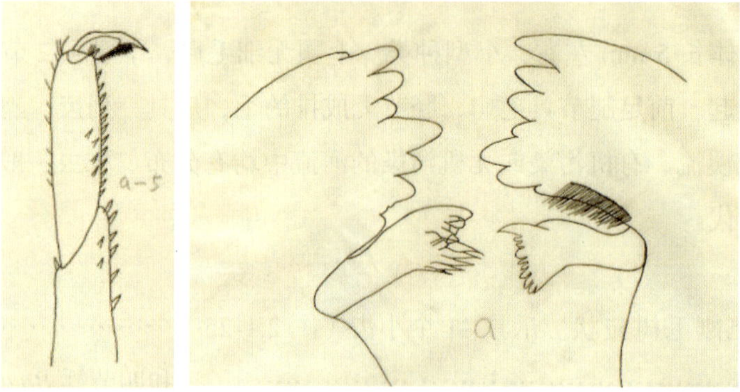


图 2.1-26　四节蜉 A 种爪及上颚

### 2.1.4.5 原二翅蜉属 *Procloeon*

**属征：**稚虫体长 6 mm，黄褐色。后胸无后翅芽。上颚臼具细毛列；下颚须 2 节；下唇须 3 节，第 3 节向内侧突出。腹部 1 ～ 6 对鳃的腹片明显大于背片或鳃单片。胸足的爪细长，无齿。稚虫在河流上游清洁的水体中栖息。辽宁发现此属 1 种。

原二翅蜉 A 种 *Procloeon* sp. CA（图 2.1-27），稚虫体长 6 mm，黄褐色。上唇前缘具强壮的羽状刚毛；上颚臼两侧具细毛列；下颚须光滑分 2 节；下唇须末节向内侧突出，粗壮的小刚毛无规律排列。腹部第 8 节侧缘具 4 个长刺，第 9 节具 5 个长刺。胸足爪的长度超过跗节的一半，内侧无齿。尾须 3 根，中部具 7 ～ 9 个黑色环带，环带以下密生长细毛。

第 7 对鳃单片。

**已知分布：**辽宁。

**生境：**稚虫在清洁河流上游的水体中栖息。

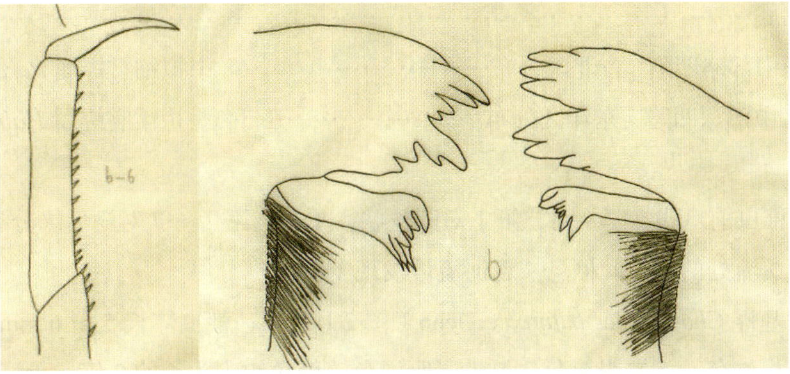


图 2.1-27　原二翅蜉 A 种足爪、跗节和上颚

### 2.1.5 细裳蜉科 Leptophlebiidae

**主要鉴别特征：**身体扁平，体长 10 mm 以下。下颚须与下唇须 3 节。鳃 6 对或 7 对，除第 1 对和第 7 对鳃有变化外，其他鳃的端部大多分叉，并具缘毛，形状各异。尾须 3 根。本科稚虫身体柔软，游泳能力不强。生活于山地溪流、急流的砾石间，在静水中也能采到。稚虫滤食性，少数为刮食性。辽河流域分布 2 属。

#### 细裳蜉科分属检索表

1a 腹部背板向腹面延伸，与腹板的结合缝位于腹面。第 5 ～ 7 对鳃明显位于腹面……………………………………………………………………………………………伊氏蜉属 *Isca*

1b 腹部背板不向腹面延伸，与腹板的结合缝位于身体的侧面。鳃位于腹部背侧面……………………………………………………………………………………………………2

2a 下颚须和下唇须极长，明显伸展到头壳之外。鳃位于 2 ～ 7 腹节背面，后缘分为 3 叉……………………………………………………………………………似宽基蜉属 *Choroterpides*

2b 下颚须短或中等长，不伸展到头壳之外。鳃位于 1 ～ 7 腹节背侧面，形状多样………3

3a 腹部 2 ～ 7 对鳃缘部明显呈缨毛状　…………………………………… 思罗蜉属 *Thraulus*

3b 腹部 2 ～ 7 对鳃缘部不呈缨毛状…………………………………………………………4

4a 腹部第 1 对鳃单丝状，2 ～ 7 对鳃后缘分叉…………………………………………………5

4b 腹部第 1 ～ 7 对鳃 2 分叉………………………………………………………………………6

5a 腹部 2 ～ 7 对鳃的后缘延伸成尖锐的细丝状 ……………………细裳蜉属 *Leptophlebia*

5b 腹部 2 ～ 7 对鳃的后缘分裂成三叉状……………………………宽基蜉属 *Choroterpes*

6a 头部前口式……………………………………………………………印度蜉属 *Indialis*

6b 头部下口式………………………………………………………………………7

7a 上唇前缘中部略凹陷，古北区分布…………………………拟细裳蜉属 *Paraleptophlebia*

7b 上唇前缘中部深凹陷，东洋区分布…………………………柔裳蜉属 *Habrophlebiodes*

### 2.1.5.1 宽基蜉属 *Choroterpes*

**属征：**稚虫前口式，鳃 7 对，第 1 对鳃丝状，单片。第 2 ～ 7 对鳃后缘分裂成三叉状。稚虫在河流缓流处的砾石间栖息。辽河流域发现 1 种。

三叉宽基蜉 *Choroterpes trifurcate* Ueno（图 2.1-28），稚虫体长 5 ～ 6 mm，黄褐色。雄性上复眼棕红色，下复眼黑色。雌性复眼黑色。触角约为头长的 2 倍。足淡黄色，各腿节末端具黑色斑纹。腹部背板具由三角形白斑组成的白色纵条。鳃 7 对，第 1 对鳃针叶状，第 2 ～ 7 对鳃分背腹两叶，末端分裂成 3 个刺状叶突。尾须 3 根，稍比体长，分节处具短毛。

**已知分布：**国外日本、朝鲜、俄罗斯远东地区，国内辽宁。

**生境：**稚虫在河流缓流处的砾石间栖息。清洁或较清洁的水体中多见。

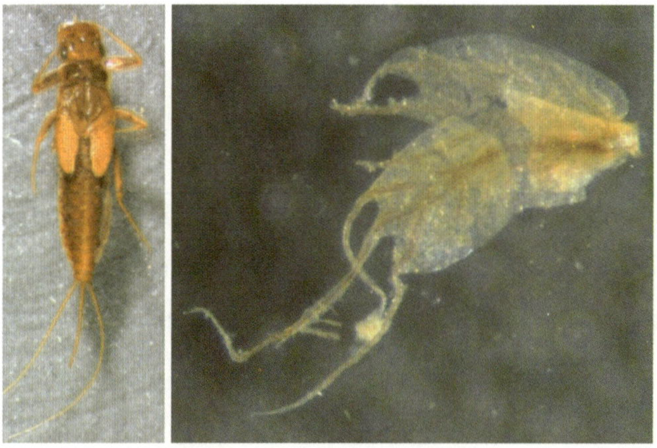

图 2.1-28　三叉宽基蜉个体及鳃

### 2.1.5.2 拟细裳蜉属 *Paraleptophlebia*

**属征：**稚虫下口式。鳃 7 对，单片，分成二叉状，分叉基本到达基部。上唇中央凹陷浅。在河流上游栖息，早春羽化。辽河流域发现 1 种。

刺拟细裳蜉 *Paraleptophlebia spinosa* Ueno（图 2.1-29），稚虫体长 6 mm，头小。单眼外侧具淡色斑纹。下颚须大，第 2 节与下颚端部等长，下颚端部长毛的根部具 5 个长短不齐的棒状突起。足细长，前足爪的腹面具约 18 个锯齿。腹部深褐色，正中线具淡色纵条。鳃 7 对，单片，至基部分为二叉状。尾须 3 根，两侧具细毛。

**已知分布：**国外日本，国内辽宁。

**生境：**稚虫在河流上游的砾石间栖息。清洁水体中多见。

图 2.1-29 刺拟细裳蜉个体及下颚和下颚须

## 2.1.6 小蜉科 Ephemerellidae

**主要鉴别特征：**体长 5 ～ 15 mm，中等大小。体为暗红色、绿色或黑褐色。体背常有各种瘤突或刺状突起。腹部第 1 节上的鳃很小，不易看见。第 2 节无鳃，第 3 ～ 5 节、3 ～ 6 节或第 3 ～ 7 节上的鳃分背腹两叶，背侧的鳃膜片状，腹侧的鳃常分为二叉状，每叉又分为若干小叶。第 3 或第 4 腹节上的鳃有时扩大而盖住后面的鳃。鳃背位。尾须 3 根，具刺。稚虫生活于流水中的枯枝落叶、青苔、石块或腐殖质中。体色多为黑褐色或红褐色，体壁坚硬。游泳能力不强。撕食性或刮食性种类居多。辽河流域分布 5 个属。

### 小蜉科分属检索表

1a 第 4 对鳃的鳃叶不分成二叉状……………………………………………………4

1b 第 4 对鳃的鳃叶分成二叉状 ……………………………………………………2

2a 腹部第 3 节上的鳃扩大，盖住后面各对鳃的大部分………………………大鳃蜉属 *Torleya*

2b 腹部第 3 节上的鳃与后面的各对鳃大小几乎相等………………………………………3

3a 下颚须消失，下颚端部缺刺或密生细毛…………………………天角蜉属 *Uracanthella*

3b 下颚须消失或存在，下颚端部具刺或细毛……………………………锯形蜉属 *Serratella*

4a 中胸背板前侧角向侧面延伸突出……………………………………………………5

4b 中胸背板前侧角不向侧面延伸突出…………………………………………………6

5a 中胸背板前侧角后部向侧面延伸突出………………………………锐利蜉属 *Ephacerlla*

5b 中胸背板前侧角向侧面延伸突出………………………………带肋蜉属 *Clncticostella*

6a 前足腿节宽大，内缘呈锯齿状……………………………………弯握蜉属 *Drunella*

6b 前足腿节正常，内缘光滑，不呈锯齿状……………………………小蜉属 *Ephemerella*

### 2.1.6.1 带肋蜉属 *Cincticostella*

**属征：** 稚虫前胸前侧角向前突出，中胸背板前侧角向侧面突出。鳃位于腹部 3 ～ 7 节背板的两侧，前 3 对形状相似，分背、腹两叶，背叶单片，腹叶 2 分叉，每叉又分成若干小叶。第 6 对鳃略小，腹叶具 8 ～ 10 个小叶，不分叉。第 7 对鳃最小，腹叶一般分成 4 ～ 5 个小叶。尾须节间具刺。稚虫在山地河流的砾石间栖息。辽河流域发现 5 种。

#### 带肋蜉属分种检索表

1a 尾须节间具轮生刺毛，中部侧缘具细长刚毛。腹部背板 2 ～ 9 节的背棘不发达，3 ～ 4 节的背棘丘状，8 ～ 9 节不明显。体长 15 mm（图 2.1-30）………………………………………………………………………………江副带肋蜉 *Cincticostella ezoensis* Gose

**已知分布：** 国外日本，国内辽宁。

**生境：** 稚虫在山地溪流的砾石间栖息。夏季羽化。

1b 尾须节间具轮生刺毛，中部侧缘不具细长刚毛…………………………………………2

2a 尾须长为体长的 1/3。暗褐色至紫黑色，体长 10 mm（图 2.1-31）…………………………………………………………契氏带肋蜉 *Cincticostella tshermovae*（Bajkova）

**已知分布：** 国外日本，国内辽宁。

**生境：** 稚虫在山地溪流的砾石间栖息。6—7 月羽化。一年一世代。

2b 尾须长为体长的 1/2 以上……………………………………………………………3

3a 体长与尾须长约相等，节间具暗色斑带和轮生刺毛。腹部 5 ～ 9 节具背棘（图 2.1-32）…………………………………………………………东方带肋蜉 *Cincticostella orientalis* Tshenova

**已知分布：** 国外日本，国内辽宁。

**生境：** 稚虫在山地溪流的砾石间栖息。

3b 体长是尾须长的约 2/3。尾须各节间具轮生刺毛…………………………………………4

4a 腹部背板 5 ～ 8 节具发育完好的背棘。体长 12 mm（图 2.1-33）…………………………………………………………赖氏带肋蜉 *Cincticostella vanidovae* Tshernova

**已知分布**：国外俄罗斯远东地区，国内辽宁。

**生境**：稚虫在河流上游的砾石间栖息。清洁水体中多见。

4b 腹部背板 2 ～ 9 节具背棘。体长 8 mm（图 2.1-34）…………………………………………………………………………………………黑带肋蜉 *Cincticostella nigra* Ueno

**已知分布**：国外日本，国内辽宁。

**生境**：稚虫在山地溪流的砾石间栖息。4—5 月羽化。一年一个世代。

图 2.1-30　江副带肋蜉个体

图 2.1-31　契氏带肋蜉个体

图 2.1-32　东方带肋蜉个体

图 2.1-33　赖氏带肋蜉个体

图 2.1-34　黑带肋蜉个体

### 2.1.6.2 弯握蜉属 *Drunella*

**属征：**稚虫头具额突，中单眼顶部突出。前足腿节内缘呈锯齿状，腿节背面具棱或瘤状突起。腹部背板具成对的棱或刺突。鳃位于腹部 3 ～ 7 节背板的两侧，前 3 对形状相似，分背腹两叶，背叶单片，腹叶 2 分叉，每叉又分成许多小叶，第 4 对鳃略小，腹叶分成 8 ～ 10 个小叶，但不分叉。第 5 对鳃最小，腹叶分成 4 ～ 5 个小叶。尾须 3 根，具细毛。稚虫在山地溪流、河流中上游的砾石及落叶间栖息。辽河流域发现本属 5 种。

**弯握蜉属分种检索表**

1a 前足腿节背面具棱脊纹，无颗粒状瘤突（图 2.1-35）……………………………………………………………………………………隐足弯握蜉 *Drunella cryptomeria*（Imanishi）

**已知分布：**国外日本，国内广布。

**生境：**山地溪流、河流中上游的砾石及落叶间。

1b 前足腿节背面无棱脊纹，具颗粒状瘤突…………………………………………………… 2

2a 头部前额前缘无角状突起，头的后缘具 1 对瘤状突起（图 2.1-36）…………………………………………………………………………………………双角弯握蜉 *Drunella cornis* Gose

**已知分布：**辽宁。

**生境：**山地溪流、河流中上游的砾石及落叶间。

2b 头部前额缘具角状突起或无……………………………………………………………………3

3a 头部前额前缘具 2 个角状突起，前中央单眼前方具 1 大 2 小的 3 个突起，腹部背板无背棘（图 2.1-37）……………………………………………针刺弯握蜉 *Drunella aculea* Allen

**已知分布：**国外俄罗斯远东地区、日本，国内辽宁、吉林、黑龙江。

**生境：**山地溪流、河流中上游的砾石及落叶间。

3b 头部前额前缘弧形，前中央单眼具 1 个大的突起…………………………………………4

4a 腹部背板有背棘（图 2.1-38）…………………………三刺弯握蜉 *Drunella trispina* Ueno

**已知分布：**国外俄罗斯远东地区，国内辽宁、吉林、黑龙江。

**生境：**山地溪流、河流中上游的砾石及落叶间。

4b 腹部背板无背棘（图 2.1-39）…………虾夷三刺弯握蜉 *Drunella trispina ezoensis*（Gose）

**已知分布：**辽宁。

**生境：**山地溪流、河流中上游的砾石及落叶间。

图 2.1-35　隐足弯握蜉个体、头及前足

图 2.1-36　双角弯握蜉个体、前足和头部

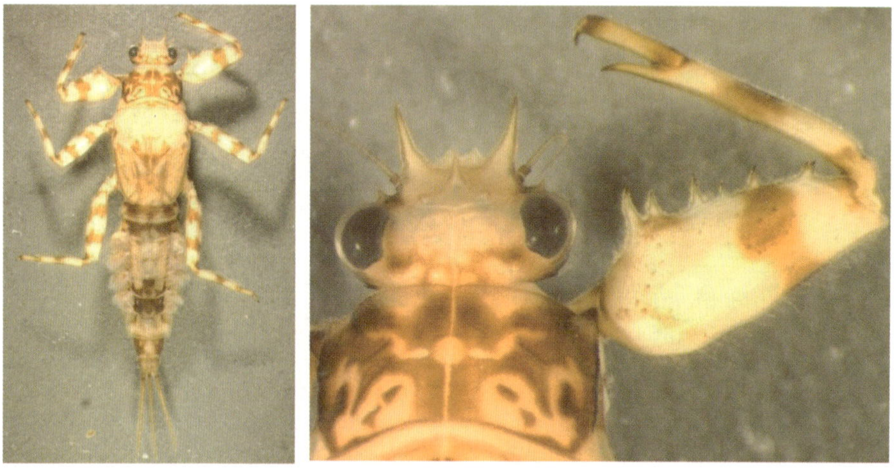

图 2.1-37　针刺弯握蜉个体、头及前足

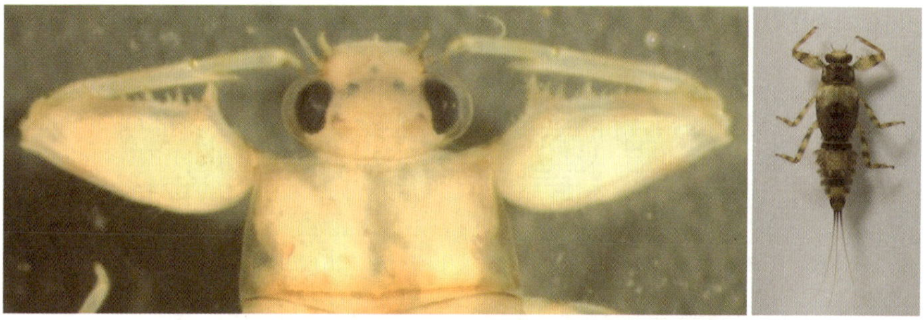

图 2.1-38　三刺弯握蜉个体、头胸及前足

### 2.1.6.3 锐利蜉属 *Ephacerella*

**属征：**稚虫中胸背板前侧方具尖齿状突起。腹部背板第 3 ～ 7 节具鳃，前 3 对鳃分背腹两叶，背叶单片。腹叶 2 分叉，每叉又分成许多小叶。第 4 ～ 5 对鳃小，腹叶不分叉，由 8 ～ 12 个小叶组成，端小叶最大。尾须长于体长，节间具细毛和小刺。稚虫在河流上游流水的砾石间栖息。辽河流域发现本属一种。

长尾锐利蜉 *Ephacerella longicaudata* Ueno（图 2.1-40），稚虫体长 15 mm。中胸背板前缘两侧具三角形突起。足腿节、胫节和跗节在端部各具 1 暗色带。鳃 5 对，分背腹两叶，背叶具蘑菇样暗色斑，腹叶 2 分叉，由许多小叶组成。第 5 对鳃最小，不分叉。尾须 3 根，长于体长，节间处具刺毛和小刺。

**已知分布：**国外俄罗斯远东地区、朝鲜、日本，国内内蒙古、辽宁。

**生境：** 稚虫在河流上游流水的砾石间栖息，3—4 月羽化，一年一个世代。

图 2.1-39 蚬夷三刺弯握蜉

图 2.1-40 长尾锐利蜉个体

### 2.1.6.4 小蜉属 *Ephemerella*

**属征：** 稚虫下颚须发育正常，长度超过下颚内颚叶的一半。腹部 3 ～ 7 节具鳃，前 3 对鳃分背腹两叶，背叶膜质，腹叶 2 分叉，每叉又分成许多小叶。第 4 ～ 5 对鳃小，腹叶不分叉，仅分成若干小叶。尾须各节间具长细毛。稚虫在河流上游、中游流水环境中栖息。辽河流域发现本属 4 种。

## 小蜉属分种检索表

1a 腹部背板无背棘（图 2.1-41）……………………条纹小蜉 *Ephemerella taeniata* Tshernova

**已知分布：** 国外日本，国内辽宁。

**生境：** 稚虫在河流中上游的流水中栖息。

1b 腹部背板具背棘……………………………………………………………………………2

2a 腹部背板第 2 ～ 8 节具背棘……………………………………………………………3

2b 腹部背板第 2 ～ 9 节具背棘，第 4 ～ 7 节的背棘发达。爪内具 8 ～ 10 个小齿………………
……………………………………………………具齿小蜉 *Ephemerella denticula* Allen

**已知分布：** 国外俄罗斯远东地区、朝鲜、日本，国内辽宁。

**生境：** 稚虫在河流中上游的流水中栖息。

3a 腹部背板第 2 ～ 8 节具短突状背棘，第 1 ～ 3 节黑色，第 2 ～ 3 节间的一对背棘呈白色。第 4 ～ 7 节黄色，第 8 节黑色。第 4 ～ 9 节的侧刺大。头部两眼间具多个不规则的瘤状突起。前胸、中胸背板黑褐色，白色斑纹明显。足黄色，各足腿节、胫节各具 1 黑斑，附节具 2 个黑斑（图 2.1-42）……………………………………小蜉一种 *Ephemerella* sp.

**已知分布：**国内辽宁（小孤家子）。

**生境：**稚虫在河流中上游的流水中栖息。

3b 腹部背板第 3 ～ 8 节具背棘，第 3 ～ 9 节具侧刺。爪的内侧具 9 个小齿（图 2.1-43）…………………………………………………………安图小蜉 *Ephemerella antuensis* Su et You

**已知分布：**吉林、辽宁。

**生境：**稚虫在山地溪流、河流的砾石间栖息。

图 2.1-41　条纹小蜉个体

图 2.1-42　小蜉一种个体及腹部背面观

图 2.1-43　安图小蜉个体

### 2.1.6.5 天角蜉属 *Uracanthella*

**属征：**稚虫体长 5 ～ 10 mm。下颚无下颚须，下颚端部无刺，密生细毛。腹部背板无背棘。足爪的内缘具小齿。端部的 1 枚最大，使爪呈 2 分叉状。尾须各节间具长刺毛。稚虫在山地溪流、河流上游清洁的水体中栖息。辽河流域发现本属 2 种。

## 天角蜉属分种检索表

1a 胸部背板具 3 个淡色纵条，爪具 8 个小齿。体长 5 ～ 8 mm，棕红至棕黑色（图 2.1-44）…………………………………………………………红天角蜉 *Uracanthella rufa*（Imanishi）

**已知分布：**国外俄罗斯远东地区、日本、朝鲜，国内黑龙江、吉林、辽宁。

**生境：**稚虫在山地溪流、河流上游的流水中栖息。

1b 胸部背板中央及头部中央具 1 淡色纵条，头部顶端及前胸端部两侧具淡色纹。腹部背板第 5 节和第 8 ~ 9 节具淡色斑纹。爪的内缘具 7 个小齿，端部齿大，爪呈二叉状。尾须末端黑褐色。体长 7 ~ 12 mm，黄褐色（图 2.1-45）…天角蜉 A 种 *Uracanthella* sp. UA

**已知分布：** 辽宁朝阳。

**生境：** 稚虫在河流中上游砾石和水草间栖息。

图 2.1-44　红天角蜉个体

图 2.1-45　天角蜉 A 种个体（雌、雄虫）、下颚及下唇须

## 2.1.7 细蜉科 Caenidae

**主要鉴别特征：** 稚虫身体扁平，体长 2 ~ 10 mm，个体小。后翅芽缺如。第 1 腹节上的鳃分 2 节，细长。第 2 腹节上的鳃背叶扩大，成四方形，将后面的鳃全部盖住，左右两鳃重叠，鳃表面具隆起分支的脊。3 ~ 6 节上的鳃单片状，外缘缨毛状。尾须 3 根，色淡，节间具稀疏长毛。稚虫大多生活于静水水体，如湖沼、水库、池塘等，泥沙底质、泥与枯枝落叶混合的沿岸及植物丛中，少数生活于急流的底部。游泳能力不强。滤食性和刮食性。

**细蜉科分属检索表**

1a 头部背面具 3 个刺状突起。下颚须和下唇须分 2 节………………短尾蜉属 *Brachycercus*

1b 头部背面无突起。下颚须和下唇须分 3 节………………………………细蜉属 *Caenis*

### 2.1.7.1 短尾蜉属 *Brachycercus*

**属征：** 稚虫体长 4 ~ 10 mm。尾须长一般为体长的 1/2。单眼顶部隆起，端部尖锐，形成角状突起。上颚外缘具毛。下颚须和下唇须 2 节。前胸背板宽大于长，近四方形。腹部第 2 ~ 6 节或第 3 ~ 6 节的侧后角的棘明显向背方突出，将鳃包围在其中。7 ~ 9 节的棘突较小。足细长，腿节宽度为胫节宽的 2 倍。前足明显短于中后足。各足的胫节约与跗节等长。爪细长，简单。尾须节间具细毛。稚虫在淤泥底质的沿岸栖息。辽河流域发现 1 种。

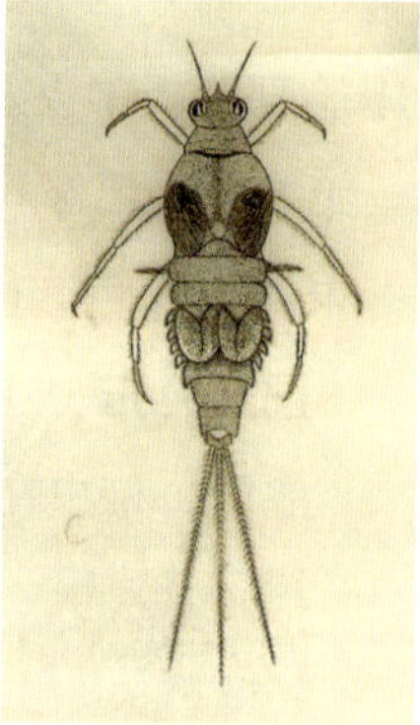
图 2.1-46 平安短尾蜉个体

平安短尾蜉 *Brachycercus harrisella* Curt（图 2.1-46），体长 8 mm。头部单眼顶端具 3 个锐角状突起。下颚须和下唇须 2 节。腹部第 3 ～ 7 节侧缘具弯曲的棘刺。尾须长为体长的 1/2。

**已知分布：** 国外欧洲，国内辽宁朝阳。

**生境：** 稚虫在淤泥底质的沿岸栖息。

#### 2.1.7.2 细蜉属 *Caenis*

**属征：** 稚虫体长 2 ～ 7 mm。头顶无棘刺。上颚侧面具毛，下颚须和下唇须 3 节。前足与中后足长度相差不大，前足腹侧位，使前胸腹板呈三角形。爪短小，尖端弯曲。腹部各节背板的侧后角向侧后方突出呈尖锐状但不向背方弯曲。尾须 3 根，节间具细毛。稚虫多生活于静水水体，如湖沼、水库、池塘等，泥沙底质、泥与枯枝落叶混合的沿岸及植物丛中，少数生活于急流的底部。

图 2.1-47 细蜉 A 种个体

细蜉 A 种 *Caenis* sp. A（图 2.1-47），稚虫身体扁平，体长 5 mm。第 1 腹节上的鳃小棒状，第 2 节上的鳃大，呈四方形，将后面的鳃全部盖住，左右两鳃重叠。表面具分支的脊。第 3 ～ 6 节的鳃单片状，外缘呈缨毛状。腹部两侧具较长的侧棘。尾须 3 根，节间具长细毛。

**已知分布：** 辽宁。

**生境：** 稚虫在湖沼淤泥底质沿岸的植物丛中栖息。

### 2.1.8 河花蜉科 Potamanthidae

**主要鉴别特征：** 个体较大，体长 7 ～ 30 mm。身体扁平，体表常具鲜艳的斑纹，除足外，身体其他部位的背面少毛。上颚突出呈明显的颚牙状。下颚须和下唇须 3 节。前胸背板向侧面略突出，前足的各部分具细毛。鳃 7 对，第 1 对丝状，分 2 节；2 ～ 7 对鳃二叉状，端部呈缨毛状。尾须 3 根，侧面具长细毛。稚虫生活在河流流水的石块或砂石的缝隙中。滤食性。能用上颚牙掘动、搬运小的砂石。

**河花蜉科分属检索表**

1a 上颚牙与头等长或约等长……………………………………红纹蜉属 *Rhoenanthus*

1b 上颚牙短于头长的一半……………………………………河花蜉属 *Potamanthus*

#### 2.1.8.1 红纹蜉属 *Rhoenanthus*

**属征：** 上颚牙明显突出头部之外，前足的胫、跗节内缘和背方密生细毛，胫节的长度为跗节的 2 倍以上。稚虫穴居在河流泥沙底质的流水中。辽河流域发现 2 种。

### 红纹蜉属分种检索表

1a 前足腿节内侧无细长缘毛，腹部背板各节具明显成对的淡色斑纹（图 2.1-48）…………
……………………………………………………………毛叶红纹蜉 *Rhoenanthus corcanus*

**已知分布：**国外朝鲜，国内辽宁锦州。

**生境：**稚虫在河流泥沙型底质中栖息。

1b 前足腿节内侧具细长缘毛，腹部背板无明显斑纹（图 2.1-49）…………………………
……………………………………………………………红纹蜉 A 种 *Rhoenanthus* sp. RA

**已知分布：**辽宁丹东凤城。

**生境：**稚虫生活在泥沙型软底质中。

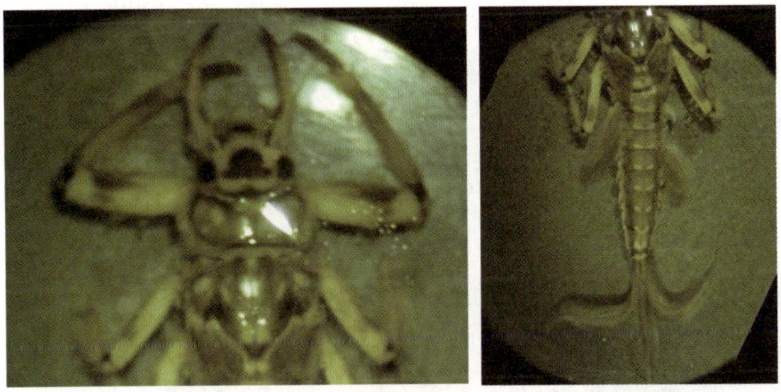

图 2.1-48　毛叶红纹蜉头胸部及腹部背板

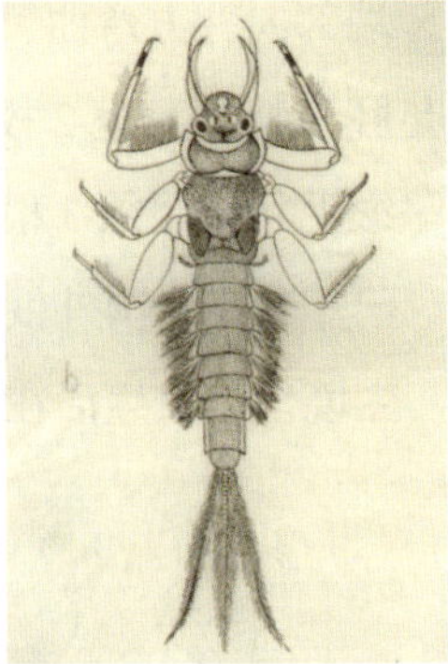

图 2.1-49　红纹蜉 A 种个体

### 2.1.8.2 河花蜉属 *Potamanthus*

**属征：**稚虫上颚小，突出头部前缘不明显。前足胫节较短，为跗节长的 1 ～ 2 倍。前足各部分具稀疏的细毛。稚虫在河流中上游缓流处流水的砾石间，半掘穴型栖息。辽河流域发现 1 种。

黄河花蜉 *Potamanthus luteus*（Linnaeus）（图 2.1-50），稚虫体长 10 ～ 13 mm，黄绿色。上颚小，突出头部前缘不明显。各足腿节较宽，上具两条褐色带。胫节中部具 1 暗色纵带。腹部背板第 5 ～ 9 节具 2 对三角形淡色斑。鳃 7 对，第 1 对丝状，分 2 节。其他鳃 2 分叉，边缘缨毛状。尾须具长细毛。

**已知分布：**国内外广泛分布。

**生境：**稚虫生活在河流中上游缓流处的底质中。

图 2.1-50　黄河花蜉个体

## 2.1.9 褶缘蜉科 Palingeniidae

**主要鉴别特征：** 额明显向前突出，前缘大多呈锯齿状。触角基部突出。上颚明显向前突出呈向上弯曲状，侧缘具明显的锯齿状脊。下颚须和下唇须 2 节，端节明显呈圆形。胸足为开掘足，前足的腿节与胫节明显粗大，端部突出。鳃 7 对，第 1 对鳃小，单片，2 ～ 7 对鳃成对，缘部缨毛状。尾须 3 根。稚虫在河流中上游地区生活，穴居，滤食性。

### 禽基蜉属 *Anagenesia*

**属征：** 稚虫前足胫节光滑，上颚侧缘锯齿状。头部前侧角具一很小的刺状突起，额突前缘锯齿状，两侧的齿比中间的大。稚虫在河流的流水环境中栖息。辽河流域发现 1 种。

特异禽基蜉 *Anagenesia paraaxa* Buldovskij（图 2.1-51），稚虫体长 16 ～ 18 mm，褐色。腹部背板具斜向的褐色纵纹。头部具明显的额突，额突前缘具 5 ～ 6 枚齿。上颚发达，上颚牙端部向背方弯曲，外缘具 1 列齿。下颚须和下唇须 2 节，端部膨大成半球形或球形。前足胫节特化，呈 2 枚突起状，跗节短小。爪细长。鳃 7 对，2 ～ 7 对鳃分两片，各鳃缘部呈缨毛状。尾须 3 根，侧面密生细毛。

**已知分布：** 国外俄罗斯远东地区，国内黑龙江、辽宁。

**生境：** 稚虫生活在河流的流水环境中。

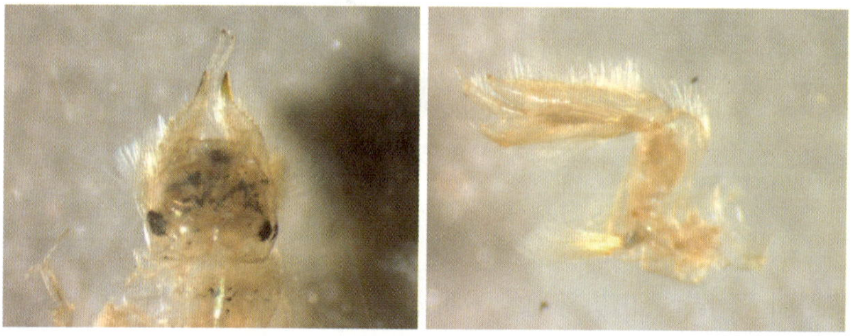

图 2.1-51　特异禽基蜉的头部及前足

## 2.1.10 多脉蜉科 Polymitarcyidae

**主要鉴别特征：** 个体较大，体长 15 mm 以上。身体圆柱形。上颚突出呈牙状，向下弯曲，背表面具两排刺突。下颚须和下唇须 2 节。足为开掘足，前足较粗，身体表面和足上密生细毛。鳃 7 对，背侧位。2 ～ 6 对鳃分背腹两叶，每叶 2 分叉，鳃叶端部缨毛状。尾须 3 根，密生细毛。稚虫滤食性，穴居于泥沙型底质的水体中。

### 埃蜉属 *Ephoron*

**属征：** 复眼黑色，前额突出。上颚牙向下弯曲，具两排齿。前足的跗节与胫节明显分离，各足密生细毛。稚虫在河流干流泥沙底质中掘穴栖息。辽河流域发现本属 2 种。

### 埃蜉属分种检索表

1a 额突三角形……………………………………………稀氏埃蜉 *Ephoron shigae*（Takahashi）

**已知分布：**国外俄罗斯远东地区、朝鲜、日本，国内江西、吉林、辽宁。

**生境：**稚虫在河流泥沙型底质中穴居栖息。

1b 额突半圆形，前缘具稀疏的细毛，有两根长细毛。侧面观上颚牙向下弯曲，背面具数目不等的两排齿，前端的齿较大。上颚背面具长而密的细毛。下颚须和下唇须 2 节，下唇须位于下唇舌的下方。前足腿节开掘状，表面密生细毛。鳃 7 对，第 1 对鳃菜刀状，2 ～ 7 对鳃二叉状，缘部缨毛状，鳃中部具黑色纵气管。尾须 3 根，节间具细毛。稚虫体长 15 ～ 18 mm。复眼黑色（图 2.1-52）…云南埃蜉 *Ephoron yunnanensis* Zhou Changfa

**已知分布：**云南、辽宁（铁岭）。

**生境：**稚虫生活在河流中上游较清洁的水体中。

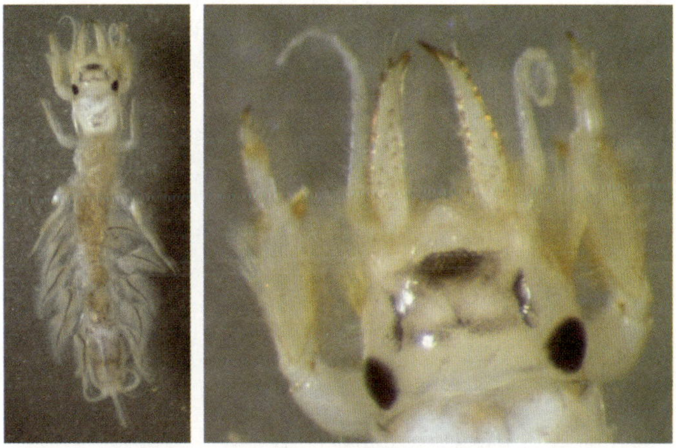

图 2.1-52　云南埃蜉个体及头部

## 2.1.11 蜉蝣科 Ephemeridae

**主要鉴别特征：**个体较大，体长 15 mm 以上。身体圆柱形，淡黄色或黄色。上颚突出成明显的牙状。各足极度特化，适于挖掘。身体表面和足密生长细毛。鳃 7 对，除第 1 对较小外，其余各鳃 2 分叉，鳃缘呈缨毛状。尾须 3 根。稚虫穴居于泥沙质水体中。滤食性。

蜉蝣属 *Ephemera*

**属征：**稚虫体大型，额突前缘分叉。前足爪大而明显。腹部背板具多样的斑纹。稚虫在河流泥沙型底质中掘穴栖息。辽河流域发现该属 5 种。

## 蜉蝣属分种检索表

1a 腹部背板 7 ~ 9 节具 1 对斜纹，第 10 节背板无色斑（图 2.1-53）··························································································条纹蜉 *Ephemera strigata* Eaton

**已知分布：** 国外俄罗斯东部、朝鲜、日本，国内内蒙古、辽宁。

**生境：** 稚虫生活在河流中上游较清洁的水体中。

1b 腹部背板 7 ~ 9 节具 3 对纵条纹·······························································2

2a 腹部第 2 节背板的侧面各具 1 圆形黑斑··················································4

2b 腹部第 2 节背板的侧面具长方形黑斑·····················································3

3a 腹部第 10 节背板具黑色斑（图 2.1-54）···········东方蜉 *Ephemera orientalis* Melachlan

**已知分布：** 国外俄罗斯远东地区、日本、朝鲜，国内黑龙江、辽宁。

**生境：** 稚虫生活在河流中、上游较清洁的水体中。

3b 腹部第 10 节背板无黑色斑（图 2.1-55）························直线蜉 *Ephemera lineate* Eaton

**已知分布：** 国外欧洲、俄罗斯远东地区、朝鲜，国内中国中北部、辽宁。

**生境：** 稚虫生活在河流中上游较清洁的水体中。

4a 腹部第 2 节背板中间具 1 对小黑斑，两侧具 1 对圆形黑斑，第 3 ~ 6 节具 1 对纵条纹，第 10 节背板具小的黑色斑点（图 2.1-56）·········华丽蜉 *Ephemera pulcherrima* Eaton

**已知分布：** 国外印度，国内福建、广东、辽宁。

**生境：** 稚虫生活在河流中上游较清洁的水体中。

4b 腹部第 2 节背板具 2 对斑点，第 3 ~ 6 节具 2 对纵纹，第 10 节背板无黑色斑点（图 2.1-57）·····························································台湾蜉 *Ephemera formosana* Ulmer

**已知分布：** 广东、台湾、辽宁。

**生境：** 稚虫生活在河流中上游较清洁的水体中。

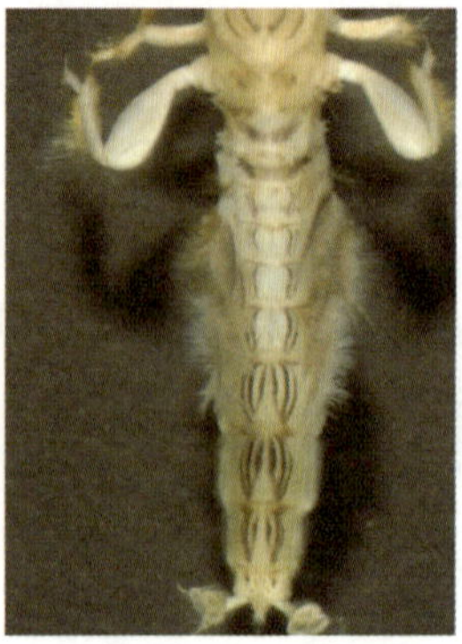
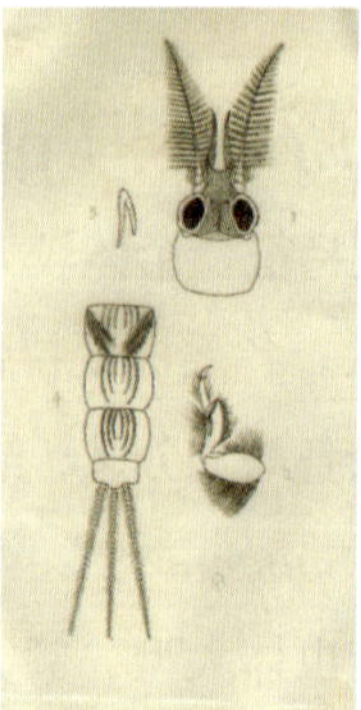

图 2.1-53　条纹蜉个体　图 2.1-54　东方蜉腹部背板　图 2.1-55　直线蜉

图 2.1-56　华丽蜉个体及腹部背板

图 2.1-57　台湾蜉个体及腹部背板

## 2.2 襀翅目 Plecoptera

襀翅目昆虫通称石蝇或襀翅虫（图 2.2-1）。体中到大型、柔软、略扁平。头宽，触角丝状，由 25 ~ 100 节组成。复眼 1 对，单眼 2 ~ 3 个。有发育不全的咀嚼式口器。翅膜质，后翅大于前翅，静止时纵叠于腹背上，飞行能力弱。腹部 11 节。尾须 1 对，长丝状且多节。雌虫缺产卵管，产卵数多达五六千粒。为不完全变态。成虫生活期 1 个月左右。

襀翅目昆虫的稚虫通称石蝇。稚虫（图 2.2-2）的形状与成虫相似，生活期 1 ~ 3 年，多数类群蜕皮为 12 ~ 23 次。稚虫喜欢在含氧充足流水的砾石下或沙砾间生活。肉食性，多以蜉蝣稚虫、摇蚊幼虫等底栖动物为食，也有草食性者。为冷水性鱼类的良好天然饵料。大型种类亦常被用作钓饵。

辽河流域现记录襀翅目 7 科 15 属 17 种。

图 2.2-1　石蝇成虫

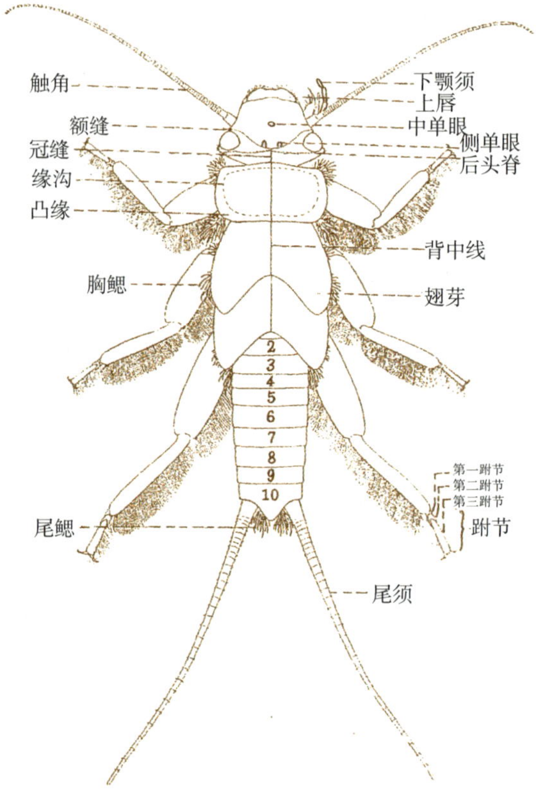


图 2.2-2　稚虫形态

## 襀翅目稚虫分科检索表

1a 腹部第 9、10 节之间有密集的花环状鳃……………………………裸石蝇科 Scopuridae

1b 腹部第 9、10 节之间无花环状鳃。腹部若有鳃，则着生在第 1、2 节，或腹部末端附近……………………………………………………………………………………2

2a 胸部各节上丛生有高度分枝的鳃，位于各足基部附近…………………………………3

2b 胸部如果有鳃，鳃呈指状或丝带状，不分枝或仅分几枝…………………………………4

3a 腹部第 1、2 节上着生有分枝状的鳃 ……………………………大石蝇科 Pteronarcyidae

3b 腹部第 1、2 节上无分枝状的鳃 ………………………………………… 石蝇科 Perlidae

4a 足的第 1 跗节与第 2 跗节长度相等，或略长于第 2 跗节………带石蝇科 Taeniopterygidae

4b 足的第 2 跗节远远短于第 1、3 跗节…………………………………………………………5

5a 中唇舌和侧唇舌大小相同。下颚短且粗壮……………………………………………………6

5b 中唇舌明显小于侧唇舌，甚至消失。下颚细长………………………………………………10

6a 身体呈蜚蠊状，胸部显著宽于头部和腹部…………………………扁石蝇科 Peltoperlidae

6b 身体细长，胸部略宽于头部和腹部……………………………………………………7
7a 足的胫节末端具三叉状刚毛，无刺。单眼 2 枚……………………刺石蝇科 Styloperlidae
7b 足的胫节末端不具三叉状刚毛，刺有或无。单眼 3 枚…………………………………8
8a 身体短，后足伸直后可超过腹部末端。老熟稚虫的翅芽与身体的中线呈一直角…………
……………………………………………………………………………叉石蝇科 Nemouridae
8b 身体长，后足伸直后不超过腹部末端。老熟稚虫的翅芽与身体平行……………………9
9a 腹部第 1 ～ 9 节背板和腹板之间有一膜质的褶，使得腹部的横切面呈半圆形。腹部各节逐渐变宽，至第 7、8 节达到最宽……………………………………………黑石蝇科 Capniidae
9b 腹部的褶仅存于第 1 ～ 4 节、第 1 ～ 6 节或第 1 ～ 7 节上，使得腹部的横切面呈圆形。腹部各节宽相等 ………………………………………………………卷石蝇科 Leuctridae
10a 尾须短，不长于腹部长度的 3/4。身体颜色单一。老熟稚虫的后翅芽与身体平行……
……………………………………………………………………绿石蝇科 Chloroperlidae
10b 尾须至少与腹部等长。身体常有明显的花纹。老熟稚虫的后翅芽与身体呈一夹角……
……………………………………………………………………………网石蝇科 Perlodidae

### 2.2.1 大石蝇科 Pteronarcyidae

**主要鉴别特征：** 稚虫大型，体巧克力色。胸部各节位于足基部附近具多分枝的呼吸鳃。腹部第 1、2 节腹面具呼吸鳃。大石蝇科国内报道只有大石蝇属（*Pteronarcys*）1 属，分布于东北和新疆。稚虫生活在河流上游清洁的水体中。

萨卡林大石蝇 *Pteronarcys sachalina* Klapalek（图 2.2-3），稚虫体长约 39 mm。触角约 21 mm。头、胸、腹部背面巧克力色，腹部腹面、足和触角黄褐色。大颚呈叶片状。前胸腹板、腹部前 1 ～ 2 节腹面具呼吸鳃。足腿节、胫节外缘具长毛。尾须长约 9 mm，节间具小刺。

**已知分布：** 国外俄罗斯远东地区，国内新疆、黑龙江、吉林、辽宁（抚顺浑河源头）。

**生境：** 稚虫在山地溪流清洁水体的砾石间生活。

图 2.2-3　萨卡林大石蝇个体、头胸部及腹部背板

## 2.2.2 石蝇科 Perlidae

**主要鉴别特征：**稚虫大至中型。体褐色或黄褐色，部分种类的头部、胸部、腹部背面有黄色斑纹。胸部侧面观，各足的基部具丝状呼吸鳃，各足的后缘密生细毛。腹部末节具肛鳃。稚虫的多数种类春、夏季羽化。

石蝇科在国内分布有近石蝇属（*Neoperlops*）、纯石蝇属（*Paragnetina*）、锤石蝇属（*Claassenia*）、大山石蝇属（*Oyamla*）、剑石蝇属（*Agnetina*）、襟石蝇属（*Togoperla*）、瘤石蝇属（*Tyloperla*）、钩石蝇属（*Kamimuria*）、珐石蝇属（*Phanoperla*）、棒石蝇属（*Etrocorema*）、新石蝇属（*Neoperla*）、扣石蝇属（*Kiotina*）、拟石蝇属（*Perlesta*）、*Flavoperla*、*Niponiella*、*Caroperla*、纽石蝇属（*Acroneuria*）、*Calineuria*、梵石蝇属（*Brahmana*）、华纽石蝇属（*Sinacroneuria*）、胡石蝇属（*Wuia*）、华石蝇属（*Chinoperla*）、叉突石蝇属（*Furcaperla*）等 23 属。辽河流域发现新石蝇属（*Neoperla*）、纯石蝇属（*Paragnetina*）、大山石蝇属（*Oyamla*）、钩石蝇属（*Kamimuria*）4 属。

### 石蝇科分属检索表

1a 头的后缘上具一排规则的呈直线排列的小刺，一般具后头脊……2

1b 头的后缘上无呈直线排列的小刺，后头脊显著。具肛鳃。前胸背板侧缘的刚毛不连续……新石蝇属 *Neoperla*

2a 具肛鳃……3

2b 不具肛鳃……4

3a 腹部第 7 节腹板后缘的小刺不连续，在后缘中央断开……纯石蝇属 *Paragnetina*（部分）

3b 腹部第 7 节腹板后缘的小刺完整。腹部背板边缘的长刚毛少，多为 1 ～ 2 根……大山石蝇属 *Oyamla*

4a 头部中单眼前有一倒三角形淡色斑。胸、腹部背中线上的丝状长毛较密。腹部各背板中央没有显著的刚毛，若有仅存在于末端数节……纯石蝇属 *Paragnetina*（部分）

4b 头部中单眼前无倒三角形淡色斑。胸、腹部背中线上的丝状长毛稀疏。腹部各背板中央至少有 1 对显著的刚毛……钩石蝇属 *Kamimuria*

#### 2.2.2.1 新石蝇属 *Neoperla*

日新石蝇 *Neoperla niponensis*（Pictet）（图 2.2-4），稚虫体长 20 mm。背腹扁平，黄褐色。单眼 2 个。触角长超过体长的一半。前胸背板长椭圆形。胸部腹面具鳃，前胸 1 对、中胸 2 对、后胸 3 对。足粗壮，扁平，黄色，各节外缘密生长毛。腹部末节具 1 对肛门鳃。尾须长约为体长的一半。

**已知分布：** 国外日本、俄罗斯远东地区，国内辽宁（抚顺社河上游）。

**生境：** 稚虫在山地河流、急流的砾石间生活。4—5 月羽化。

### 2.2.2.2 大山石蝇属 *Oyamia*

大山石蝇 A 种 *Oyamia* sp. OA（图 2.2-5），稚虫大型，体长 30 mm。体褐色。头三角形，单眼 3 个。触角长超过体长的一半。前胸背板虫蚀纹显著。胸部腹面具鳃。足粗壮，扁平，黄褐色，各节外缘密生长毛。腹部深褐色。腹部末节具 1 对肛门鳃。尾须长约为体长的一半。

**已知分布：** 国外日本、俄罗斯远东地区，国内辽宁抚顺、本溪。

**生境：** 稚虫在清洁河流、溪流的砾石间生活。春季羽化。

### 2.2.2.3 纯石蝇属 *Paragnetina*

纯石蝇 A 种 *Paragnetina* sp. PA（图 2.2-6），稚虫体长 30 mm，黄褐色。复眼黑色，单眼 3 个，前单眼前方具淡色斑纹。触角约为体长的一半。前胸背板具虫蚀纹。胸部腹面具鳃。足粗壮，扁平，黄褐色，各节外缘密生长毛。尾须长约为体长的一半，内侧密生细毛。

**已知分布：** 国外日本，国内辽宁抚顺、本溪。

**生境：** 稚虫在清洁河流水体的砾石下面生活。夏季羽化。

### 2.2.2.4 钩石蝇属 *Kamimuria*

管钩石蝇 *Kamimuria tibialis*（Pictet）（图 2.2-7），稚虫体长 20 mm。体黄褐色。头部单眼 3 个，褐色斑纹明显。触角长超过体长的一半。前胸背板椭圆形，上具虫蚀纹。胸部腹面，足的基节具鳃。足粗壮，黄褐色，各节外缘密生长毛。腹部各节黄褐色。尾须长约为体长的一半。

**已知分布：** 国外日本，国内辽宁抚顺、本溪。

**生境：** 稚虫在清洁河流水体的砾石间生活。6—7 月羽化。

图 2.2-4　日新石蝇

图 2.2-5　大山石蝇 A 种

图 2.2-6　纯石蝇 A 种

图 2.2-7　管钩石蝇

### 2.2.3 叉石蝇科 Nemouridae

**主要鉴别特征：**稚虫身体短，灰褐色或暗褐色。触角长，黄褐色。颈部腹面具鳃或无。中后胸背板的翅芽呈八字形，后翅芽与身体中线呈一夹角。足细长，后足伸直后可超过腹部末端。尾须长，周围有长细毛环生。稚虫在河流、湖沼沿岸的水草间生活。早春及晚秋羽化。

叉石蝇科有叉石蝇属（*Nemoura*）、倍叉石蝇属（*Amphinemura*）、原叉石蝇属（*Protonemura*）、依叉石蝇属（*Illiesmemura*）、中叉石蝇属（*Mesonemura*）、印叉石蝇属（*Indonemura*）、球叉石蝇属（*Sphaeronemoura*）7 属。辽河流域发现叉石蝇属 1 属 2 种。

#### 叉石蝇属 *Nemoura*

**属征：**稚虫体长约 10mm，体灰褐色或暗褐色。触角长。颈部无鳃。前胸背板长方形，中后胸翅芽呈八字形。足细长，黄褐色，各节外缘密生长毛。腹部背面暗褐色，腹面暗黄色。尾须细长。

#### 叉石蝇属分种检索表

1a 头部背面斑纹明显。尾须具暗色环带（图 2.2-8）……………叉石蝇 A 种 *Nemoura* sp. NA

**已知分布：**丹东（鸭绿江上游）。

**生境：**稚虫在山地溪流的砾石及水草间生活。

1b 头部背面斑纹不明显。尾须无暗色环带（图 2.2-9）…………叉石蝇 B 种 *Nemoura* sp. NB

**已知分布：**辽宁抚顺（浑河上游的滚马岭地区）。

**生境：**稚虫在山地溪流的砾石及水草间生活。

图 2.2-8　叉石蝇 A 种

图 2.2-9　叉石蝇 B 种

### 2.2.4 黑石蝇科 Capniidae

**主要鉴别特征：**稚虫黄褐色，体细长，体长 6 ～ 9 mm。单眼 3 个。前胸比头狭。中后胸具“U”形或“V”形纹。腹部侧面观，第 1 ～ 9 腹节背板与腹板之间有一膜质的褶，使得背板与腹板分离。腹部横切面呈半圆形，各节逐渐变宽，至第 7、8 节达到最宽。稚虫在山地溪流砾石间栖息。早春羽化。

黑石蝇科国内仅记录黑石蝇属（*Capnia*）1 属，分布于西藏、云南和四川。辽河流域发现该属 1 种。

黑石蝇 A 种（*Capnia* sp. CA）（图 2.2-10），稚虫暗黄褐色，体细长，体长 7 mm。头部单眼 3 个。触角长为体长的 1/2。前胸近圆形，中、后胸后缘具“U”形纹。腹部细长，背板无明显斑纹。足细长，暗黄色，外缘具褐色微毛，跗节 3 节。尾须各节间具短刺。

**已知分布：**辽宁本溪（桓仁雅河流域）。

**生境：**稚虫在山地河流的砾石间栖息。早春羽化。

图 2.2-10　黑石蝇 A 种

### 2.2.5 卷石蝇科 Leuctridae

**主要鉴别特征：**稚虫黄褐色，体细长，体长 5 ～ 7 mm。腹部第 1 ～ 4 节、第 1 ～ 6 节或第 1 ～ 7 节侧面具节间膜，使得背板与腹板分离。腹部横切面呈圆形，各节宽度约相等。稚虫在山地溪流的砾石间栖息。春、夏季羽化。

卷石蝇科国内有长卷石蝇属（*Perlomyia*）、卷石蝇属（*Leuctra*）、拟卷石蝇属（*Paraleuctra*）和诺石蝇属（*Rhopalopsole*） 4 个属。辽河流域发现长卷石蝇属 *Perlomyia*1 属 1 种。

长卷石蝇 A 种 *Perlomyia* sp. PA（图 2.2-11），稚虫体长约 7mm，细长，体黄色。头部单眼 3 个，褐色斑纹明显。触角长超过体长的一半。前胸背板椭圆形，上具虫蚀纹。胸部腹面、足的基节具鳃。足粗壮，黄褐色，各节外缘密生长毛。腹部各节黄褐色。尾须长约为体长的一半。

**已知分布：**辽宁抚顺（浑河上游滚马岭）、本溪（太子河上游）。

**生境：**稚虫在山地溪流、河流的砾石间栖息。

图 2.2-11
长卷石蝇 A 种

### 2.2.6 绿石蝇科 Chloroperlidae

**主要鉴别特征：**稚虫体长 10 mm 以下。体色单一，黄绿色。无呼吸鳃。后翅芽与身体平行。胸部腹板生有刚毛。胸部背板的边缘具刚毛。尾须短，节间有环生刚毛或无。稚虫在山地溪流、河流的砾石间栖息，早春及初夏羽化。

绿石蝇科国内有 *Paraperla*、异石蝇属（*Alloperla*）、犹石蝇属（*Utaperla*）、长绿石蝇属（*Sweltsa*）、简石蝇属（*Haploperla*）、*Triznaka*、钩绿石蝇属（*Suwallia*）7 属。辽河流域发现异石蝇属（*Alloperla*）和长绿石蝇属（*Sweltsa*）2 属。

## 绿石蝇科分属检索表

1a 尾须的节间着生有环生的刚毛……………………………………………异石蝇属 *Alloperla*

1b 尾须的节间无环生的刚毛……………………………………………长绿石蝇属 *Sweltsa*

### 2.2.6.1 异石蝇属 *Alloperla*

异石蝇 A 种 *Alloperla* sp. AA（图 2.2-12），稚虫体长约 9mm，黄褐色。头部单眼 3 个。后头部无黑色斑纹。前胸背板黄褐色。腹部背板 1 ～ 8 节中央具黑色三角形斑纹。尾须短，节间具环生刚毛。

**已知分布：**辽宁抚顺（浑河上游滚马岭）。

**生境：**稚虫在山地溪流、河流的砾石间栖息。春季羽化。

### 2.2.6.2 长绿石蝇属 *Sweltsa*

长绿石蝇 A 种 *Sweltsa* sp. SA（图 2.2-13），稚虫体细长，约 10 mm，黄色。头部单眼 3 个，中央具黑褐色斑纹。下颚须第 5 节细小，上唇前缘中部具凹陷。触角长约为体长的一半。前胸背板中线两侧缘黄色。足细长，黄褐色，各节外缘密生长毛。腹部各节黄褐色。尾须短，节间无环生刚毛。

**已知分布：**辽宁抚顺、本溪。

**生境：**稚虫在清洁河流水体的砾石间生活。春季羽化。

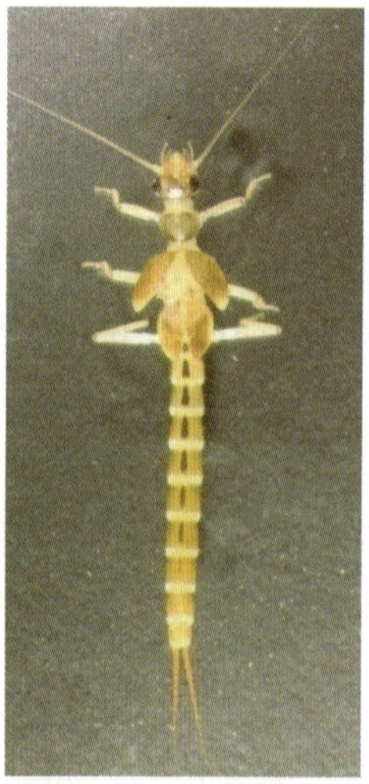

图 2.2-12　异石蝇 A 种

图 2.2-13　长绿石蝇 A 种

## 2.2.7 网石蝇科 Perlodidae

**主要鉴别特征：**稚虫大型，体长 10 ～ 20 mm。褐色或黄褐色，身体具黑褐色斑纹。头部腹面的下唇基部具指状鳃。胸足基部具指状鳃或无。足跗节第 3 节长。尾须与腹部约等长。稚虫在河流上游清洁水体的砾石间栖息。春、夏季羽化。

网石蝇科在辽河流域发现狭石蝇属（*Stavsolus*）、同石蝇属（*Isoperla*）、巨石蝇属（*Megarcys*）、网石蝇属（*Perlodes*）和阿石蝇属（*Tadamus*）5 属。

### 网石蝇科分属检索表

1a 头部下唇及胸足基部具鳃……………………………………………………………2

1b 头部下唇及胸足基部无鳃……………………………………………………………3

2a 下唇基部与胸足基部具一对指状鳃……………………………………巨石蝇属 *Megarcys*

2b 下唇基部具一对指状鳃，胸足基部无鳃…………………………………………………4

3a 腹部第 1、2 节背板和腹板分离。中胸腹板“Y”形隆脊与腹内突陷的后缘相连………
……………………………………………………………………………同石蝇属 *Isoperla*

3b 腹部第 1、4 节背板和腹板分离。小颚内颚叶具粗刺……………………网石蝇属 *Perlodes*

4a 头部单眼后方与胸部中线具长毛。第 10 腹节背面无明显斑纹 ……… 阿石蝇属 *Tadamus*

4b 头部单眼后方与胸部中线无长毛。第 10 腹节背面具斑纹 …………… 狭石蝇属 *Stavsolus*

#### 2.2.7.1 巨石蝇属 *Megarcys*

黄褐巨石蝇 *Megarcys ochracea* Klapalek（图 2.2-14），稚虫褐色，体长约 20 mm。头比前胸宽，复眼间具“M”形纹，后头部黄褐色。前胸长方形，中线两侧具黄色虫蚀纹。足较长，淡黄褐色，胫节外缘具长毛。腹部背板中线两侧各具一对小的淡色斑纹。尾须黄褐色，长 10 mm。

**已知分布：**国外日本、朝鲜，国内黑龙江、吉林及辽宁（抚顺、本溪、铁岭）。

**生境：**稚虫在山地溪流、河流的砾石间栖息。

#### 2.2.7.2 同石蝇属 *Isoperla*

同石蝇 A 种 *Isoperla* sp. IA（图 2.2-15），稚虫黄色，体长约 15 mm。头部单眼 3 个，周围形成 1 个大的黑斑。触角为体长的 1/2。前胸背板具三角形斑纹，中后胸背面具黑色横带。腹部黑褐色，各腹节中间具黄色斑纹。足黄色，外缘密生细毛。尾须不足体长的 1/2。

**已知分布：**国外日本、俄罗斯远东地区，国内辽宁抚顺、本溪。

**生境：**稚虫在山地河流水体的砾石下面生活。

### 2.2.7.3 网石蝇属 *Perlodes*

网石蝇 A 种 *Perlodes* sp. PA（图 2.2-16），稚虫体长约 20 mm，黄褐色。复眼突出，单眼间具倒“W”字纹。触角长，黄色。前胸近方形，具黄色虫蚀纹。中、后胸翅芽暗黄色，上具褐色斑纹。足黄色，跗节 3 节，第 1 节长。尾须为体长的 1/2，黄色。

**已知分布：**辽宁本溪（桓仁大雅河）。

**生境：**稚虫在山地溪流的砾石间栖息。春季羽化。

图 2.2-14　黄褐巨石蝇及其头胸部腹面

图 2.2-15　同石蝇 A 种

图 2-16　网石蝇 A 种

### 2.2.7.4 阿石蝇属 *Tadamus*

阿石蝇 A 种 *Tadamus* sp.TA（图 2.2-17），稚虫体细长，约 18 mm。黄褐色。头部单眼 3 个。触角长为体长的 1/2。前胸背板扁圆形，周边赭褐色。中后胸背面具褐色斑纹，翅芽发达，向侧方伸出。腹部细长，各腹节中线两侧具淡色小点纹。足细长，黄赭色，外缘密生细毛。尾须长为体长的 1/2。

**已知分布：**国外日本、俄罗斯远东地区，国内辽宁抚顺、本溪。

**生境：**稚虫在山地河流水体的砾石下面生活。

### 2.2.7.5 狭石蝇属 *Stavsolus*

1a 腹部背板暗褐色，中间具黄色斑纹。胸部背板具黄褐色斑纹。头部 3 个单眼中间，以及后单眼两侧具黄色点纹。足黄色，胫节后缘具长细毛。尾须短，环形斑带明显。稚虫体长 20 mm，黄褐色（图 2.2-18）……………………………………狭石蝇 A 种 *Stavsolus* sp. A

**已知分布：**辽宁抚顺（浑河、社河上游）。

**生境：**稚虫在山地溪流、河流的砾石间栖息。

1b 腹部背板暗褐色，中线两侧各具一对黄褐色斑纹。前胸中线两侧具黄褐色虫蚀纹。稚虫体长约 20 mm，黄褐色（图 2.2-19）……………………………狭石蝇 B 种 *Stavsolus* sp. B

**已知分布：**吉林、辽宁鸭绿江上游。

**生境：**稚虫在山地溪流、河流的砾石间栖息。

图 2.2-17　阿石蝇 A 种

图 2.2-18　狭石蝇 A 种及其头部腹面观

图 2.2-19　狭石蝇 B 种

## 2.3 毛翅目 Trichoptera

毛翅目昆虫通称石蛾（图 2.3-1）。成虫小型或大型，头小，多毛，触角细长，多节；复眼中等大小，咀嚼式口器，但退化无咀嚼功能；前胸小，背板上多有两个大的瘤状突起并具毛，中胸大而多毛，后胸一般无毛；翅两对，膜质，翅面上具毛（个别具鳞片）；足细长；腹部 10 节，雄体腹末外生殖器发达，有像尾须的分节突起。石蛾白天停留在水边附近的植物上，晚上活泼，趋光性强，不善飞行。成虫寿命一般不超过 1 个月，交配产卵后即死去。毛翅目为完全变态类昆虫，幼虫通称石蚕（图 2.3-2）。幼虫有筑巢习性，在水底生活的种类巢筒多用沙粒、砾石、介壳等沉重物质筑成，或黏附在石块上。在水草间生活的种类，多用植物的茎叶和腐屑等筑巢。不做巢筒的种类腹部末端的爪钩发达。肉食性种类捕食摇蚊和蚋的幼虫以及小型甲壳动物，也有以藻类和水草为食的植食性种类。幼虫生活期一年或半年左右，经 6 次蜕皮后形成蛹。羽化时咬破保护物而爬到水面上。毛翅目幼虫用气管鳃或通过渗透呼吸水中溶解的氧，对氧的要求很高。幼虫是鱼类的天然饵料。

辽河流域现记录毛翅目 17 科 31 属 46 种。

图 2.3-1 毛翅目成虫

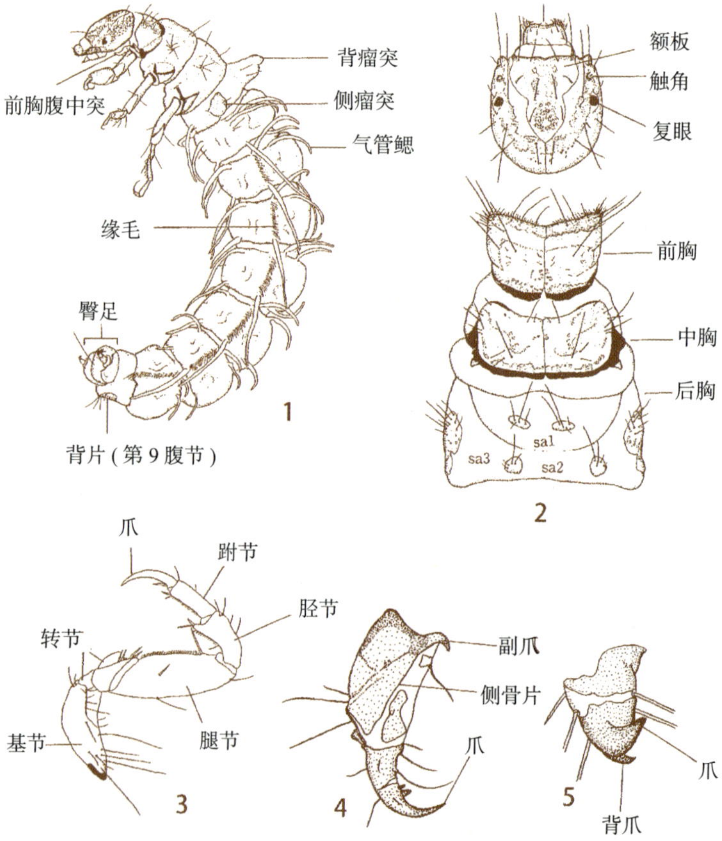


1. 石蚕科幼虫形态 2. 沼石蚕科头胸部背面 3. 短石蚕科后足 4. 原石蚕科臀足 5. 舌石蚕科臀足

图 2.3-2 毛翅目幼虫

## 毛翅目幼虫分科检索

1a 臀足爪梳状；幼虫的巢螺纹状，可移动。巢由沙粒筑成……钩翅石蚕科 Helicopsychidae

1b 臀足爪钩状；幼虫的巢直，不呈螺纹状，巢多数不可移动……………………………………2

2a 胸部各节背面均被一块成中缝分开的盾板覆盖，各节盾板形状、大小相似……………3

2b 后胸和中胸背面有时膜质或近膜质，着生几对小骨片，如骨片大，则与前胸盾板不相似……………………………………………………………………………………………5

3a 腹侧缺气管鳃………………………………………………………………………………4

3b 腹侧具分支的气管鳃……………………………………………纹石蚕科 Hydropsychidae

4a 腹部第 9 节缺骨化骨片……………………………………径石蚕科 Ecnomidae（部分）

4b 腹部第 9 节具骨化骨片……………………………………………小石蚕科 Hydroptilidae

5a 触角长而显著，6 倍长与宽；有时中胸盾板骨片略骨化，后半部具 2 条弯曲的黑色纵线……………………………………………………………………长角石蚕科 Leptoceridae

5b 触角不及宽的 3 倍，或触角不显著；中胸盾板绝无 2 条弯曲的纵线…………………6

6a 中胸背板大部分或全部膜质，被骨片所覆盖的面积远不及其 1/2；前胸盾板无前侧突……………………………………………………………………………………………7

6b 中胸背板大部分被骨片所覆盖，不同程度地被分割为数块；前胸盾板有时具前侧突…17

7a 腹部第 9 节背面具骨化骨片……………………………………………………………8

7b 腹部第 9 节背面无骨化骨片……………………………………………………………11

8a 后胸侧背毛瘤（sa3）具 1 丛着生于小圆骨片上的毛；前胸腹板中央具 1 角状突起；巢管状，可移动…………………………………………………………石蚕科 Phryganeidae

8b 后胸侧背毛瘤（sa3）只有 1 根毛；前胸腹板中央无角状突起；巢龟壳状，固定或可移动……………………………………………………………………………………………9

9a 臀足基半部与第 9 节大面积相连；臀爪至少有 1 个副钩；巢可移动…………………………………………………………………………舌石蚕科 Glossosomatidae

9b 臀足大部与第 9 节分离；臀爪无副钩………………………………………………10

10a 前足腿节具 1 个腹叶，与胫节、跗节构成螯钳状………………螯石蚕科 Hydrobiosidae

10b 前足腿节无腹叶，不形成螯钳状……………………………原石蚕科 Rhyacophilidae

11a 上唇膜质，呈“T”形；筑固定的束状丝质网巢……………等翅石蚕科 Philopotamidae

11b 上唇骨化，呈圆形 ……………………………………………………………………12

12a 下唇细长，末端尖细管状……………………………………………………………13

12b 下唇短，末端钝，不呈细管状 ………………………………………………………………… 15

13a 腹部具侧毛列；足短，胫、跗节扁平，具毛刷；臀末具显著乳突……………………………………………………………………………………………………畸距石蚕科 Dipseudopsidae

13b 腹部无侧毛列…………………………………………………………………………………………14

14a 各足胫、跗节均愈合；前足基转节尖细，锥状；中胸侧板向前延伸成一个突起；巢管状，由沙粒筑成 ……………………………………………………剑石蚕科 Xiphocentronidae

14b 各足胫、跗节均分开；前足基转节宽大，斧状…………………蝶石蚕科 Psychomyiidae

15a 腹部无侧毛列；头窄长，长为宽的 2 倍以上；前足基节具 2 个大刺……………………………………………………………………………………………………角石蚕科 Stenopsychidae

15b 腹部具侧毛列；头圆形或长圆形，长不及宽的 2 倍；前足基节无大刺 ……………… 16

16a 前胸盾板后侧向腹面延伸，包围前足基节……………………径石蚕科 Ecnomidae（部分）

16b 前胸盾板不向腹面延伸；前足基转节尖，无基缝…………多距石蚕科 Polycentropodidae

17a 腹部第 1 节无背、侧瘤突；后胸前背毛瘤（sa1）缺失，或具 1 根刚毛而无骨片；前胸盾板具 1 横脊…………………………………………………………短石蚕科 Brachycentridae

17b 腹部第 1 节具背、侧瘤突，或仅具侧瘤突；后胸前背毛瘤（sa1）存在………………18

18a 后足跗节爪特化为短毛状或细丝状………………………………细翅石蚕科 Molannidae

18b 后足跗节爪与其他爪相同 …………………………………………………………………… 19

19a 上唇中部具一横毛列，约 16 根以上；巢由树叶、树皮和中空的短枝条构成……………………………………………………………………………………………枝石蚕科 Calamoceratidae

19b 上唇中部无横毛列，如有则不超过 6 根 ………………………………………………… 20

20a 触角位置紧挨眼的边缘；腹部第 1 节无背突…………………鳞石蚕科 Lepidostomatidae

20b 触角位置远离眼的边缘………………………………………………………………………21

21a 触角位置紧挨头壳前缘 …………………………………………………………………… 22

21b 触角位于眼与头壳前缘的中间………………………………………………………………25

22a 臀足侧片向后方延伸成突起，着生 1 根粗大刚毛；臀足腹面中部膜质，着生 1 丛毛……………………………………………………………………………………………………贝石蚕科 Beraeidae

22b 臀足侧片不向后方延伸成突起；臀足腹面中部无毛…………………………………………23

23a 前胸腹板具角状突起；腹部具侧毛列和侧面的颗粒；腹部第 1 节具小的背瘤突；鳃单生，短；臀爪具副钩…………………………………………拟石蚕科 Phryganopsychidae

23b 前胸腹板无角状突起；腹部无侧毛列…………………………………………………………24

24a 臀足具 1 丛背毛，约 30 根，在其侧片中后部更多；前足基转节大，端部尖，钩状…………
…………………………………………………………………………毛石蚕科 Sericostomatidae

24b 臀足仅具 3 ～ 5 根背毛，有时背毛呈刺状；前足基转节小，端部钝……………………………
…………………………………………………………………………齿角石蚕科 Odontoceridae

25a 中、后胸背板相似，分别被 3 条纵缝划分为 4 块，其腹面和腹部第 1 节腹面具着生刚毛丛的骨片；腹部第 1 节无背瘤突，背面具 1 横行排列的骨片…………………………
……………………………………………………………………准石蚕科 Limnocentropididae

25b 中、后胸背板不如上述；腹部第 1 节具背瘤突而无横行排列的骨片 …………………… 26

26a 前胸盾板长大于宽；后胸前背毛瘤（sa1）具毛 1 根；腹部侧面具小颗粒…………………
……………………………………………………………………………………乌石蚕科 Uenoidae

26b 前胸盾板宽大于长；后胸前背毛瘤（sa1）毛多于 1 根；腹部侧面无小颗粒…………27

27a 中胸侧板向前延伸成 1 个突起；上颚无齿，偶有小齿 ……………… 瘤石蚕科 Goeridae

27b 中胸侧板正常，不向前延伸；上颚有齿，偶而无齿 ………… 沼石蚕科 Limnephilidae

## 2.3.1 短石蚕科 Brachycentridae

**主要鉴别特征：**前胸背板具一横脊；中胸背板背中线后端相互靠近；后胸背板前背毛瘤（sa1）缺如，或具 1 根刚毛而无骨片；腹部第 1 节无背、侧瘤突。腹部呼吸鳃单棒状或无呼吸鳃。幼虫以植物碎片或沙粒筑巢，巢呈四方形或圆筒形。辽河流域发现短石蚕属、翠纹石蚕属 2 属 2 种。

### 短石蚕科分属检索表

1a 中、后足短，腿节比头短。胫节末端无粗壮坚硬的刺。头部具淡色条纹……………………
……………………………………………………………………………翠纹石蚕属 *Micrasema*

1b 中、后足长，腿节约与头等长。胫节末端有粗壮坚硬的刺………短石蚕属 *Brachycentrus*

### 2.3.1.1 翠纹石蚕属 *Micrasema*

翠纹石蚕 A 种 *Micrasema* sp. MA（图 2.3-3），幼虫体长 7 mm。头深褐色，后缘中部及侧缘色浅。后胸背板后背毛瘤具 4 根刚毛。足黄褐色。腹部无呼吸鳃。幼虫的巢长圆筒形，巢的上部由环形植物片叠加而成，下部由沙粒筑成。巢长约 12 mm。

**已知分布：**辽宁抚顺（社河）。

**生境：**幼虫生活在山地溪流、河流清洁的水体中。

### 2.3.1.2 短石蚕属 *Brachycentrus*

带纹短石蚕 *Brachycentrus americanus*（Martynov）（图 2.3-4），幼虫体长 14 mm。头暗褐色。头部背面、前胸及中胸具黄色点纹。后胸背板后背毛瘤具 8 ～ 9 根长刚毛。足腿节腹面具 1 根长刚毛和 1 列细毛。腹部呼吸鳃单棒状。巢由植物碎片建成，四方形，有的巢外边修饰有植物枝条。

**已知分布：** 国外日本，国内吉林、辽宁（鸭绿江上游）。

**生境：** 幼虫在山地清澈溪流、河流砾石与枯枝落叶较多的环境中栖息。

图 2.3-3　翠纹石蚕 A 种巢及幼虫侧面和头胸部背面

图 2.3-4　带纹短石蚕带巢个体及头胸部背面

## 2.3.2 径石蚕科 Ecnomidae

**主要鉴别特征：** 头长圆形或圆形。胸部背板被骨化板覆盖，大小相似。前胸背板后侧向腹面延伸，包围前足基节。前足基转节端部尖。腹部第 9 节无骨化骨片。腹部无呼吸鳃，具侧毛线。幼虫建造固定式巢，结网捕食栖息。辽河流域发现径石蚕属（*Ecnomus*）1 种。

### 径石蚕属 *Ecnomus*

细巧径石蚕 *Ecnomus tenllus*（Rambur）（图 2.3-5），头黄色，额中部具 2 个椭圆形黑斑，后缘“U”形纹两侧具淡色斑纹。足黄色。胸部背板骨质化。腹部无呼吸鳃，具长刚毛。臀足爪的内缘具一列微细小齿。

**已知分布：** 国外日本、英国，国内辽宁沈阳（棋盘山水库）。

**生境：** 幼虫在河流、湖沼沿岸地区栖息。

## 2.3.3 瘤石蚕科 Goeridae

**主要鉴别特征：**头部黑棕色或红棕色；上颚无齿，偶有小齿。前胸背板宽大于长；中胸骨片 2 ～ 3 对，中胸侧板向前延伸成一个突起；后胸骨片 3 ～ 4 对，后胸前背毛瘤（sa1）具 1 根以上刚毛。幼虫的巢由粗沙砾和边上的 2 对较大的石块筑成。在山地溪流及河流中栖息。辽河流域分布瘤石蚕属（*Goera*）1 种。

### 瘤石蚕属 *Goera*

属征同科征。

日本瘤石蚕 *Goera japonica* Banks（图 2.3-6），幼虫体长 12 mm。头部红棕色。前胸前侧角向前突出，中间具 1 长椭圆形隆起。腹部呼吸鳃 2 ～ 3 根。足黄褐色。巢由粗沙粒和两边 2 ～ 3 对较大石块建成，巢长 12 mm。

**已知分布：**国外日本，国内辽宁。

**生境：**幼虫在清洁河流沙石型底质的水体中栖息。

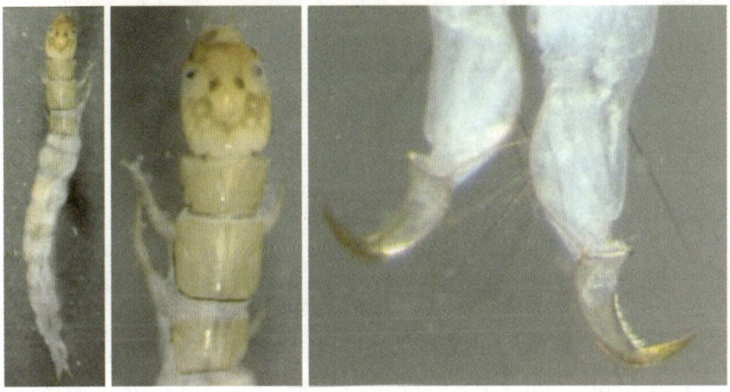

图 2.3-5　细巧径石蚕个体、胸部及臀足

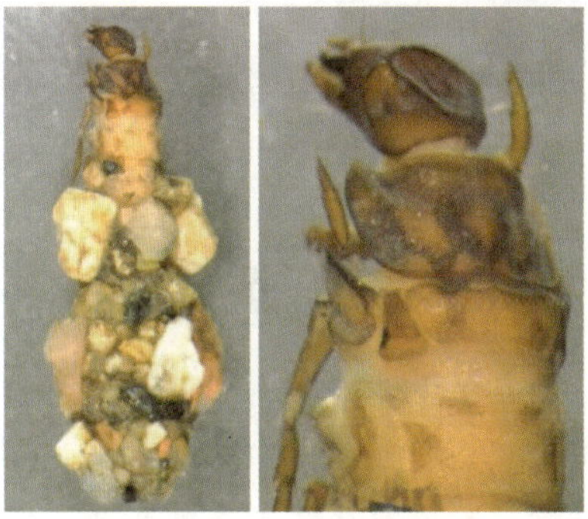

图 2.3-6　日本瘤石蚕个体、巢及头胸部

## 2.3.4 舌石蚕科 Glossosomatidae

**主要鉴别特征：**幼虫体长约 6 mm。前胸背板骨质化，中、后胸膜质或具小骨片。腹部无瘤突、呼吸鳃和侧毛线。第 9 腹节背面具骨化板。幼虫的巢为由粗沙砾筑成的鞍形可移动式巢。山地溪流、清洁河流中多见。辽河流域分布 2 属 2 种。

### 舌石蚕科分属（种）检索表

1a 中胸、后胸背板各有 1 对小骨片；头腹面边缘不加厚。前胸背板后缘具 4 对长刚毛。臀足具 1 个钩型小爪（图 2.3-7）……………………………小舌石蚕 A 种 *Agapetus* sp. AA

**已知分布：**国外日本，国内辽宁丹东。

**生境：**幼虫生活在较清洁河流缓流处的沿岸带泥沙石型底质中。

1b 中胸、后胸背板无骨片；头腹面边缘加厚。前胸背板后缘具 2 根短刚毛。臀足具 2 个钩型大爪（图 2.3-8）……………………………………舌石蚕 A 种 *Glossosom* sp. GA

**已知分布：**国外日本、俄罗斯远东地区、朝鲜，国内辽宁抚顺。

**生境：**幼虫在山地溪流、河流清洁的水体中栖息。

图 2.3-7　小舌石蚕 A 种侧面及头胸部

图 2.3-8　舌石蚕 A 种腹侧面及头胸部

## 2.3.5 纹石蚕科 Hydropsychidae

**主要鉴别特征：**幼虫头部斑纹多样，下唇腺发达。胸部三节均具一条完整的骨化背板，其中央有一条细的背中线。腹部具发达分枝的呼吸鳃。前足基部具摩檫器。臀足与第 9 节分离，基部具长毛束，爪钩状。幼虫有筑巢习性，在水中，它们以植物或在其他基质表面，利用碎石、枯枝、落叶、碎片等筑成纺网形巢室，并在其巢的进口附近吐丝织网，从流水中滤食或采食栖息。辽河流域分布 3 亚科 4 属 6 种。

### 纹石蚕科分属检索表

1a 头部腹面左右两颊不连接，外咽片完整…………………………弓石蚕亚科 Arctopychinae

外烟片梯形，前宽后窄；腹部大多数体节在后背毛瘤（sa2）和侧背毛瘤（sa3）上具 1 根刚毛，有时具 1 ～ 2 根短刚毛，绝无成镞的鳞状毛，各节侧鳃的顶端着生大量鳃丝…………………………………………………………………………………………弓石蚕属 *Arctopyche*

1b 头部腹面左右两颊相互连接，外咽片被分割为前后两部分，或后外咽片不明显，或前外咽片与右颊愈合…………………………………………………………………………2

2a 腹部侧鳃简单，锥状或指状。腹鳃具较少鳃丝，且发自鳃的中部而集中侧枝的顶端……………………………………………………………………纹石蚕亚科 Hydropsychinae 3

2b 腹部的侧鳃与腹鳃均具大量鳃丝，且鳃丝近均匀布满整个侧鳃 ……………………………………………………………………………………长角纹石蚕亚科 Macronematinae

头部背面扁平，“U”形隆脊不切割额唇基，隆脊边缘无长缘毛。前唇基具 4 个横向骨片。亚颏三角形。足的胫节和跗节背面缘毛稀。腹部第 1 节和第 2 节背面具横向排列的长毛片……………………………………………………长角纹石蚕属 *Amphipsyche*

3a 前胸腹板有 1 对小的骨片，有时不明显。外咽片前缘中央无突起；腹部背面无鳞状毛；后胸腹板具 1 对侧腹鳃和 1 个中腹鳃………………………短脉纹石蚕属 *Cheumatopsyche*

3b 前胸腹板有 1 对大的骨片，亚颏前缘深裂。腹部第 7 节常具腹鳃…………………………………………………………………………………………………纹石蚕属 *Hydropsyche*

### 2.3.5.1 弓石蚕属 *Arctopyche*

斑纹弓石蚕 *Arctopyche irrorata* Banks（图 2.3-9），幼虫体长约 21 mm。头部黄色，背面具褐色斑纹和黑色点纹。亚颏矩形，端部前缘两侧各具 5 根长刚毛；腹部侧鳃顶端具约 8 根鳃丝。

**已知分布：**辽宁抚顺（社河鸽子洞）。

**生境：**幼虫在山地溪流、河流上游清澈的水体中栖息。

图 2.3-9 斑纹弓石蚕个体及其头部腹面

### 2.3.5.2 长角纹石蚕属 *Amphipsyche*

兼长角纹石蚕 *Amphipsyche proluta* Maclachlan（图 2.3-10），幼虫体长约 10 mm。中胸腹板具 1 对鳃，后胸腹板具 2 对鳃。腹部 1 ～ 6 节具腹鳃，1 ～ 8 节具侧腹鳃，第 9 节具 1 对腹片；腹部 1 ～ 8 节背板具一浅色横带。

**已知分布**：辽宁铁岭（辽河福德店）。

**生境**：幼虫生活在较大河流水草及枯枝落叶较多的缓流水体中。

图 2.3-10　兼长角纹石蚕个体及其头部背面和腹面

### 2.3.5.3 短脉纹石蚕属 *Cheumatopsyche*

## 短脉纹石蚕属分种检索表

1a 头部额唇基前缘中央具凹陷。前足基转节棘状突二分叉（图 2.3-11）……………………………………………………………………短线短脉纹石蚕 *Cheumatopsyche brevilineata*（Iwata）

**已知分布**：辽宁朝阳（大凌河）。

**生境**：幼虫在河流干流卵石较多的水体中栖息。

1b 头部额唇基前缘中央无凹陷。前足基转节棘状突长指状（图 2.3-12）……………………………………………………………………越后短脉纹石蚕 *Cheumatopsyche echigoensis*（Tsuda）

**已知分布**：辽宁抚顺（社河）。

**生境**：幼虫在山地河流、溪流沙石底的水体中栖息。

图 2.3-11　短线短脉纹石蚕个体及其头部背面

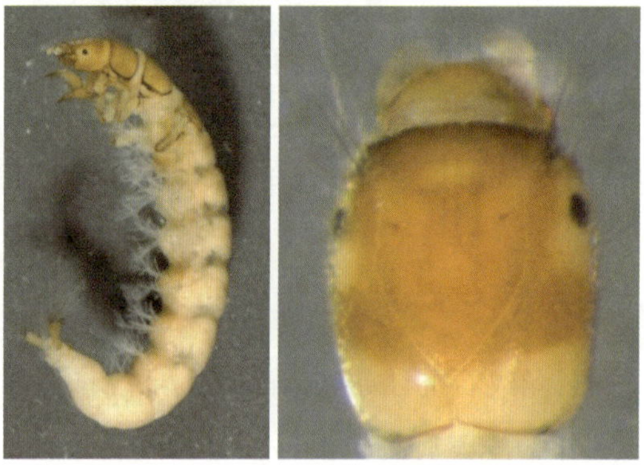

图 2.3-12　越后短脉纹石蚕个体及其头部背面

### 2.3.5.4 纹石蚕属 *Hyropsyche*

## 纹石蚕属分种检索表

1a 头部深褐色。额唇基中部具“V”形隆脊。侧缘亮黄色。幼虫体长 14 mm（图 2.3-13）………
………………………………东方侧枝纹石蚕 *Hyropsyche*（*Certopsyche*）*orientalis* Martynov

**已知分布：**辽宁抚顺（滚马岭）。

**生境：**幼虫生活在河流源头地区清澈的水体中。

1b 头部黄褐色，背面淡色斑纹明显；额唇基光滑无毛（图 2.3-14）…………………………
……………………………………………………………贝藤纹石蚕 *Hydropsyche betteni* Ross

**已知分布：**辽宁抚顺（滚马岭）。

**生境：**幼虫生活在山地溪流、河流清澈的水体中。

图 2.3-13　东方侧枝纹石蚕个体及其头部腹面、背面

图 2.3-14　贝滕纹石蚕个体及其头部腹面、前胸腹板骨片

## 2.3.6 小石蚕科 Hydroptilidae

**主要鉴别特征：**幼虫小型，体长 2 ~ 6 mm。胸部背板骨质化。腹部比头胸部显著肥大。腹部各节无呼吸鳃，第 9 节背板具骨化骨片。幼虫的巢形态多样。通常由丝质物添加小沙砾筑成，两端开口，形如双壳类的巢。幼虫在河流中、下游水生植物较多的泥沙形底质中栖息。辽河流域发现小石蚕科 1 属 1 种。

### 小石蚕属 *Hydroptila*

小石蚕 A 种 *Hydroptila* sp. HA（图 2.3-15），幼虫胸部各节背板骨化骨片不明显，后足跗节与臀足爪约等长。前足跗节后缘有显著的突起。中后足与前足相似，且中后足的长度不长于前足的 2 倍。腹部第 9 节后方具 3 个尾鳃。巢为两瓣的由丝状物加细沙砾筑成，缢蛭形。

**已知分布：**辽宁（葫芦岛、辽阳、朝阳）。

**生境：**幼虫在河流基质为枯枝落叶形泥沙底的缓流区栖息。

图 2.3-15　小石蚕 A 种巢及个体

## 2.3.7 鳞石蚕科 Lepidostomatidae

**主要鉴别特征：**幼虫体长 6 ~ 10 mm。头部褐色或红褐色，背面具散在斑纹。触角紧挨着眼的边缘生长。腹部第 1 节无背瘤突。腹部各节呼吸鳃单棒状。幼虫的巢由植物碎片筑成，四方形或由沙砾筑成圆筒形或前半部为植物碎片后半部为沙砾的筒形巢。幼虫在山地溪流、河流枯枝落叶集聚的水体中栖息。辽河流域发现鳞石蚕属和条鳞石蚕属 2 属 2 种。

### 鳞石蚕科分属检索表

1a 幼虫的巢方锥形，由植物碎片或沙砾筑成。头部后缘具许多短的刺毛…………………………………………………………………………………………………鳞石蚕属 *Lepidostoma*

1b 幼虫的巢方筒形，由方形植物叶片和树皮筑成。头部后缘无短刺毛…条鳞石蚕属 *Goerodes*

#### 2.3.7.1 鳞石蚕属 *Lepidostoma*

黄鳞石蚕 *Lepidostoma flavum* Ulmef（图 2.3-16），幼虫体长约 7 mm。头及前胸背板黄褐色。前、中胸背板明显骨化。前胸背板中线两侧各具 5 根刚毛。中胸背板前背毛瘤（sa1）具 1 根刚毛。后背毛瘤（sa2）和侧背毛瘤（sa3）各具 4 根刚毛。后胸背板前背毛瘤和后背毛瘤各具 1 根刚毛。腹部 2 ～ 7 节背面、腹面的鳃单枝状，侧鳃缺失。臀足具爪 1 个。幼虫的巢近方形，由方形叶片筑成，巢前方开口大，后端小。巢长约 10 mm。

**已知分布：**江西、浙江、安徽、广东、广西、福建、云南、辽宁。

**生境：**幼虫生活在山地河流、溪流清洁的水环境中。

#### 2.3.7.2 条鳞石蚕属 *Goerodes*

日本条鳞石蚕 *Goerodes japonicas*（Tsuda）（图 2.3-17），幼虫体长约 6 mm。头、胸红褐色，散在淡色斑纹。中胸背板端部骨质化，后胸膜质。腹部 2 ～ 7 节具鳃，3 ～ 6 节的背、腹面各具 2 对呼吸鳃。前足小，中后足细长。臀足具爪 2 个。幼虫以方形叶片筑成方形巢，巢长约 10 mm。

**已知分布：**国外日本，国内辽宁宽甸白石砬子。

**生境：**幼虫生活在山地溪流、清洁河流高氧环境中。

图 2.3-16　黄鳞石蚕巢、个体和头胸部

图 2.3-17　日本条鳞石蚕巢、个体和头胸部

### 2.3.8 长角石蚕科 Leptoceridae

**主要鉴别特征：**触角长，6 倍于宽。有时中胸背板略骨化，后半部具 2 条弯曲的黑色

纵线。后足比前、中足显著长，各足的内外缘具显著的长毛列。前胸、中胸背板骨质化，后胸背板膜质，后胸侧背毛瘤（sa3）多具小骨片。腹部的呼吸鳃单棒状。幼虫的巢形状多样，多由沙粒或沙粒加植物枝条筑成，巢圆筒形。幼虫在山地溪流、河流清洁的水体中栖息。辽河流域发现 2 属 3 种。

### 长角石蚕科分属检索表

1a 中胸背板具 1 对深色直线或弯曲条带。呼吸鳃 2 叉或多分支。头部腹面外咽片四边形或多边形，两颊不分割。巢由沙粒筑成……………………………突长角石蚕属 *Ceraclea*

1b 中胸背板无深色条带。呼吸鳃单个或缺如。头部腹面外咽片长矩形，两颊完全被分割。后足无长缨毛。巢由沙粒筑成，常有植物细枝或针叶附于巢上……………………………………………………………………………………………须长角石蚕属 *Mystacides*

#### 2.3.8.1 突长角石蚕属 *Ceraclea*

### 突长角石蚕属分种检索表

1a 头部无斑纹。中胸背板两侧具 1 对弯曲的黑色条纹。后胸宽大、膜质。后足长于前足和中足。幼虫以各种沙粒筑成腹面弯曲的盾形巢筒。体长约 15 mm（图 2.3-18）…………………………………………………………………………津氏突长角石蚕 *Ceraclea tsudai* Akagi

**已知分布：**国外日本，国内辽宁抚顺（社河上游）。

**生境：**幼虫生活在沙石质河床清洁的水体中。

1b 头部斑纹显著。中胸背板除具 1 对弯曲的黑色条纹外还具明显斑纹。后足长。腹部第 2、第 3 节背、腹两侧具簇状呼吸鳃。幼虫以粗沙粒筑成微弯的锥筒形巢。体长约 18mm（图 2.3-19）……………………………………………………突长角石蚕 A 种 *Ceraclea* sp. CA

**已知分布：**辽宁本溪（太子河滴台头）。

**生境：**幼虫在河流上游沙石质河床的清洁水体中栖息。

图 2.3-18 津氏突长角石蚕巢及个体

图 2.3-19 突长角石蚕 A 种巢及个体、头胸部

### 2.3.8.2 须长角石蚕属 *Mystacides*

须长角石蚕 A 种 *Mystacides* sp. MA（图 2.3-20），幼虫体长约 25 mm。头深褐色，眼周围黄色。前胸、中胸背板具深褐色斑纹，后胸膜质，无后胸前背毛瘤（sa1）刚毛。后足无缨毛，胫节分 2 节。腹部无鳃，第 1 节具 3 个显著的瘤突，背瘤突端部尖。幼虫以小沙粒筑成圆筒状巢，外面添加若干小植物茎。

**已知分布：** 国外日本，国内辽宁。

**生境：** 幼虫在山地清洁河流中栖息。

图 2.3-20　须长角石蚕巢室、侧面观及头胸部

## 2.3.9 沼石蚕科 Limnephilidae

**主要鉴别特征：** 触角位于眼与头壳前缘中间。前胸背板宽大于长。前胸、中胸背板骨质化，后胸背板膜质，前背毛瘤（sa1）存在。腹部第 1 节具背、侧瘤突。有些种类腹部具绿上皮细胞。腹部各节具呼吸鳃。幼虫的巢形态多样，筑巢材料有粗沙粒、植物叶片或植物枝条，巢圆筒形，可移动。河流、湖泊中广泛分布。辽河流域分布种类如下。

**沼石蚕科分属检索表**

1a 腹部呼吸鳃单一棒状……………………………………………………………………2

1b 腹部呼吸鳃多分叉………………………………………………………………………3

2a 后胸背板前背毛瘤（sa1）位于中央且相互愈合 ………………………水石蚕属 *Hydatophylax*

2b 后胸背板前背毛瘤（sa1）位于中央，相对分离。巢由沙粒筑成，曲锥形………………………
………………………………………………………………伪突沼石蚕属 *Pseudostenophylas*

3a 头部背面有斑纹…………………………………………………………………………4

3b 头部背面无斑纹，头部黑褐色。幼虫的巢由沙粒筑成…………德沼石蚕属 *Dicosmoecus*

4a 中胸背板前背毛瘤（sa1）具1根刚毛。头部背面两侧具1对黑色条纹。额唇基缝呈“U”形。幼虫的巢由较大的植物叶片横向排列筑成……………………内沼石蚕属 *Nemotaulius*

4b 中胸背板前背毛瘤（sa1）具数根刚毛。腹部第2背面具绿上皮细胞。巢由植物碎片建成…………………………………………………………………异步沼石蚕属 *Asynarchus*

### 2.3.9.1 水石蚕属 *Hydatophlax*

## 水石蚕属分种检索表

1a 头部背面黄褐色，暗色斑纹明显。各足胫节、跗节末端黑色。腹部第5节侧面的呼吸鳃前、后各1根。幼虫体长约20 mm。幼虫的巢由小块树皮筑成（图2.3-21）…………………………………………………………………黑纹水石蚕 *Hydatophylax nigrovittatus*（Mclachlan）

**已知分布：**国外日本，国内辽宁。

**生境：**幼虫在清洁山地溪流的缓流处栖息。

1b 头部背面红褐色，黑色斑纹明显。各足胫节、跗节一样红褐色。腹部第5节侧面的呼吸鳃前部单棒状。幼虫体长约30 mm。幼虫的巢由粗糙的绒状小块树皮筑成（图2.3-22）……………………………………………………索尔水石蚕 *Hydatophylax soldatovi* Martynov

**已知分布：**国外日本，国内辽宁抚顺（滚马岭）。

**生境：**幼虫在山地溪流的急流中栖息。

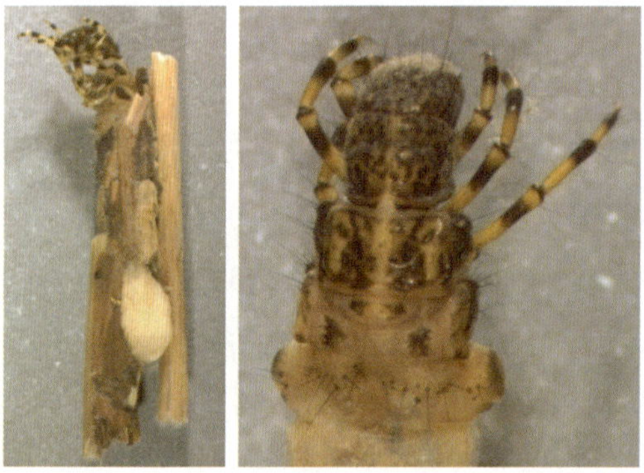

图2.3-21　黑纹水石蚕巢室及头胸部背面观

图2.3-22　索尔水石蚕背面、侧面及幼虫的巢室

### 2.3.9.2 伪突沼石蚕属 *Pseudostenophylas*

昂达伪突沼石蚕 *Pseudostenophylas ondakensis*（Iwata）（图2.3-23），幼虫体长约20 mm。头部黑色，斑点不明显。前胸、中胸黑色，后胸后背毛瘤（sa2）中间具1排小刚毛。足黑色。腹部呼吸鳃不分叉。幼虫的巢由粗沙粒建造，圆筒形，微弯曲。

**已知分布：**国外日本，国内辽宁抚顺（苏子河红升段）。

**生境：**幼虫在清洁山地溪流的缓流处栖息。

图 2.3-23 昂达伪突沼石蚕巢、个体侧面及头胸部

### 2.3.9.3 德沼石蚕属 *Dicosmoecus*

琼氏德沼石蚕 *Dicosmoecus jozankeanus*（Matsumura）（图 2.3-24），幼虫体长约 20 mm。头、前胸、中胸黑色。后胸后背毛瘤（sa2）中间具 6 根小刚毛。足黑色。腹部 2 ~ 6 节各节的呼吸鳃 3 根。巢由粗沙粒筑成，圆筒形。

**已知分布：**国外日本，国内辽宁本溪（白石砬子）。

**生境：**幼虫在山地溪流沙石底的急流中栖息。

图 2.3-24 琼氏德沼石蚕个体、巢及头胸部

### 2.3.9.4 内沼石蚕属 *Nemotaulius*

**内沼石蚕属分种检索表**

1a 后胸前背毛瘤（sa1）具 3 根长刚毛。头部背面具黑色条纹。幼虫体长约 21 mm。幼虫以大的植物叶片筑成扁筒状巢（图 2.3-25）……………………………………………………………………………………埃莫内沼石蚕 *Nemotaulius admorsus*（Mclachlan）

**已知分布：**国外日本，国内辽宁抚顺（社河上游）。

**生境：**幼虫以大型植物叶片建成扁筒形巢，在山地溪流、河流落叶较多的地区栖息。

1b 后胸前背毛瘤（sa1）具 1 根长刚毛。头部背面中央具 1 条黑色条纹，两侧的黑色条纹在头部后缘中央会合。前胸背板前、后缘和中胸背板后缘黑色。足黄色（图 2.3-26）……………………………………………………………………………………内沼石蚕 A 种 *Nemotaulius* sp. NA

**已知分布：**国外日本，国内辽宁抚顺（社河上游）。

**生境：**幼虫以大型植物叶片建成扁筒形巢，在山地溪流、河流落叶较多的地区栖息。

图 2.3-25　埃莫内沼石蚕巢及幼虫头胸部

图 2.3-26　内沼石蚕 A 种幼虫及头胸部

### 2.3.9.5 异步沼石蚕属 *Asynarchus*

异步沼石蚕 A 种 *Asynarchus* sp. AA（图 2.3-27），幼虫体长约 18 mm。头部背面具斑纹，中胸背板左右相连，sa1 处具数根刚毛。第 1 腹节背板、侧板具 3 个显著的瘤状突起，腹板具 30 根以上的刺毛。腹部的鳃分 3 枝，第 5、6 节侧面无鳃。足爪基部具短刺毛。

**已知分布：**国外日本，国内辽宁抚顺。

**生境：**幼虫以植物叶片筑成圆筒形巢，在山地河流中栖息。

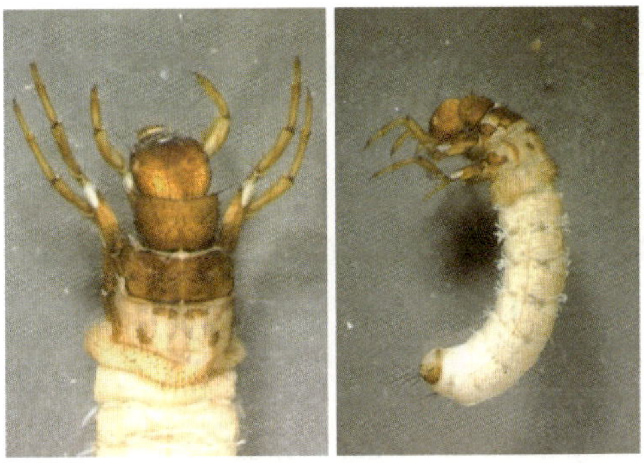

图 2.3-27 异步沼石蚕 A 种头胸部及个体侧面

## 2.3.10 细翅石蚕科 Molannidae

**主要鉴别特征：**前胸背板骨质化，有时具侧突。中胸背板大部分被骨化板所覆盖，不同程度地被分割为数块。后胸膜质，后胸前背毛瘤（sa1）存在。腹部第 1 节具背、侧瘤突，或仅具侧瘤突。腹部各节呼吸鳃 2 ～ 3 枝，侧毛线发达。后足长，跗节具 2 个分节，爪特化为短毛状或细丝状。幼虫的巢由沙粒筑成侧方翼状的盾形巢。幼虫在河流或湖泊的沿岸带栖息。辽河流域分布细翅石蚕属（*Molanna*）1 属 1 种。

### 细翅石蚕属 *Molanna*

暗色细翅石蚕 *Molanna moesta* Banks（图 2.3-28），幼虫体长约 15 mm。头部背面具黑色"V"形斑纹。前胸背板骨质化，中胸背板骨质板弱化，上具黑褐色斑纹。后胸膜质，前背毛瘤（sa1）具 1 根长刚毛。腹部第 1 节背瘤突大。腹部各节具 2 ～ 3 个棒状呼吸鳃。侧毛线发达。足黄色，后足长，跗节具 2 个分节，后足爪短，上具刺状刚毛。幼虫的巢盾形，由粗沙粒筑成。巢长约 20 mm。

**已知分布：**国外日本，国内辽宁辽阳。

**生境：**幼虫在河流、湖沼较清洁的缓流水体中生活。

图 2.3-28 暗色细翅石蚕巢、个体侧面及头胸部

## 2.3.11 齿角石蚕科 Odontoceridae

**主要鉴别特征：**头部背面具条形斑。前胸、中胸背板骨质化，后胸背板骨化板长方形。腹部第 1 节具背、侧瘤突。腹部各节呼吸鳃具多个分枝，侧毛线罕见。臀足爪的内缘无齿。幼虫的巢为沙粒筑成的圆筒形巢。幼虫生活在山地河流沙石底质的流水环境中。辽河流域分布裸齿角石蚕属（*Psilotreta*）1 属 1 种。

### 裸齿角石蚕属 *Psilotreta*

木曾裸齿角石蚕 *Psilotreta kisoensis* Iwata（图 2.3-29）幼虫体长约 14 mm，身体圆桶形，头部黄色，头部中央及两侧各具 1 黑褐色条纹。前胸、中胸背面中线两侧具平行的黑褐色条纹。后胸背板前背毛瘤愈合成长方形。第 1 腹节的瘤状突起不明显。腹部第 2 ~ 7 节具呼吸鳃。幼虫的巢用沙粒建成，巢长约 16 mm，长圆弧形。

**已知分布：**国外日本、朝鲜，国内辽宁抚顺（鸽子洞）。

**生境：**幼虫在清洁河流沙石型底质中以沙粒筑巢，巢口以丝腺做成网，通过流水收集食物。能适应中污染环境。

图 2.3-29　木曾裸齿角石蚕巢及头胸部

## 2.3.12 石蚕科 Phryganeidae

**主要鉴别特征：**前胸背板骨质化，腹板中央具 1 角状突起。中胸背板大部分或全部膜质，被骨片所覆盖的面积不及其 1/2。后胸背板侧背毛瘤（sa3）具 1 丛着生小圆骨片上的毛。腹部各体节呼吸鳃单棒状，第 9 节背板骨化片。幼虫以植物叶片螺旋状建造圆筒状巢。幼虫喜山地流水环境。辽河流域发现 2 属 2 种。

## 石蚕科分属检索表

1a 头部条纹色深。中胸背板前背毛瘤（sa1）骨片上各具 1 条纵向的深色条纹……………………………………………………………………………………………类石蚕属 *Semblis*

1b 头部条纹色浅。中胸背板前背毛瘤（sa1）骨片上无纵向的深色条纹……………………………………………………………………………………………褐石蚕属 *Eubasilissa*

### 2.3.12.1 类石蚕属 *Semblis*

蝶类石蚕 *Semblis phalaenoides*（Linnaeus）（图 2.3-30），幼虫大型，体长约 30 mm。头部额唇基中央具 1 条黑色纵条，两侧的黑色条纹在端部合并呈“V”字形。前胸背板具 1 对黑色纵条，腹板前端具 1 棘角状突起。中胸背板前背毛瘤（sa1）两骨片各具 1 条纵向的深色条纹和 1 根长刚毛。后胸背板膜质。第 1 腹节具背、侧瘤突，侧瘤突端部具细毛。腹部呼吸鳃单一且长，侧毛线及侧鳃具黑毛。足黄色，前足胫节宽大。臀足爪具 2 个背钩。

**已知分布：**国外日本，国内辽宁抚顺、铁岭。

**生境：**幼虫以植物叶片筑成圆筒状巢。在山地清洁河流的缓流处栖息。

图 2.3-30　蝶类石蚕及巢

### 2.3.12.2 褐石蚕属 *Eubasilissa*

艳褐石蚕 *Eubasilissa regina*（Makahara）（图 2.3-31），幼虫体长约 25 mm。头部额唇基中央纵条色浅。前胸背板黄褐色，中胸背板前背毛瘤（sa1）两骨片无深色条纹，sa1、sa2 各具 1 根长刚毛。后胸背板膜质。第 1 腹节具背、侧瘤突，侧瘤突端部无细毛。腹部呼吸鳃单一且长。足黄色，前足胫节宽大。臀足爪具 2 个背钩。

**已知分布：**国外日本，国内辽宁抚顺（苏子河源头）。

**生境：**幼虫以植物叶片筑成圆筒状巢。在山地溪流、河流枯枝落叶较多的缓流处栖息。

图 2.3-31　艳褐石蚕

## 2.3.13 多距石蚕科 Polycentropodidae

**主要鉴别特征：**幼虫头圆形或长圆形，长不及宽的 2 倍，黄褐色。下唇短，末端钝。前胸背板骨质化，不向腹面延伸。中、后胸背板具 1 枚骨片。前足基转节端部尖。腹部无呼吸鳃，侧毛线发达。臀足爪的腹面具明显的齿或微小的刺，爪的背面有时具附刺。幼虫营造固定巢，在巢口织成丝网捕食栖息。广泛分布于各种清洁的流水和静水环境中。辽河流域发现 2 属 2 种。

### 多距石蚕科分属检索表

1a 臀足基节与末节等长，基节表面刚毛 2～3 根。臀爪腹面凹缘，具微小的刺……………………………………………………………………………………纽多距石蚕属 *Neureclipsis*

1b 臀足基节明显比末节长，基节表面具很多分散的刚毛。臀爪背面具小的附刺……………………………………………………………………………………多距石蚕属 *Polycentropus*

### 2.3.13.1 纽多距石蚕属 *Neureclipsis*

满州纽多距石蚕 *Neureclipsis mandjuricus*（Martynov）（图 2.3-32），幼虫体长约 14 mm。头黄色，额唇基板前部横向排列、中部弧形排列 6 个褐色斑。头部背面后缘具明显排列不等的褐色斑。前胸背板具 6 根长刚毛，后缘黑化。中、后胸背板膜质，中胸 sa1、sa2、sa3 各具 1 根长刚毛。后胸 sa2 具 1 根长刚毛，2 跟短刚毛。足黄色，腿节腹面密生大毛，胫节与跗节近乎等长，爪细长、基部具 1 根刺毛。前足基转节的突起大而尖。腹节背面 1～7 节后缘具 4 根长刚毛，第 8 节具 4 根长刚毛、2 根短刚毛；腹部第 9 节腹面中部具 1 对刺状黑斑，两侧各具 3 根长刚毛，背面具 1 对褐色斑，上具 1 长刚毛和 1 短刚毛。腹部各体节无气管鳃，侧毛线发达。臀足基节无刚毛，爪的内缘具微齿。

**已知分布:** 国外日本、蒙古、俄罗斯远东地区，国内江西、江苏、湖南、河南、黑龙江、吉林、辽宁（抚顺戈布桥、铁岭福德店）。

**生境:** 幼虫生活在沿岸水生植物较多的河流中，筑固定巢，用下唇腺吐丝结网，捕食栖息，具有黏附性。

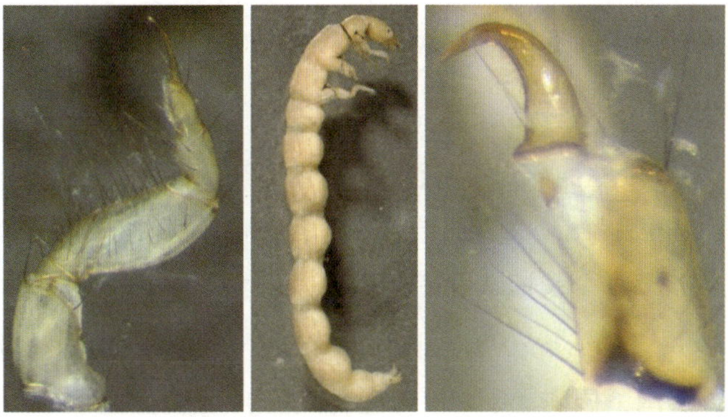

图 2.3-32　满洲纽多距石蚕个体、前足及臀足和爪

### 2.3.13.2 多距石蚕属 *Polycentropus*

黄斑多距石蚕 *Polycentropus flavomacutatus*（Pictet）（图 2.3-33），幼虫体长约 11 mm。头黄色，额唇基板后部具弧形排列的 6 个深褐色斑，下唇短锥形。前胸背板黄色，中缝左右具 1 对褐斑，两侧具多个褐色斑。中、后胸背板膜质，sa1 具 1 根短刚毛，sa2 具 1 根长刚毛和 2 根小刚毛。腹部背板 1 ～ 8 节后缘各具 4 根长刚毛。腹板 1 ～ 7 节各具 2 根长刚毛，第 8 节具 3 根刚毛。腹部各体节无气管鳃，侧毛线发达。前足基转节端部的突起大而尖，跗节的长度不及胫节的一半，爪尖而长。臀足的爪直角形弯曲，背面具小刺。

**已知分布:** 国外英国，国内辽宁本溪（太子河上游滴台头）。

**生境:** 幼虫建固定巢结网滤食，具有黏附性。栖息地水流清澈，有少量水生植物。

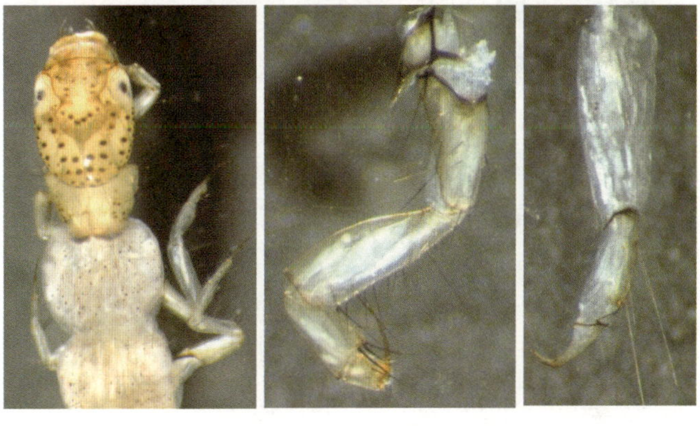

图 2.3-33　黄斑多距石蚕头胸部、前足及臀足和爪

## 2.3.14 蝶石蚕科 Psychomyiidae

**主要鉴别特征：**头部腹面下唇腺末端尖，细管状，突出于头部前缘，亚颏骨片大。前胸背板骨质化，中、后胸膜质。前足基转节大，斧状，与前胸侧板分离。各足胫、跗节分开。腹部无呼吸鳃、无侧毛线。幼虫喜生活在河流或湖沼的沿岸带，以沙粒建造长筒形巢，固定在岩石上栖息。辽河流域发现蝶石蚕属（*Psychomyia*）1 属 2 种。

### 蝶石蚕属 *Psychomyia*

#### 蝶石蚕属分种检索表

1a 头深黄褐色，额唇基前缘凹刻深。亚颏骨片中缝平直。前足相对粗大，中、后足小。腹部末端臀足爪的内缘具 4 个长梳状大齿。老熟幼虫体长约 6 mm。幼虫的巢由沙粒筑成，长筒状（图 2.3-34）……………………………………黄蝶石蚕 *Psychomyia flavida* Hagen

**已知分布：**国外美国，国内辽宁本溪（老官砬子）。

**生境：**幼虫在清洁的山地河流、溪流水体中生活。

1b 头浅黄褐色，后缘两侧具黑色条斑。额唇基前缘凹刻浅。亚颏骨片中缝两侧锯齿状。前足与中、后足大小约相似。腹部末端臀足爪的内缘具 5 个梳状齿。幼虫体长约 6 mm。幼虫的巢由沙粒筑成，筒状（图 2.3-35）……………………蝶石蚕 A 种 *Psychomyia* sp. PA

**已知分布：**辽宁本溪。

**生境：**幼虫在清洁的山地河流、溪流水体中生活。

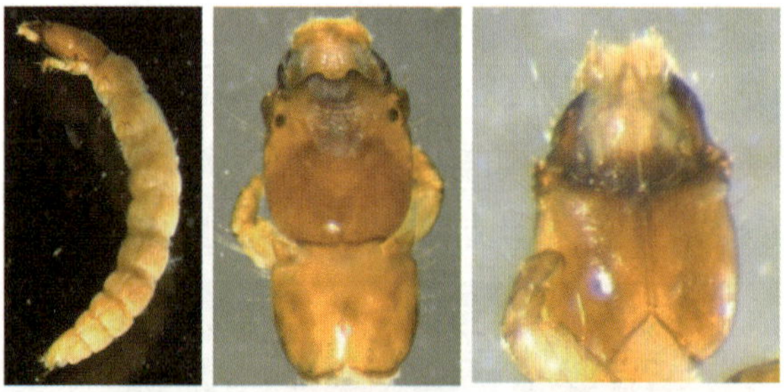

图 2.3-34　黄蝶石蚕个体、头胸部背面及头部腹面

图 2.3-35　蝶石蚕 A 种个体、头部背面和腹面

## 2.3.15 原石蚕科 Rhyacophilidae

**主要鉴别特征：**幼虫蠕虫形。前胸背板骨质化，中、后胸背板膜质。腹部的鳃有的密集呈簇状，有的为稀疏的单个鳃或完全无鳃。腹部节间常明显缢缩，第9节背面具骨化臀板，臀足发达。幼虫不筑巢，自由生活在石质河床及清冷流水中。辽河流域发现2属10种。

**原石蚕科分属检索表**

1a 前足的爪长，明显特化。头部、前胸背板黄色，后缘黑色。前胸背板后缘窄……………………………………………………………………………………………白条石蚕属 *Apsilochorema*

1b 前足的爪正常，不特化。头部和前胸背板有不同的斑纹。腹部呼吸鳃缺失，若存在亦为稀疏的单个鳃。体长不超过 30 mm…………………………………原石蚕属 *Rhyacophila*

### 2.3.15.1 白条石蚕属 *Apsilochorema*

苏茨白条石蚕 *Apsilochorema sutchanum*（Martynov）（图 2.3-36），幼虫体长约 12mm，黄褐色。头及前胸背面黄色，前胸后端窄，后缘黑色。前足爪极度变形，呈长鞭状。臀足爪内缘无齿，仅具1根长刚毛。

**已知分布：**国外日本，国内辽宁本溪桓仁。

**生境：**幼虫在清洁的山地溪流、河流石质河床的砾石间自由栖息。

图 2.3-36 苏茨白条石蚕个体、头胸部及臀足爪

### 2.3.15.2 原石蚕属 *Rhyacophila*

**原石蚕属分种检索表**

1a 臀足有副爪……………………………………………………………………2

1b 臀足无副爪……………………………………………………………………5

2a 臀足的副爪长而微弯…………………………………………………………3

2b 臀足的副爪短钩状……………………………………………………………4

3a 臀足爪的腹面无小齿。头黄色，额周围及前胸黑褐色。体长约 16 mm（图 2.3-37）……………………………………………………………………奇原石蚕 *Rhyacophila impar* Martyrov

**已知分布：**国外俄罗斯远东地区、日本，国内吉林、辽宁（抚顺浑河滚马岭、丹东鸭绿江上游）。

**生境：**幼虫在山地溪流、河流沙石底质的流水中栖息。

3b 臀足爪的腹面具 2 个小齿。头黄色，额的后部及前胸后部黑褐色。体长约 10 mm（图 2.3-38）……………………………………………………………………克氏原石蚕 *Rhyacophila clemens* Tsuda

**已知分布：**国外日本，国内辽宁（丹东、铁岭宋荒地）。

**生境：**幼虫生活在河流沙石底质的缓流区。

4a 头和前胸背板黑褐色。额唇基板具淡色点纹。臀足爪的内缘无齿。体长约 16 mm（图 2.3-39）……………………………………………………………………静原石蚕 *Rhyacophila transquilla* Tsuda

**已知分布：**国外日本，国内辽宁抚顺（浑河滚马岭）。

**生境：**幼虫在山地溪流石质河床中栖息。

4b 头和前胸背板黄褐色。额唇基板后缘具褐色“V”形斑纹。臀足爪的内缘具 2 个齿。体长约 15 mm（图 2.3-40）………………………………二叶原石蚕 *Rhyacophila bilobata* Ulmer

**已知分布：**国外日本，国内辽宁抚顺（社河三块石）。

**生境：**幼虫在山地溪流石质河床急流的水体中栖息。

5a 腹部的鳃单指状。头和前胸很短。头棕红色，中间具明显“V”字形深棕色纹。臀足小，爪的内缘具 3 个齿。体长 14 ～ 15 mm（图 2.3-41）………………………………………………………………………………………………隐缩原石蚕 *Rhyacophila retracta* Martynov

**已知分布：**国外日本，国内黑龙江、吉林、辽宁（抚顺社河上游、丹东鸭绿江上游）。

**生境：**幼虫行自由生活，在山地清洁河流、溪流的石质河床中栖息。

5b 腹部无鳃……………………………………………………………………………………6

6a 头黑色，无斑，长筒形，长为宽的 1.5 倍。臀足侧板具 1 深褐色棱纹，臀足爪的端部具 1 小齿。幼虫体长约 18 mm（图 2.3-42）………黑头原石蚕 *Rhyacophila nigrocephala* Iwata

**已知分布：**国外日本，国内辽宁抚顺（浑河上游）、本溪（太子河上游）。

**生境：**幼虫行自由生活，在山地清洁河流、溪流的石质河床中栖息。

6b 头黄色或赤褐色。臀足爪的内缘无齿……………………………………………………7

7a 头长宽约相等，黄色，散在褐色斑纹。前胸黄褐色，后缘黑色。中胸以下及腹部灰紫褐色。前足褐色，中后足黄色。幼虫体长约 14 mm（图 2.3-43）………………………………

…………………………………………………………短头原石蚕 *Rhyacophila brevicephala* Iwata

**已知分布：**国外日本，国内辽宁（抚顺社河上游）。

**生境：**幼虫行自由生活，在山地清洁河流、溪流的石质河床急流处栖息。

7b 头长大于宽……………………………………………………………………………………8

8a 头显著长，头背面、前胸背板及前足深褐色。前足胫节末端内侧有一距状突起。中、后足黄色。腹部各节具细长毛。幼虫体长 16 ～ 20 mm（图 2.3-44）……………………………………………………………………突异原石蚕 *Rhyacophila lata* Martynov

**已知分布：**国外日本、俄罗斯远东地区，国内吉林、辽宁（抚顺社河上游）。

**生境：**幼虫行自由生活，在山地清洁河流、溪流的石质河床中栖息。

8b 头稍长，头背面、前胸背板及前足黄色。腹部各节具细长毛。臀足基节端部具一尖突。幼虫体长 12 ～ 14 mm（图 2.3-45）……………………………………………………………………纳维原石蚕 *Rhyacophila narvae* Navas

**已知分布：**国外日本、俄罗斯远东地区，国内吉林、黑龙江、辽宁（鸭绿江上游）。

**生境：**幼虫行自由生活，在山地清洁河流、溪流的石质河床中栖息。

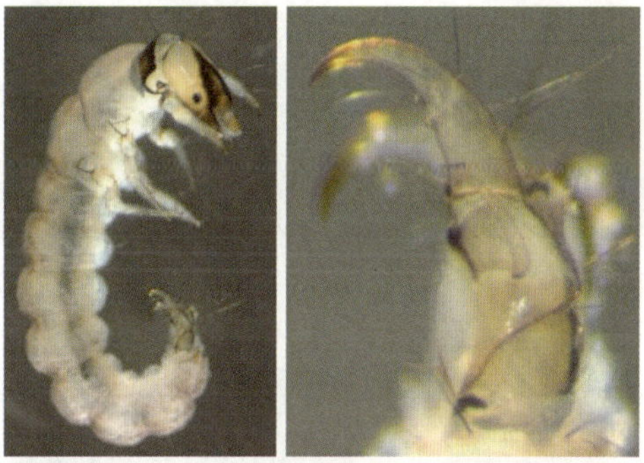

图 2.3-37　奇原石蚕个体及臀足爪

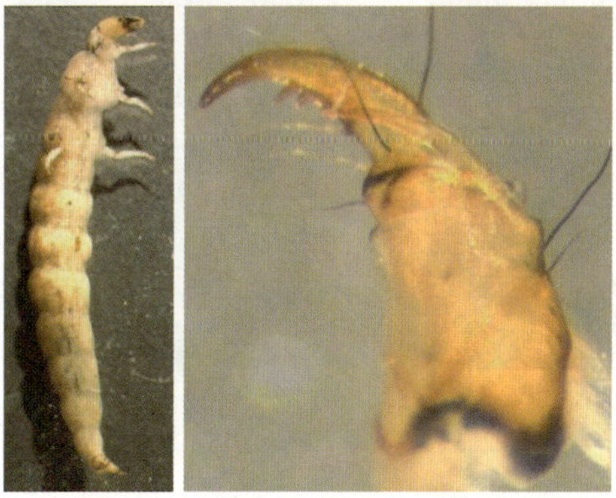

图 2.3-38　克氏原石蚕个体及臀足

图 2.3-39　静原石蚕个体及臀足

图 2.3-40　二叶原石蚕个体、头胸部及臀足

图 2.3-41　隐缩原石蚕个体及臀足

图 2.3-42　黑头原石蚕个体及臀足爪

图 2.3-43　短头原石蚕个体及臀足爪

图 2.3-44　突异原石蚕个体及臀足爪

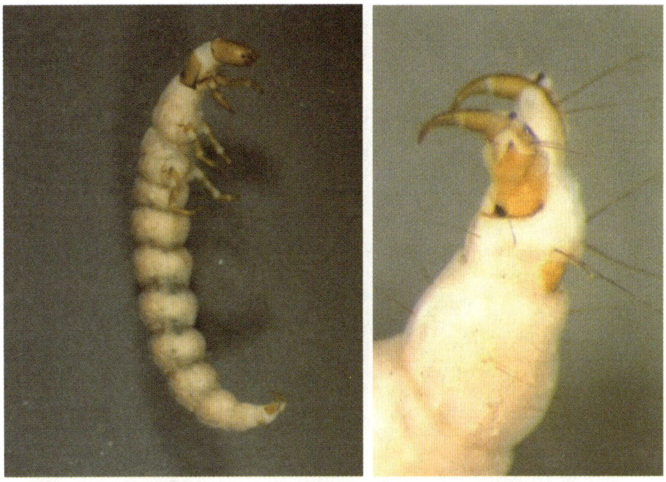

图 2.3-45 纳维原石蚕个体及臀足

## 2.3.16 角石蚕科 Stenopsychidae

**主要鉴别特征：**幼虫大型。头细长，长为宽的 2 倍以上。前足基转节具 2 个大刺。头部及前胸黄褐色或茶褐色，黑褐色斑纹或条纹明显。腹部无呼吸鳃，无侧毛线；腹部末端具肛鳃。臀足第 9 节分离，臀足爪长。幼虫在河流上游急流中的砾石间用粗沙粒建巢，开口处结成网丝栖息、捕食。辽河流域发现角石蚕属（*Stenopsyche*）2 种。

### 角石蚕属 *Stenopsyche*

### 角石蚕属分种检索表

1a 前足基转节的 2 个刺中，后端的长。额中线具淡黑色纵纹。体长约 40 mm（图 2.3-46）……………………………………………………………条纹角石蚕 *Stenopsyche marmorata* Navas

**已知分布：**国外日本、朝鲜，国内吉林、黑龙江、台湾、辽宁（抚顺、本溪、铁岭、辽阳）。

**生境：**幼虫在清洁河流水体的砾石间用粗沙粒建造巢室，结成丝网栖息、捕食。

1b 前足基转节的 2 个刺中，前端的长。额中线无淡黑色纵纹。体长约 30 mm（图 2.3-47）……………………………………………………………色氏角石蚕 *Stenopsyche sauteri*（Ulmer）

**已知分布：**国外日本、朝鲜，国内辽宁抚顺、本溪。

**生境：**幼虫在清洁河流水体的砾石间建成粗沙粒巢室，结成丝网栖息、捕食。

图 2.3-46　条纹角石蚕个体侧面及前足基转节的刺

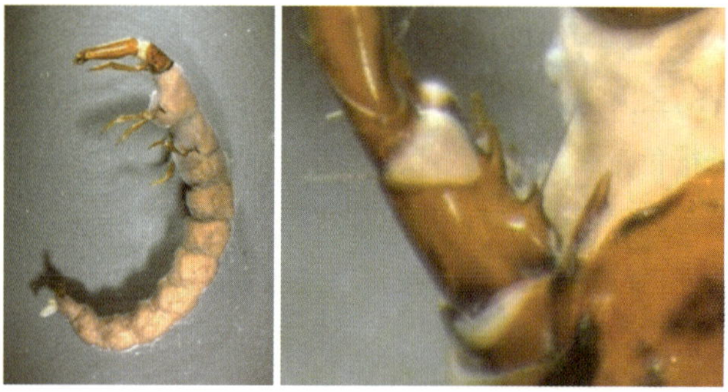

图 2.3-47　色氏角石蚕个体侧面及前足基转节的刺

## 2.3.17 乌石蚕科 Uenoidae

**主要鉴别特征：**头部腹面外咽片“T”字形或三角形。前胸背板长大于宽。后胸前背毛瘤（sa1）具 1 根毛。腹部的第 1 节具背瘤突，无横向排列的骨片，侧面具小颗粒。腹部各节的呼吸鳃单棒状。巢圆筒形，由细长光滑的丝黏合大沙粒建造，巢两翼具较大石块。幼虫生活在河流上游沙石质河床清洁水体中。辽河流域发现 1 属 1 种。

### 新叶石蚕属 *Neophylax*

日新叶石蚕 *Neophylax japonicas* Schmid（图 2.3-48），老熟幼虫体长约 9 mm。头部背面基半部具淡色斑纹。前胸前缘具小刺。中胸背板骨化区前缘中部具“M”形纹。后胸前背毛瘤（sa1）具 1 根刚毛。后背瘤毛（sa2）具 2 ～ 3 根刚毛。足粗壮，红黑褐色。腹部第 3 节的鳃单棒状。腹部末端具臀足 1 对。幼虫的巢筒扁圆形，由小碎石筑成。巢长约 15 mm。

**已知分布：**国外日本，国内辽宁抚顺（浑河、社河上游）。

**生境：**幼虫在山地河流、溪流等清洁水体中生活。

图 2.3-48　日新叶石蚕带巢个体及胸部背板

## 2.4 蜻蜓目 Odonata

蜻蜓的成虫中到大形，体细长，体壁较坚硬，头大且活动。复眼发达，3 个单眼。触角刚毛状。咀嚼式口器，上颚发达，下颚有齿。前胸小，能活动，中后胸愈合成合胸。足细长，适于攀附，飞行时折于口下，辅助捕食，跗节 3 节。两翅透明膜质，狭长，翅前缘近翅顶处有翅痣。腹部细长呈圆筒形，末端具 1 对短小的尾须。不完全变态。蜻蜓通常在清晨羽化，刚羽化的成虫体壁和翅膀都不坚硬，不会飞走。成虫生活在水域附近，善飞翔。肉食性，捕食双翅目等昆虫。在农业上被视为益虫。成虫产卵在水中或水草表面，稚虫俗称“水虿”。

稚虫在水底爬行生活，不能游泳。身体分头、胸、腹 3 部分，体色为褐色或稍带绿色。头部口器有罩形下唇，不用时折于头下，适于捕食。胸部 3 节，前胸小，中后胸愈合。胸节背面有发育不全的翅芽。腹部由 11 节组成，最后 1 节不发达。腹部光滑或具背钩和侧刺。常见的蜻蜓隶属束翅亚目（豆娘亚目，Zygoptera）和差翅亚目（蜻蜓亚目，Anisoptera）。稚虫以捕食水中的蜉蝣和摇蚊等小动物为食，也捕食蝌蚪和鱼苗，给水产养殖造成危害，被渔民俗称“水老虎”。同时也是成鱼、蛙、蟹类等的天然饵料。

### 稚虫形态

蜻蜓和豆娘（蟌）的稚虫在外表上差别很大。蜻蜓稚虫的体表较粗短，头部的宽度通常比胸部和腹部小，腹部末端围在肛门周围有 3 个锥形结构，肛背板和肛侧板。豆娘（蟌）稚虫体细长，头部比胸部和腹部宽，腹部末端有 3 个扁叶形尾鳃（图 2.4-1）。

头部：稚虫的头上有触角 1 对，6 节或 7 节。但在春蜓科，触角只有 4 节，有时第 4 节甚为细小。蜻蜓和豆娘的下唇发达，可折叠，罩在头部腹面。下唇分为两个部分，末端部分叫前颏（Prementum）。前颏端部有一对会活动的结构，叫下唇须叶（Palpallobe）。下唇须叶的内缘有时呈锯齿状或圆齿状，末端尖，稍微向内方钩曲。着生在下唇须叶亚端部的有一个可活动的尖形结构，叫动钩（Movable hook）。前颏端部中央有时具纵裂，纵裂的有无和纵裂的深度及宽度随类群不同而异。前颏背中线两侧常有许多鬃毛，称前颏背鬃（Premcntalsctac）。下唇须叶背面有时也有鬃毛，称下唇须叶鬃（Palpalsctac）。鬃毛的数量多少和排列方式常作为分类鉴定的重要特征。

胸部：稚虫胸部背面具翅芽 2 对，足 3 对。有些差翅亚目的稚虫，特别是春蜓科，前足和中足末端外侧具一短突，称挖掘钩（Burrowing hook）。

腹部：腹部 11 节（第 11 节不发达），在差翅亚目和束翅亚目的腹节侧方呈棘状，棘的末端尖刺状，称侧刺（Latcralspinc），通常第 9 节的侧刺最长。腹部的背中线有时有隆脊，脊的后端有圆形或刺状突起，称背钩（Dorsal hook）。腹节背钩和侧刺的有无，以及侧刺的长短，常是鉴别种类的重要特征。在差翅亚目，肛门周围有 3 个锥形结构，其中，背面中央的 1 个叫肛背板（Epiproct），两侧的 2 个叫肛侧板（Paraproct）。在肛背板两侧还有 1 对尾须（Cercus）。在束翅亚目，肛背板和肛侧板特化呈叶状，中间的叫中尾鳃（Median caudal gill），两边的叫侧尾鳃（Latcral caudal gill）。有时尾鳃呈囊状，尾鳃的形状，尾鳃内气管分布状况和尾鳃上的斑纹常是分类鉴定的重要依据。隼蟌科（Chlorocyphidae）的中尾鳃缺如，仅余 1 对侧尾鳃。有些溪蟌科（Euphaeidae）的种类腹部第 2 ～ 8 节腹面具一对丝状结构，称腹鳃（Abdominal gill）。

辽河流域蜻蜓目现记录 2 亚目 9 科 25 属 36 种。

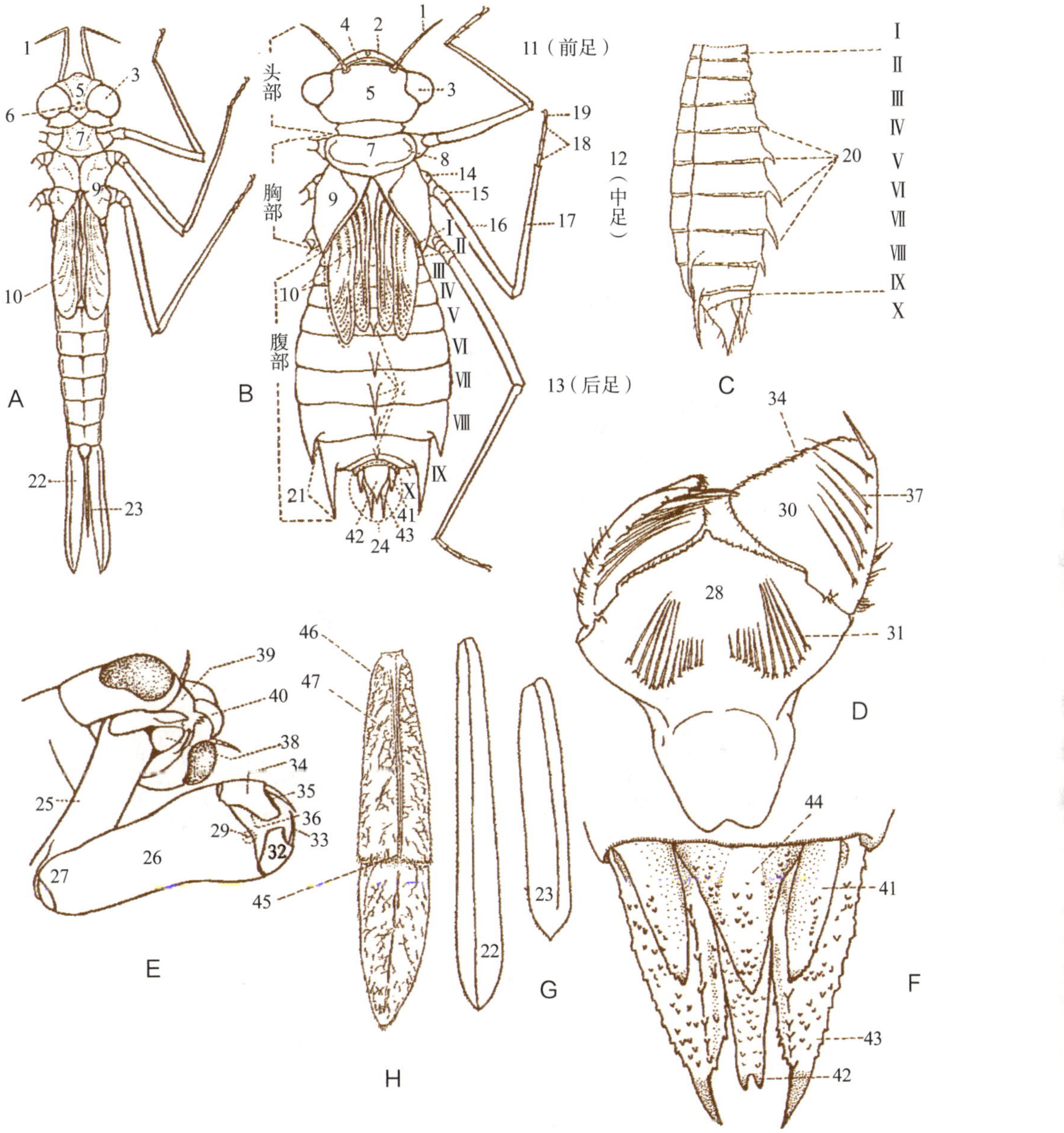


图 2.4-1 蜻蜓目稚虫形态（仿石田，1969）

A. 束翅亚目（背面观） B. 差翅亚目（背面观） C. 蜻科腹部侧面观 D. 蜻科下唇 E. 蜓科头部下侧面 F. 蜓科尾部附器 G. 色蟌科尾鳃侧面 H. 蟌科尾鳃侧面

1. 触角 2. 下唇 3. 复眼 4. 额 5. 后头 6. 单眼 7. 前胸背板 8. 前胸侧板突起 9. 中胸 10. 翅芽 11. 前足 12. 中足 13. 后足 14. 基节 15. 转节 16. 腿节 17. 胫节 18. 跗节 19. 爪 20. 背钩 21. 侧刺 22. 侧尾鳃 23. 中尾鳃 24. 尾部附器 25. 亚颏 26. 前颏 27. 前颏基 28. 前颏中片 29. 中央纵裂 30. 下唇须叶 31. 前颏背鬃 32. 下唇须叶 33. 动钩 34,35. 唇须叶前缘齿 36. 下唇须叶内齿 37. 下唇须叶侧鬃 38. 下颚 39. 上颚 40. 上唇 41. 尾须 42. 雄成虫下附器 43. 肛侧板 44. 肛背板 45. 尾鳃中部分节线 46. 侧棘 47. 气管分支 I-X. 腹节

## 蜻蜓目稚虫分亚目检索表

1a 体粗短，头部比胸部和腹部窄。腹部末端具肛背板和肛侧板………差翅亚目 Anisoptera

1b 体细长，头部比胸部和腹部宽。腹部末端具长叶状尾鳃……………束翅亚目 Zygoptera

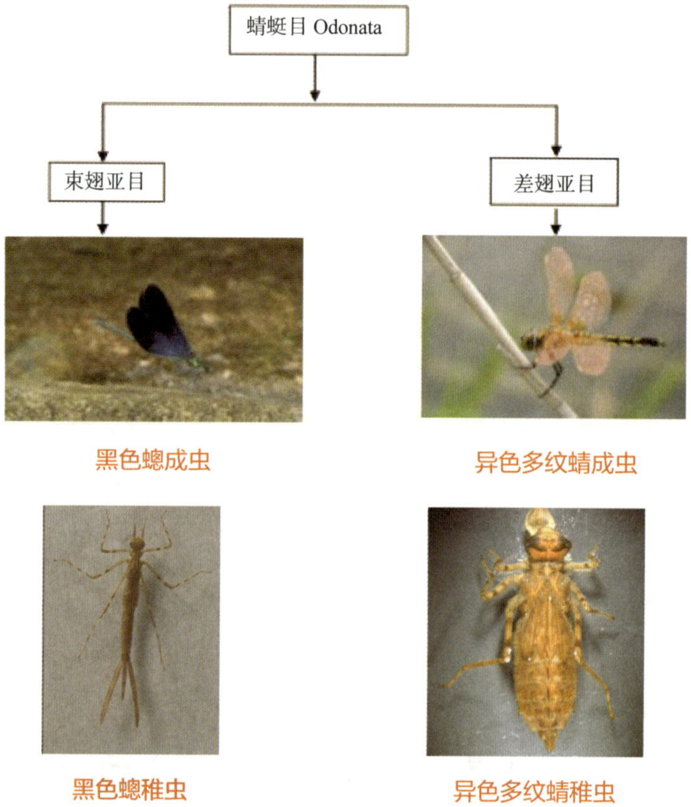


图 2.4-2　蜻蜓目分亚目代表种成虫及稚虫

## 差翅亚目分科检索表

1a 前颏和下唇须叶平坦，或近似平坦。前颏和下唇须叶通常无刚毛………………………2

1b 前颏和下唇须叶匙状。前颏和下唇须叶具刚毛……………………………………………3

2a 触角 4 节。前足和中足跗节 2 节。前颏前缘无中裂……………………春蜓科 Gomphidae

2b 触角 7 节。前足和中足跗节 3 节。前颏前缘具中裂………………………蜓科 Aeshnidae

3a 下唇须叶端部具若干不规则的大齿。前颏端部中央具一对齿状突，中央呈“V”形分裂……
……………………………………………………………………大蜓科 Cordulegasteridae

3b 下唇须叶端部光滑无齿，或具若干形状一样的圆齿，每个圆齿生有一根或几根刚毛。前颏端部中央呈齿状分裂………………………………………………………………………4

4a 头部两触角间具一角状突起。后胸腹板中央具一显著的突起。足细长，后足腿节末端抵达或超过腹部第 8 节后缘……………………………………………………大蜻科 Macromiidae

4b 头部两触角间无上述突起。足短，后足腿节末端不达第 8 节后缘……………………………………………………………………………………………………………………5

5a 下唇须叶端部圆齿之间的凹陷较深，齿的高度常为基部宽的 1/4 ～ 1/2。尾须的长度一般超过肛侧板之半………………………………………………………………伪蜻科 Corduliidae

5b 下唇须叶端部圆齿之间的凹陷甚浅，齿的高度常为基部宽的 1/10 ～ 1/6。尾须的长度一般不及肛侧板之半…………………………………………………………………蜻科 Libellulidae

## 束翅亚目分科检索表

1a 腹部末端有 2 个尾鳃，尾鳃长形，横切面呈三角形，有总脊，脊上具刺……………………………………………………………………………………隼蟌科 Chlorocyphidae

1b 腹部末端有 3 个尾鳃，尾鳃叶片状或呈囊状……………………………………………2

2a 尾鳃囊状………………………………………………………………………………………3

2b 尾鳃叶片状……………………………………………………………………………………6

3a 体扁平，腹部腹面具 7 对腹鳃……………………………………………溪蟌科 Euphaeidae

3b 体圆筒形或扁平，腹部腹面无鳃………………………………………………………………4

4a 足跗节 2 节……………………………………………………………山蟌科 Megapodagrionidae

4b 足跗节 3 节……………………………………………………………………………………5

5a 下唇须叶末端圆钝…………………………………………………………扁蟌科 Platystictidae

5b 下唇须叶末端具 3 个齿，中间的齿最长………………………………丽蟌科 Amphiptcrygidae

6a 触角第 1 节甚长，其长度与其余各节长度之和相等或更长。前颏中间分裂甚深……………………………………………………………………………………色蟌科 Calopterygidae

6b 触角第 1 节正常。前颏前缘中间分裂不深或分裂甚短……………………………………7

7a 前颏呈明显的柄状，末端呈匙形，基部窄如柄，柄长约与末端的宽度相等或更细长。下唇须叶活动钩具 2 根或 3 根鬃。前颏在中线两侧通常有前颏背鬃 5 ～ 8 根（如只有 4 根鬃，则下唇须叶只有 3 根鬃）…………………………………………………………丝蟌科 Lestidae

7b 前颏不明显呈柄状，呈三角形或四边形。下唇须叶活动钩无鬃。前颏在中线两侧具前颏背鬃 0 ～ 3 根（蟌科的一些种类有时前颏背鬃 4 根或 5 根），下唇须叶鬃 5 ～ 6 根…8

8a 下唇须叶顶端具 2 个长的尖齿，内方的齿比外方的更长。无前颏背鬃……………………………………………………………………………………综蟌科 Chlorolcstidae

8b 下唇须叶顶端无 2 个长的尖齿……………………………………………………………………9

9a 下唇须叶深裂为两部分，外方的较短。前颏中线两侧具前颏背鬃 1 根。下唇须叶具鬃 3 ～ 5 根……………………………………………………原蟌科 Protoncuridae

9b 下唇须叶浅裂为两部分，外方的短、宽，端部有钝齿突，内方的较长，呈尖齿状……10

10a 前颏中线两侧各有前颏背鬃 3 ～ 5 根，或缺如。如只有 1 根，则下唇须叶鬃 6 根（通常 6 根）………………………………………………………蟌科 Coenagrionidae

10b 前颏中线两侧各有前颏背鬃 4 根。下唇须叶鬃 4 ～ 6 根………扇蟌科 Platycnemididae

## 2.4.1 蜓科 Aeschnidae

**主要鉴别特征：**稚虫体粗壮，体长 35 ～ 40 mm，触角 7 节。复眼在背方有少量的接触，扁平的罩型下唇中片稍有凹裂。腹部大，在后半部加宽，在 6 ～ 9 节侧缘有侧刺。肛门锥体长。稚虫喜在静水水域植物间和水底处栖息。辽河流域发现 2 属 3 种。

**蜓科分属检索表**

1a 腹部第 7 ～ 9 节具侧刺。下唇中片基部超过中足基节。下唇须叶顶端圆钝……伟蜓属 *Anax*

1b 腹部第 6 ～ 9 节具侧刺。下唇中片基部不超过中足基节。下唇须叶顶端平截……………………………………………………………………似伟蜓属 *Anaciaeschna*

### 2.4.1.1 伟蜓属 *Anax*

**伟蜓属分种检索表**

1a 下唇须叶端部宽钩状，钩尖端黑色，活动钩端部黑色。尾须约为肛上片的 1/2。稚虫体长 52 ～ 56 mm，黄绿色（图 2.4-3）…………………………麻斑伟蜓 *Anax panybeus* Hagen

**已知分布：**国外日本，国内台湾、辽宁（抚顺）。

**生境：**稚虫在湖沼湿地、河流等水生植物丰富的缓流处栖息。

1b 下唇须叶端部细钩状，钩尖端及活动钩浅黑色。尾须约为肛上片的 1/3。稚虫体长 43 ～ 50 mm，暗褐、有时带绿色（图 2.4-4）………黑纹伟蜓 *Anax nigrofasciatus* Oguma

**已知分布：**国外日本，国内辽宁抚顺。

**生境：**稚虫在平原、山地河流、湖沼湿地水草丰富的水中栖息。

### 2.4.1.2 似伟蜓属 *Anaciaeschna*

碧翠似伟蜓 *Anaciaeschna jaspidea*（Burmeister）（图 2.4-5），稚虫体长约 36 mm。前颏前缘弧形。下唇须叶端部平直，活动钩无微毛。腹部第 6 ～ 9 节具侧刺，第 6 节侧刺小。肛上片端部细。雌性产卵管位于第 9 腹节。

**已知分布：**国外日本，国内台湾、贵州、辽宁（抚顺）。

**生境：**稚虫在山地河流或湖沼湿地挺水植物丰富的水中栖息。

图 2.4-3 麻斑伟蜓

图 2.4-4 黑纹伟蜓

图 2.4-5 碧翠似伟蜓

## 2.4.2 大蜓科 Cordulegasteridae

**主要鉴别特征：**稚虫大型，体长 40 ～ 45 mm。下唇的前颏和下唇须叶匙状。下唇须叶端部具若干不规则的大齿。前颏端部向前突，中央具 1 对齿状突，中央呈"V"形分裂。前颏及下唇须叶具鬃。腹部第 8 ～ 9 节具侧刺。稚虫在平稳的山地河流、清洁的湖沼湿地中栖息。辽河流域发现圆臀大蜓属（*Anotogaster* ）2 种。

### 圆臀大蜓属 *Anotogaster*

**属征：**稚虫头长方形，触角 7 节。下唇的前颏前缘向前突，中央具 1 对大齿，每个齿的外侧还有 1 个小齿。前颏中线两侧各具 10 根以下的前颏背鬃。下唇须叶鬃 5 根。腹部第 8 ～ 9 节具侧刺。体表密生细毛。

## 圆臀大蜓属分种检索表

1a 前颏中线两侧具鬃 10 ～ 11 对，内侧的 4 对小。下唇须叶具鬃 5 ～ 6 根，活动钩短。下唇须叶内缘具 9 ～ 11 个大的锯齿。翅芽八字形。尾须短。稚虫黄褐色，体长 40 ～ 45mm（图 2.4-6）……………………………………………………巨圆臀大蜓 *Anotogaster sieboldii* Selys

**已知分布：**国外日本，国内江苏、湖南、浙江、贵州、广东、辽宁（朝阳）。

**生境：**巨圆臀大蜓是我国的珍稀蜓类。稚虫生活在沙底的流水中，捕食小型水生动物和鱼苗。也是成鱼、蛙、蟹类等的天然饵料。常出现在清洁水体中。

1b 前颏中线两侧具鬃 8 ～ 9 对，内侧的 4 对小。下唇须叶鬃 4 根，活动钩短。下唇须叶内缘具 5 个锯齿，中间的 2 个大。翅芽平行生长。尾须长三角形。稚虫深褐色，体长约 40 mm（图 2.4-7）………………………双斑圆臀大蜓 *Anotogaster kuchenbeiseri* Foerster

**已知分布：**河北、辽宁（锦州）。

**生境：**稚虫栖息于河流、湖泊近水岸边的水草丛中，捕食各种小昆虫。

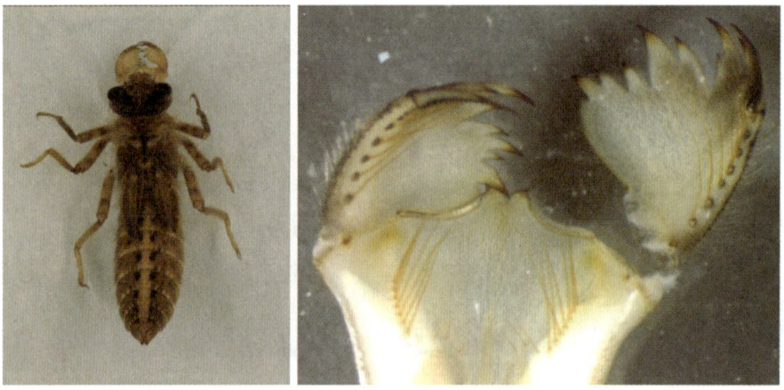

图 2.4-6　巨圆臀大蜓个体及下唇

图 2.4-7　双斑圆臀大蜓个体、头及下唇

## 2.4.3 春蜓科 Gomphidae

**主要鉴别特征：**稚虫中到大型，体长 15 ～ 45 mm。头部下唇的前颏和下唇须叶平坦，前颏前缘无中裂。前颏和下唇须叶无鬃。触角 4 节。前足和中足跗节 2 节。稚虫在山地、平原河流、湖沼、湿地等水生植物较多的水体中栖息。

**春蜓科分属检索表**

1a 后足跗节 2 节。前颏方形。腹部略呈圆形，侧缘锯齿形。第 5 ～ 8 节侧刺显著……………………………………………………………………………小叶春蜓属 *Gomphidia*

1b 后足跗节 3 节……………………………………………………………………………2

2a 身体叶片状，薄而宽大。触角第 3 节宽匙状。腹部长宽约相等或长稍大于宽…………………………………………………………………………………施春蜓属 *Sieboldius*

2b 身体较厚。触角第 3 节长形、指形、稍扁，如宽而扁，则长大于宽……………………3

3a 腹部有背钩……………………………………………………………………………4

3b 腹部无背钩……………………………………………………………………………5

4a 腹部第 2 ～ 9 节具背钩。翅芽八字形排列。前颏前缘弧形表面具长细毛………………………………………………………………………钩尾春蜓属 *Onychogomphus*

4b 腹部第 8 ～ 9 节具背钩，第 7 ～ 9 节具侧刺。翅芽平行排列。前足、中足胫节末端外侧具挖掘钩…………………………………………………………异春蜓属 *Anisogomphus*

5a 腹部第 7 ～ 9 节具侧刺。触角第 3 节长椭圆形，长约为宽的 3 倍……戴春蜓属 *Davidius*

5b 腹部第 6 ～ 9 节具侧刺……………………………………………………………6

6a 下唇须叶内缘具 2 个或 3 个方形矮齿，另有 1 ～ 3 个不明显的小齿或缺失。腹部第 9 节长大于基部宽…………………………………………………………扩腹春蜓属 *Stylurus*

6b 下唇须叶内缘具 7 ～ 9 个三角形或方形齿。腹部第 9 节近方形，或长稍短于宽。前颏前缘平直…………………………………………………………………亚春蜓属 *Asiagomphus*

### 2.4.3.1 小叶春蜓属 *Gomphidia*

小叶春蜓 A 种 *Gomphidia* sp. A（图 2.4-8），稚虫体长约 26 mm。触角第 3 节棒状。前颏宽扁，前缘圆弧形。腹部略圆形，第 2 ～ 9 节具背钩，第 6 ～ 9 节背钩明显大。第 2 ～ 9 节具侧刺，第 7 ～ 9 节的侧刺大。腹部背板两侧各节具深褐色点纹。

**已知分布：**辽宁朝阳（大凌河）。

**生境：**稚虫在山地、平原河流、湖沼等挺水植物、浮叶植物茂盛的水中生活。

图 2.4-8　小叶春蜓 A 种个体及头胸部

### 2.4.3.2 施春蜓属 *Sieboldius*

艾氏施春蜓 *Sieboldius albardae* Selys（图 2.4-9），稚虫体长 31 ～ 35 mm。头宽 8 ～ 9 mm。腹部扁平，第 3 ～ 6 节具背钩，第 2 ～ 8 节具侧刺。触角 3 节，末节宽匙状。下唇短，前颏前缘具细毛。后足跗节 3 节。

**已知分布：**国外日本，国内辽宁。

**生境：**稚虫喜丘陵、低山地河流沙砾底环境，常出现在清洁水体中。

### 2.4.3.3 钩尾春蜓属 *Onychogomphus*

绿钩尾春蜓 *Onychogomphus viridicostus* Oguma（图 2.4-10），稚虫体长 28 mm。触角第 3 节宽。下唇扁平，前颏前缘圆弧形，上具长缘毛。腹部第 2 ～ 9 节的背钩圆丘状，第 9 节的明显。第 7 节、第 9 节具侧刺。翅芽八字形排列。腹部背板两侧具深褐色斑纹。

**已知分布：**国外日本，国内黑龙江、吉林、辽宁（抚顺社河）。

**生境：**稚虫在山地、平原河流的沙砾型底质中生活。

图 2.4-9　艾氏施春蜓个体

图 2.4-10　绿钩尾春蜓个体及头胸部

### 2.4.3.4 异春蜓属 *Anisogomphus*

**异春蜓属分种检索表**

1a 稚虫腹部宽叶状，体长 25 mm。体表具细毛。触角第 3 节棒状，略向内弯（图 2.4-11）……………………………………………………………………异春蜓 A 种 *Anisogomphus* sp. A

**已知分布：** 辽宁朝阳。

**生境：** 稚虫喜山间溪流泥沙底环境，常出现在清洁水体中。

1b 腹部长卵形，体表具细毛。头宽 5.8 ~ 6.1 mm。触角第 3 节扁棒状且向内弯曲。前颏前缘弧形。下唇须叶端部钩状，内缘具 10 个小锯齿。腹部第 9 节具背钩。第 7 ~ 9 节具侧刺。稚虫体长约 26 mm（图 2.4-12）………………马奇异春蜓 *Anisogomphus maacki*（Selys）

**已知分布：** 国外日本，国内辽宁。

**生境：** 稚虫喜中下游河流泥沙底环境，常出现在轻污染水体中。

图 2.4-11 异春蜓 A 种

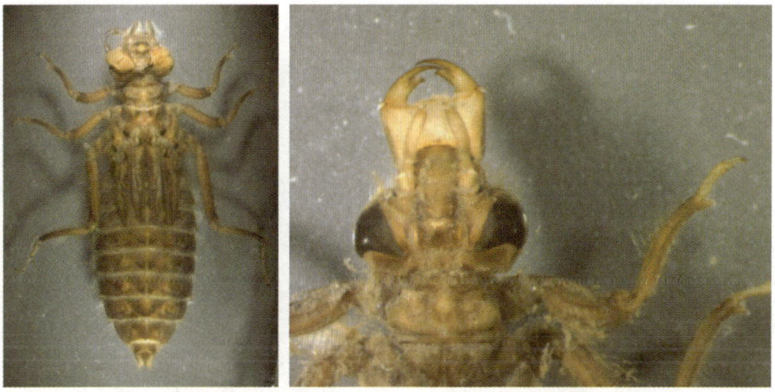

图 2.4-12 马奇异春蜓个体及其头胸部

### 2.4.3.5 戴春蜓属 *Davidius*

戴春蜓 A 种 *Davidius* sp. A（图 2.4-13），稚虫体长 17 ~ 20 mm。头宽约 5 mm。腹部扁平，体表多毛。触角第 3 节具长细毛。前颏近方形，前缘弧形。下唇须叶钩状，端内缘具小齿。腹部 7 ~ 9 节具侧刺。后足跗节分 3 节。

**已知分布：** 辽宁。

**生境：** 稚虫喜山间溪流泥沙底环境，常出现在清洁水体中。

图 2.4-13 戴春蜓 A 种

### 2.4.3.6 扩腹春蜓属 *Stylurus*

## 扩腹春蜓属分种检索表

1a 腹部第 9 节长宽比约 1:1.5，第 10 节长宽约相等。触角第 3 节棒状，中部宽。前颏长方形，长宽比 1:1.4。腹部背面各节两侧具 5 个褐色颗粒状斑纹。稚虫体长约 34 mm（图 2.4-14）…………………………………………………………纳戈扩腹春蜓 *Stylurus nagoyanus*（Asahina）

**已知分布：** 国外日本，国内辽宁铁岭（凡河）。

**生境：** 稚虫在河流的泥沙底中栖息。

1b 腹部第 9 节长宽约相等，第 10 节长小于宽。触角第 3 节细棒状。前颏短方形，长宽比 1:1.2。腹部背面各节两侧具 4 个褐色颗粒状斑纹。稚虫体长约 35 mm（图 2.4-15）……………………………………………………………………眼斑扩腹春蜓 *Stylurus oculatus*（Asahina）

**已知分布：** 国外日本，国内辽宁锦州（大凌河）。

**生境：** 稚虫在河流的泥沙底中栖息。

图 2.4-14 纳戈扩腹春蜓

图 2.4-15 眼斑扩腹春蜓个体及其触角和下唇

### 2.4.3.7 亚春蜓属 *Asiagomphus*

梅拉亚春蜓 *Asiagomphus melaenops* Selys（图 2.4-16），体长 32 ～ 35 mm，腹部较细长，体表多毛。触角第 3 节细棒状。下唇方形，前颏前缘微弧形。下唇须叶端部钩状，内缘具方形小齿。腹部第 6 ～ 9 节具侧刺，第 9 节端部具 1 背钩。腹部第 9 节背面具黑色纵条。

**已知分布：** 国外日本，国内辽宁铁岭（清河）。

**生境：** 稚虫在山地、平原河流缓流处的泥沙底中栖息。

图 2.4-16　梅拉亚春蜓个体及其下唇

## 2.4.4 大蜻科 Macromiidae

**主要鉴别特征：**稚虫中到大型，体长 20 ～ 30 mm。头部两触角的基节间有一显著的角状突。后胸腹板中央有一个宽的突起，腹部扁平。足极长，后足腿节末端抵达或超过腹部第 8 节后缘。稚虫在山地溪流、平原河流、湖泊、水库等砾石底质的缓流处栖息。辽河流域发现丽大蜻属（*Epophthalmia*）1 属 1 种。

### 丽大蜻属 *Epophthalmia*

**属征：**下唇须叶内缘生有 5 ～ 6 个长镰刀状齿。前颏和下唇须叶均无鬃。腹部 3 ～ 9 节具背钩，8 ～ 9 节具侧刺。

闪蓝丽大蜻 *Epophthalmia elegans* Brauer（图 2.4-17），稚虫黄褐色，虫体散布深褐色小斑。体长 35 ～ 40 mm。头短宽，复眼突出。后头角显著突出。前颏前缘具 1 对圆形突起，无鬃。下唇须叶特化，内缘具 6 个巨大的镰刀状齿。腹部椭圆形，第 3 ～ 9 节背钩发达，第 8 节、第 9 节具侧刺。

图 2.4-17　闪蓝丽大蜻背面观

**已知分布：**河北、山东、湖南、四川、广东、福建、香港、台湾、吉林、辽宁（抚顺、朝阳）。

**生境：**稚虫喜欢生活在水草密集多砾石的地方，河流及水库的沿岸带较常见。成蜻是捕食蚊、蝇类的有益昆虫。稚虫肉食性，也是鱼类等大型脊椎动物的天然饵料。清洁水体中多见。

## 2.4.5 伪蜻科 Corduliidae

**主要鉴别特征：**稚虫中到大型，体长 12 ～ 27 mm。下唇须叶前端圆齿之间的凹陷深，圆齿的高度通常为基部宽的 1/4 ～ 1/2。尾须长度一般不超过肛侧板之半。腹部第 9 节侧刺长达肛侧板中央或不达肛侧板中央。稚虫在山地河流、湿地、湖沼等覆盖有机质和水生植物较多的水域栖息。辽河流域发现金光伪蜻属（*Somatochlora*）1 属 1 种。

### 金光伪蜻属 *Somatochlora*

格氏金光伪蜻 *Somatochlora graeseriaureola* Oguma（图 2.4-18），稚虫腹部第 4 ～ 9 节具背钩，第 9 节的背钩向下弯。第 8 节、第 9 节具侧刺。下唇的前颏两侧具 14 ～ 16 对刚毛，内侧的 3 ～ 4 对短小。下唇须叶具侧刚毛 10 根，前缘具锯齿，活动钩占前缘长的 1/3。下唇外表面具多个小黑斑。腹部背面具宽的暗黑色条纹。

**已知分布：**黑龙江、吉林、辽宁。

**生境：**稚虫在山地河流缓流及湖沼沿岸带有机质丰富的水域栖息，捕食小型水生动物和小型鱼类。

图 2.4-18　格氏金光伪蜻

## 2.4.6 蜻科 Libellulidae

**主要鉴别特征：**稚虫中到大型，体长 15 ～ 25 mm。下唇须叶前端圆齿之间的凹陷浅，圆齿的高度通常为基部宽的 1/10 ～ 1/6。尾须长度一般不及肛侧板之半。腹部第 9 节侧刺比该节背钩短。如长，则背钩不成镰刀状，呈刺状、残迹状或缺如。稚虫在低山河流、湖沼、水田等水生植物较多的水域栖息。辽河流域发现多纹蜻属（*Deielia*）、灰蜻属（*Orthetrum*）、黄蜻属（*Pantala*）、宽腹蜻属（*Lyriothemis*）、赤蜻属（*Sympetrum*）和红蜻属（*Crocothemis*）6 属 7 种。

## 蜻科分属检索表

1a 腹部背面无背钩、刺或瘤状突……………………………………………………………………2

1b 腹部背面具背钩、刺或瘤状突……………………………………………………………………3

2a 腹部第 8 节、第 9 节的侧刺小。前颏背鬃 15 ～ 16 根，下唇须叶鬃 7 ～ 8 根。部分种类腹部第 4 节具背钩，体被细毛……………………………………………………灰蜻属 *Orthetrum*

2b 腹部第 8 节、第 9 节的侧刺退化，长度仅为本节长的 1/5。前颏背鬃 14 ～ 15 根，下唇须叶鬃 10 ～ 12 根……………………………………………………………红蜻属 *Crocothemis*

3a 腹部第 8 节无背钩……………………………………………………………………………4

3b 腹部第 8 节具背钩……………………………………………………………………………5

4a 腹部第 8 节和第 9 节的侧刺很长，第 8 节的侧刺长达第 9 节后缘，第 9 节的侧刺长达肛侧板末端…………………………………………………………………………黄蜻属 *Pantala*

4b 腹部第 8 节和第 9 节的侧刺小…………………………………………赤蜻属 *Sympetrum*（部分）

5a 腹部第 9 节的侧刺不达肛侧板之半。腹部长椭圆形。下唇须叶鬃 4 ～ 5 根。前颏背鬃 8 根。…………………………………………………………………………多纹蜻属 *Deielia*

5b 腹部第 9 节的侧刺抵达或超过肛侧板之半……………………………………………………6

6a 体壁较厚，被以细毛。腹部第 9 节的侧刺超过肛侧板之半…………宽腹蜻属 *Lyriothemis*

6b 体壁较薄，体表光滑。腹部第 9 节的侧刺抵达肛侧板末端………赤蜻属 *Sympetrum*（部分）

### 2.4.6.1 灰蜻属 *Orthetrum*

白尾灰蜻美丽亚种 *Orthetrum albistylum spectosum* Uhler（图 2.4-19），稚虫体长 19 ～ 25 mm。头宽 5 ～ 6 mm。复眼小，头长方形，体表具细毛。下唇的前颏中线两侧具前颏背鬃 15 根或 16 根，外侧的 3 根刚毛长，内侧 12 ～ 13 根刚毛短。下唇须叶末端约具 9 个较弱的波浪形圆齿。腹部圆筒形，2 ～ 7 节背面具长毛丛，第 8 节、第 9 节的侧刺小。足较短。

**已知分布：**吉林、河北、新疆、四川、陕西、山东、浙江、广东、云南、台湾、辽宁。

**生境：**稚虫栖息在池塘、湖泊、水库及河流沿岸的软底质中，捕食小型水生动物。

图 2.4-19　白尾灰蜻美丽亚种个体及其下唇

### 2.4.6.2 红蜻属 *Crocothemis*

红蜻 *Crocothemis saevilia*（Drury）（图 2.4-20），稚虫体长约 9 mm。体表光滑，无显著体毛。下唇前缘明显向前突，前颏鬃 14 ~ 16 对，下唇须叶宽三角形，前缘浅波浪形，下唇须叶鬃 10 ~ 12 根。腹部椭圆形，无背钩，第 8 节、第 9 节侧刺短。

**已知分布：**国外日本、朝鲜，国内黑龙江、河北、山东、四川、湖南、广东、香港、台湾、辽宁。

**生境：**稚虫在山地溪流、浅水湖泊、池塘等附近有水草的水体中栖息。

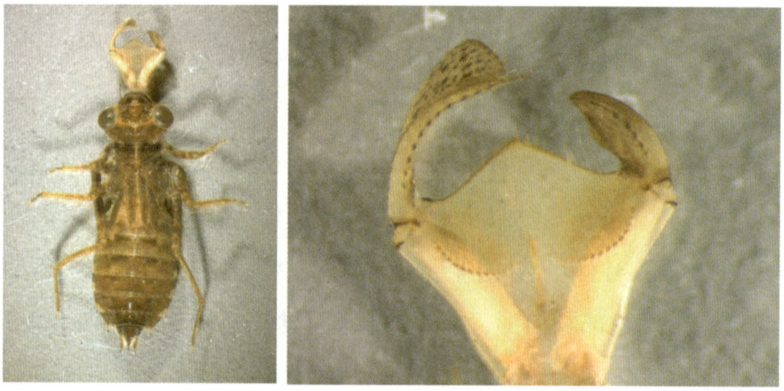

图 2.4-20　红蜻个体及其下唇

### 2.4.6.3 黄蜻属 *Pantala*

浅黄黄蜻 *Pantala flavescens* Fabricius（图 2.4-21），稚虫体长约 22 mm，体表光滑。淡黄褐色，翅芽和腹部背面具黑色小斑。下唇的前颏前缘无小棘，前颏鬃 16 ~ 17 根，内侧的几根刚毛小。下唇须叶三角形，前缘具明显的 10 个大齿，侧刚毛 12 ~ 15 根。腹部无背钩。第 8 节、第 9 节的侧刺长。

**已知分布：**全国各地淡水水体广泛分布。

**生境：**稚虫常在湖沼、湿地或水田中栖息。以水中的浮游生物及水生昆虫为食。

图 2.4-21　浅黄黄蜻个体及其下唇须叶

### 2.4.6.4 多纹蜻属 *Deielia*

异色多纹蜻 *Deielia phaon* Selys（图 2.4-22），稚虫扁平，体长 21 ～ 23 mm。复眼左右突出。腿节具 2 个深褐色环带。下唇的前颏背鬃 8 对，内侧的 2 对短小，前缘有小棘列生。下唇须叶鬃 4 根，前缘具 9 个显著的齿。腹部第 4 ～ 9 节具背钩。第 8 节、第 9 节的侧刺小。肛背板棱状。

**已知分布：**河北、吉林、辽宁、山东、浙江、四川、广东、台湾。

**生境：**稚虫栖息于河流流速缓慢、水生植物繁茂的浅水水域。5—6 月羽化。

图 2.4-22　异色多纹蜻个体及其下唇

### 2.4.6.5 宽腹蜻属 *Lyriothemis*

华美宽腹蜻 *Lyriothemis elegantinnima* Selys（图 2.4-23），稚虫体长 16 ～ 18 mm。头宽约 5.5 mm。腹部第 5 ～ 9 节具背钩，背钩呈钩状向后方突出。第 8 节、第 9 节具侧刺。下唇的前颏鬃 10 ～ 11 根，内侧的 2 ～ 3 对短小。下唇须叶鬃 9 根。

**已知分布：**河北、山东、江苏、四川、湖南、浙江、广东、云南、贵州、台湾、辽宁。

**生境：**稚虫栖息于水底有机质沉淀较多的池塘中。

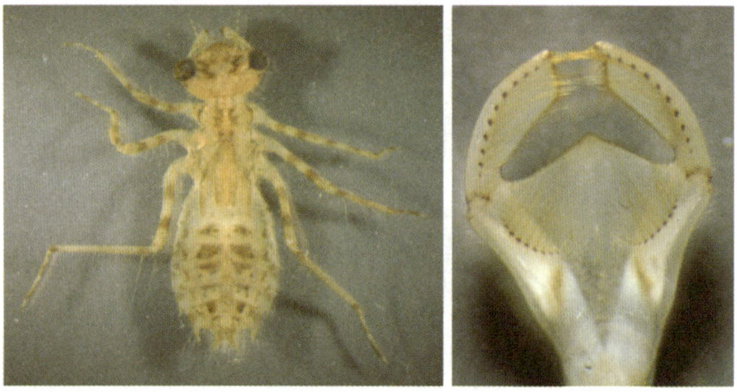

图 2.4-23　华美宽腹蜻个体及其下唇

### 2.4.6.6 赤蜻属 *Sympetrum*

## 赤蜻属分种检索表

1a 下唇前颏端半部具褐色小斑，前颏鬃 13 ～ 14 对（少见 12 对）。下唇须叶侧毛 11-12 根（少数 9 根），前缘具褐色小斑。稚虫体长约 14 mm（图 2.4-24）…………………………………………………………………………………………小黄赤蜻 *Sympetrum kunckeli*（Selys）

**已知分布：**国外日本，国内吉林、辽宁、河北、山东、江苏、浙江、台湾。

**生境：**稚虫生活在低山地、河流湿地水生植物繁茂的水体中。

1b 下唇前颏端半部无褐色小斑，前颏鬃 13 ～ 14 对（少见 12 对）。下唇须叶侧毛 11 ～ 13 根，端部具褐色斑。足腿节具深褐色斑纹。稚虫体长约 18 mm。头褐色。腹部背面绿褐色（图 2.4-25）……………………………………………………秋赤蜻 *Sympetrum frequens*（Selys）

**已知分布：**国外日本，国内辽宁（辽阳汤河）。

**生境：**稚虫生活在低山地河流、湖沼湿地水生植物繁茂的水体中。

图 2.4-24　小黄赤蜻个体及其下唇

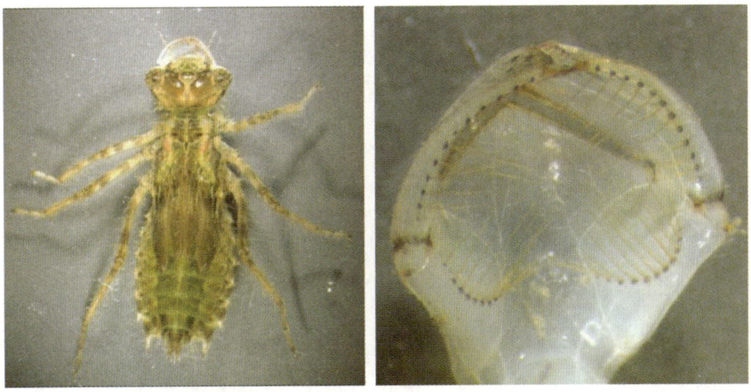

图 2.4-25 秋赤蜻个体及其下唇

## 2.4.7 色蟌科 Calopterygidae

**主要鉴别特征：**稚虫体长 18～34 mm。触角第 1 节很长，和其余各节的合长等长或更长。前颏分裂很深，呈菱形、椭圆形或深“U”形。足的跗节分 3 节。稚虫在山间溪流、丘陵、平原河流、湖沼等水生植物较多的水体中栖息。

### 色蟌科分属检索表

1a 触角第 1 节的长度大于头的宽度。尾鳃扁平，长于后足腿节。中尾鳃长约为侧尾鳃的 5/6 或 3/4。前颏前缘中央分裂的深度超过下唇须叶基部之下，下唇须叶在活动钩基部具 1～2 根小刚毛……………………………………………………色蟌属 *Calopteryx*

1b 触角第 1 节的长度至多与头部等宽。尾鳃约与后足腿节等长。中尾鳃与侧尾鳃等长。前颏前缘中央分裂较浅，其深度约与下唇须叶基部平齐，下唇须叶末端有 3 个尖齿……………………………………………………………………………………绿色蟌属 *Mnais*

### 2.4.7.1 绿色蟌属 *Mnais*

柳条绿色蟌 *Mnais strigata* Selys（图 2.4-26），稚虫体长 19～21 mm。下唇的前颏内缘具 1 根刚毛，下唇须叶侧鬃 1～2 根，端部具 3 个显著的齿。尾鳃短，侧尾鳃长 5～7 mm，中间具棱脊，周缘光滑，末端具 1 钝突。

**已知分布：**国外日本，国内河北、辽宁。

**生境：**稚虫在山地、平原水生植物繁茂的流水中生活。常出现在清洁的水体中。

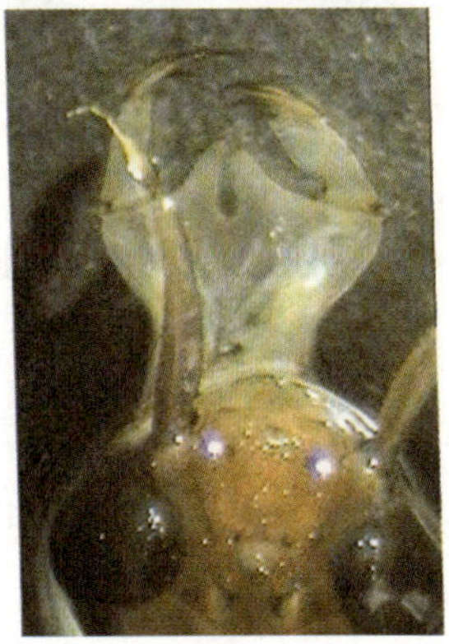

图 2.4-26 柳条绿色蟌头及下唇

### 2.4.7.2 色蟌属 *Calopteryx*

**色蟌属分种检索表**

1a 下唇前颏中间的菱形缺口内侧具2对小刚毛。下唇须叶活动钩基部具2根小刚毛。翅芽窄。尾鳃端部无淡色斑。稚虫体长约23 mm。侧尾鳃约17 mm（图2.4-27）…………………………………………………………………………………黑色蟌 *Calopteryx atratum* Selys

**已知分布：**国外日本，国内河北、山东、江苏、吉林、辽宁。

**生境：**成蟌多生活于池沼河流附近，飞翔力不强。常在河边或草丛上方像蝴蝶一样缓慢飞翔。以捕捉小昆虫为食。稚虫在水草丰盛的流水中栖息，5—6月羽化。常出现在较清洁的水体中。

1b 下唇前颏中间的菱形缺口内侧具1对刚毛。下唇须叶活动钩基部具1根小刚毛。翅芽较宽。尾鳃端半部具2个淡色斑纹。稚虫体长可达31 mm。侧尾鳃约16 mm（图2.4-28）…………………………………………………………………………条纹色蟌 *Calopteryx virgo japonica* Selys

**已知分布：**国外日本，国内河北、山东、江苏、吉林、辽宁（抚顺、本溪、辽阳）。

**生境：**稚虫在山地、平原河流水生植物丰盛的流水中栖息。常出现在较清洁的水体中。

图2.4-27　黑色蟌个体及其下唇

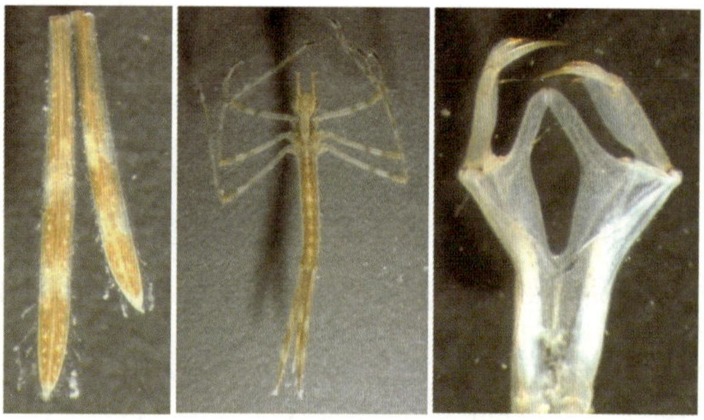

图2.4-28　条纹色蟌个体、尾鳃及下唇

## 2.4.8 蟌科 Coenagrionidae

**主要鉴别特征：**稚虫体长7～23 mm。下唇须叶顶端浅裂为两部分，外侧的一部分短宽，端部有钝齿；内侧的一部分长，顶端尖。前颏中线两侧各具3～5根前颏背鬃，或缺如。如只有1根，则下唇须叶侧鬃6根。稚虫在山地、丘陵、平原河流、湖沼等水生植物较多的水体中栖息。

### 蟌科分属检索表

1a 尾鳃端半部有 3 个大的棕褐色圆斑……………………………………………尾蟌属 *Cercion*

1b 尾鳃无上述褐斑……………………………………………………………………………2

2a 前颏中线两侧的前颏背鬃 3 或 4 根……………………………………………………3

2b 前颏中线两侧的前颏背鬃 4 或 5 根，下唇须叶侧鬃 6 根…………………瘦蟌属 *Ischnura*

3a 下唇须叶侧鬃 6 根……………………………………………………………绿蟌属 *Enallagma*

3b 下唇须叶侧鬃 5 根……………………………………………………………细蟌属 *Aciagrion*

#### 2.4.8.1 尾蟌属 *Cercion*

### 尾蟌属分种检索表

1a 尾鳃的棕褐色斑纹相互连接………………………………………………………………2

1b 尾鳃的棕褐色斑纹连接处色淡……………………………………………………………3

2a 尾鳃的棕褐色斑纹色浓。下唇前颏背鬃 3 ～ 4 对，下唇须叶侧鬃 5 根。腹部第 7 节侧缘的斑纹暗褐色，长方形。头部中央后头角具褐色斑纹。稚虫体长 14 ～ 16 mm。侧尾鳃长 4 ～ 6 mm（图 2.4-29）………………………………黑脊尾蟌 *Cercion calamorum*（Ris）

**已知分布：**国外日本，国内吉林、河北、浙江、辽宁。

**生境：**稚虫在山地河流、湖泊、池塘等湿地水草丰富的水中栖息。

2b 尾鳃的棕褐色斑纹色浅。下唇前颏背鬃 4 对，下唇须叶侧鬃 6 根。稚虫体长约 21 mm。侧尾鳃长约 7.5 mm（图 2.4-30）……………………七纹尾蟌 *Cercion plagiosum* Needham

**已知分布：**国外日本、俄罗斯远东地区，国内吉林、河北、浙江、辽宁。

**生境：**稚虫在河流、湖泊、池塘等水草丰富的水中栖息。

3a 尾鳃的气管整体分枝明显。侧尾鳃长 5 ～ 6 mm。下唇前颏背鬃 4 ～ 5 根，下唇须叶侧鬃 5 根。腹部第 7 节侧缘具不规则褐色小斑，下方斑纹具小刺。稚虫体长 13 ～ 15mm。头后缘中央复眼内缘有浓褐色斑，单眼明显（图 2.4-31）…………………………………………………………………………………海洛尾蟌 *Cercion hieroglyphicum*（Brauer）

**已知分布：**国外日本，国内吉林、辽宁（沈阳卧龙湖）。

**生境：**稚虫在低山河流、湖泊、池塘等水草丰富的水中栖息。

3b 尾鳃的气管分枝周边明显。下唇前颏背鬃 4 根，下唇须叶侧鬃 5 根。腹部第 7 节侧缘具纵长的褐色小斑，外缘具同样的淡色小斑。稚虫体长 14 ～ 16 mm。头部前缘中央有褐色斑，单眼明显（图 2.4-32）…………………六纹尾蟌 *Cercion sexlineatum*（Seys）

**已知分布：**国外日本，国内吉林、河北、浙江、辽宁（沈阳卧龙湖）。

**生境：**稚虫在河流、湖泊、池塘等水生植物较多的水中栖息。

图 2.4-29　黑脊尾蟌个体、尾鳃和下唇

图 2.4-30　七纹尾蟌个体、尾鳃和下唇

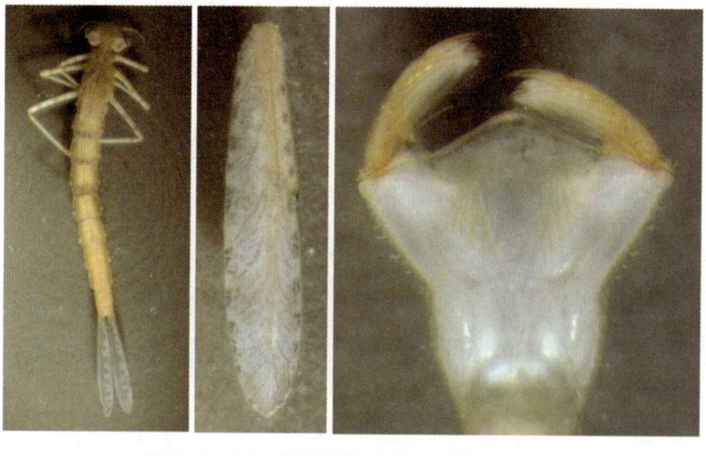

图 2.4-31　海洛尾蟌个体、尾鳃和下唇

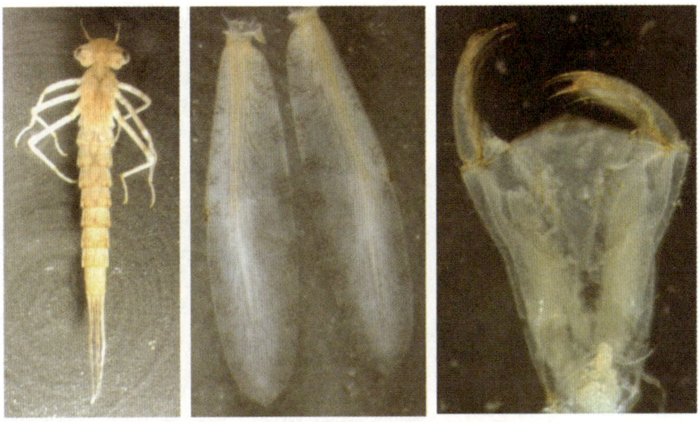

图 2.4-32　六纹尾蟌个体、尾鳃和下唇

### 2.4.8.2 瘦蟌属 *Ischnura*

## 瘦蟌属分种检索表

1a 前颏背鬃 3 ～ 4 对，下唇须叶侧鬃 4 ～ 5 根。尾鳃长 4 ～ 8 mm，柳叶状，气管分枝树枝状，基半部中间具深褐色斑纹。稚虫体长约 12 mm（图 2.4-33）……………………………………………………………………………………………二色瘦蟌 *Ischnura labata* Needham

**已知分布：**河北、吉林、辽宁。

**生境：**稚虫在山地湖泊、池塘等水生植物丰富的环境中栖息。

1b 前颏背鬃 4 ～ 5 对……………………………………………………………………2

2a 下唇须叶侧鬃 5 ～ 6 根，多数为 5 根，端部外侧具 4 ～ 5 个小齿。尾鳃长 4 ～ 7 mm，柳叶状，中部具 1 淡褐色横纹。气管分枝少。稚虫体长 12 ～ 15 mm（图 2.4-34）……………………………………………………………………………………亚洲瘦蟌 *Ischnura asiatica* Brauer

**已知分布：**国外日本，国内河北、吉林、辽宁。

**生境：**稚虫在山地湖泊、池塘等水生植物丰富的环境中栖息。

2b 下唇须叶侧鬃 5 ～ 6 根，多数为 6 根，端部外侧具 5 ～ 6 个小齿。尾鳃长 6 ～ 9 mm，中部具淡褐色横纹，气管分枝多。稚虫体长 15 ～ 18 mm（图 2.4-35）……………………………………………………………………………青纹瘦蟌 *Ischnura senegalensis*（Rambur）

**已知分布：**国外日本，国内河北、吉林、辽宁。

**生境：**稚虫在山地湖泊、河流等水生植物丰富的环境中栖息。

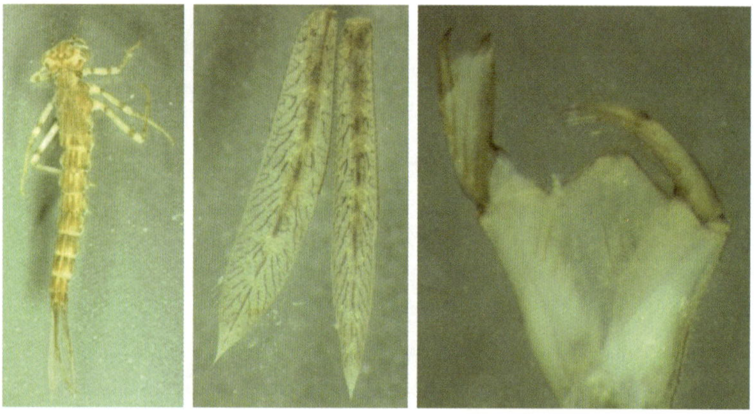

图 2.4-33　二色瘦蟌个体、尾鳃和下唇

图 2.4-34　亚洲瘦蟌个体、尾鳃和下唇

图 2.4-35　青纹瘦蟌个体、尾鳃和下唇

### 2.4.8.3 绿蟌属 *Enallagma*

翠纹绿蟌 *Enallagma deserticirculatum* Selys（图 2.4-36），稚虫体长约 16 mm。体绿褐色，腹背暗褐色。下唇前颏背鬃 3 ～ 4 对，内侧的 1 对短小。下唇须叶侧鬃 6 根，端部外侧具 4 个小齿。尾鳃柳叶状，中部具 1 ～ 2 个横纹，分节的周缘处列生细毛。侧尾鳃长约 7 mm。气管鳃分枝明显。

**已知分布：**国外日本，国内辽宁。

**生境：**稚虫在山地湖泊、池塘等水生植物丰富的环境中栖息。

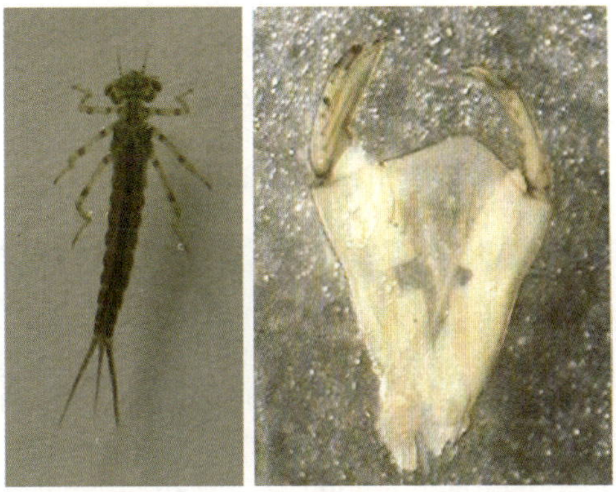

图 2.4-36　翠纹绿蟌个体及下唇

### 2.4.8.4 细蟌属 *Aciagrion*

赭细蟌 *Aciagrion hisopa*（Selys）（图 2.4-37），稚虫体长约 12mm。下唇前颏背鬃 3 对，下唇须叶侧鬃 4 ～ 5 根，端部内钩具 3 个间距较宽的小齿。尾鳃气管鳃树枝状，分枝较多。侧尾鳃长 5 ～ 5.5mm。

**已知分布：**国外日本，国内河北、吉林、辽宁（铁岭、辽阳）。

**生境：**稚虫在山地湖沼、河流等水生植物丰富的环境中栖息。

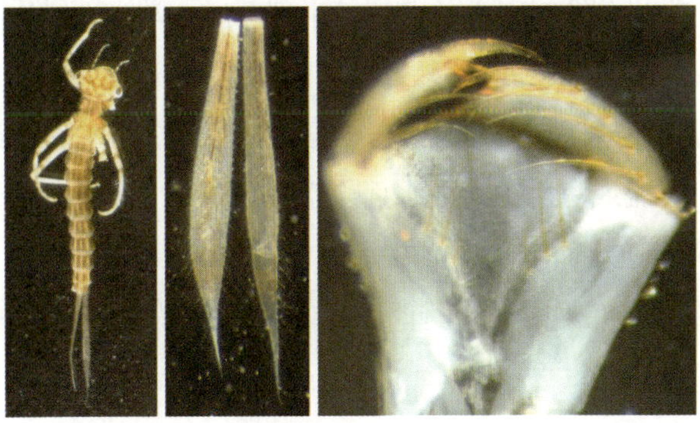

图 2.4-37　赭细蟌个体、尾鳃和下唇

### 2.4.9 扇蟌科 Platycnemididae

**主要鉴别特征：** 稚虫体长 10 ～ 16 mm。前颏中线两侧各有前颏背鬃 0 ～ 4 对，下唇须叶鬃 4 ～ 6 根，端部外侧具 3 ～ 6 个小齿。腹部第 7 ～ 9 节有侧刺或无。稚虫在低山丘陵、平原河流、湖沼等水生植物较多的水体中栖息。辽河流域发现狭扇蟌属（*Copera*）1 属 1 种。

#### 狭扇蟌属 *Copera*

东京狭扇蟌 *Copera tokyoensis* Asahin（图 2.4-38），稚虫体长约 16 mm。下唇前颏背鬃 2 对，下唇须叶鬃 3 根。足腿节具 3 个、胫节具 1 ～ 2 个褐色斑。尾鳃长且大，多数具云雾状暗色斑，周缘具 5 ～ 6 根长刚毛，末端具长钉状尖突。

**已知分布：** 国外日本，国内辽宁沈阳（虎石台）。

**生境：** 稚虫在河流、湖沼等腐殖质丰富的水域中生活。

图 2.4-38　东京狭扇蟌个体、尾鳃和下唇

## 2.5 半翅目 Hemiptera

半翅目（狭义）成虫（图 2.5-1）的前翅基半部革质，端半部膜质，为半鞘翅，后翅膜质，故命名为半翅目。半翅目昆虫俗称蝽。水生蝽类腹部腹面的绒毛层既能防止身体受湿，又可助其完成水中的呼吸过程。不完全变态（也称渐变态）。水生蝽类的成虫和若虫一般生活在池塘、稻田、溪流或海水中。在水面上活动的如水黾蝽（*Gerris*），能在水面奔跑而不沉入水中，甚至能逆流而上。生活在水中的田鳖（*Kirkaldyia*）、蝎蝽（*Nepa*）等多为流线形，身体扁平，适合在水中运动。仰泳蝽和固头蝽体背面隆起如船底，腹面平而向上，适合在水中仰泳。

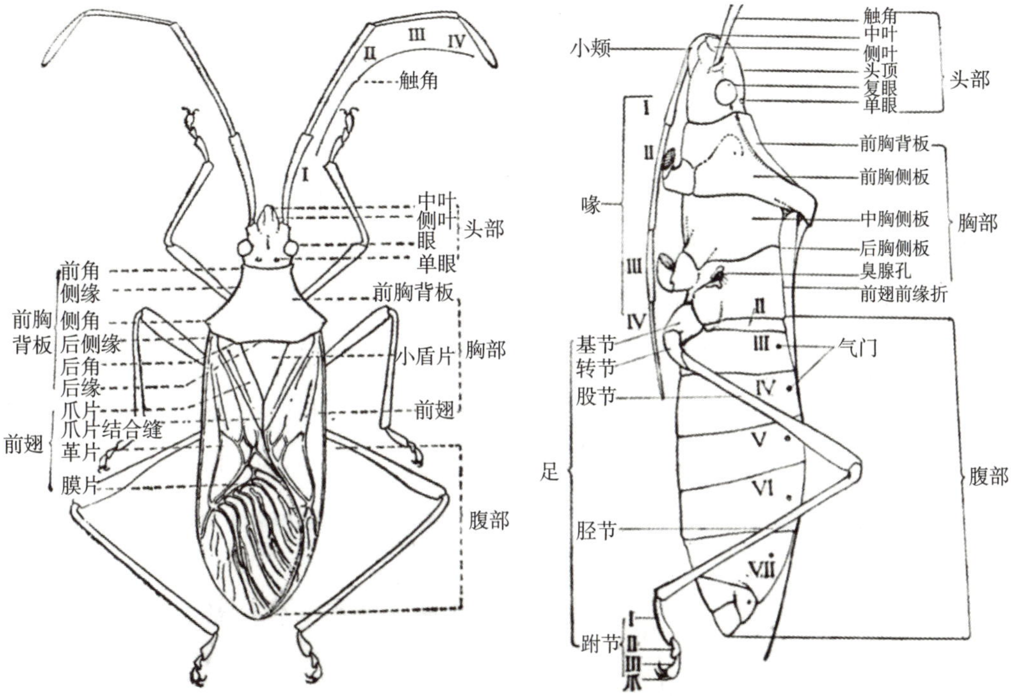


图 2.5-1　缘蝽科成虫背面及侧面观（仿萧采瑜，1981）

水生蝽类多为捕食性，主要捕食各种小动物、鱼苗和鱼卵，给养殖业带来一定危害，但划蝽科的一些种类繁殖率高、个体数量大，是鱼类的主要食料之一。另外，水生半翅目的种类还捕食大量孑孓和蝇蛆，具有环保意义和利用价值。成虫产卵于沉水植物的组织中，或以胶质附于其他物体上。卵孵出的若虫和成虫非常相似，生活习性相同。若虫一般经过 5 次蜕皮，在第 2 ～ 3 个龄期出现翅芽。发育需要 1.5 ～ 2 个月，成虫在水底越冬。常见的水生半翅目为显角亚目和隐角亚目的种类（图 2.5-2）。辽河流域现记录 8 科 10 属 13 种。

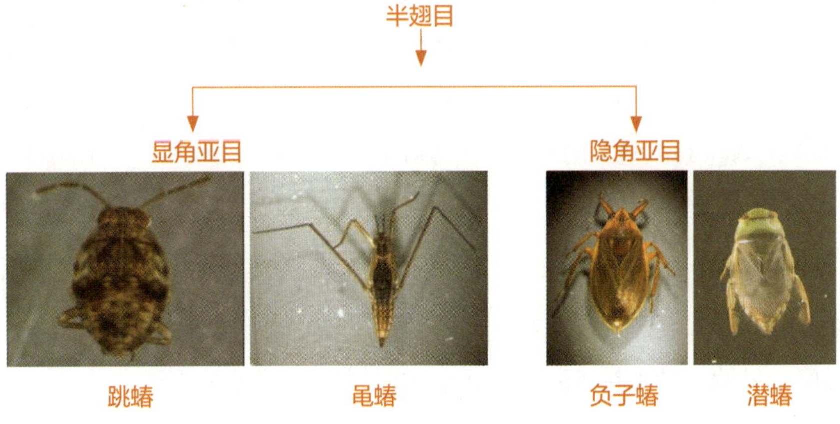


图 2.5-2　常见水生半翅目种类

显角亚目昆虫的触角明显伸出头的前方，能活动。生活在水面上。常见种类有尺黾蝽科（Hydrometridae）、水黾蝽科（Gerridae）、宽黾蝽科（Veliidae）、微黾蝽科（Hebridae）的种类。辽河流域发现跳蝽科（Saldidae）和水黾蝽科（Gerridae）2 科 2 属 2 种。

### 显角亚目分科检索表

1a 前翅膜质，具 4 ～ 5 个封闭的翅室……………………………………………跳蝽科 Saldidae

1b 前翅革质，体细长形，头长稍大于宽。中足与后足甚长。适于水面奔驰………………………………………………………………………………………水黾蝽科 Gerridae

隐角亚目昆虫的触角不明显，隐于头部腹面的凹陷处，从头上看不见。生活于水中。常见种类有划蝽科（Corixidae）、蝎蝽科（Nepidae）、负子蝽科（Belostomatidae）、仰蝽科（Notonectidae）、潜蝽科（Naucoridae）、盖蝽科（Aphelocheiridae）。辽河流域上述 6 科均有分布。

### 隐角亚目分科检索表

1a 喙短，藏于下唇底下，不分节或分为 2 节。前足跗节第 1 节膨大呈铲状。无或具不明显的中胸盾板……………………………………………………………划蝽科 Corixidae

1b 喙圆锥形，外露可动，3 或 4 节。前足跗节 2 节或 3 节……………………………………2

2a 体后端具呼吸管。前翅膜质部具网状翅脉…………………………………………………3

2b 体后端无呼吸管。前翅膜质部无网状翅脉…………………………………………………4

3a 体后端的呼吸管长。后足圆柱形，适于步行。触角第 2 节侧面具突起。各足跗节 1 节………………………………………………………………………………………蝎蝽科 Nepidae

3b 体后端的呼吸管短，有时不明显。后足扁，有缘毛，适于游泳…负子蝽科 Belostomatidae

4a 体卵圆形，背部扁平或背腹扁平……………………………………………………………5

4b 体圆筒形。背方显著隆起。前足游泳形，其基节着生于前胸的后缘。游泳时腹面向上……………………………………………………………………………………仰蝽科 Notonectidae

5a 前足捕捉式，腿节粗大且多侧扁。中足与后足跗节 2 节，爪 1 对……潜蝽科 Naucoridae

5b 前足不呈捕捉式，各足跗节均 3 节，爪 1 对……………………………盖蝽科 Aphelocheiridae

## 2.5.1 跳蝽科 Saldidae

**主要鉴别特征：**体中、小型。复眼大，单眼 2 个或无。前翅膜质，具 4 ～ 5 个封闭的翅室。雌虫具产卵管。成虫、幼虫在河流、湿地等水生植物较多的水域生活。

### 跳蝽属 *Saldula*

朝鲜跳蝽 *Saldula koreana* Kiritshenko（图 2.5-3），成虫体长约 5 mm，亮黑色，喙长。触角 4 节。眼大，红色，无单眼。前胸背板两侧圆弧形弯曲，黑色。小盾片大，黑色，有光泽。前翅膜质，黄白色，翅纹清晰。前足、中足短，后足长。

**已知分布：**国外日本、朝鲜，国内辽宁铁岭、抚顺。

**生境：**该种在河流、湿地等岸边生活。

黑跳蝽 *Saldula saltatoria*（Linnaeus）（图 2.5-4），若虫体长约 4 mm。喙长超过身体的 1/2。触角 4 节。眼大，红色，无单眼。前胸背板前缘向外方弯曲。小盾片大。前翅有斑纹。前足、中足短，后足长。

**已知分布：**国外日本、朝鲜，国内辽宁铁岭。

**生境：**该种在河流、湖沼等岸边生活，捕食性种类。

图 2.5-3　朝鲜跳蝽成虫

图 2.5-4　黑跳蝽若虫

## 2.5.2 水黾蝽科 Gerridae

**主要鉴别特征：**体型大小相差极大，1.7 ～ 36 mm 不等，以狭长的种类居多。绝大多数种类整个身体覆盖由微毛组成的拒水毛。无单眼，触角第 1 节常长。前足粗短变形，具攫握作用。中、后足极细长向侧方伸开，腿节与胫节约等长。

### 水黾蝽属 *Gerris*

水黾蝽 *Gerris paludum insularis*（Motschulsky）（图 2.5-5），成虫体形细长，黑褐色，长约 10 mm。头部为三角形，稍长。复眼 1 对，位于两侧；单眼退化；口喙稍长，分为 3 节，第 2 节最长；触角丝状，4 节，第 1 节比第 2 节长。前胸延长，背部黑褐色，前翅革质，无膜质部。腹面灰色，腹部下面被有绢样的细毛。足 3 对，前足用来捕食，中足用来划行和跳跃，后足用来在水面滑行。

若虫，触角第 1 节和第 2 节等长。前胸背板中线两侧黑褐色，腹部背面具 3 个暗色纵条。足 3 对，中、后足长。

**已知分布**：国外日本、朝鲜，国内辽宁辽阳（汤河）。

**生境**：水黾蝽在湖泊、池塘、水田和湿地中生活。吸食落水小虫或死鱼体的体液。

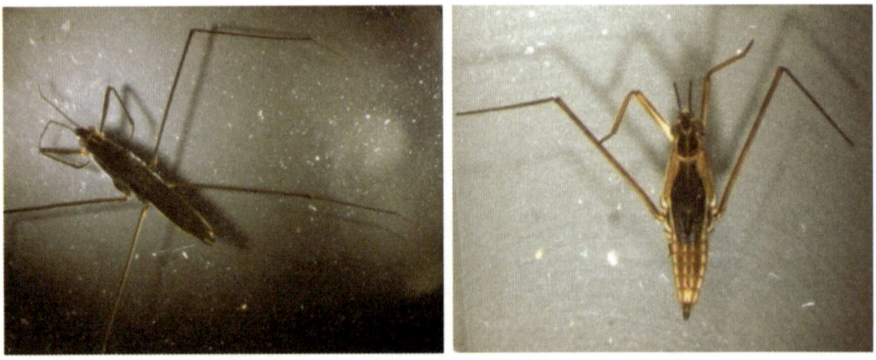

图 2.5-5　水黾蝽成虫、若虫

## 2.5.3 划蝽科 Corixidae

**主要鉴别特征**：体长 4 ～ 12 mm。体瘦长，头短。喙 1 ～ 2 节，很短。前胸短，小盾片小。前足短、中足细长，后足扁浆状，有发达的游泳毛。在水中行动迅速。辽河流域发现划蝽亚科（Corixinae）和小划蝽亚科（Micronectinae） 2 亚科 2 属 2 种。

### 2.5.3.1 划蝽属 *Sigara*（划蝽亚科 Corixinae）

横纹划蝽 *Sigara substriata* Uhler（图 2.5-6），成虫体长约 6 mm，宽约 2 mm。近长筒形。头短，头部后缘或多或少覆盖在前胸背板上。复眼黑色。喙 1 ～ 2 节，很短。前胸短，小盾片小。前胸背板具 5 ～ 6 条黑色横纹。前翅密布不规则的黑色刻点和条纹。前足短，跗节 1 节，特化加粗为匙形。中足细长，后足扁浆状。

**已知分布**：全国各地。

**生境**：本种生活在河流水草较多的水体中，摄食基质中的腐屑、藻类、原生动物和丝状藻等。中污染型指示种类。

### 2.5.3.2 小划蝽属 *Micronecta*（小划蝽亚科 Micronectinae）

斑点小划蝽 *Micronecta guttata* Matsumura（图 2.5-7），小型种，体长 1.6 ～ 2.0 mm。黄褐色。复眼黑色。前胸背面不具黑色横纹。头短。喙短。小盾片三角形。鞘翅背面有黑色长斑。前足短，跗节 1 节，特化为匙形，无爪。中足细长。后足扁浆状，游泳式。

**已知分布：**国外日本、朝鲜，国内东北各地。

**生境：**本种生活在水草较多的水体中，摄食基质中的腐屑、藻类、原生动物和丝状藻等。

图 2.5-6　横纹划蝽

图 2.5-7　斑点小划蝽

## 2.5.4 蝎蝽科 Nepidae

**主要鉴别特征：**体长形或长椭圆形，长 15 ～ 45 mm。黑色或赭黄色。头小，复眼大而突出。触角 3 节，第 2 节或第 3 节具指状突起。喙 4 节，短粗。前胸背板宽大，亦可强烈延长，其前缘常凹陷包围少许头部。中胸小盾片发达。腹部宽扁或狭长呈棒状。第 8 腹节背板变形呈一长管，伸出腹后，形成呼吸管。前足捕捉式，蝎蝽属的前足腿节粗大。螳蝎蝽属的前足腿节细长，中段具 1 齿，中、后足细长。成虫、幼虫生活于水草多的河流沿岸、湖泊、水田、池塘等水体中。

### 2.5.4.1 壮蝎蝽属 *Laccotrephes*（蝎蝽亚科 Nepinae）

日壮蝎蝽 *Laccotrephes japonensis* Scott（图 2.5-8），体长 30 ～ 40 mm。身体扁而狭长，前胸背板四角形，中央有隆起，近后缘有 1 横沟。前足发达如镰刀状，腿节基部具 1 齿。中、后足细长。呼吸管长约与体长相等。

**已知分布：**国外日本、朝鲜，国内广布。

**生境：**该种生活在河流、湖泊、湿地水草多的水体中，捕食昆虫幼虫、蠕虫、甲壳类及鱼苗。

图 2.5-8　日壮蝎蝽成虫及若虫

### 2.5.4.2 螳蝎蝽属 *Ranatra*（螳蝎蝽亚科 Ranatrinae）

#### 螳蝎蝽属分种检索表

1a 体大型，体长 40 ～ 50 mm，长杆状。前足腿节腹面约 1/2 处具 1 枚显著的齿状突起，末端腹面亦具 1 小齿。腹部末端具细长的呼吸管（图 2.5-9）……………………………………………………………………………………中华螳蝎蝽 *Ranatra chinensis* Mayr

**已知分布：**全国广布。

**生境：**该种生活在河流、湖泊、湿地水草多的水体中，捕食性种类。

1b 体中型，体长 24 ～ 32 mm，细长。前足腿节腹面约 1/2 处具 2 枚齿状突起。前胸背板前、后叶缢缩明显。腹部中央呈纵向脊状隆起，末端具细长的呼吸管（图 2.5-10）…………………………………………………………………………………一色螳蝎蝽 *Ranatra unicolor* Scott

**已知分布：**全国广布。

**生境：**该种生活在河流、湖泊、湿地水草多的水体中，捕食性种类。

图 2.5-9　中华螳蝎蝽个体及前足腿节

图 2.5-10　一色螳蝎蝽个体及前足腿节

### 2.5.5 负子蝽科 Belostomatidae

**主要鉴别特征：**体卵圆形，较扁平，黄褐色到棕褐色。头近三角形，复眼大而突出。喙 4 节，粗短。前胸背板宽大，微隆起。小盾片较大，具光泽。前翅具不规则的网状纹，无明显翅脉。前足捕捉式，各足跗节 2 ～ 3 节，少数种类跗节 1 节。腹部腹面中央纵向隆脊，两侧缘被有绒毛带。成虫腹部第 8 腹节背板变形为 1 对相互靠近的短叶状呼吸带，其内侧具毛。若虫的后胸后侧片后延，遮盖腹部前数节腹板，具长缘毛。成虫臭腺发达。负子蝽生活于静水中，常在水草上等待捕食。

负子蝽科分为负子蝽亚科（Belostomatinae）、鳖负蝽亚科（Lethocerinae）两个亚科。辽河流域发现负子蝽亚科 1 属 2 种。

**负子蝽亚科分属检索表**

1a 前足跗节 2 节，具 2 个较长的爪……………………………………………拟负子蝽属 *Appasus*

1b 前足跗节 1 节，具 2 个细小的爪…………………………………………负子蝽属 *Diplonychus*

#### 拟负子蝽属 *Appasus*

**属征：**体型较大，扁椭圆形，赭黄色到黑色。头三角形，复眼大而隆起。触角 4 节，第 2 节、第 3 节具横向的指状突起。喙短粗。前胸背板前缘凹入，后缘平直。前翅膜片翅脉明显。前足腿节膨大，胫节略弯，跗节 2 节，末端具爪 2 个。中、后足跗节 3 节，具 2 爪。腹部腹面中央脊状隆起，侧缘有绒毛带分布。雄性生殖板末端尖锐。雌性生殖板末端较钝。辽河流域发现该属 2 种。

**拟负子蝽属分种检索表**

1a 体赭黄色到褐色。前胸背板表面具许多小刻点，前叶中纵线长 3 倍于后叶中纵线长。生殖囊腹被面有许多长绒毛，抱器短棒状。体长 18 ～ 22 mm（图 2.5-11）……………………………………………………………………………日拟负子蝽 *Appasus japonicus* Vuillefroy

**已知分布：**国外日本、韩国，国内河北、江苏、江西、湖北、四川、贵州、云南、辽宁（锦州、抚顺、铁岭）。

**生境：**生活在河流沿岸或湖泊、池塘等水生植物较多的水体中。

1b 体黄褐色或暗褐色。前胸背板表面光滑，前叶中纵线长 2 倍于后叶中纵线长。生殖囊末端腹面被有稀疏的绒毛，抱器长棒状。体长 23 ～ 26 mm（图 2.5-12）………………………………………………………………………………巨拟负子蝽 *Appasus major*（Esaki）

**已知分布：**国外俄罗斯远东地区、日本、韩国，国内黑龙江、辽宁（锦州、抚顺、铁岭、沈阳）。

**生境：**生活在河流沿岸带的缓流区或有水生植物的静水水体中。

图 2.5-11　日拟负子蝽成虫个体及生殖囊

图 2.5-12　巨拟负子蝽成虫个体及生殖囊

## 2.5.6 潜蝽科 Naucoridae

**主要鉴别特征：**成虫中等大小，体长 5 ～ 20 mm，卵圆形，灰绿色。头宽短，无单眼。触角 4 节，短小、隐于头下。喙粗短。中胸小盾片发达，三角形。前足腿节粗大、侧扁，胫节弯曲，跗节 1 节，爪 1 对。多数种类生活于静水中，游泳或爬行于水草间。有些种类具气盾式呼吸，生活在河流水底的石块间或激流中。

潜蝽属 *Ilyocoris*（潜蝽亚科 Naucorinae）

尖翅潜蝽 *Ilyocoris exclamationis* Scott（图 2.5-13），成虫体长约 12 mm。灰绿色，扁卵形。头嵌生在前胸间，触角 4 节，隐生在头下。喙短大，一般 3 节。前足腿节显著膨大，跗节 1 节。中、后足相对细长，跗节均为 3 节，腹部边缘锯齿形，被有许多长毛，末端具爪 2 个。

**已知分布：**国外日本、朝鲜，国内辽宁（铁岭、抚顺、朝阳）。

**生境：**该种在河流、湖沼、池塘和湿地水草丰富的水中生活，常在水草丛中快速游泳。捕食昆虫幼虫、小螺、鱼苗等。卵产于水草茎上。

图 2.5-13 尖翅潜蝽背面、腹面

## 2.5.7 盖蝽科 Aphelocheiridae

**主要鉴别特征：**体背腹扁平，黄褐色到黑褐色。头略呈三角形。触角较细，4 节。喙赭黄色，可伸达后胸腹板。翅前侧缘具尖角状突出。中胸小盾片明显。前足不为捕捉式，各足跗节均 3 节，爪 1 对。腹部扁平，侧缘后角伸出小尖刺状。雄虫生殖节两侧不对称，雌虫生殖节两侧对称。生活在静水或细流的水底，多栖息于水底的石块下和泥沙当中，较少外出自由游泳。多生活在水质较好的区域。捕食其他水生昆虫幼虫。

### 盖蝽属 *Aphelocheirus*

尖盖蝽 *Aphelocheirus nawae* Nawa（图 2.5-14），俗称“锅盖虫”，成虫体长 8 ~ 10 mm。扁平，近圆形。头部前缘弧形，复眼黑色，喙细长，触角 4 节。前胸背板后侧角呈明显的尖锐角状斜向后突出。腹部背面粗糙，后侧角均呈尖锐的刺状。前足特化，腿节膨大，表面具短绒毛。后足发达，适于游泳，腿节长杆状，胫节略弯，背面具短刺。腹面具长毛，末端具数枚长刺。各足跗节 3 节，爪 1 对。若虫身体圆扁。

**已知分布：**国外日本、朝鲜，国内辽宁（锦州、朝阳）。

**生境：**成虫、若虫在河流的沿岸带水生植物较多的水体中生活，可在水中呼吸而永远不到水面上来。

图 2.5-14　尖盖蝽成虫及若虫

## 2.5.8 仰蝽科 Notonectidae

**主要鉴别特征：**体中型。头陷前胸中，眼大。无单眼。触角小，4 节。翅发达，小盾片黑色有光泽。前足较短，捕捉式。后足长浆状，游泳时背向下，腹面向上，用足作浆仰泳。成虫夏末秋初羽化，冬季潜入泥中越冬。辽河流域发现仰蝽亚科（Notonectina）仰蝽属（*Notonecta*）1 属 1 种。

### 仰蝽属 *Notonecta*（仰蝽亚科 Notonectina）

中华仰蝽 *Notonecta chinensis* Fallou（图 2.5-15），成虫体长 14 ～ 16 mm，宽 5 ～ 6 mm。体黄绿色，卵形。背面隆起如船底，游泳时腹面朝上。复眼大，紫色，无单眼。喙锐利。触角小，4 节。前翅革质片红褐色，有黑斑，膜片黑色。小盾片大，黑色，有光泽。腹部腹面黑色，中央具脊。足黄褐色，中足腿节近端处有 1 刺。后足长浆状。游泳时仰浮于水面，用长形后足作浆仰泳，故得名仰泳蝽。

**已知分布：**国外日本、朝鲜，国内黑龙江、河北、江苏、安徽、福建、江西、湖北、湖南、辽宁（铁岭、抚顺）。

**生境：**该种在河流、湖沼等水草丰富的水中生活，捕食甲壳类、各种昆虫幼虫和鱼苗。卵产于植物组织中。

图 2.5-15　中华仰蝽

## 2.6 鳞翅目 Lepidoptera

鳞翅目昆虫俗称蝶、蛾。成虫小至中型，翅展 5 ～ 150 mm。体躯略长圆形、圆筒形，翅扁平，狭或阔，体壁大多柔软、脆弱，也有坚硬成羊皮纸状。头部及翅覆以毛及鳞片。颜色有绿、蓝、金黄、银色、铜色等各种金属光泽，但大多数蛾类则多暗色。蝶类大部分为昼行性，蛾类在黄昏、黎明以及夜间飞行。

在鳞翅目昆虫中，与水生、半水生有联系的种类很多，但只有少数蛾类是水生的，蝶类中尚未发现有水生的种类。蛾类中也没有一个科完全水生，而螟蛾科中的水螟亚科是主要的水生类群，多数幼虫集群生活于寄主附近，以维管束植物为食，或以微小植物及其底质为食。极少数罕见的种类雌虫保持水生，其他的成虫则陆生，少数种类在产卵时短暂地进入水中。水螟是许多湿地生态系统的重要成员，有些危害水稻及水生百合类及其他禾本类。有些则有生物控制某些水草的潜力。

幼虫为多足型，即蠋型。胸部 3 节，各有胸足 1 对。腹部 10 节，第 10 节上有尾足 1 对。幼虫口器为咀嚼式，末端有吐丝器。幼虫大多为植食性，有筑巢习性。辽河流域发现 1 科 2 属 2 种。

### 2.6.1 螟蛾科 Pyralidae

**主要鉴别特征：** 幼虫多数种类体色单一。前胸侧毛 2 根（水生种类前胸侧毛 1 根），中后胸除禾螟亚科（Schenobiinae）侧毛 2 根外，一般均为 3 根。腹部侧毛 L1 与 L2 相互接近，常在同一或邻近的毛片上。趾钩有单序、双序、三序全环或缺环，或二横带。本科大多植食性，多数陆生，少数水生。辽河流域发现水螟亚科（Nymphulinae ）2 属 2 种。

## 水螟亚科分属检索表

1a 无气管鳃。腹足退化，趾钩双序，二横带内开半环状。头部唇基毛群 CL2 为额毛群 F1 的一半长。腹部比胸部宽。幼虫有造巢习性……………………………塘水螟属 *Elophila*

1b 有气管鳃。腹足发达，趾钩双序、三序单环。气管鳃端部有分枝……筒水螟属 *Parapoynx*

### 2.6.1.1 塘水螟属 *Elophila*

棉塘水螟 *Elophila interruptalis*（Pryer）（图 2.6-1），头部唇基毛长为额毛的 1/2。腹部、胸部较宽。幼虫头部 1 龄时黑褐色，2 龄时淡褐色，无显著黑斑。胸、腹部体色为乳白色，终龄幼虫胸部茶褐色。前胸背板前、后缘黑褐色。腹足退化，趾钩短，趾钩环为半环状的 2 个横带。无气管鳃。

**已知分布：**国外日本，欧洲各国家；国内辽宁辽阳（汤河）。

**生境：**幼虫以植物叶片做成袋状巢，在静水及流水的缓流水域栖息，以多种水生植物为食。

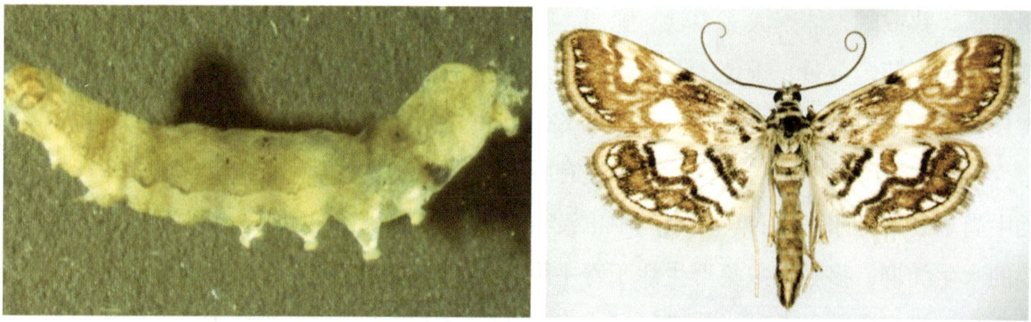

图 2.6-1　棉塘水螟幼虫、成虫

### 2.6.1.2 筒水螟属 *Parapoynx*

细纹筒水螟 *Parapoynx diminutalis* Snellen（图 2.6-2），幼虫头部淡褐色，胸腹部黄绿色。腹部第 1 ~ 6 节侧缘具气管鳃各 1 枝。中后胸背板具气管鳃 2 枝。第 8 节背板无气管鳃。腹足发达，趾钩双序单环。

**已知分布：**国外日本、美国，国内辽宁沈阳、抚顺（大伙房水库）。

**生境：**幼虫以树叶围成巢在缓流水域栖息。鉴定标本采自沈阳东陵公园龙尾湖。

图 2.6-2　细纹筒水螟个体及巢室

## 2.7 广翅目 Megaloptera

广翅目昆虫俗称广蛉。中至大型昆虫，翅展可达 150 mm。体细长或粗大。一般为保护色或暗色。头部发达，前口式。复眼大，单眼 3 个或缺如。触角丝状，多节。口器咀嚼式。胸部发达，前胸方形或长形，能自由活动。足 3 对，跗节 5 节。翅 2 对，前后翅大小及构造相似，有多数翅脉。静止时，前后翅成屋脊状，或平直于腹部背面。腹部 10 节，无尾须。外生殖器不突出。成虫白天停在水边岩石或植物上，多数种类夜间活动，具趋光性。广翅目是完全变态类昆虫中的原始种类，包括齿蛉、鱼蛉和泥蛉 3 个类群。

幼虫水栖，衣鱼型或蠕虫型。捕食性。幼虫、成虫均为淡水鱼的优质饵料。幼虫为钓鱼爱好者喜爱的鱼饵。辽河流域发现 2 科 2 属 2 种。

**广翅目幼虫分科检索表**

1a 腹部第 1 ～ 7 节两侧具分节的长丝状侧突。末端具 1 长丝状尾突………泥蛉科 Sialidae

1b 腹部第 1 ～ 8 节两侧具无分节的长丝状侧突。末端具 1 对钩状伪足…齿蛉科 Corydalidae

### 2.7.1 泥蛉科 Sialidae

**主要鉴别特征：**幼虫体小型。触角 4 节。胸足端部具 2 个爪。腹部两侧具 7 对分节的长丝状侧突。腹部末端具 1 长丝状尾突。幼虫生活在淤泥底的河流中。辽河流域发现泥蛉属 1 种。

#### 泥蛉属 *Sialia*

圆泥蛉 *Sialia rotunda* Foss（图 2.7-1），幼虫体形较小，长锥状。腹部第 1 ～ 7 节两侧具 7 对分 4 ～ 5 节的长锥状侧突。腹部末端具 1 长丝状尾突。

**已知分布：**国外日本，国内辽宁。

**生境：**幼虫喜生活在软底质河流沿岸地区。

图 2.7-1　圆泥蛉背面、腹面

### 2.7.2 齿蛉科 Corydalidae

**主要鉴别特征：**幼虫大型，体长 30 ～ 65 mm。触角 4 ～ 5 节。足端部具 2 个爪。腹部两侧具 8 对长锥状突起，第 1 ～ 7 节的长锥状突起末端具丝状鳃。伪足末端具 1 对爪。幼虫生活在河流或水库沿岸地区。

#### 星齿蛉属 *Protohermes*

格氏星齿蛉 *Protohermes grandis* Thunerg（图 2.7-2），幼虫蠕虫型，深褐色或紫褐色，体长约 55 ～ 60 mm。咀嚼式口器。触角 5 节，明显分叉。复眼细长。腹部两侧的长锥状突起具细毛，第 1 ～ 7 节突起的下面具丝状鳃。腹末有 1 对长钩状伪足。

**已知分布：**国外日本、朝鲜，国内辽宁抚顺（大伙房水库）、本溪、锦州（大凌河）。

**生境：**幼虫栖息于河流及水库沿岸的石块下面。幼虫肉食性，要经历数年才能发育成熟。

图 2.7-2　格氏星齿蛉

## 2.8 鞘翅目 Coleoptera

鞘翅目是昆虫纲中最大的一个目，通称“甲虫”。它具有坚硬的前翅即“鞘翅”，鞘翅像一个盾覆盖在身体上，对身体有良好的保护作用。鞘翅目昆虫最初是陆生的，但是许多种类次生性适应了水生生活。在鞘翅目中至少有 1 万种是水生的（Nilsson，1996），俗称“水甲虫”。水甲虫是一类水生或半水生的鞘翅目昆虫，如龙虱虫（图 2.8-1 和图 2.8-2）。随着水资源污染的日益严重和生态环境的迅速恶化，利用水甲虫对水环境污染变化进行监测等方面的研究工作开展较为深入。如长角泥甲科（Elmidae）的一些种类作为水质监测的重要指示生物（Moog&Jach1995；Verdonschot et al. 1992）。一些水甲虫还可以用于控制有害水生植物的数量，如控制空心莲子草的数量等。另外，利用红脊胸牙甲（*Stenolophus rufipes*）、尖突巨牙甲（*Hydrophilus acuminatus*）、真龙虱（*Cybister* sp.）、红缺唇龙虱（*Hyphoporus rufus*）、法氏斑龙虱（*Hydaticus*）等控制吸血蚊子幼虫（孑孓）的数量。然而，目前环境污染情况严峻，许多水甲虫的栖息地遭到破坏，部分种类已达到濒临灭绝的地步。因此，对水甲虫的分类研究及保护具有重要意义。

鞘翅目成虫体小至大型。咀嚼式口器，多数无单眼，触角 10 节或 11 节，形状多样，前胸发达。前翅角质化而无翅脉，坚厚，故称鞘翅。静止时，两翅在背中线上相遇，平直于胸。腹部背面覆盖在后翅上。后翅膜质，有翅脉，纵横折叠于鞘翅下。小盾片三角形。腹部 10 节，一般腹板只能看到 5 ～ 8 节。无尾须。

幼虫多成蠕虫状，头部发达，较坚硬。咀嚼式口器，大颚发达，具胸足。腹部 9 或 11 节。气门一般在第 1 ～ 8 节，每节 1 对。行动活泼的种类常具尾须。完全变态（图 2.8-3）。

水生鞘翅目昆虫一般成虫、幼虫和蛹的阶段均在水中度过。成虫后足发达，成桨状，适于游泳。无论是幼虫或成虫，大多数为捕食性，在池塘中捕食鱼苗，是水产养殖的大害。辽河流域现记录 12 科 40 属 46 种。

图 2.8-1　龙虱成虫

图 2.8-2　龙虱幼虫

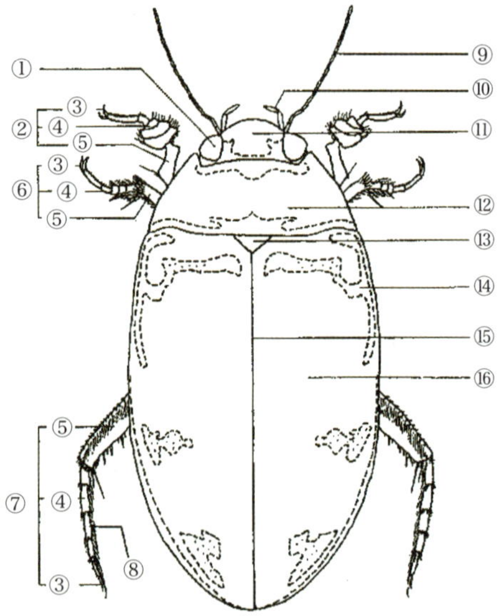

斑龙虱成虫形态（背面观）

①复眼②前足③爪④跗节⑤胫节
⑥中足⑦后足⑧游泳毛⑨触角
⑩下颚须⑪头部⑫前胸背板
⑬小盾片⑭斑纹⑮翅中缝⑯前翅

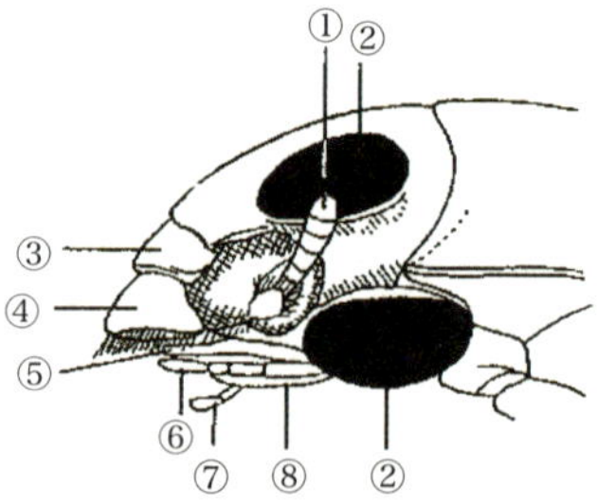

豉甲科头部（侧面观）（仿佐藤，1977）

①触角②复眼③上额④上唇
⑤上颚⑥下颚须⑦下唇须 ⑧下唇基部

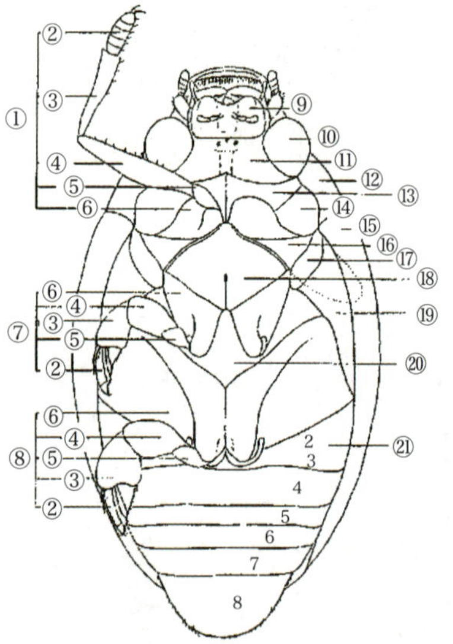

豉甲科成虫（腹面观）（仿佐藤，1977）

①前足②跗节③胫节④腿节⑤转节⑥基节⑦中足⑧后足⑨下唇基节⑩复眼⑪后头部⑫前胸侧片⑬前胸腹板⑭前胸侧板⑮前翅侧片⑯中胸前侧板⑰中胸后侧⑱中胸腹板⑲后胸前侧板⑳后胸侧板㉑腹板

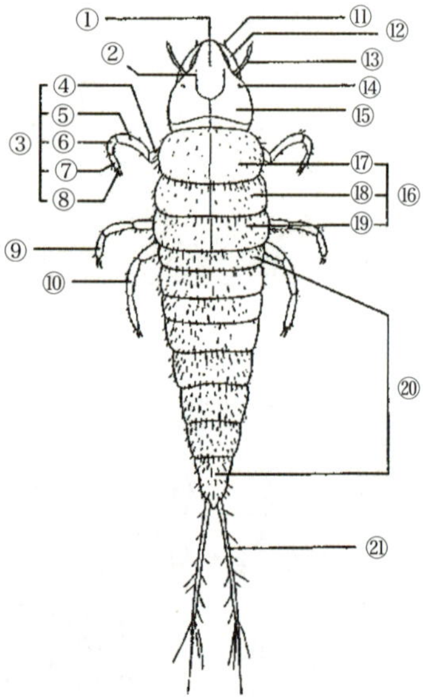

大滑龙虱（背面观）（仿 Sato，1964）

①额突②头前缝③前足④基节⑤腿节⑥胫节⑦跗节⑧爪⑨中足⑩后足⑪下颚须⑫上颚⑬触角⑭单眼⑮头⑯胸部⑰前胸⑱中胸⑲后胸⑳腹部第 1 ~ 8 节㉑尾须

图 2.8-3　鞘翅目形态

## 常见水生甲虫成虫分科检索表

1a 腹部腹板第 2 ～ 3 节被扩大的足基节所覆盖。体长 2 ～ 4.6 mm。生存于净水或流动缓慢的流水中，较常见……………………………………………………………………沼梭科 Haliplidae

1b 腹部腹板第 2 ～ 3 节不为扩大的足基节所覆盖……………………………………………………2

2a 腹部腹板第 1 节被后足基节所分隔……………………………………………………………… 3

2b 腹部腹板第 1 节不为后足基节所分隔…………………………………………………………… 6

3a 头具 2 对发达的复眼，1 对在背面，1 对在腹面。中足和后足特化，扁平，成桨状，比前足短。体长 4 ～ 27 mm………………………………………………………………………豉甲科 Gyrinidae

3b 头具 1 对发达的复眼……………………………………………………………………………… 4

4a 后足跗节圆柱形，无长游泳毛（半水生）………………………………步甲科 Carabidae

4b 后足跗节扁平，具游泳毛………………………………………………………………………… 5

5a 前足、中足跗节 4 节，如为 5 节，则第 4 节很小。后足跗节具 1 个爪，如为 2 个，则小盾片大而外露。体长 1 ～ 50 mm。静水中常见…………………………………龙虱科 Dytiscidae

5b 前足、中足跗节 5 节，第 4 和第 3 跗节等长。后足跗节具 2 个爪，小盾片隐藏。体长 2 ～ 5mm。生存于净水中。广布………………………………………………………小粒龙虱科 Noteridae

6a 头部的触角明显棒状…………………………………………………………………………………7

6b 头部的触角丝状，略向端部扩大或基部明显宽于端部各节…………………………………9

7a 口器喙状。体长 1.5 ～ 7.5 mm。生活于静水中……………………………象甲科 Curculionidae

7b 口器不呈喙状…………………………………………………………………………………………8

8a 腹部可见腹板 5 节。体长 2 ～ 40 mm。静水中常见…水龟甲科（牙甲科）Hydrophilidae

8b 腹部可见腹板 6 ～ 7 节。体长 1 ～ 3 mm。生活于静水或流水中……………………………………………………………………………………………………平唇水龟甲科 Hydraenidae

9a 后足跗节 4 节……………………………………………………………………………………10

9b 后足跗节 5 节……………………………………………………………………………………11

10a 触角短于头胸部之和………………………………………………………长泥甲科 Heteroceridae

10b 触角长于头胸部之和。体长 3 ～ 11 mm。静水中生活………………叶甲科 Chrysomelidae

11a 触角短而粗，基部扩大。体长 1.5 ～ 2 mm。流水中常见……………………泥甲科 Dryopidae

11b 触角细而长，基部不扩大 ………………………………………………………………………… 12

12a 足的第 4 跗节为很深的双叶状 …………………………………………………… 沼甲科 Scirtidae

12b 足的第 4 跗节不呈很深的双叶状 ……………………………………………………………… 13

13a 触角丝状或棒锤状。体长 1 ～ 6 mm。流水中多见……………………长角泥甲科 Elmidae

13b 触角为栉形的锯齿状 ………………………………………………………………………… 14

14a 腹部可见腹板 6 ～ 7 个，如可见 5 个腹板，则触角位于两复眼之间………………………
………………………………………………………………………扁泥甲科 Psephenidae

14b 腹部可见腹板 5 个。触角位于两复眼下方…………………………毛泥甲科 Ptilodactyidae

## 常见水生甲虫幼虫分科检索表

1a 无胸足或胸足不发达，如具胸足则由 3 ～ 4 节组成，末端具爪…………………………2

1b 具发达的胸足，各胸足由 5 节组成，末端具 1 ～ 2 个爪………………………………12

2a 上唇与唇基间无明显的钩…………………………水龟甲科（牙甲科）Hydrophilidae

2b 上唇与唇基间具明显的钩……………………………………………………………………3

3a 胸部、腹部肥胖，无骨片……………………………………………………………………4

3b 胸部、腹部不肥胖，背板具骨片……………………………………………………………5

4a 胸足不发达，但明显可见……………………………………………叶甲科 Chrysomelidae

4b 无胸足………………………………………………………………………象甲科 Curculionidae

5a 腹部 10 节，第 9 节由 2 节组成……………………………………平唇水龟甲科 Hydraenidae

5b 腹部第 9 节由 1 节组成………………………………………………………………………6

6a 触角明显比头长…………………………………………………………………沼甲科 Scirtidae

6b 触角明显比头短………………………………………………………………………………7

7a 身体极扁，各节背板极度扩展，盖住整个身体…………………………扁泥甲科 Psephenidae

7b 身体不极扁……………………………………………………………………………………8

8a 腹部腹板第 9 节无鳃盖片……………………………………………………………………9

8b 腹部腹板第 9 节具鳃盖片……………………………………………………………………10

9a 腹部各节不具成丛的鳃丝…………………………………………毛泥甲科 Ptilodactyidae

9b 腹部各节具成丛的鳃丝……………………………………………长泥甲科 Heteroceridae

10a 鳃盖片后方具鳃………………………………………………………………………………11

10b 鳃盖片后方无鳃…………………………………………………………………泥甲科 Dryopidae

11a 鳃盖片后方具 1 对钩状突起 ………………………………………… 长角泥甲科 Elmidae

11b 鳃盖片后方无钩状突起…………………………………………………缩头甲科 Chelonariidae

12a 第 10 腹节具 2 对钩状突起…………………………………………………豉甲科 Gyrinidae

12b 第 10 腹节如存在，则无钩状突起……………………………………………………………13
13a 腹部由 8 节组成。胸足具跗爪 1 对………………………………………………………14
13b 腹部由 9 ～ 10 节组成。胸足具跗爪 1 个……………………………沼梭科 Halipidae
14a 胸足短而粗壮，适于挖掘 ……………………………………………小粒龙虱科 Noteridae
14b 胸足细长，适于行走 …………………………………………………… 龙虱科 Dytiscidae

## 2.8.1 龙虱科 Dytiscidae

**主要鉴别特征：** 成虫小至大型，长卵形，扁平、光滑。头缩入前胸内，触角丝状，11 节。鞘翅具条纹和点刻，后翅发达。后足基节左右接触形如腹板，但不覆盖在转节上。胫节、跗节扁平并有缨毛。雄虫前足跗节膨大。

水龙虱亚科（Hydroporinae）前足及中足跗节 4 节，基部第 3 节膨大，叶状，第 4 节小，嵌入第 3 节内。龙虱亚科（Dytiscinae）的雄虫前足基部 3 个跗节特化成圆盘状，具许多小吸盘。切眼龙虱亚科（Colymbetinae）基部第 3 跗节明显膨大，但不成盘状。后足腿节具刚毛簇及爪。腹部腹板可见 6 节，第 6 节具皱缩、粗糙点刻和纵沟。

龙虱的成虫及幼虫都是水生的。栖息在河流的缓流处或静水中，湖泊、沼泽、池塘及水田都有分布。小型种类的幼虫在栖息地底部近水的边缘爬行生活。大型种类的幼虫则能快速游泳。成虫更擅长游泳。

龙虱的幼虫肉食性，小型种类以甲壳类或双翅目幼虫为食，大型幼虫捕食蝌蚪和小鱼。对养殖业危害很大。另外，龙虱科的一些种类如三刻真龙虱、日本真龙虱、黄边真龙虱等的成虫和幼虫可以食用，并有食疗作用。还有三点龙虱、黄边真龙虱中含有约 15 种含量较大的雄酮，可治夜尿频多、肾亏肾虚、面色焦黄等疾病。临床上常用于治疗慢性肾炎、前列腺肥大、小儿遗尿及小儿厌食等症，均有显著疗效。一些种类的龙虱还被用来控制水中蚊子幼虫的数量。

### 龙虱科分亚科检索表

1a 小盾片被前胸背板覆盖或仅端部针尖大的区域可见…………………………………………2
1b 小盾片完全可见…………………………………………………………………………………3
2a 前足及中足跗节 4 节，或第 4 跗节明显变小，隐藏在分成两叶的第 3 跗节下面…………
……………………………………………………………………………水龙虱亚科 Hydroporinae
2b 前足及中足跗节 5 节，第 4 跗节不分成两叶……………………粒龙虱亚科 Laccophilinae
3a 复眼不凹入。雄性前足基部 3 个跗节极度膨大，形成圆形或卵圆形的巨大吸盘。中足跗节略膨大…………………………………………………………………………龙虱亚科 Dytiscinae

3b 复眼在触角着生处凹入。雄性前足及中足基部 3 个跗节略膨大，吸盘较小。前足跗节并不形成圆盘状………………………………………………………………………………4

4a 后足腿节腹面端部内角具 1 簇粗状的刚毛列…………………………端毛龙虱亚科 Agabinae

4b 后足腿节腹面端部内角无粗的刚毛列……………………………………………………………5

5a 体大型（9mm 以上）。后足爪不等长，外爪短于内爪………切眼龙虱亚科 Colymbetinae

5b 体小型（6mm 以下）。后足爪等长…………………………………刻翅龙虱亚科 Copelatinae

#### 2.8.1.1 龙虱亚科 Dytiscinae

### 龙虱亚科（成虫）分属检索表

1a 后足跗节各节的后缘具密的短棘。体中型…………………………………齿缘龙虱属 *Eretes*

1b 后足跗节各节的后缘无短棘。体大型……………………………………………………………2

2a 后足胫节近方形，末端具 1 个爪………………………………………………真龙虱属 *Cybister*

2b 后足胫节长大于宽，末端具 2 个爪…………………………………………………龙虱属 *Dytiscus*

### 龙虱亚科（幼虫）分属检索表

1a 口上片前缘深裂，通常形成 3 个齿。尾节不分叉 …………………………真龙虱属 *Cybister*

1b 口上片前缘无齿。尾节二叉状………………………………………………………龙虱属 *Dytisecus*

##### 2.8.1.1.1 齿缘龙虱属 *Eretes*

灰齿缘龙虱 *Eretes sticticus*（Linnaeus）（图 2.8-4），体长 12 ~ 14mm，灰黄褐色。头的基部中央具 1 横带，亚基部具 1 横向的椭圆形黑板。前胸背板宽大于长，侧缘具窄脊。近前缘小刻点排列成行，前角凸，后角近直角。鞘翅具黑色小斑及刻点，刻点排列成 3 行。翅的侧缘中部、横带侧缘、翅端各具 1 个较大的斑。足黄色至淡棕黄色。前足、中足后缘具长的金黄色纤毛。雄虫前足跗节基部 3 节膨大呈圆盘状，具圆形小吸盘。后足爪不等长。

图 2.8-4　灰齿缘龙虱背面及腹面

**已知分布：**国外朝鲜、印度、菲律宾、墨西哥、澳大利亚，国内四川、陕西、山东、江苏、湖北、浙江、湖南、河南、福建、黑龙江、吉林、辽宁（沈阳、抚顺、辽阳）。

**生境：**成虫、幼虫在河流、湖沼、池塘及其他小型人工蓄水池中栖息。

##### 2.8.1.1.2 真龙虱属 *Cybister*

**成虫：**日本真龙虱 *Cybister japonicus* Sharp（图 2.8-5），体长约 40 mm。椭圆形，前

端略窄，背面黄绿色，较隆拱。前胸及鞘翅黄边较宽。腹部黄色，具黑色边缘。雄虫前足跗节膨大呈吸盘状，后足发达，侧扁如桨，被长毛。

**幼虫：** 日本真龙虱 *Cybister japonicus* Sharp（图 2.8-5），幼虫长筒状，灰白至深灰色，体长约 50 mm。头部扁平，具有一对钳形大颚。口上片前缘具 3 个齿，两侧齿的顶端达中齿端部。触角 9 节。腹部暗褐色，背面散布灰褐色小斑。胸、腹部腹面色淡。尾节退化。

**已知分布：** 国外日本、俄罗斯远东地区，国内黑龙江、吉林、河北、山东、福建、广东、海南、台湾、辽宁（抚顺、铁岭、沈阳）。

**生境：** 成虫生活在河流、湖泊、池塘等水草多的水体中。常倒悬，使尾端露出水面，进行呼吸。幼虫用大颚夹住鱼苗，吸食其体液，遇到同类也互相残食，极凶猛。一只幼虫一夜之间可夹死鱼苗 16 尾之多，对鱼苗危害很大。在中污染水体中经常出现。

图 2.8-5　日本真龙虱成虫及幼虫背面观

2.8.1.1.3 龙虱属 *Dytiscus*

**成虫：** 大卫龙虱 *Dytiscus dauricus* Gebler（图 2.8-6），体长约 35 mm。长卵形，体背黑色。触角、前胸背板周缘、鞘翅侧缘、足均棕黄色。头黑色，后头具细纵沟。鞘翅背部、侧缘及亚侧缘具排列整齐的、小而稀疏的刻点。腹部黄棕色至红棕色，基部具黑色横带。雄虫前足跗节膨大呈吸盘状，中、后足胫节、跗节扁平有缨毛，适于游泳。

**幼虫：** 筒状，黄灰褐色。头部扁平，具 1 对钳形大颚。口上片前缘无齿。下唇无舌。腹部第 8 节两侧有长而密的游泳毛。尾节发达。

**已知分布：** 国外日本、俄罗斯远东地区，国内黑龙江、吉林、辽宁（沈阳、抚顺、铁岭）。

**生境：** 成虫生活在河流、湖泊、池塘等水草多的水体中。常倒悬，使尾端露出水面，进行呼吸。幼虫吸食鱼苗体液，遇到同类也互相残食，极凶猛。对渔业危害很大。

图 2.8-6　大卫龙虱成虫及幼虫

### 2.8.1.2 切眼龙虱亚科 Colymbetinae

#### 雀斑龙虱属 *Rhantus*

**属征：**体中型，体长 7 ~ 10 mm。鞘翅上具密集的黑色小斑。雄性前足跗节 1 ~ 3 节膨大，具长椭圆形吸盘。后足跗节的 2 个爪不等长，外爪明显短于内爪。辽河流域发现雀斑龙虱属（*Rhantus*）1 属 1 种。

小雀斑龙虱 *Rhantus suturalis*（Macleay）（图 2.8-7），成虫体长约 11 mm。长椭圆形，背部略拱起。头部黑色，具工字形黄色斑纹。前胸背板黄色，中央具 1 菱形黑纹。鞘翅棕黄色，黑色小斑点稀疏分布。腹面黑色。足红褐色。后足外爪约为内爪的 1/3 长。

幼虫体长约 16 mm，纺锤形。头扁方形，背面前缘具八字形黄色斑纹。单眼内侧浅黄色。头颈部具淡黄色斑纹。前胸背板宽，侧缘半透明，前侧缘向前凸。中、后胸及腹部背板淡黄色或褐色，正中部色深。腹部第 7、第 8 腹节硬化，暗褐色。足黄色。尾须周围具黑色长毛。

**已知分布：**国外俄罗斯远东地区、澳大利亚、日本、东南亚等，国内除新疆、青藏高原以外的大部分地区，辽宁本溪桓仁、沈阳。

**生境：**成虫、幼虫生活在河流、湖沼、池塘及水田中，捕食水中小型动物。

图 2.8-7 小雀斑龙虱成虫及幼虫

### 2.8.1.3 端毛龙虱亚科 Agabinae

## 端毛龙虱亚科分属检索表

1a 头及前胸背板黑色，鞘翅褐色或整个背面黑色，具网纹。后足腿节端部内角具 1 簇小刚毛……………………………………………………………………端毛龙虱属 *Agabus*

1b 头部黑色，两眼间具 1 对棕黄色斑，鞘翅黑色，周缘具棕黄色斑。多数种类腿节端部内角具 1 簇小刚毛………………………………………………………宽缘龙虱属 *Platambus*

#### 2.8.1.3.1 端毛龙虱属 *Agabus*

**属征：**体型中等，体长 6 ～ 11 mm。头及前胸背板黑色，鞘翅褐色或黑色。背面具网纹，网眼为多边形或小圆形。后胸腹板翅侧缘不急剧变狭。后足腿节端部后角具 1 簇小刚毛。雄性前足及中足基部的 3 个跗节略膨大，具吸附毛。

日本端毛龙虱 *Agabus japonicus* Sharp（图 2.8-8），成虫体长约 7 mm，长卵形，背部略拱起。头部深褐色，唇基前缘红棕色，基部具 1 对近三角形的黄褐色眼间斑。前胸背板黑色，侧缘红褐色具窄脊。前缘及侧缘具粗糙刻点。小盾片深褐色。鞘翅棕色，背部、侧缘及亚侧缘具刻点列。腹面光滑发亮。足红棕色。后足胫节腹面外缘具 1 列倒扶状小刚毛。

幼虫筒状，体黄褐色。触角末节较前 1 节短 1/3。大颚长度不超过宽的 2 倍。第 8 腹节末端呈锥状延伸到尾节基部，尾节具 2 根长刺毛。

**已知分布：**国外俄罗斯远东地区、澳大利亚、日本、东南亚等，国内除新疆、青藏高原以外的大部分地区，辽宁本溪（桓仁）、朝阳。

**生境：**成虫及幼虫生活在河流、湖沼，池塘及水田中。

2.8.1.3.2 宽缘龙虱属 *Platambus*

黄边宽缘龙虱 *Platambus excoffieri* Regimbart（图 2.8-9），成虫体长 6 ～ 7 mm，宽卵形。头黑色，前缘红棕色，具两个圆形红棕色眼间斑。前胸背板黑色，尖角处具棕黄色斑。鞘翅中部黑色，周缘具黄棕色斑纹，侧缘及亚侧缘具刻点列，刻点列上刻点大而稀疏。腹节深红褐色，第 1 ～ 5 节具细刻线，末节深色。足红棕色，跗节色深。

**已知分布：**陕西、甘肃、河北、云南、西藏、山东、浙江、四川、贵州、湖南、辽宁（锦州）。

**生境：**成虫及幼虫生活在小型水库沿岸区。

图 2.8-8　日本端毛龙虱成虫及幼虫

图 2.8-9　黄边宽缘龙虱背面和腹面观

2.8.1.4 水龙虱亚科 Hydroporinae

## 水龙虱亚科（成虫）分属检索表

1a 鞘翅具深色纵带……………………………………………………………………3

1b 鞘翅无纵带……………………………………………………………………2

2a 前胸背板前侧角向前凸，后缘“V”形。前足第 4 跗节长。后足的爪不等长。部种类雄性腹板第 3 节具刺突或前足转节具缺刻及长突。体长 3 ～ 5 mm，卵形或长椭圆形……………………………………………………………………异爪龙虱属 *Hyphydrus*

2b 前胸背板前侧角向前凸，后缘略平直。鞘翅具暗色斑纹。体长 2.6 ～ 3.4 mm，黄褐色……………………………………………………………………滑龙虱属 *Liodessus*

3a 头部后缘具深色横带或斑……………………………………………………………………4

3b 头部后缘无深色横带或斑。鞘翅端部明显变狭。前胸背板基部具 1 对褶皱。体长 3 ～ 5 mm，黄色到棕黄色，卵形或长卵形……………………………山龙虱属 *Oreodytes*

4a 头部后缘具深色、窄的横带。鞘翅背部表面网纹清晰。雄性前爪长。体长 4 ~ 6 mm，卵形或长卵形……………………………………………………………斑孔龙虱属 *Nebrioporus*

4b 头部后缘具深色横带或斑。鞘翅上具斑纹或条带。前足及中足基部 3 个跗节膨大，第 3 跗节分叉，第 4 跗节伸长，后足细长……………………………………………水龙虱属 *Hygrotus*

#### 2.8.1.4.1 异爪龙虱属 *Hyphydrus*

日本异爪龙虱 *Hyphydrus japonicus* Sharp（图 2.8-10），成虫体长约 4 mm。体卵圆形，拱起强烈。头红棕色，眼间具 1 对深褐色斑。触角及下颚须黄棕色。前胸背板红棕色，基部具“V”形黑色带。鞘翅黄棕色，具黑褐色斑。翅面小点刻均匀，大点刻稀疏。腹部红棕色。足黄色至红棕色。后足胫节端部长距边缘锯齿状。

**已知分布：**国外日本，国内四川、河北、山东、上海、湖南、贵州、云南、台湾、吉林、辽宁（本溪桓仁）。

**生境：**生活在山地清洁河流的水体中。

图 2.8-10　日本异爪龙虱

#### 2.8.1.4.2 滑龙虱属 *Liodessus*

大滑龙虱 *Liodessus megacephalus*（Gschwendtner）（图 2.8-11），成虫体长约 2 mm，黄褐色。两复眼后方具横刻线。前胸背板后缘中部具较宽的深色横纹。鞘翅中后部具深色斑纹。足黄色。

幼虫筒状，黄灰褐色，体长约 10 mm。头部扁平，三角形。具有 1 对钳形大颚。口上片前缘具 3 个齿，两侧齿的顶端达中齿端部。触角 9 节。腹部暗褐色，背面散布灰褐色小斑。胸、腹部腹面色淡。尾节退化。

**已知分布：**国外日本，国内台湾、福建、辽宁（抚顺、铁岭）。

**生境：**成虫、幼虫在小河、池塘有水草的沿岸栖息，幼虫在水中捕食鱼苗及其他水生动物。

#### 2.8.1.4.3 山龙虱属 *Oreodytes*

善游山龙虱 *Oreodytes natrix*（Sharp）（图 2.8-12），小型种，体长约 3.6 mm。体棕黄色，长卵形，背部拱起明显，鞘翅端部明显变狭。前胸背板棕色，中央具褐色横带。鞘翅棕褐色，端部和中部各具 2 对黄褐色斑，中下部和基部各具 1 对黄褐色斑。

**已知分布：**国外日本、韩国，国内吉林、辽宁（本溪桓仁）。

**生境：**栖息在山地河流有水草的较清洁水体中。

图 2.8-11 大滑龙虱成虫及幼虫

图 2.8-12 善游山龙虱

2.8.1.4.4 斑孔龙虱属 *Nebrioporus*

**属征：** 成虫体小型，体长 4 ~ 6 mm。卵形或长卵形，身体拱起。背面黄棕色或棕褐色。头基部具深色窄横带。鞘翅上具深色的纵带。背部表面网纹清晰，网眼大小均匀，多边形或近圆形。刻点单一，刻入很深。雄性前爪长。

## 斑孔龙虱属分种检索表

1a 复眼后具较宽的黑色横带。前胸背板基半部具 1 对黑色斑，前、后缘的深色斑点不明显。鞘翅具 5 条深色纵条，侧缘具 3 个深色斑。背部刻点列清晰可见。足黄色，跗节颜色略深。体长约 5.0 mm，卵形（图 2.8-13）…………………细带斑孔龙虱 *Nebrioporus hostilis*（Sharp）

**已知分布：** 国外日本，国内吉林、台湾、辽宁。

**生境：** 在清洁河流水体中栖息。

1b 复眼后具较窄的黑色横带。前胸背板基半部具 1 对棕色斑，前、后缘具较大的排成横列的深色斑点。鞘翅具 5 条深色纵条，侧缘具 2 ~ 3 个纵向排列的深色斑。背部刻点密集。腹部深棕色。足棕黄色。体长约 4.5 mm（图 2.8-14）………………………………………………………………………………………………布氏斑孔龙虱 *Nebrioporus brownei*（Guignot）

**已知分布：** 国外英国、德国、瑞典、芬兰，国内四川、贵州、湖南、辽宁（锦州青山）。

**生境：** 该种采自山地河流泥沙底的沿岸地区。

图 2.8-13 细带斑孔龙虱

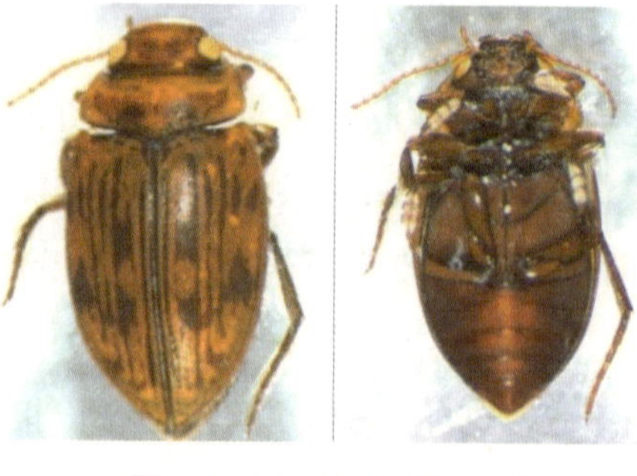

图 2.8-14 布氏斑孔龙虱

2.8.1.4.5 水龙虱属 *Hygrotus*

## 水龙虱属（成虫）分种检索表

1a 成虫体长约 4 mm。前胸背板黄褐色，后缘近中部具深色条带，中间隆起部具 1 黑斑。鞘翅灰褐色，每个翅瓣具 3 条端部相连的白色纵条，表面刻点密布。足黄色（图 2.8-15）……………………………………………………………水龙虱一种 *Hygrotus* sp.

**已知分布：**辽宁沈阳（康平）。

**生境：**成虫在池塘及雨后积水泡等处生活。

1b 成虫体长约 2.3 mm。前胸背板红棕色，后缘具深色条带。鞘翅红棕色，具深色斑纹。表面大刻点密集分布。足淡黄色………………嗜水水龙虱 *Hygrotus inaequalis* (Fabricius)

**已知分布：**国外日本、俄罗斯，国内山西、内蒙古、吉林、辽宁（沈阳康平）。

**生境：**成虫在河流、湖沼、池塘、林地雨后积水泡等处栖息。

嗜水水龙虱 *Hygrotus inaequalis*（Fabricius）（图 2.8-16），成虫体长约 2.3 mm，卵圆形。触角淡黄色。前胸背板红棕色，后缘具深色条带。鞘翅红棕色，具深色斑纹。表面大刻点密集分布。足淡黄色，前足及中足第 3 跗节分叉。后足细长，胫节具 2 列粗糙刻点，爪等长。

图 2.8-15　水龙虱一种背面和腹面观

图 2.8-16　嗜水水龙虱

### 2.8.1.5 粒龙虱亚科 Laccophilinae

粒龙虱属 *Laccophilus*

**属征：**体小型，体长 3 ~ 5 mm，卵形、宽卵形或宽椭圆形。体色黄色或深棕色。前胸背板后缘“V”角明显。鞘翅具横带，“Z”形纹或无斑，网纹清晰刻入，网眼近圆形或多边形。前胸腹板突起长针状。腹面具圆弧形刻线。前足及中足跗节 5 节，雄性跗节略膨大。后足腿节短，胫节外缘齿状。

## 粒龙虱属（成虫）分种检索表

1a 前胸背板前缘具较宽的褐色横带，后缘“V”角处具 2 个大的深褐色斑。鞘翅中部陷线纵纹由深棕色小圆斑构成。体长约 5.2 mm………圆眼粒龙虱 *Laccophilus difficilis* Sharp

**已知分布：** 国外日本，国内上海、四川、北京、江苏、湖北、浙江、福建、陕西、湖南、山东、贵州、云南、广东、海南、黑龙江、吉林、辽宁（辽阳汤河）。

**生境：** 生活在山地河流、湖泊等水草较多的清洁水体中。

1b 前胸背板前缘具浅三角形黑色横带，后缘“V”角处斑纹不明显。鞘翅中部陷线纵纹粗糙。体长约 5 mm（图 2.8-17）………………………………粒龙虱一种 *Laccophilus* sp.

**已知分布：** 辽宁（本溪、辽阳）。

**生境：** 生活在山地河流水草较多的水体中。

图 2.8-17　粒龙虱一种背面和腹面观

圆眼粒龙虱 *Laccophilus difficilis* Sharp（图 2.8-18），体长约 5.2 mm，宽椭圆形，略拱起。头棕黄色，触角淡黄色；眼大小均一，小圆形。前胸背板棕黄色，后缘具深色窄边；鞘翅黄棕色，鞘翅凹线由深棕色的小圆斑构成；腹面光滑；前胸腹板突起末端短；后足基节板表面具横刻；足黄棕色，前足及中足腿节扁平，后足腿节短而粗。体深褐色，黄色斑纹显著。

图 2.8-18　圆眼粒龙虱背面和腹面

## 2.8.2 水龟甲科（牙甲科）Hydrophilidae

**主要鉴别特征：**体小至大型，外形似龙虱，但背面更隆起。体黑色或鞘翅具浅斑。触角 6 ~ 9 节，棒状部稀被密毛。下颚须长于触角，丝状。中胸腹板常有中脊突。中、后足扁平，边缘具长毛。

全世界已知水龟甲科种类 2 000 多种。分为 Chaetarthrinae、陆水龟甲亚科（Sphaeridiina）、水龟甲亚科（Hydrophilinae）、苍边水龟甲亚科（Hydrobiinae）、尖音水龟甲亚科（Berosinae）5 个亚科。辽河流域发现 3 亚科 6 属 6 种。

### 2.8.2.1 水龟甲亚科 Hydrophilinae

水龟甲属 *Hydrophilus*

尖叶水龟甲 *Hydrophilus acuminatus* Motschulsky（图 2.8-19），成虫大型，体长约 42 mm。长椭圆形，背面拱起。身体离水后为黑褐色，泛墨绿色光泽。在水中为墨绿色。头、前胸及鞘翅颜色一致，触角红褐色，末端数节膨大。小盾片三角形。腹面，后胸刺发达，长达第 2 腹板。胸部腹面具银绿色细绒毛。腹板黑色。足黑色，跗节具金黄色游泳毛。

**已知分布：**国外日本，国内辽宁铁岭（清河）。

**生境：**本种常生活在水草丰富的河流、湖沼等水体中。常在水草上爬行，以水草、丝状藻和腐叶、腐屑等为食，也吃死的或行动缓慢的动物。还伤害鱼苗和鱼卵。

图 2.8-19　尖叶水龟甲背面和腹面

### 2.8.2.2 尖音水龟甲亚科 Berosinae

尖音水龟甲属 *Berosus*

尖音水龟甲 A 种 *Berosus* sp. BA（图 2.8-20），幼虫体长约 7.5 mm。细纺锤形，淡黄色。头部方形，头甲前缘中央低，三角形突出端部具 3 个齿。触角第 1 节长，第 3 节短小。大颚镰刀形，左右不对称。小颚须 3 节，第 1 节极短，第 2 节长，第 3 节短小。中胸背板两侧各具1三角形板。中、后胸与腹部各节背面具数个小疣状突起。腹部第1～7节两侧各具1长刺状鳃突。足无游泳毛，爪细长。

**已知分布：**河北、辽宁。

**生境：**幼虫生活在池沼、沟渠等水中。常在中污染偏重的水体中出现。

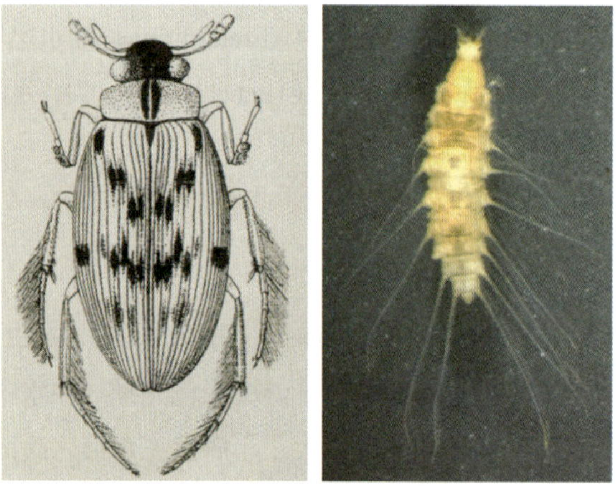

图2.8-20 尖音水龟甲A种成虫及幼虫

### 2.8.2.3 苍边水龟甲亚科 Hydrobiinae

#### 苍边水龟甲亚科（成虫）分属检索表

1a 下颚须约与触角等长……………………………………………………………………2

1b 下颚须比触角短 ……………………………………………………………………3

2a 触角9节。腹部5节。后足转节端部与腿节不分离。后足胫节不弯曲。中、后足胫节具游泳毛。鞘翅具点刻纹10列……………………………苍边水龟甲属 *Hydrobius*

2b 触角8节。腹部6节。后足转节端部与腿节分离。后足胫节微弯曲。中、后足胫节无游泳毛。鞘翅具点刻纹15列以上……………………………长节水龟甲属 *Laccobius*

3a 鞘翅中部宽。小颚须第2节与其他节相同，内缘微弯曲。中胸腹板薄片状……………………………………………………………………………拟苍边水龟甲属 *Enochrus*

3b 鞘翅前端部宽。小颚须第2节端部膨大，外缘微弯曲。中胸腹板隆起，末端尖突状……………………………………………………………………………丽阳水龟甲属 *Helochares*

#### 苍边水龟甲亚科（幼虫）分属检索表

1a 中、后胸背板骨片中间分离，腹部背板各节具明显的4个黑色斑点。幼虫长梭形，浅黄色……………………………………………………………………………苍边水龟甲属 *Hydrobius*

1b 中、后胸背板骨片中间相连，腹部的黑色斑点不明显。幼虫体细长，细筒状，黄褐色………………………………………………………………………………………拟苍边水龟甲属 *Enochrus*

#### 2.8.2.3.1 苍边水龟甲属 *Hydrobius*

贫苍边水龟甲 *Hydrobius pauper* Sharp（图 2.8-21），成虫体长 6 ～ 7 mm。卵圆形，暗褐色。前胸背板和鞘翅边缘苍白色。鞘翅具 10 条刻点列，后方呈钩状。后胸腹板后缘中央隆起呈薄片状。幼虫中、后胸背板的骨片中间分离。

**已知分布：**国外日本，国内辽宁沈阳。

**生境：**成虫、幼虫在低山湖泊、池塘及河流沿岸栖息。

#### 2.8.2.3.2 长节水龟甲属 *Laccobius*

长节水龟甲一种 Laccobius sp.（图 2.8-22）成虫体长约 3 mm。棕褐色，带金属光泽。头部背面点刻密布，中部“Y”形纹明显。前胸背板中部点刻纹粗密，侧缘色淡，前端两侧尖突状，向后端扩展与鞘翅端部等宽。小盾片黄色，三角形。鞘翅具密集的点刻列，约 18 列。腹部腹面黑褐色，腹板 6 节。足黄色。

**已知分布**：辽宁辽阳。

**生境：**成虫、幼虫在山地河流、山地积水池等处栖息。

图 2.8-21　贫苍边水龟甲成虫及幼虫

图 2.8-22　长节水龟甲一种背面和腹面

#### 2.8.2.3.3 拟苍边水龟甲属 *Enochrus*

拟苍边水龟甲 *Enochrus simulsns*（Sharp）（图 2.8-23），成虫体长 4.9 ～ 6.0 mm，长椭圆形，暗褐色或棕褐色。前胸背板和鞘翅边缘苍白色。每个鞘翅具 10 条刻点列，第 3 行、第 5 行、第 7 行刻点粗。中胸腹板呈薄片状总隆起。幼虫中、后胸背板的骨片中间相连。

**已知分布：**国外日本、朝鲜，国内辽宁沈阳、抚顺（浑河上游）。

**生境：** 幼虫生活在山地流水中，以水中砾石上附着的藻类为食。常在清洁水体中出现。

2.8.2.3.4 丽阳水龟甲属 *Helochares*

丽阳水龟甲一种 *Helochares* sp.（图 2.8-24）成虫体长约 6 mm。适度隆拱，背面黄褐色、有光泽。头部两眼间具 2 个黑色斑，后缘具黑色横带。触角 3 节，末节端部黑色具毛。前胸背板中部点刻纹明显，端部具 2 个黑斑。小盾片尖三角形。两个鞘翅各有 8 列纵刻纹，点刻粗糙。鞘翅末端具刺突。前胸腹板中部倒三角形。腹部 6 节。足黄白色。

**已知分布：** 国外日本，国内辽宁沈阳、阜新。

**生境：** 成虫、幼虫生活在湖泊、池塘等中小型水体中。

图 2.8-23　拟苍边水龟甲成虫及幼虫

图 2.8-24　丽阳水龟甲一种背面和腹面

## 2.8.3 平唇水龟甲科 Hydraenidae

**主要鉴别特征：** 体长 2 ~ 3 mm，长圆至狭长形。触角 8 ~ 11 节，端部 5 节锤杆状。前胸背板侧边完整，光滑或小齿状。前胸腹板有完整的突起。鞘翅覆盖整个腹部，翅面刻点排列成行，基部几节背板膜质。腹部 6 ~ 7 节，节间区无微小骨片。足跗节 5-5-5 式，有时跗节 4-4-4 式。新北区、古北区已知平唇水龟甲科种类约 4 500 种。辽河流域调查中发现滨水龟甲属 1 种。

滨水龟甲属 *Ochthebius*

滨水龟甲一种 *Ochthebius* sp.（图 2.8-25）成虫体长 1.5 ~ 2.0 mm。棕褐色，带金属光泽。头部具刻点。触角短、9 节，基部 4 节光滑，端部 5 节锤杆状。下颚须 4 节，第 3 节端部粗大，第 4 节短、黑色。前胸背板盘状部棕褐色，耳状部具透明膜。前胸背板前缘弯陷，末端角近于平直，后缘缩窄。小盾片三角形。前胸腹板短，中胸腹板中部三角形，后胸腹板大。鞘翅长卵形，具深点刻形成的纵纹。腹板 7 节，第 1 ~ 6 节深暗，第 7 节色淡。足色淡，后足腿节与胫节等长。跗节 5 节。爪纤细而弯曲。采自阜新（彰武）的敞水池塘中。

图 2.8-25 滨水龟甲一种背面和腹面

## 2.8.4 沼梭科 Haliplidae

**主要鉴别特征：**成虫体长 2 ～ 5 mm，头小。腹部腹板第 2 ～ 3 节被扩大的后足板状基节所覆盖。该科是肉食亚目中唯一食植物的种类。生活在丝状藻类或水草上。成虫、幼虫以藻类为主要食物。辽河流域发现该科 2 属 2 种。

**沼梭科分属检索表**

1a 后足的板状基节覆盖腹板 1 ～ 5 节，侧缘卷曲……………………………小泅沼梭属 *Peltodytes*

1b 后足的板状基节覆盖腹板 1 ～ 3 节，侧缘不卷曲……………………………沼梭属 *Haliplus*

### 2.8.4.1 小泅沼梭属 *Peltodytes*

中华小泅沼梭 *Peltodytes sinensis*（Hope）（图 2.8-26），成虫体长 3.6 ～ 3.8 mm。椭圆形，暗黄色。前胸背板后缘两侧各具 1 个黑斑。鞘翅面刻点深大，刻点沟列整齐，行距稍凸。鞘缘具宽黑带，紧挨鞘缝两侧，各具 1 个短暗斑。鞘翅中部两侧缘具 2 条弧状细暗带。

幼虫体长约 7 mm。圆筒形，暗黄褐色。触角 4 节。胸、腹部背板硬化。前胸具 6 根、中胸至第 8 腹节背面和侧面各具 4 根细长刺突，第 9 节具同样形状的 2 根刺突。前足短，胫节端部具显著的突起。中、后足长，爪与跗节约等长。

**已知分布：**国外日本、朝鲜，国内辽宁沈阳、本溪、辽阳。

**生境：**成虫、幼虫在河流沿岸、湖沼、池塘水生植物较多的水体中栖息，以水中的丝状藻类为食。

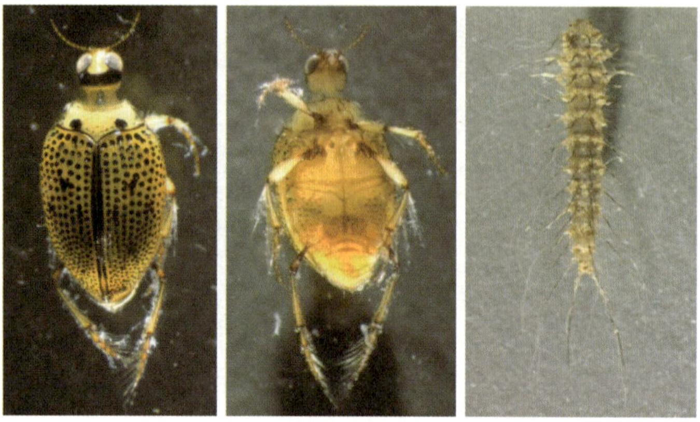

图 2.8-26 中华小泅沼梭成虫及幼虫

### 2.8.4.2 沼梭属 *Haliplus*

沼梭 A 种 *Halipus* sp.HA（图 2.8-27），成虫体长约 5 mm。头小，椭圆形。前胸背板前缘中部具 1 黑斑。鞘翅面刻点较小，刻点沟列整齐。鞘翅前缘和中部及后缘具宽黑带，黑带内缘连接黑斑。

幼虫细长梭状，头暗褐色，身体没有明显的刺，黄褐色。前胸和腹部背板具由刻点组成的深条状带斑。前足弱螯状，第 4 节具 3 个小刺。

**已知分布：**辽宁。

**生境：**幼虫生活在河流沿岸、池沼、沟渠等水中丝状藻类丛生之处。成虫和幼虫均以藻类为食。幼虫常在漂浮的丝状藻类或水草上爬行。

图 2.8-27 沼梭 A 种成虫及幼虫

## 2.8.5 扁泥甲科 Psephenidae

**主要鉴别特征：**成虫扁圆形。触角丝状、栉状、锯齿状、枝状。后足跗节 5 节，第 4 节的双叶状浅。腹部可见 6 ～ 7 个腹板，如可见 5 个腹板，则触角位于两复眼之间。

幼虫体圆扁，背板拱起呈斗笠形。各节背板极度扩展，盖住整个身体。腹部具鳃。幼虫在河流沿岸水体的砾石间栖息。扁泥甲科分为肖扁泥甲亚科（Psephenoidinae）、扁泥甲亚科（Psepheninae）、真扁泥甲亚科（Eubrianacinae）。辽河流域发现 4 属 4 种。

**扁泥甲科幼虫分属检索表**

1a 腹部第 9 腹节具腮……………………………………………………………肖扁泥甲属 *Psephenoides*

1b 除第 9 腹节外，其他腹节具腮………………………………………………………………………………2

2a 第 8 腹节侧缘缺失……………………………………………………………………………………………3

2b 第 8 腹节侧缘存在。腹部第 1 ～ 4 节具腹腮……………………………真扁泥甲属 *Eubrianax*

3a 腹部第 1 ～ 6 节具腹腮………………………………………………纯扁泥甲属 *Mataeopsephus*

3b 腹部第 1 ～ 5 节具腹腮……………………………………………………………隐扁泥甲属 *Psephenus*

### 2.8.5.1 肖扁泥甲属 *Psephenoides*

日本肖扁泥甲 *Psephenoides japonicus* Gahan（图 2.8-28），成虫体长 2 ～ 3 mm。体扁平，灰色。头部短宽，复眼较大。触角雄性栉状，分枝极长，雌性分枝短。前胸背板短，颜色略淡。鞘翅柔软，方形，表面无点刻。腹部可见 5 节腹板。

幼虫身体长卵圆形，背甲与体节紧密相连，侧缘具细毛。腹部第 9 节具鳃。

**已知分布：**国外日本、美国，国内辽宁抚顺（社河）、本溪（太子河上游）。

**生境：**成虫经常出现在山地流水的石块上。幼虫在山地流水砾石表面生活，运动缓慢，以微小藻类为食。

### 2.8.5.2 真扁泥甲属 *Eubrianax*

真扁泥甲 *Eubrianax* sp.（图 2.8-29），成虫体长约 4 mm。体卵圆形，扁平。头部略露出前胸背板，触角雄性明显栉状，雌性丝状。鞘翅红色或黑色，表面具密点刻及绒毛，条沟浅但明显。腹部可见 5 节腹板。

幼虫身体卵圆形，背甲与体节紧密相连，侧缘具细毛。腹部具鳃 4 对。腹部最末节不具小板。

**已知分布：**辽宁本溪（太子河上游）。

**生境：**成虫经常出现在山地河流的石头上。幼虫在山地流水砾石表面生活，运动缓慢，以微小藻类为食。

### 2.8.5.3 纯扁泥甲属 *Mataeopsephus*

纯扁泥甲 *Mataeopsephus* sp.（图 2.8-30），成虫体长约 6 mm。体扁平，近黑色，表面具细绒毛，体壁较柔软。头小，通常隐蔽于前胸背板之下，触角丝状。前胸背板半圆形，腹部雄性可见 7 节腹板，雌性可见 6 节腹板。跗节 5-5-5 式。

幼虫身体圆形，背甲与体节紧密相连，侧缘具细毛。腹部具鳃 6 对。腹部最末节具 2 个小板。

**已知分布：**辽宁抚顺（浑河上游）、本溪（太子河上游）。

**生境：**成虫经常出现在溪流的石头上。幼虫在山地流水砾石表面生活，运动缓慢，以微小藻类为食。

### 2.8.5.4 隐扁泥甲属 *Psephenus*

隐扁泥甲 *Psephenus* sp.（图 2.8-31），成虫背面观头部可见。触角念珠状，雄性微锯齿状。胸足爪的基部无膜状附肢。

幼虫体长约 10 mm，扁卵形。头小，触角第 2 节长。背板暗黄褐色，上具浓淡不规则的斑纹。胸部腹板及足黄褐色，上具散在的颗粒状点斑。腹部第 1 ～ 5 节具丝状鳃。

**已知分布：**辽宁本溪（太子河上游滴台头）。

**生境：**幼虫在清洁河流水体的砾石间栖息，运动不活泼，以石上藻类为食。

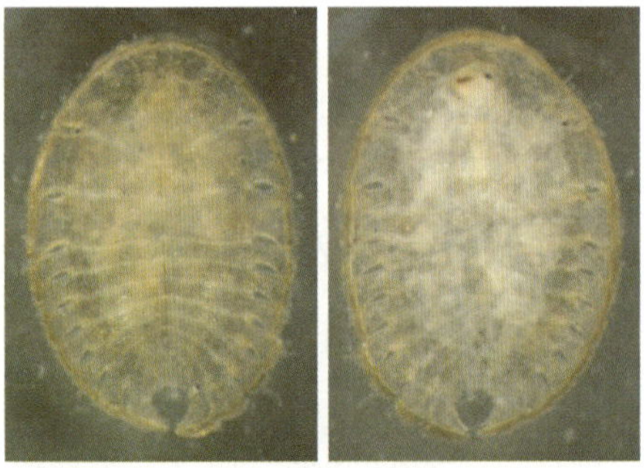

图 2.8-28　日本肖扁泥甲背面和腹面

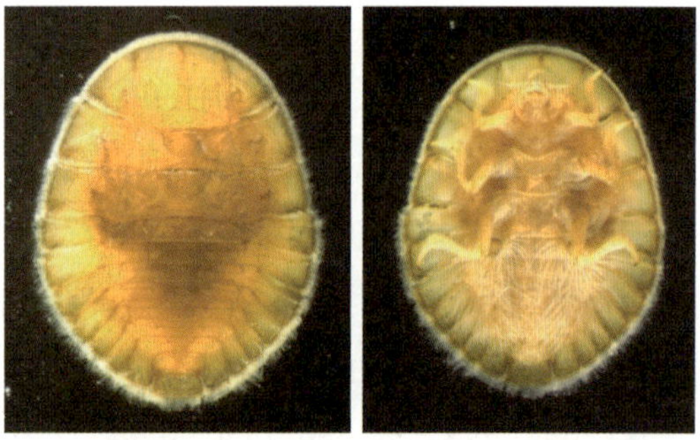

图 2.8-29　真扁泥甲背面和腹面

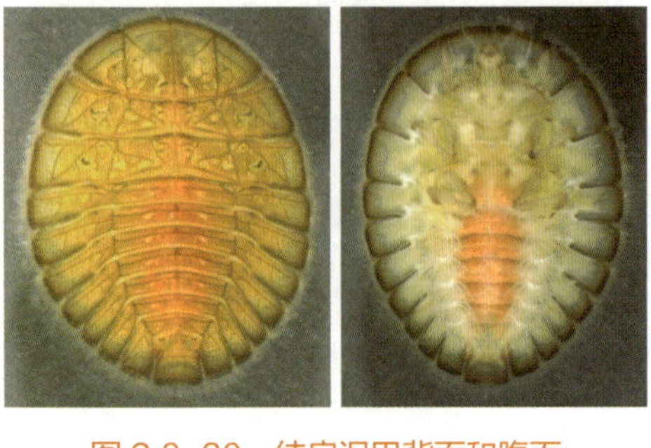

图 2.8-30　纯扁泥甲背面和腹面

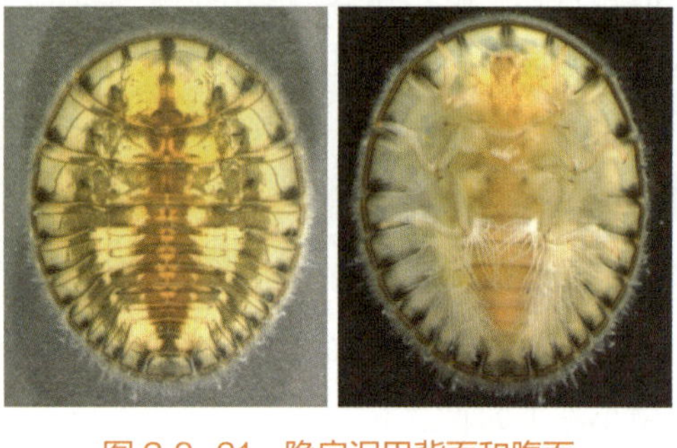

图 2.8-31　隐扁泥甲背面和腹面

## 2.8.6 长泥甲科 Heteroceridae

**主要鉴别特征：** 小型甲虫，成虫体长 4 mm。长方形，体具细毛，鞘翅具黑褐色或黄褐色斑纹。头大，于眼后缘嵌入前胸内，头水平向或稍向下方。上颚突出，触角短形，10 ～ 11 节，端部 7 节扁锯齿状。鞘翅全蔽腹端。足粗短，胫节具刺，跗节 4 节。辽河流域发现长泥甲属 1 种。

### 长泥甲属 *Heterocerus*

长泥甲 A 种 *Heterocerus* sp.HA（图 2.8-32），成虫体长约 3 mm。黄褐色，体表具细毛。前胸背板扁椭圆形，端半部黑棕色。鞘翅黄褐色，暗色斑纹明显。前足黄色、短粗、胫节具锯齿，中、后足胫节黑棕色。

**已知分布：** 辽宁沈阳、朝阳（大凌河）。

**生境：** 栖息在河流沿岸、池沼或水田间的泥沙底中。有趋光性。

图 2.8-32　长泥甲 A 种成虫背面和腹面

## 2.8.7 泥甲科 Dryopidae

**主要鉴别特征：** 小型种，体具绒毛。腹部腹板雌、雄均 5 节。后足基节呈板状盖于腿节。前足基节横向，有基转节。触角第 2 节广阔形。成虫、幼虫皆水生。辽河流域发现泥甲科 2 属 2 种。

### 泥甲科成虫分属检索表

1a 虫体背面有光泽，体表微细毛疏……………………………………溪泥甲属 *Elmomorphus*

1b 虫体背面无光泽，体表刚毛密…………………………………………………泥甲属 *Helichus*

#### 2.8.7.1 溪泥甲属 *Elmomorphus*

短脚溪泥甲 *Elmomorphus brevicornis* Sharp（图 2.8-33），成虫长椭圆形，体长约 4 mm，黑褐色。头嵌入前胸背板前缘。触角 6 节，栉状。前胸背板两前侧角向前突出。前翅具 8 列淡色点刻纹。足强壮，第 5 跗节长，具 2 个钩形爪。

**已知分布：**国外日本，国内辽宁辽阳（二道河）。

**生境：**成虫、幼虫栖息在山地流水中，常在清洁水体中出现。

#### 2.8.7.2 泥甲属 *Helichus*

狄氏泥甲 *Helichus dicksoni* Waterhouse（图 2.8-34），成虫体长 8 ~ 12 mm。细长，黑棕色，体表密被黄绒毛。复眼发达，稍外凸。前胸背板宽大于长，前角前伸呈锐角，后角向侧后方沿伸呈尖刺状。小盾片三角形。鞘翅两侧近平行，唯后部 1/3 处稍外凸。鞘翅表面刻点沟明显。足细长，跗节 5 节，末跗节长于前 4 节之和。

**已知分布：**辽宁沈阳、抚顺、铁岭、鞍山。

**生境：**栖息在河流沿岸、池沼等的泥沙底中。

图 2.8-33　短脚溪泥甲背面和腹面

图 2.8-34　狄氏泥甲背面和腹面

### 2.8.8 长角泥甲科 Elmidae

**主要鉴别特征：**成虫体长 1 ~ 5 mm，长椭圆形。触角细而长，丝状或棒槌状。后足跗节 5 节，第 4 跗节不呈很深的双叶状。足具强壮的长爪。

幼虫细长、圆筒状。在流水的砾石间，取食石块上的着生藻类为生。

该科分为 Larinae 和长角泥甲亚科（Elminae）2 个亚科。辽河流域发现长角泥甲亚科 3 属 3 种。

### 长角泥甲科幼虫分属检索表

1a 前足胫节前缘无细毛。前胸背板隆起，基部侧方具纵沟或纵隆脊。鞘翅第 1 和第 2 刻点列端部愈合……………………………………………………狭长角泥甲属 *Stenelmis*

1b 前足胫节前缘有细毛………………………………………………………………………2

2a 前胸背板基部侧方无纵沟。鞘翅第 3、第 4 刻点中间愈合，达翅端。触角端节长…………………………………………………………………假艾菲长角泥甲属 *Pseudamophilus*

2b 前胸背板基部侧方具纵沟或纵隆脊。腹部第 1 节无纵隆脊。触角长…………………………………………………………………………………宾德长角泥甲属 *Optioservus*

#### 2.8.8.1 狭长角泥甲属 *Stenelmis*

狭长角泥甲 A 种 *Stenelmis* sp.SA（图 2.8-35），成虫触角长，11 节。前胸背板侧方具纵沟。鞘翅刻点明显，第 1 和第 2 刻点列端部愈合。前足胫节前缘无细毛。

幼虫体棕褐色。背、腹板各节具黑色颗粒状点斑。足黄褐色。腹部腹板 1 ～ 6 节具侧板。尾节具长细毛。

**已知分布：**辽宁丹东（鸭绿江荒沟）、辽阳（三道河）。

**生境：**成虫、幼虫喜生活在河流沿岸带清洁的水体中。

图 2.8-35　狭长角泥甲 A 种成虫及幼虫

#### 2.8.8.2 假艾菲长角泥甲属 *Pseudamophilus*

日假艾菲长角泥甲 *Pseudamophilus japonicas* Nomura（图 2.8-36），成虫长椭圆形，体长 4.8 ～ 5.3 mm，暗褐色。触角长，11 节。鞘翅间室具显著的黄色毛。足长，前足胫节前缘具细毛，爪强壮。

幼虫体细长，圆筒状，黄褐色。头小，胸、腹部背板具浅黄色中央纵条。腹部第 1 ～ 7 节具侧板。足黄色。尾节无长细毛。

**已知分布：**国外日本，国内辽宁抚顺（浑河上游）。

**生境：**幼虫采自河流上游山地的流水中，以水中砾石上附着的藻类为食。

#### 2.8.8.3 宾德长角泥甲属 *Optioservus*

宾德长角泥甲 A 种 *Optioservus* sp.OA（图 2.8-37），成虫小型种，体长约 3 mm。触角长，11 节。小颚须 4 节，前足胫节前缘具细毛。前胸背板基半部两侧的纵条达中部以下。前胸背板中央无凹陷。腹部第 1 节无纵隆脊。

幼虫体黄褐色，背板具浅黄色中央纵条。前胸背板钝三角形，基半部两侧色浅。背、腹板各节具黄褐色颗粒状点斑。足黄褐色。腹部腹板 1 ～ 7 节具侧板。尾节具长细毛。

**已知分布：**辽宁丹东（鸭绿江上游）。

**生境：**幼虫采自河流上游沙石底的清洁流水中。

图 2.8-36　日假艾菲长角泥甲幼虫

图 2.8-37　宾德长角泥甲 A 种幼虫

### 2.8.9 步甲科 Carabidae

**主要鉴别特征：**体小至大型，长圆或长圆柱形，晦暗或具明亮金属光泽。头常窄于前胸。复眼凸圆或退化。触角丝状，11 节，着生于颊区。唇基不达触角基部。下颚内叶端部无可动的钩。鞘翅表面具沟纹。足适于疾走，或前足变短适于挖掘。可见腹节 6 ～ 8 节。辽河流域发现步甲科 4 属 5 种。

## 步甲科成虫分属检索表

1a 中胸后侧片与中足基节窝连通……………………………………………………………………2

1b 中胸后侧片不与中足基节窝连通，中足基节窝被中、后胸腹板包围。体较扁，被铜绿色或蓝紫绿色，有光泽。前胸背板近心形。两侧具大圆形塌洼。鞘翅长椭圆形，刻点沟规整。第 3 沟间具 6 ~ 7 个洼窝孔点…………………………………………细胫步甲属 *Agonum*

2a 上颚沟有毛。触角基部 4 节光洁。前胸背板近心形。小盾片钝三角形，表面有褶皱。鞘翅具 9 条刻点纵沟列。雄虫前足跗节基部 3 节扩大………………………心步甲属 *Nebria*

2b 上颚沟无毛…………………………………………………………………………………3

3a 体长 9 mm 以上。触角第 3 节为第 2 节的 1.2 ~ 2.0 倍。上颚尖端粗。下唇须亚端节内缘具 3 根毛或更多……………………………………………………………婪步甲属 *Harpalus*

3b 体长 9 mm 以下。鞘翅后部具倒八字形或椭圆形淡色斑……………锥须步甲属 *Bembidion*

### 2.8.9.1 锥须步甲属 *Bembidion*

多岩锥须步甲 *Bembidion scopulinus*（Kirby）（图 2.8-38），成虫体长 3.8 ~ 4.2 mm。体背暗棕色。头顶具粗大刻点，两复眼间具宽的纵凹，复眼外凸。前胸与头等宽。基缘窄于前缘。前角钝，后角锐。触角基部 3 节。鞘翅长，刻点沟列整齐，基半部 1/3 处两侧各有 1 不规则黄褐色斑纹。足腿节基半部黑褐色，其余部分黄褐色。

**已知分布：** 国外日本、俄罗斯远东地区、美洲，国内辽宁抚顺（大伙房水库）、辽阳（下达河）、沈阳（蒲河）。

**生境：** 成虫栖息在大型水库及河流沿岸带。

图 2.8-38　多岩锥须步甲成虫背面和腹面

### 2.8.9.2 婪步甲属 *Harpalus*

## 婪步甲属幼虫检索表

1a 中、后胸背板及腹部背板和侧板具黄褐色扁圆形骨化板。腹部第 9 节背板两侧延长呈两叉状，与肛管约等长。足淡黄色，具约等长的 2 个爪。体长约 9 mm（图 2.8-39）…………………………………………………………单齿婪步甲 *Harpalus simplicidens* Schauberger

**已知分布：**国外日本、朝鲜、俄罗斯远东地区，国内河北、河南、山西、甘肃、四川、湖南、黑龙江、辽宁（铁岭清河）。

**生境：**幼虫采自清河干流泥沙底的沿岸河段。

1b 中、后胸背板及腹部背板和侧板不具骨化板。幼虫黄白色，前胸背板淡黄色。中、后胸背板具粗壮刚毛。腹部第 9 节背板两侧延长的叉状突长于肛管。足黄白色，爪褐色，两爪不等长。体长约 15 mm（图 2.8-40）…………………………婪步甲 A 种 *Harpalus* sp.HA

**已知分布：**内蒙古通辽（海日苏）。

**生境：**幼虫采自西辽河上游泥沙底沿岸河段。

图 2.8-39　单齿婪步甲成虫及幼虫

图 2.8-40　婪步甲 A 种幼虫背面和腹面

### 2.8.9.3 细胫步甲属 *Agonum*（宽步甲亚科 Platyninae）

点刻细胫步甲 *Agonum implressum*（Panzer）（图 2.8-41）。成虫体长约 10 mm。头、胸及腹部背面有铜色至铜绿色金属光泽。触角黑色。前胸背板圆形，盘区光滑，基凹处具细点刻，后角圆。鞘翅长方形，条沟深，在第 3 行距处具一列大点刻，点刻 6 ～ 8 个。足黑色。

**已知分布：**国外朝鲜、日本、俄罗斯远东地区等，国内黑龙江、吉林、云南、辽宁（抚顺浑河上游）。

**生境：** 栖息在河流沿岸水边、潮湿地带。

#### 2.8.9.4 心步甲属 *Nebria*

黄缘心步甲 *Nebria livida* Linnaeus（图 2.8-42），幼虫体长约 15 mm，黄褐色。额唇基前缘向前凸，中间具 2 大、2 小，4 个齿。唇舌乳突状，顶端两侧各有 1 根长刚毛。下唇须第 1 节、第 2 节等长，无刚毛。前胸背板前端窄。腹部背板具扁圆形骨片。第 9 节的尾须长，上具粗壮的长刚毛。肛管腹面具约 8 根刚毛。足黄色、细长。端部的 2 个爪不等长。

**已知分布：** 国外日本、朝鲜、俄罗斯远东地区，国内辽宁铁岭（福德店）、丹东（荒沟）。

**生境：** 幼虫喜生活在河流淤泥底、周围具水草的沿岸带。

图 2.8-41　点刻细胫步甲成虫

图 2.8-42　黄缘心步甲成虫、幼虫及头部腹面和背面

### 2.8.10 萤叶甲科 Galerucidae

**主要鉴别特征：** 中、小型甲虫。头部两触角基部接近，触角丝状，稀有锯齿状。足腿节细长，胫节略呈圆柱状，跗节细长。幼虫水生，成虫在水边以水生植物为食。辽河流域发现萤叶甲科 2 属 2 种。

**萤叶甲科分属检索表**

1a 鞘翅端半部具 2 个近圆形淡黄色斑，点刻细弱……………………长跗萤叶甲属 *Monolepta*

1b 鞘翅红褐色、无斑，点刻粗大稠密 ……………………………… 小萤叶甲属 *Galerucella*

#### 2.8.10.1 长跗萤叶甲属 *Monolepta*

双斑长跗萤叶甲 *Monolepta hierglyphica*（Motschulsky）（图 2.8-43）成虫体长 3.6 ～ 4.8 mm，棕黄或橙红色。触角超过体长的一半。前胸部背板宽大于长，表面拱凸，点刻细密。鞘翅卵圆形，点刻细弱，表面具近等边的六角形网纹，端半部具 2 个近圆形的淡黄色斑。腹部腹板棕黄色。足胫节、跗节黑褐色。

**已知分布：**国外日本、朝鲜、俄罗斯远东地区、印度、马来西亚，国内黑龙江、吉林、华北、华中、江西、四川、福建、辽宁（沈阳、铁岭）。

**生境：**本种采自西辽河上游泥沙底的河流沿岸地区。

#### 2.8.10.2 小萤叶甲属 *Galerucella*

褐背小萤叶甲 *Galerucella grisescens*（Joannis）（图 2.8-44），成虫体长约 5mm。头、前胸背板及鞘翅红褐色。触角及小盾片黑褐色或黑色。前胸背板宽大于长，两边具细框，中部膨扩，中部具 1 个大的倒三角无毛区，两边各具 1 个明显的宽凹。小盾片三角形，末端圆钝。鞘翅基部宽于前胸背板，肩角突出，翅面点刻稠密、粗大。足粗壮，胫节、跗节黑色。

**已知分布：**国外朝鲜、日本、俄罗斯远东地区、东南亚，国内黑龙江、吉林、内蒙古、新疆、西藏、辽宁（辽阳汤河）。

**生境：**本种采自山地河流沿岸较清洁的水体中。

图 2.8-43　双斑长跗萤叶甲

图 2.8-44　褐背小萤叶甲

### 2.8.11 象甲科 Curculionidae

**主要鉴别特征：**体小至大型，头前方延长呈象鼻状。颜色晦暗，亦有鲜艳呈金属光泽的。体表光滑、粗糙、有刻点及浅纹等，也有被鳞片或毛的。触角丝状、串珠状、棒状等。前胸与中胸等宽或较狭。足有长、有短，前足基节窝后方封闭。跗节 5 节，第 4 节小而隐，爪 1 对。幼虫在水中或在水边栖息。

**象甲科成虫分属检索表**

1a 体表背面披黄色细毛，复眼大。吻状部黄色，端部深棕色………稻象甲属 *Echinocnemus*

1b 体表背面披灰褐色鳞片，复眼小。吻状部暗褐色………………稻水象甲属 *Lissorhoptrus*

#### 2.8.11.1 稻象甲属 *Echinocnemus*

稻象甲 A 种 *Echinocnemus* sp.EA（图 2.8-45），成虫暗黑色至黑褐色。头及体表背面披黄色细毛，复眼大。吻基部黄色，端部深棕色。触角黄色，末节葫芦状。前胸背板两前侧角钝圆。上翅具约 8 列黄色点刻纹。足黄色，后足腿节粗壮。第 3 跗节分叶状。

**已知分布：**辽宁朝阳（大凌河）。

**生境：**本种采自大凌河水生植物较多的水体中，幼虫以水生植物为食。

#### 2.8.11.2 稻水象甲属 *Lissorhoptrus*

稻水象甲 *Lissorhoptrus oryzophilus* Kuschel（图 2.8-46），成虫体长约 3 mm，暗褐黑色。体表面披灰褐色鳞片，头嵌入前胸背板前缘。复眼小。触角 6 节，末节球拍状。前胸背板两前侧角平直。鞘翅具 8 列淡色点刻纹，中部两侧具不规则无鳞片的大黑斑。足强壮，第 5 跗节长，具 2 个钩形爪。

**已知分布：**国外日本、美国，国内分布广泛，鉴定标本采自抚顺（社河）。

**生境：**本种采自山地河流水生植物较多的水体中，成虫和幼虫以水生植物为食。

图 2.8-45　稻象甲 A 种背面和腹面

图 2.8-46　稻水象甲侧面和背面

### 2.8.12 隐翅甲科 Staphylinidae

**主要鉴别特征：**体小至中型，细长，两侧近平行或末端尖削，黑、褐色或色彩鲜艳。头前口式，有时无复眼，单眼 1 个或 2 个。触角 9 ～ 11 节，丝状、念珠状或稍呈棍棒状。鞘翅末端截断状，露出大部分腹节或至少露出末端 2 ～ 3 节。后翅发达或退化，卷褶在鞘翅下。跗节 5 节。辽河流域发现隐翅甲科 3 种。

隐翅甲 A、B、C 种 *Staphylinus* sp.SA、SB、SC（图 2.8-47），体细长，筒形。头黑色、胸部黄褐色或黑褐色。触角 11 节，丝状或半棍棒状。前胸背板宽大。鞘翅很短，方形，略宽于前胸背板。腹部露出 6 节腹板。足淡黄色。

**已知分布：**辽宁朝阳（大凌河）、辽阳（汤河）、浑河（滚马岭）。

**生境：**幼虫多为腐食性种类，栖息在河流上游枯枝落叶较多的沿岸水体中。

图 2.8-47　隐翅甲 A、B、C 种

## 2.9 双翅目 Diptera

双翅目昆虫包括日常熟悉的蚊、蚋、蠓、虻、蝇等。它们的头部有小颈，能自由活动，复眼发达，单眼 3 只或无。口器有刺吸式（蚊）、舐吸式（蝇）等多种形式。胸部 3 节紧接。中胸最大，前翅发达，膜质。后翅退化成棒状的平衡棒。足 3 对，相似。跗节 5 节。腹部 4 ～ 11 节不等，无尾毛。双翅目昆虫小至大型，为完全变态。成虫取食植物汁液、花蜜等以补充营养。也有少数种类捕食其他昆虫。部分成虫见图 2.9-1。

双翅目昆虫的幼虫形态多样。一般为无足的蛆型，头部明显外露的蚊类为全头型（显头式）。虻类头部为半缩半露，称半头型（半头式）。蝇类头部完全退化，没有明显的头部或完全无头，仅有钩状的骨片缩于前胸内，称无头型（无头式）。

幼虫的触角，一般由 1 ～ 6 节组成。长角亚目的触角最为发达。短角亚目和大多数环缝类的触角退化或成小的乳突状。幼虫的气门有侧气门式（气门分布在腹节，有呼吸功能）、多气门式（至少有 3 个气门有呼吸功能）、前气门式（仅胸部气门有呼吸功能）、两端气门式（仅用第 1 对和最后 1 对或 2 对开放的气门进行呼吸）、后气门式（仅用腹部末端 1 对开放的气门进行呼吸）、无气门式（通过体壁或气管鳃进行呼吸）。

长角亚目幼虫一般为 4 龄，但蚋科幼虫为 6 龄。短角亚目的龄期不一，一般为 5 ～ 8 龄。环裂亚目中只有 3 龄。

双翅目化蛹的方式一般有两种，长角亚目化蛹时多蜕去幼虫的体壁。但在水虻科和一些瘿蚊科和蝇类的蛹外面包着一层没有脱去的幼虫皮，称为围蛹。围蛹多为卵圆形或圆筒形，不能活动。蚊类的蛹能在水中游泳，叫作动蛹或裸蛹。

幼虫水生或陆生，食性有植食性、腐蚀性或粪食性、捕食型、寄生性，多以腐殖质或植物组织为食。双翅目的水生幼虫是鱼类的天然饵料。还可作为各种不同类型水域的指示标志。

双翅目现被分为长角亚目（Nematocera）、短角亚目（Brachycera）、环裂亚目（Cyclrrhapha）。辽河流域记录 15 科 27 属 36 种（不含摇蚊科）。

蚋

大蚊

摇蚊

虻

食蚜蝇

图 2.9-1 部分双翅目成虫

## 双翅目昆虫幼虫分科检索表

1a 头壳完整、硬化。头部和前胸游离或可缩入前胸……2

1b 头壳不发达……9

2a 腹部末端有 6 条辐射状的叶状突起构成呼吸盘……大蚊科 Tipulidae

2b 腹部末端无上述呼吸盘……3

3a 体后端伸长成一个长的呼吸管……细腰蚊科 Ptychopteridae

3b 体后端无上述呼吸管……4

4a 腹部具疣状附肢……5

4b 腹部无疣状附肢……………………………………………………………………………7
5a 体稍扁，横断面卵形，大部分体节具长的侧突起，胸节和腹节约等宽…蠓科 Ceratopogonidae
5b 体断面圆形，体节无侧突起……………………………………………………………6
6a 原足位于第 1 和第 2 体节腹面，2 对。体静止时作“U”状弯曲………细蚊科 Dixidae
6b 原足位于前胸和肛节，各 1 对。体静止时不作“U”状弯曲………摇蚊科 Chironomidae
7a 体节背面有若干狭窄的条状横带，体末节形成一短的几丁质管………毛蠓科 Psychodidae
7b 体节背面无上述横带，体末节不形成管状…………………………………………………8
8a 胸部 3 节愈合，形成一个稍膨大的复合节……………………………………蚊科 Culicidae
8b 胸部 3 节分节明显，胸前具一个原足……………………………………蚋科 Simuliidae
9a 头壳仅背面硬化，常缩入前胸。大颚左右活动………………………………………10
9b 头壳不完整，膜质…………………………………………………………………………11
10a 体壁具碳酸钙结晶，无疣足 ……………………………………… 水虻科 Stratiomyidae
10b 体壁无碳酸钙结晶，大多数体节有若干疣足形成的环带……………………虻科 Tabanidae
11a 腹部末端延长成一个可作套筒能伸缩的长呼吸管，污水性…………食蚜蝇科 Syrphidae
11b 腹部末端具分叉的较长的呼吸管 ………………………………………… 水蝇科 Ephydridae

## 2.9.1 大蚊科 Tipulidae

**主要鉴别特征：** 幼虫体长 10 ~ 25 mm。体壁透明，褐色到白色，长圆筒形。头的大部分可缩入胸节内，前端只可见口器和触角。大多数种类的尾端具肛鳃和呼吸盘，呼吸盘中央具一对开放式气门（巨吻沼蚊 *Antocha* 无气门）、周围具数个叶状突起，突起的周围具长毛。另有部分种类具原足（如双大蚊 *Dicranota*）。腹部各节常具带状隆起或环带。幼虫在山地溪流、河流、湖泊、池畔、湿地等枯枝落叶较多的水体中栖息。辽河流域发现 4 亚科 5 属 8 种。

### 2.9.1.1 Pedicinae 亚科

#### 双大蚊属 *Dicranota*

双大蚊 A 种 *Dicranota* sp. DA（图 2.9-2），幼虫体长约 10 mm，黄褐色带金丝绒样光泽。头壳发达、坚硬。第 3 ~ 7 腹节腹面各具 1 对原足，端部扇形排列有钩状小爪。呼吸盘背面具 1 对开放式气门，腹面具 1 对长叶状叶突和 2 对小的叶状突起。

**已知分布：** 国外日本，国内辽宁。

**生境：** 幼虫在山地溪流、河流清洁的水体中栖息。

图 2.9-2 双大蚊 A 种个体及其呼吸盘

### 2.9.1.2 毛黑大蚊亚科 Hexatominae

白斑毛黑大蚊属 *Hexatoma*

白斑毛黑大蚊 A 种 *Hexatoma*（*Eriocera*） sp.H（E）A（图 2.9-3），幼虫黄褐色，体长约 15 mm，圆柱形。体表具微毛，泛金丝绒样光泽。头壳退化显著。腹部末端膨大，呼吸盘周围具 4 个叶状突起，突起的边缘具长毛。呼吸盘中央有黑色条纹和 1 对气门。腹部腹面具 6 个指状肛鳃。

**已知分布：**国外日本，国内辽宁抚顺（社河台沟）。

**生境：**幼虫在山地溪流、河流沙粒底质的水体中栖息。

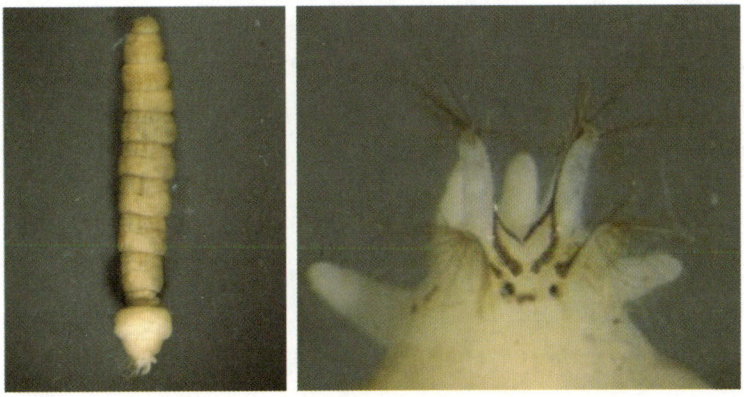

图 2.9-3 白斑毛黑大蚊 A 种个体及其呼吸盘

### 2.9.1.3 大蚊亚科 Tipulinae

**大蚊亚科分属检索表**

1a 腹部末节的呼吸盘具长三角形叶突 6 个……………………………………………………大蚊属 *Tipula*

1b 腹部末节的呼吸盘具短三角形叶突 5 个…………………………………………………解大蚊属 *Ilisia*

#### 2.9.1.3.1 解大蚊属 *Ilisia*

解大蚊 A 种 *Ilisia* sp. IA（图 2.9-4），幼虫圆柱形，体长约 15 mm，黄褐色。头部骨化，大部分缩入前胸内。胸部、腹部分节不明显。腹部末端呼吸盘周围具 5 个猫耳状叶突，突起的边缘具缘毛，中央有 1 对猫眼样气门。腹面具 1 白色唇样肛鳃。

**已知分布：**辽宁铁岭（清河）。

**生境：**幼虫在河流上游泥沙底的水体中栖息。

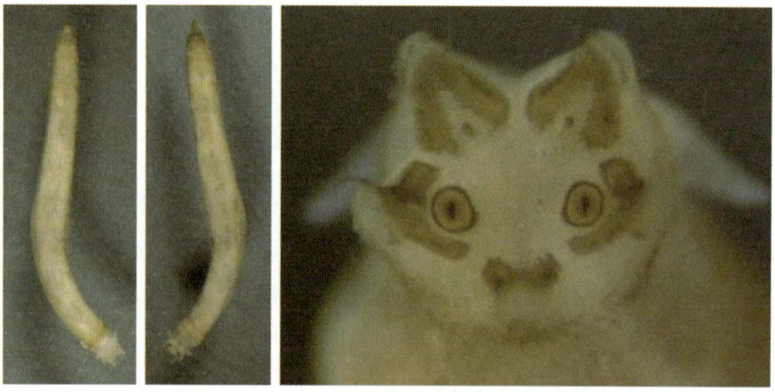

图 2.9-4　解大蚊 A 种腹面、背面及其呼吸盘

#### 2.9.1.3.2 大蚊属 *Tipula*

**属征：**幼虫体长 15 ~ 25 mm，长圆筒形。头部大部分骨化，部分缩入前胸内。胸部 3 节，腹部 8 节。腹部背面具 4 列条斑或无。呼吸盘与腹节约等宽，周围具三角形叶突 6 个。幼虫在清洁的河流、池畔、湿地中栖息。

**大蚊属分种检索表**

1a 腹部腹面末端具肛鳃…………………………………………………………………………2

1b 腹部腹面末端不具肛鳃。幼虫黄褐色，体长约 25 mm，圆柱形。头黑褐色。腹部呼吸盘周围具 3 对叶形突起，中央有 1 对圆眼形气门。腹面具肥厚的唇样突起（图 2.9-5）…
……………………………………………………短柄大蚊 A 种 *Tipula*（*Nephrotoma*） sp.TA

**已知分布：**辽宁铁岭（清河）。

**生境：**幼虫栖息在清洁河流水体中。

2a 腹部 2 ～ 7 节各节腹面具 1 个、侧面具 2 个圆锥形突起。呼吸盘的叶突和气门区无刚毛。肛鳃 6 个，长圆锥形（图 2.9-6）……萨克拉北大蚊 *Tipula*（*Arctotipula*） *sacra* Alexander

**已知分布**：辽宁丹东（鸭绿江上游）。

**生境**：幼虫采自河流上游，沙石底富含沉积物的水体中。

2b 腹部无圆锥形突起……………………………………………………………………………3

3a 幼虫灰褐色，体长约 15 mm，圆柱形。腹部呼吸盘周围具 3 对耳状叶突，突起的边缘具毛，中央具 1 对圆形气门。腹面具 3 对白色尖锥形肛鳃（图 2.9-7）……………………………………………………………………………………雅大蚊 A 种 *Tipula*（*Yamatotipula*） sp.TA

**已知分布**：辽宁辽阳（下达河）。

**生境**：幼虫生活在清洁河流的水体中，以新鲜的水草为食。

3b 幼虫黄褐色，体长约 25 mm，圆柱形。腹部末端呼吸盘周围具 3 对可伸缩的叶形突起，中央有 1 对圆形气门。腹面具 3 对尖锥形肛鳃（图 2.9-8）……………………………………………………………………………………雅大蚊 B 种 *Tipula*（*Yamatotipula*） sp.TB

**已知分布**：辽宁抚顺、铁岭、本溪、辽阳、朝阳。

**生境**：幼虫在山地河流清洁的水体中生活。

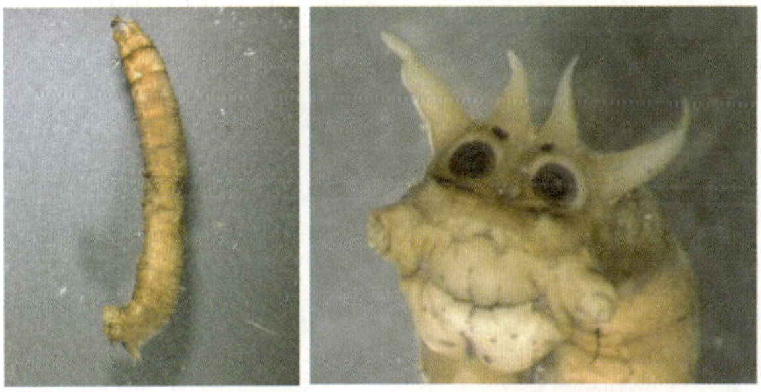

图 2.9-5　短柄大蚊 A 种个体及其呼吸盘

图 2.9-6　萨克拉北大蚊个体及其腹部末端、呼吸盘

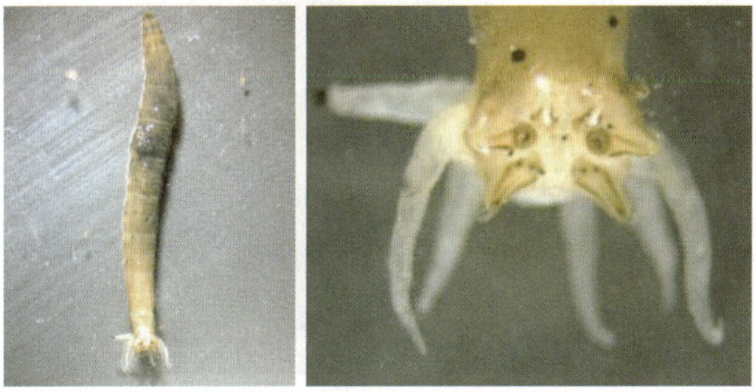

图 2.9-7　雅大蚊 A 种个体及其呼吸盘

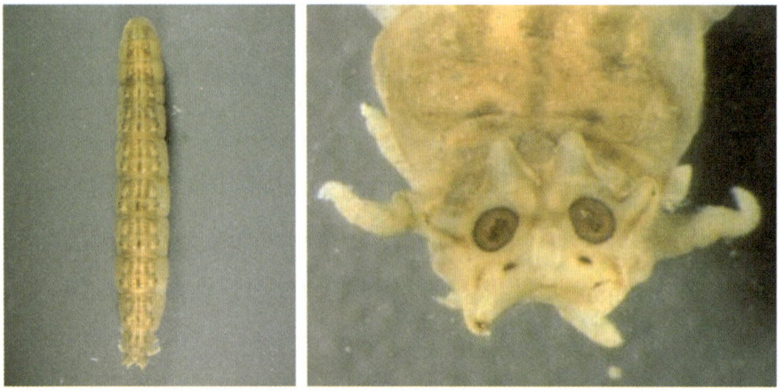

图 2.9-8　雅大蚊 B 种个体及其呼吸盘

### 2.9.1.4 巨吻沼蚊亚科 Antochinae

巨吻沼蚊属 *Antocha*

**属征：**幼虫体长 4 ~ 7 mm，圆筒形，乳白色或黄白色。头壳发达，坚硬。颏板中齿 3 个，侧齿 3 对，似山形排列。腹部第 2 ~ 7 节背板具圆形带斑。幼虫在山地溪流、河流布满丝藻的砾石表面栖息。

双叉巨吻沼蚊 *Antocha bifida* Alexander（图 2.9-9），幼虫黄白色，体长约 7 mm，圆柱形，黄白色。头壳发达。颏板中齿 3 个，侧齿 3 对。腹部第 2 ~ 7 腹节背板具长圆形斑带，腹板具肉足形环带。尾端具 1 对具毛的肉质形叶突，无气门。

**已知分布：**辽宁抚顺、铁岭、本溪、朝阳、辽阳。

**生境：**幼虫在清洁河流水体布满丝藻的砾石表面栖息。

图 2.9-9　双叉巨吻沼蚊

## 2.9.2 伪蚊科 Tanyderidae

**主要鉴别特征：**成虫体小型，形似大蚊。足长，翅展约 20 ～ 40 mm。Rs 和 M 脉都有 4 分支。口器通常延长，上颚退化。成虫生活在潮湿地区，常与大蚊科成虫一起栖息在潮湿的森林地区。幼虫水生。

### 原伪蚊属 *Protoplasa*

菲奇原伪蚊 *Protoplasa fitchii* Osten Sacken（图 2.9-10），幼虫黄褐色。头小，黑褐色。前胸无原足，前气门位于第 1 节基半部，后气门位于第 8 节基半部。腹部第 8 节两侧具 1 对长鞭状刺突。第 9 节背面和两侧各具 1 对长鞭状尾突。第 9 节末端背外侧伸出 1 对灰白色原足，爪黄色。

**已知分布：**国外美国，国内辽宁。

**生境：**幼虫生活在清洁河流的水体中，以新鲜的水草为食，有些在溪流底层捕食摇蚊幼虫，或食腐殖质。

图 2.9-10　菲奇原伪蚊个体

## 2.9.3 网蚊科 Blepharoceridae

**主要鉴别特征：**幼虫的头、胸和腹部 1 ～ 2 节愈合。胸部中央具“U”“V”或“∞”字形背纹。第 1 ～ 6 腹节腹面各具 1 个显著的吸盘，侧面具 1 ～ 3 对附肢，附肢分背、腹两肢，背肢为感觉肢，端部具棒状或针状感觉毛，腹肢为爪状肢，指状或爪状。第 7 节侧方具感觉肢，后方具 1 对尾突。第 2 ～ 6 腹节腹面各具 1 对 5 ～ 7 个分枝的气管鳃。第 6 个吸盘后方具 2 对肛鳃。幼虫生活在山地溪流或急流河沙石底质的水体中。借助幼虫腹面的呼吸盘附于岩石或石块上栖息。

### 网蚊科分属检索表

1a 腹部 2 ～ 6 节腹面的呼吸鳃 5 分支……………………………………毛头网蚊属 *Bibiocephala*

1b 腹部 2 ～ 6 节腹面呼吸鳃 3 ～ 4 分支……………………………………斐网蚊属 *Philorus*

#### 2.9.3.1 毛头网蚊属 *Bibiocephala*

毛头网蚊 A 种 *Bibiocephala* sp. BA（图 2.9-11），幼虫体长约 10 mm，暗褐色，体被细毛。腹部各节左右两侧各具 1 对长靴状感觉肢，腹面具 1 对黄色的角状突起。腹部腹面具 6 个黑褐色吸盘。腹部背板 2 ～ 6 节中央具黄色斑纹。尾节半圆形，腹面具肛鳃 2 对。

**已知分布：**吉林、辽宁（丹东鸭绿江上游）。

**生境：**幼虫在山地河流急流的石块上，借助幼虫腹面的呼吸盘附于岩石或石块上栖息。

图 2.9-11　毛头网蚊 A 种

#### 2.9.3.2 斐网蚊属 *Philorus*

### 斐网蚊属分种检索表

1a 腹部 2 ～ 6 节腹面条状呼吸鳃 4 分支。胸部中央的背纹“U”字形。各体节具感觉肢 1 对。尾突退化，第 7 节半圆形。幼体长约 8 mm，黄褐色（图 2.9-12）…………………………………………………………………………………………斐网蚊 A 种 *Philorus* sp. PA

**已知分布：**辽宁抚顺（苏子河上游）。

**生境：**幼虫采自河流上游急流的岩石上。

1b 腹部 2 ～ 6 节腹面呼吸鳃 3 分支。胸部中央的背纹四方形。各体节腹部背板中部具 4 个深黑色点刻。腹部 1 ～ 6 节具感觉肢和角状肢各 1 对。幼虫体长约 8 mm，灰黄色（图 2.9-13）……………………………………………………………斐网蚊 B 种 *philoru* sp. PB

**已知分布：**吉林、辽宁（丹东鸭绿江上游）。

**生境：**幼虫在山地河流急流的石块上，借助幼虫腹面的呼吸盘附于岩石或石块上栖息。

图 2.9-12 斐网蚊 A 种

图 2.9-13 斐网蚊 B 种

## 2.9.4 幽蚊科 Chaoboridae

**主要鉴别特征：**幼虫体透明，头部的前端突出，触角着生在头部突出的远端，呈捕捉式。在胸部和腹部第 7 节有 1 对气囊。腹部第 8 节具纵向折叠排列的扇形刚毛。幼虫浮游时升降于水中，并能生活在无游离氧的深水中，白天多躲在水底，夜间活动。辽河流域发现幽蚊属（*Chaoborus*） 1 种。

### 幽蚊属 *Chaoborus*

幽蚊 A 种 *Chaoborus* sp. CA（图 2.9-14），头部前突，触角向下折，末端具 4 ～ 5 条捕捉刚毛，上唇长刚毛状。胸部和第 7 腹节具 1 对气囊。第 8 节背部无呼吸管，具 1 列纵向的扇形刚毛。

**已知分布：**全国各省均有分布。

**生境：**幼虫以小型甲壳类及水生昆虫幼虫为食。白天躲在水底，夜间活动。幼虫可在无游离氧的深水中生活，在较重污染的水体中常有分布。

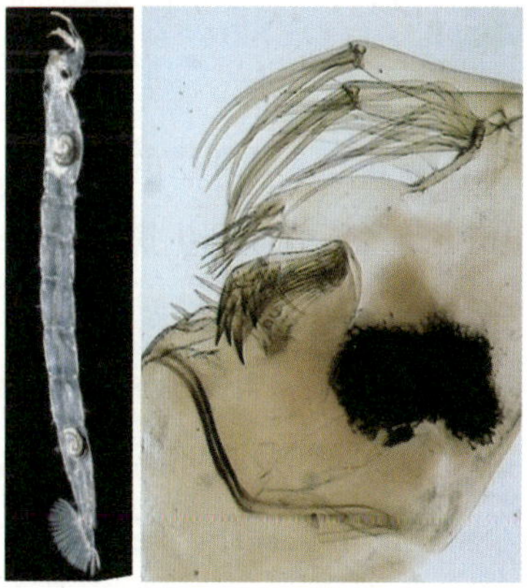

图 2.9-14 幽蚊 A 种个体及头部

## 2.9.5 蠓科 Ceratopogonidae

**主要鉴别特征：**幼虫体长 4 ～ 6 mm，细长杆状。头黄褐色，触角退化。胸部各节端半部具 6 根轮生刚毛。腹部背板、腹板各具长刚毛或短刚毛。前胸及腹末无原足。尾端具

4 根长刚毛。幼虫多生活在水体丝状藻类形成的浮块中或植物残枝和腐屑堆积处。辽河流域发现库蠓属 1 种。

库蠓属 *Culicoides*

库蠓 A 种 *Culicoides* sp. CA（图 2.9-15），幼虫体长 6 mm。体呈长棒状，灰白色，中胸、后胸及腹部各节具红褐色斑纹。头黄色，眼点大小各 2 个。触角退化。胸部、腹部各节圆筒形。胸部各节前部具 6 根轮生刚毛，腹部各节背面、腹面各具 2 根长刚毛。尾端具 4 根短刚毛。

图 2.9-15　库蠓 A 种

**已知分布：**辽宁朝阳（大凌河流域）。

**生境：**幼虫栖息在水体植物残枝和腐屑堆积处，或在丝状藻堆积的表面。以藻类和腐烂的植物为食。

## 2.9.6 毛蠓科 Psychodidae

**主要鉴别特征：**幼虫体长 3 ～ 10 mm，扁圆形。头小。前胸及尾部呼吸管前端各具 1 对气门。呼吸管前端通常具 2 对突起，突起周围具长毛。体节表面具硬化的小骨片。无原足。幼虫生活在水体富含有机质处或丝状藻类堆积处的表面。以藻类和腐烂的植物为食。辽河流域发现毛蠓亚科（Psychodinae）1 亚科 2 属 2 种。

### 2.9.6.1 毛蠓亚科 Psychodinae

**毛蠓亚科分属检索表**

1a 体节 6 ～ 7 节环带的背面各具 1 个褐色小骨片。呼吸管细长…………星毛蠓属 *Psychoda*

1b 体节各节背面列生黑色小骨片。呼吸管短锥形……………………池畔蠓属 *Telmatoscopus*

#### 2.9.6.1.1 星毛蠓属 *Psychoda*

星斑毛蠓 *Psychoda alternate* Say（图 2.9-16），幼虫体长 7 ～ 8 mm，灰白色，体表生细毛。触角小。胸部及腹部第 1 节每节 2 环。腹部其余 6 节每节 3 环。第 6、7 腹节背面各环具 1 小褐色的带状骨片。尾端具细长的黑褐色呼吸管。

**已知分布：**国外日本，国内辽宁各地。

**生境：**幼虫栖息在有机质丰富或丝状藻堆积处的表面。以藻类和腐烂的植物为食。

#### 2.9.6.1.2 池畔蠓属 *Telmatoscopus*

白斑池畔蠓 *Telmatoscopus albipunctatud* Willistone（图 2.9-17），幼虫体长 8 ～ 9 mm，黑褐色，体表具细小刺毛和多数长刚毛。触角小。胸部 3 节，第 1 腹节具 2 个小环，第 2 ～ 7

腹节具 3 个小环。各环节背面列生黑色带状小骨板。尾端呼吸管短锥形。呼吸盘具带缘毛的叶形突起。

**已知分布：**国外日本，国内辽宁铁岭（清河）。

**生境：**幼虫在有机质丰富的河流中栖息。

图 2.9-16　星斑毛蠓

图 2.9-17　白斑池畔蠓

## 2.9.7 蚋科 Simuliidae

**主要鉴别特征：**幼虫体长 4 ～ 15 mm，圆柱状，后腹部明显膨大，体表光裸仅具少量刺毛。成熟幼虫由头、胸、腹 3 部分组成。头部有 1 对扇形头刷（头扇 oralfan）及由 4 节组成的触角。头上方的额片上还有一些深色斑点，单眼 1 对。胸节愈合，腹面具 1 个圆锥状原足。体节分界不明显，常具深色带斑。体末端膨大，其后端背部具分叶的肛鳃和吸盘（后环 Posteriorcirclet）。幼虫孳生于流动的水体中，如山地溪流、大小河流等处，以藻类及植物碎片等为食。蚋的成虫刺咬人、畜，可造成对人体的奇痒与红肿。对家畜、家禽更易造成危害，重者可导致家畜死亡。世界蚋科分为副蚋亚科（Parasimuliinae）和蚋亚科（Simuliinae）2 个亚科。辽河流域发现蚋亚科 3 属 8 种。

### 2.9.7.1 蚋亚科 Simuliinae

**蚋亚科幼虫分属检索表**

1a 无头扇。肛板“Y”形……………………………………………………吞蚋属 *Twinnia*

1b 有头扇。肛板“X”形……………………………………………………………………2

2a 亚颏齿分 3 组，中齿和角齿突出。上颚第 3 顶齿和第 3 梳齿粗长，锯齿多个。后颊裂短而浅，方形或圆形……………………………………………………原蚋属 *Prosimulium*

2b 亚颏齿排成一行，中齿和角齿突出或不突出。后颊裂多种多样，少数可伸达亚颏后缘……………………………………………………………………………………蚋属 *Simulium*

2.9.7.1.1 吞蚋属 *Twinnia*

长白吞蚋 *Twinnia changbaiensis* Sun（图 2.9-18），幼虫体长 5.9 ～ 7.2 mm。无头扇。头斑明显，不规则。触角 4 节，长于头扇柄。亚颏齿分 3 组，中齿和中侧齿端部钝，中齿组明显低于侧齿组。后颊裂缺。上颚第 3 顶齿和梳齿端部圆。胸腹体壁光裸。肛鳃 3 叶，简单。肛板“Y”形，强骨化，干长于前背臂。后环 51 ～ 57 排，每排具 8 ～ 10 个钩刺。

**已知分布：**吉林、辽宁。

**生境：**幼虫栖息在山地溪流、河流急流处的石块下。

2.9.7.1.2 原蚋属 *Prosimulium*

辽宁原蚋 *Prosimulium liaoningense* Sun et Xue（图 2.9-19），幼虫体长 6 ～ 7 mm。头斑阳性，触角长于头扇柄，头扇毛 32 ～ 34 支。上颚锯齿 15 个，前 3 齿及第 7 ～ 10 齿明显较大。亚颏中齿较角齿粗长。后环 62 ～ 64 排，每排具 11 ～ 12 个小刺钩。

**已知分布：**辽宁铁岭（清河）。

**生境：**幼虫在山地溪流的石块和枯枝落叶上栖息。喜清洁水体。

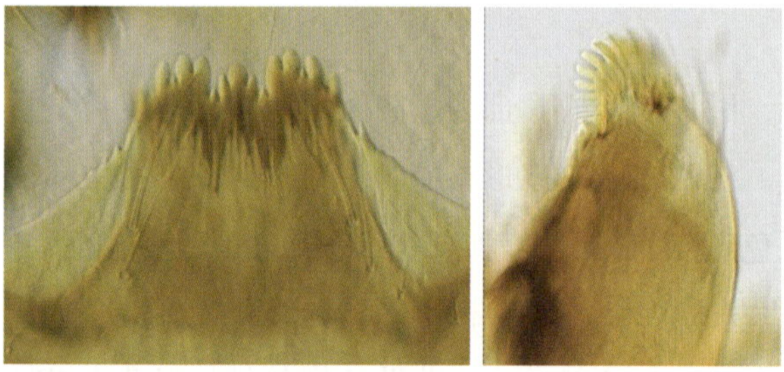

图 2.9-18　长白吞蚋的亚颏及上颚

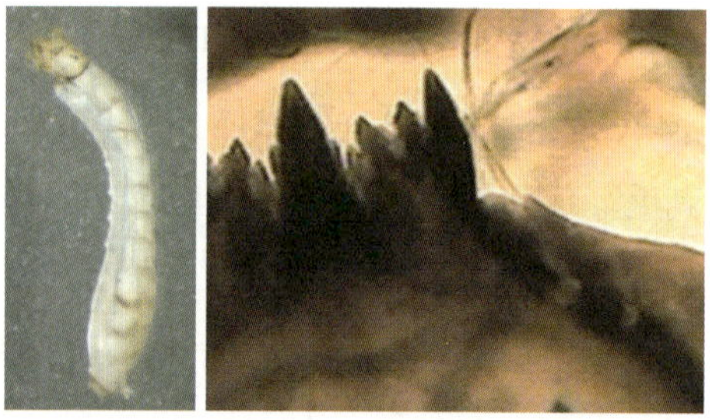

图 2.9-19　辽宁原蚋幼虫及其亚颏

2.9.7.1.3 蚋属 *Simulium*

## 蚋属分亚属检索表

1a 后腹节具腹突。后颊裂浅，明显短于后颊桥……………………………………………3

1b 后腹节无腹突……………………………………………………………………………2

2a 上颚第 3 顶齿粗大，3 个梳齿约等长，锯齿 2 个。亚颏顶齿短钝。后颊裂大、宽钝，呈箭形或卵圆形…………………………………………………………维蚋亚属 *Withelmia*

2b 上颚顶齿长度依次递减。亚颏顶齿 9 枚，中齿、角齿不突出或突出，后颊裂抵达或不伸达亚颏后缘，呈三角形、圆形、椭圆形…………………………………蚋亚属 *Simulium*

3a 亚颏大而明显，高度骨化，端齿的中、角齿突出。上颚第 3 顶齿粗大……………………………………………………………………………………………………………山蚋亚属 *Montisimulium*

3b 无上述综合特征……………………………………………………………………………………4

4a 亚颏窄小，顶齿发达或不发达，中、角齿突出或不突出。肛板前后臂约等长。后颊裂通常短于后颊桥，呈圆形或亚方形……………………………………纺蚋亚属 *Nevermannia*

4b 亚颏正常，顶齿发达，中、角齿突出。肛板前臂长于后臂。后颊裂远比后颊桥短，呈槽状或亚圆形…………………………………………………………………真蚋亚属 *Eusimulium*

（1）真蚋亚属 *Eusimulium*

海真蚋 *Simulium*（*Eusimulium*）*maritimum* Rubtsov（图 2.9-20），幼虫体长 5.0 ~ 5.5 mm，色淡。头斑明显，头扇毛 56 ~ 58 枝。上颚第 3 顶齿和第 1 梳齿发达，内齿 4 ~ 5 个。亚颏中、角齿突出，侧缘齿发达，侧缘毛 4 ~ 5 枝。后颊裂方形。后环 64 ~ 68 排，每排具 12 ~ 13 个钩刺。

**已知分布：**国外俄罗斯远东地区、亚美尼亚、格鲁吉亚，国内辽宁辽阳（汤河上游）。

**生境：**幼虫生活在山地溪流急流的石块或木棒上。

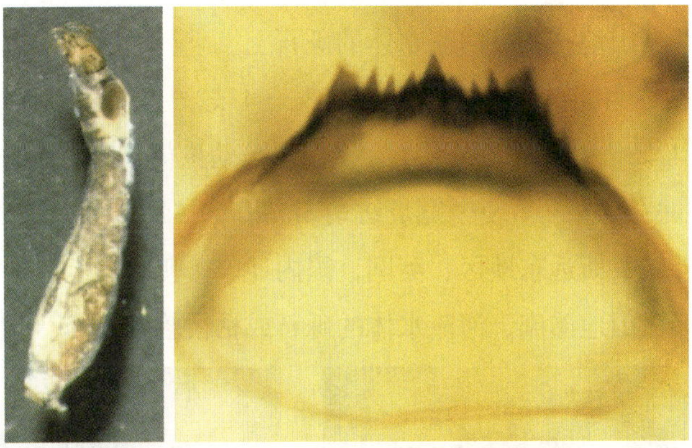

图 2.9-20　海真蚋幼虫个体及其头部亚颏

（2）山蚋亚属 *Montisimulium*

宽板山蚋 *Simulium*（*Montisimulium*）*euryplatamus* Sun and Song（图 2.9-21），幼虫体长约 5 mm。头斑阴性，触角具次生环。亚颏顶齿分 3 组，侧缘毛 4 ~ 5 枝。后颊裂小，槽口形。无肛鳃，肛板“X”形。后环 83 排，每排具 13 个钩刺。

**已知分布：**辽宁新宾、丹东（宽甸白石砬子）。

**生境：**幼虫在山地溪流、高山河流的石块表面栖息。

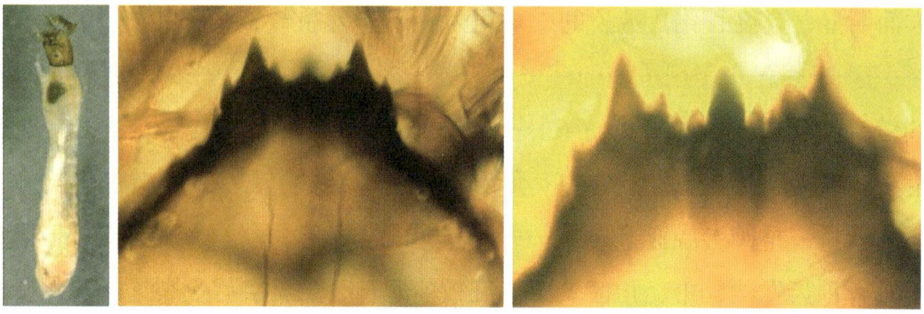

图 2.9-21 宽板山蚋幼虫个体及其亚颏的角齿、中齿

（3）纺蚋亚属 *Nevermannia*

## 纺蚋亚属分种检索表

1a 亚颏中、角齿突出，侧缘毛每侧 3 支。头斑阳性，触角长于头扇柄，头扇毛约 30 支。上颚缘齿具附加锯齿列。后颊裂近圆形。胸、腹部背侧具红棕色斑带和单毛。肛鳃每叶分 6 个次生小叶。后环约 60 排，每排约具 10 个钩刺。腹乳突存在。幼虫体长约 5 mm（图 2.9-22）……………………………新宾纺蚋 *Simulium*（*Nevermannia*）*xinbinense* Chen and Cao

**已知分布：**辽宁。

**生境：**幼虫孳生在山地溪流、河流水体的砾石上。

1b 亚颏中、角齿着生于各自的基座上，侧缘毛 3 ～ 4 支。上颚第 3 梳齿大于第 2 梳齿。头斑阳性。头扇毛 42 ～ 50 支。后颊裂小，拱门形。幼虫体长 6 ～ 7mm。（图 2.9-23）……………………………………………宽足纺蚋 *Simulium*（*Nevermannia*）*vernum* Macquart

**已知分布：**国外俄罗斯远东地区、英国，国内辽宁（鸭绿江上游）。

**生境：**幼虫生活在山地溪流、河流水体的砾石或枯枝落叶上。

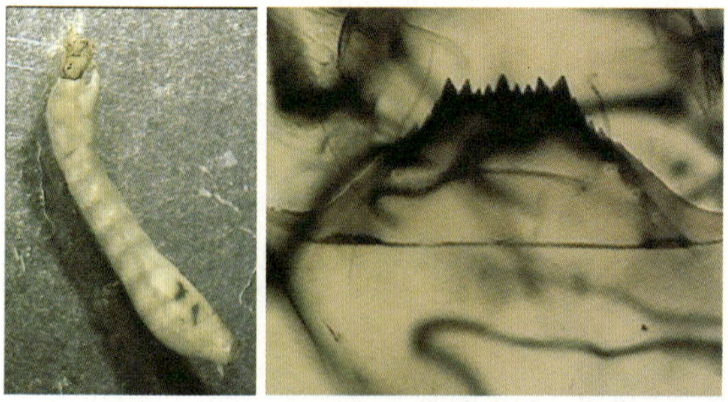

图 2.9-22 新宾纺蚋幼虫个体及其亚颏

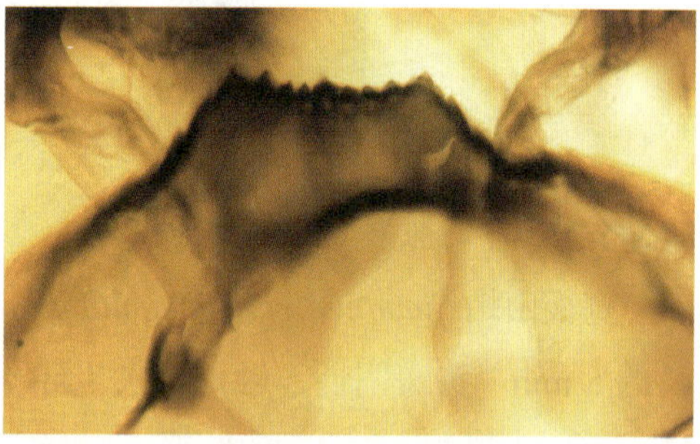

图 2.9-23 宽足纺蚋亚颏

（4）维蚋亚属 *Withelmia*

高桥维蚋 *Simulium*（*Wilhelmia*）*takahasii* Rubtsov（图 2.9-24），幼虫体长约 6 mm。

头斑阳性。上颚的 3 个梳齿约等长。亚颏具 9 个短的顶齿，侧缘毛每侧 5 支。腹部肛鳃无附叶。后环 90 排，每排具钩刺 17 ~ 30 个。

**已知分布：** 国外日本、韩国，国内山西、新疆、辽宁（朝阳大凌河）。

**生境：** 幼虫在山地溪流、河流沙石河床及枯枝落叶较多的水体中栖息。

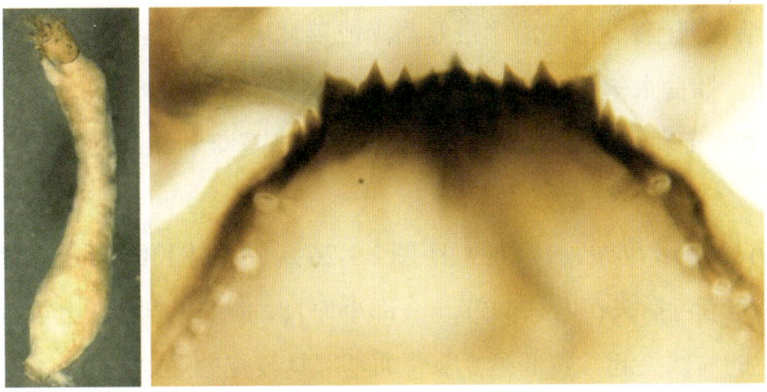

图 2.9-24　高桥维蚋幼虫个体及其亚颏

（5）蚋亚属 *Simulium*

**属征：** 蚋亚属幼虫头部触角 4 节。亚颏端齿 9 枚，短小，中齿和角齿不突出或较突出。亚颏每边具侧缘毛 3 ~ 15 根。上颚通常具 2 个缘齿，无附加齿列。后颊裂抵达或不伸达亚颏后缘，呈三角形、箭形、椭圆形等。肛鳃简单或具附叶。中国蚋亚属已知 96 种，分为 10 个蚋组。辽河流域发现其中脉蚋组（*Simulium venustum* group）幼虫角逐蚋。

角逐蚋 *Simulium*（*Simulium*）*aemulum* Rubtsov（图 2.9-25），幼虫体长 4.5 ~ 5.0 mm。额斑曲柄状。头扇毛 40 ~ 42 支。上颚内齿 5 ~ 6 个。亚颏侧缘毛每边 4 ~ 5 支。后颊裂接近亚颏后缘。肛鳃每叶具 7 ~ 8 个附叶。后环 72 排，每排约具 12 个钩刺。

**已知分布：** 国外俄罗斯远东地区、蒙古，国内辽宁阜新。

**生境：** 幼虫生活在山区开阔河流中的石块或枯枝落叶上。

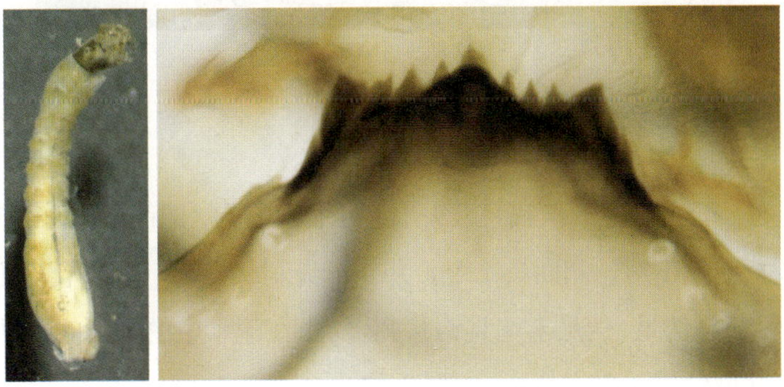

图 2.9-25　角逐蚋幼虫个体及其亚颏

## 2.9.8 虻科 Tabanidae

**主要鉴别特征：**幼虫体长约 30 mm，白色或奶白色，圆柱形。头、尾两端尖细。头部单眼 1 对，触角 3 节。胸部 3 节，腹部 9 节，各节间有淡黄色的绒毛环带，第 1 ～ 7 节间还有一圈疣状突起的瘤足，每节 8 个。第 8 腹节背方有一圆锥形呼吸管，呼吸管的下方为肛疣突。幼虫生活在河流、湖沼的沿岸带及沼泽或森林地带的水域中，以腐烂的有机质为食，部分种类肉食性，捕食水丝蚓、螺类等。成虫叮咬人、畜和传播疾病。虻科分为距虻亚科（Pangoninae）和虻亚科（Tabaninae）。辽河流域发现虻亚科 1 属 1 种。

### 瘤虻属 *Hybomitra*

毛头瘤虻 *Hybomitra hirticeps*（Loew）（图 2.9-26），幼虫体长约 20 mm，橙黄色，圆柱形。两头尖似纺锤。体节包括头在内共 11 节。头部小而长，能缩入前胸。上颚钩状。腹部 1 ～ 7 节的前部有环生的瘤状突起。腹部第 8 节背面基部具较宽的毛纹。

**已知分布：**辽宁辽阳（下达河）。

**生境：**幼虫肉食性，捕食水丝蚓、螺类和其他昆虫幼虫。生活在河流水草较多的沿岸地区。

图 2.9-26　毛头瘤虻背面及腹面

## 2.9.9 伪鹬虻科 Athericidae

**主要鉴别特征：**幼虫褐色或淡褐色。头小，可缩入前胸，圆筒形。胸部 3 节、腹部 8 节。腹部 2 ～ 7 腹节背面具 1 对、侧面具 1 个，共 4 个尖刺状突起。第 8 节背面具 2 叉状背突。腹部腹面第 1 ～ 7 节具伪足，伪足末端具钩状刺。幼虫在流水中的砾石间借助伪足爬行生活。辽河流域发现苏伪鹬虻属（*Suragina*） 1 属 1 种。

### 苏伪鹬虻属 *Suragina*

蓝苏伪鹬虻 *Suragina caerulescens* Nagatomi（图 2.9-27），幼虫体长约 15 mm，黄褐色，圆筒形，体节 11 节。腹部 1 ～ 7 节具伪足，伪足端部具 3 层钩状刺毛，最下层的刺毛细小。腹部 2 ～ 5 节背面具短的背突，第 8 节背突两侧具细毛。

**已知分布：**国外日本，国内辽宁本溪（太子河上游）。

**生境：**幼虫采自开阔河流上游地区沙石底的清洁水体中。

图 2.9-27　蓝苏伪鹬虻幼虫侧面、背面观

## 2.9.10 鹬虻科 Rhagionidae

**主要鉴别特征：**幼虫头小，有一部分突出。下颚须发达。上颚长而垂直伸出，简单或有钩。体圆筒形或扁圆形。体节 11 节并具若干伪足。腹部末端具 2 对圆锥形鳃。幼虫生活在水中或近水边林地的各种基质中（如树皮下、粪便、菌类或泥土中）。辽河流域发现鹬虻属（*Atherix*） 1 属 1 种。

### 鹬虻属 *Atherix*

鹬虻 A 种 *Atherix* sp. AA（图 2.9-28），幼虫体长 20 mm，体黄褐色，扁圆筒形，体节 11 节。头小，可缩入前胸。腹部第 1 ～ 8 节具刺毛状伪足。突起端部具 3 层钩状刺毛。腹部末端具 2 对圆锥形鳃。

**已知分布：**辽宁。

**生境：**幼虫喜生活在较清洁河流沿岸地区的水体中。

图 2.9-28　鹬虻 A 种幼虫背面、侧面观

## 2.9.11 长足虻科 Dolichopodidae

**主要鉴别特征：**幼虫细长，头小，圆柱形，11 或 12 体节。后气门式，腹部第 8 节末端具呼吸盘，呼吸盘周围具 2 ～ 4 对叶状突起。腹部 1 ～ 6 节具横向的矮的瘤突，是幼虫的爬行器官。幼虫水生。辽河流域发现针长足虻属（*Rhaphium* ） 1 属 1 种。

### 针长足虻属 *Rhaphium*

针长足虻 A 种 *Rhaphium* sp. RA（图 2.9-29），幼虫体长

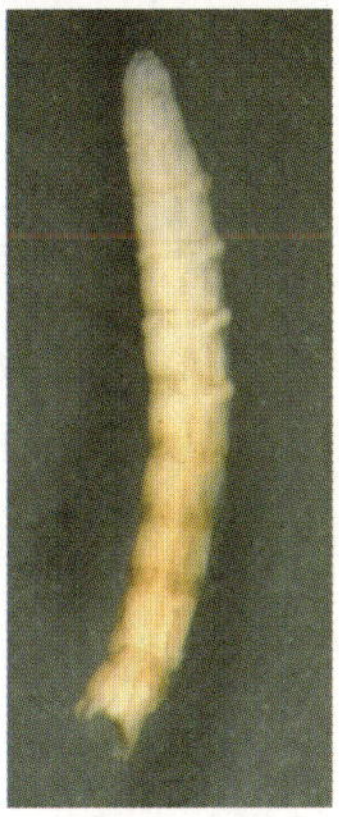

图 2.9-29　针长足虻 A 种幼虫侧面观

约 15 mm，淡黄褐色，圆柱形，后气门式。体节 11 节。头部小，可以缩入前胸。腹部 1 ～ 4 节前缘生有瘤状突起，是幼虫的爬行器官。腹部第 8 节末端具呼吸盘，呼吸盘周围具 2 对叶形突起。呼吸盘中央具 2 个气门。

**已知分布：**辽宁铁岭（清河）。

**生境：**幼虫喜生活在较清洁的河流水体中。

## 2.9.12 水虻科 Stratiomyidae

**主要鉴别特征：**幼虫细长或扁平。头比前胸窄，触角短。体壁坚硬，板状。体节 12 节，无原足。腹部具钩状刚毛，代替原足匍行。端气门式、后气门式或胸部有 1 ～ 3 对气门，腹部有 1 ～ 7 对气门。幼虫可在温泉或矿泉水中生活。辽河流域发现 2 亚科 3 属 3 种，均采自河流沿岸地区。

### 水虻科分亚科分属检索表

1a 触角位于头部前端的侧面……………………………………………水虻亚科 Stratiomyinae

腹部第 7 节无钩状棘突，腹部末节端部细长，触角短……………………水虻属 *Stratiomys*

1b 触角位于头部前端的背面 …………………………………… 环带水虻亚科 Clitellariinae 2

2a 腹部第 7 节腹面末端具 1 对钩状棘突，各腹节腹面各具 6 个棘状刺突。末节具羽状缘毛……………………………………………………………………………真水虻属 *Euparyphus*

2b 腹部第 7 节末端无钩状棘突，腹部腹面 5 ～ 11 节各具 4 根棘状刺突。末节具简单长毛……………………………………………………………………………扁角水虻属 *Hermetia*

#### 2.9.12.1 水虻属 *Stratiomys*

水虻 A 种 *Stratiomyia* sp. SA（图 2.9-30），幼虫扁梭形。色暗，体长约 10 mm。触角短。体节 12 节，末节细长。末端有丛生环毛的呼吸管，无足。

**已知分布：**辽宁朝阳（大凌河）。

**生境：**幼虫在水草和丝状藻类堆积处较多，以藻类和腐烂的植物为食。

#### 2.9.12.2 真水虻属 *Euparyphus*

真水虻 A 种 *Euparyphus* sp. EA（图 2.9-31），幼虫体长约 4 mm，头小，扁柱形，黄褐色。背面中央具浅黄色纵纹和黑色的钉状毛。腹部腹面每节具 6 个棘状刺突。体末节短粗，端部具羽状缘毛。

**已知分布：**辽宁铁岭（清河）。

**生境：**幼虫采自淤泥底河流丝状藻类较多的水体中。

#### 2.9.12.3 扁角水虻属 *Hermetia*

亮斑扁角水虻 *Hermetia illucens* Linnaeus（图 2.9-32），幼虫体长约 20 mm。体扁平，淡黄褐色，被黄色微毛。体节 12 节，背面具 2 条黄色的弯曲纵纹。第 2 节两侧各具 1 褐色前气门，体节背面第 3 ～ 4 节具 6 根刚毛，侧面左右各具 2 根刚毛，腹面 2 根刚毛。第 5 ～ 11 节背面具 6 根、侧面具 4 根、腹面具 4 根刚毛。第 12 节背面具 2 根、侧面具 4 根、腹面具 8 根刚毛。末节后端具后气门，第 4 ～ 11 节两边各具 1 极小的侧气门。

**已知分布：**国外日本，国内辽宁铁岭（凡河）。

**生境：**幼虫喜生活在有机质丰富的河流水体中。

图 2.9-30
水虻 A 种幼虫背面

图 2.9-31
真水虻 A 种幼虫背面

图 2.9-32
亮斑扁角水虻幼虫背面

### 2.9.13 食蚜蝇科 Syrphidae

**主要鉴别特征：**幼虫头部退化，两端气门式或后气门式。体节 11 节。幼虫形态不一，有下列四类：①贝形：体卵形突起，表面有刻纹，硬皮状。肛部气门愈合成管状，尾后气门式，如 *Microdon*。②短尾形：体壮，圆锥形。后呼吸管短形，膨腹端有时生 3 对肉质突起。后气门四周有羽状毛，如 *Syritta* 和 *Tropidia*。③鼠尾形：体圆筒形，细长或粗大。后呼吸管可收缩，长达体长的 1 ～ 3 倍或更长。末端环生长毛，体各节大部有伪足。吸食植物汁液或污物，如 *Cheilosia*、*Eristalis* 和 *Eumeros* 等。④蚜蝇形：体长而略扁，前端尖，后半部粗大。后气门管缩短，软而尖，体侧有肉质形突起，常有绿、褐、灰及杂色等。捕食蚜虫、介壳虫等，如 *Allograpta*、*Baccha*、*Melanostoma*、*Paragus*、*Pipisa*、*Scaeva*、*Syrphus* 等。

幼虫有腐食性、植食性和捕食性之分。食蚜蝇科分为 21 个亚科，辽河流域发现管蚜蝇亚科（Eristalinae）1 属 1 种。

#### 管蚜蝇属 *Eristalis*

管蚜蝇 A 种 *Eristalis* sp. EA（图 2.9-33），幼虫圆筒形，头小，口器退化。体节腹面具 8 对肉质形突起。身体末端具细长如鼠尾状的呼吸管，呼吸管分 3 节，可伸缩。端部具 2 个气门，引入直肠鳃帮助呼吸。

**已知分布：**辽宁各地均有分布。

**生境：**幼虫多生活在富含有机质的污水中。活动时在水底或水下物体上爬行，以尾端呼吸管露出水面呼吸。以分解有机质为食。

图 2.9-33　管蚜蝇 A 种幼虫侧面

## 2.9.14 蝇科 Muscidae

**主要鉴别特征：**幼虫蛆状，圆筒形，前尖后粗，呈截断状。腹部具伪足。气门上有 4 个或 4 个以上的小管，两端气门式或后气门式。成对的后气门为半球状，每一气门有 3 个列成放射状的裂孔。前气门每个有 6 ～ 8 个突起。蝇科有 7 个亚科。辽河流域发现厕蝇亚科（Fanninae）、家蝇亚科（Muscinae）和螫蝇亚科（Stomoxydinae）3 亚科 3 属 3 种。

### 2.9.14.1 厕蝇亚科 Fanninae

#### 厕蝇属 *Fannia*

灰腹厕蝇 *Fannia scalaris* Linne（图 2.9-34），幼虫体长约 10 mm。体扁平，灰褐色。体节背面、侧面各节的突起羽毛状。前气门具 8 个指状分枝。第 2 节左右具 1 个突起。第 5 ～ 11 节侧面具 2 对长的和 1 对短的突起。第 12 节具 3 对羽状突起。后气门 1 对。

**已知分布：**国外日本，国内辽宁铁岭（清河）。

**生境：**幼虫采自河流有机质丰富的水体中。

图 2.9-34　灰腹厕蝇幼虫背面

### 2.9.14.2 家蝇亚科 Muscinae

#### 家蝇属 *Musca*

家蝇 *Musca domestica* Linne（图 2.9-35），幼虫体长约 10 mm。长圆筒形。无头。骨化口钩左右不同，口钩后面的舌咽骨小，背角窄，端部分叉。腹角宽，内缘具 1 尖突。腹部末节后缘无明显的肉质形突起。前气门具 6 ～ 8 个指形突起。腹部末节后气门小，蚕豆形。

后气门骨环中间各具蛇形裂孔。

**已知分布**：辽宁铁岭（清河）。

**生境**：幼虫采自河流沿岸地区的水体中。

图 2.9-35 家蝇幼虫侧面及舌咽骨

### 2.9.14.3 螫蝇亚科 Stomoxydinae

血蝇属 *Haematobia*

扰血蝇 *Haematobia irritana*（Linne）（图 2.9-36），幼虫体长约 5 mm。黄乳白色，无头。具 1 能自由伸缩的骨化口钩，口钩后面的舌咽骨小，背角尖细，腹角长宽，内侧中部具 1 突起。腹部末节后缘无肉质形突起。第 2 节的前气门具 6 个指形突起。腹部末节的 1 对后气门淡褐色，肾形，后气门骨环中间裂孔长蛇形。

**已知分布**：辽宁辽阳（汤河）。

**生境**：幼虫采自河流沿岸水体中。

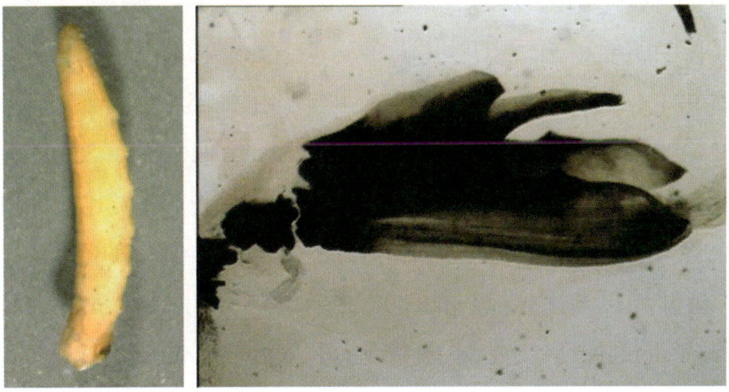

图 2.9-36 扰血蝇幼虫侧面及舌咽骨

## 2.9.15 丽蝇科 Calliphoridae

**主要鉴别特征：**幼虫蛆状。体长可达 17 mm。腹部第 8 ～ 10 节有肉质乳头突起。前气门有 10 个指状突起，后气门板环状，左右各板有 3 个总的气门裂。幼虫滋生在腐败的动、植物体或人粪中。辽河流域发现 1 属 1 种。

### 带绿蝇属 *Hemipyrellia*

瘦叶带绿蝇 *Hemipyrellia ligurriens*（Wiedemann）（图 2.9-37），幼虫体长约 13 mm。黄乳白色，圆筒形，无头。具 1 能自由伸缩的骨化口钩，口钩后面的舌咽骨杆状，背角圆滑，端部钝。腹部末节后缘具明显的肉质形突起。前气门具 6 ～ 8 个指形突起。腹部末节具后气门 2 个，后气门骨环中间各具 3 个长卵形裂孔。

**已知分布：**辽宁铁岭（清河）。

**生境：**幼虫采自有机污染较重的河流沿岸水体中。

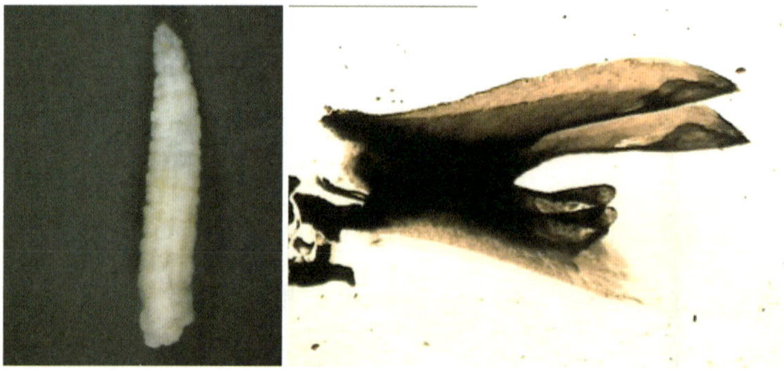

图 2.9-37　瘦叶带绿蝇幼虫侧面及舌咽骨

## 2.9.16 摇蚊科 Chironomidae

**主要鉴别特征：**摇蚊幼虫为无足类显头型（图 2.9-38 ～图 2.9-42），体色有白、黄、褐、紫、红等颜色。头部具发育完全、完整的骨化头壳，1 对左右运动的上颚。躯体细长，胸部 3 节，腹部 9 节。胸部第 1 节和腹部末节各具 1 对原足，陆生种类愈合或退化；腹末节具有成对的尾刚毛台，其顶端具有成簇的尾毛。体长从 1 ～ 30 mm 变化不等，多数在 10 mm 之内。幼虫一般缺少气门，但某些寡脉摇蚊生有后气门。幼虫头壳的长宽比既可用于分类和鉴定龄期，又可作为区分一般型（W/L ＞ 1）和猎食型（W/L ＜ 0.5）的依据。

摇蚊科在全世界已知种类超过 6 000 种，现被分为 11 个亚科。即长足摇蚊亚科（Tanypodinae=Pelopiinae）、直突摇蚊亚科（Orthocladiinae）、前寡角摇蚊亚科（Prodiamesinae）、寡角摇蚊亚科（Diamesinae）、寡脉摇蚊亚科（Podonominae）、滨海摇蚊亚科（Telmatogetoninae）、摇蚊亚科（Chironominae=Tendipedinae）、阿福罗摇蚊亚科（Aphroteniinae）、似蠓摇蚊亚科（Buchonomyiinae）、智利摇蚊亚科（Chilenomyiinae）和乌桑巴摇蚊亚科（Usumbaromyiinae）。摇蚊与其他许多昆虫一样，为一类全变态动物，在其一生中经过卵、幼虫、蛹、成虫 4 个阶段（长足摇蚊亚科有五龄期的报道）。摇蚊幼虫广泛分布于各种类型的淡水水体，少数种类分布在沿海和陆地。幼虫生活史的大部分时间是在幼期渡过的，占整个生活史的 91% ~ 97%。辽河流域现记录 6 个亚科，分别为长足摇蚊亚科、寡脉摇蚊亚科、前寡角摇蚊亚科、寡角摇蚊亚科、直突摇蚊亚科和摇蚊亚科。

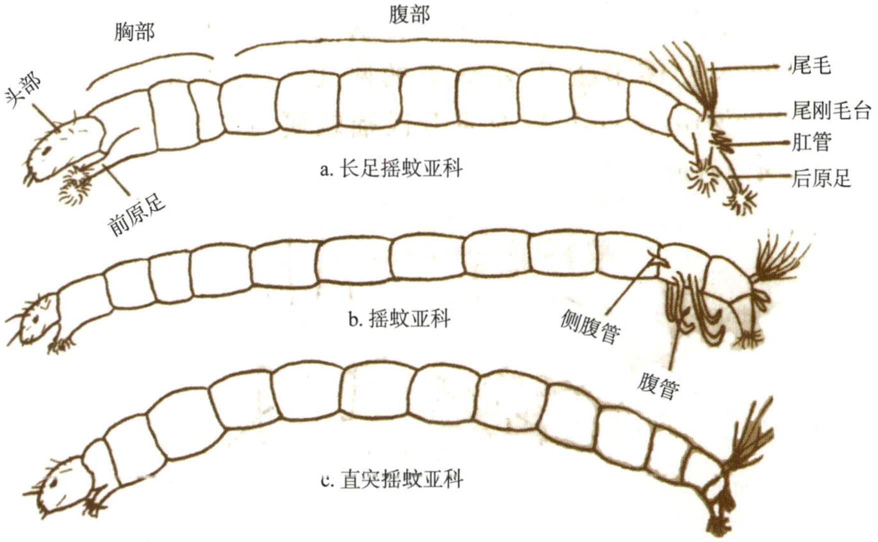


图 2.9-38　摇蚊幼虫

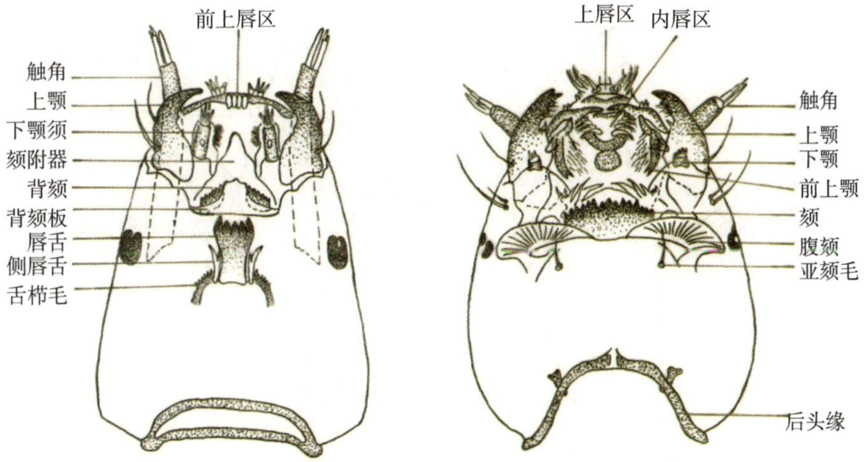


a. 长足摇蚊亚科　　b. 摇蚊亚科

图 2.9-39　摇蚊幼虫头颏

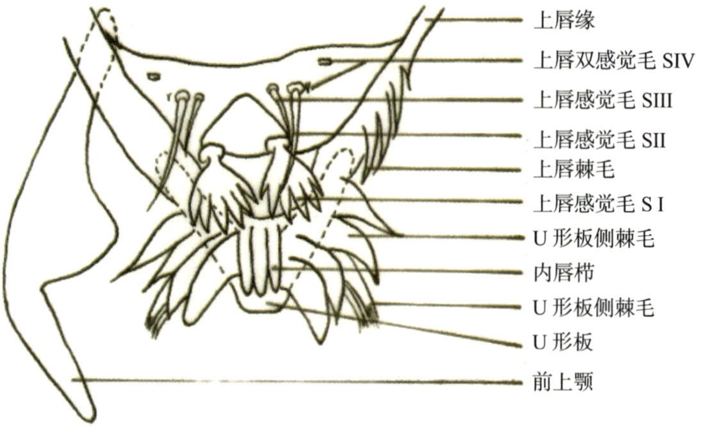


图 2.9-40　上唇及内唇（据 Cranston 1982）

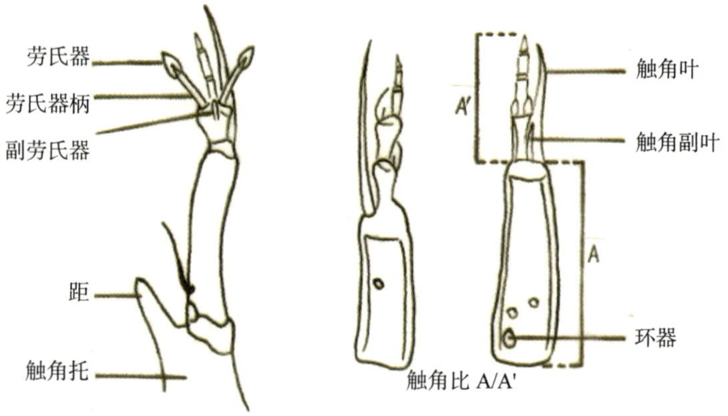


图 2.9-41　触角

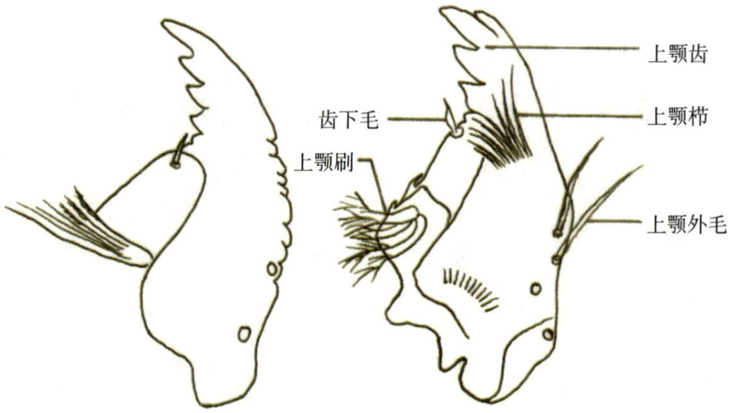


图 2.9-42　摇蚊幼虫上颚

## 摇蚊科分亚科检索表

1a 触角可在头壳中收缩。前颏具唇舌和侧唇舌，发育良好。颏发育不充分……………………………………………………………………………………………长足摇蚊亚科 Tanypodinae

1b 触角不能收缩。前颏无唇舌和侧唇舌。颏发育良好……………………………………………2

2a 前上颚缺失………………………………………………………………………………………3

2b 前上颚存在………………………………………………………………………………………4

3a 尾刚毛台发达，长是宽的 8 ～ 10 倍。触角发达，第 3 节具环纹，基节长至少达宽的 3 倍，后原足发达，细长……………………………………………………寡脉摇蚊亚科 Podonominae

3b 尾刚毛台退化。触角退化，基节很少长大于宽，触角第 3 节无环纹，后原足退化，较短………………………………………………………………似蠓摇蚊亚科 Buchonomyiinae

4a 触角第 3 节具环纹。前上颚具 5 ～ 6 个齿。尾刚毛台较长，顶端具尾毛……………………………………………………………………………寡角摇蚊亚科 Diamesinae（部分）

4b 触角第 3 节无环纹。前上颚多数具 2 个齿，如具 2 个以上的齿，则端部后侧方有齿。尾刚毛台退化，尾毛直接着生在肛前节的背面……………………………………………………5

5a 头壳具多数额刚毛，背面具角状突起或无………………寡角摇蚊亚科 Diamesinae（部分）

5b 头壳具少数额刚毛，背面无角状突起，如存在也很小或退化。颏齿显著，中齿色淡…6

6a 颏具腹颏板，影线纹明显，无腹颏鬃………………………………摇蚊亚科 Chironominae

6b 颏的腹颏板无影线纹，具腹颏鬃…………………………………………………………7

7a 腹颏板向侧方强烈延伸，腹颏鬃长；触角 4 节……………前寡角摇蚊亚科 Prodiamesinae

7b 腹颏板较小，如向侧方延伸，则腹颏鬃短或无…………………………………………8

8a 前上颚短宽，前上颚刷发达。触角短，仅 4 节。上唇 SI 刚毛简单，分布在沿海潮间带或河口地区…………………………………………………滨海摇蚊亚科 Telmatogetoninae

8b 前上颚细长，前上颚刷少见。触角常多于 4 节。上唇 SI 刚毛 2 分叉或简单。大部分种类生活在淡水中，少数种类生活在海滨………………………直突摇蚊亚科 Orthocladiinae

### 2.9.16.1 长足摇蚊亚科 Tanypodinae

**主要鉴别特征：**幼虫小至大型。个体大的种类头壳圆形或椭圆形，体红色，淡红色略带褐色斑或淡黄色，常生活在底质柔软的湖泊、河流之中；个体小的种类头壳狭长，体色从黄绿色到乳白色变化不等，喜冷流动的清洁水体；尾刚毛台多黄褐色；后原足爪多呈黄褐色或黄色，个别属后原足的 2 ～ 4 个爪颜色加重为棕褐色或者黑褐色。眼点狭长形或者肾形（斑粗腹摇蚊属 *Guttipelopia* 的种类，每侧具有两个眼点）。

## 长足摇蚊亚科分属检索表

1a 体较宽，腹侧具游泳缨毛。头圆形至椭圆形，头壳指数 0.65 ～ 1.00。上唇具束状且伸长的感觉器。背颏具齿列，有或无背颏板。肛突长是宽的 2 倍……………………2

1b 体较细长，无游泳缨毛。头长椭圆形。头壳指数 0.40 ～ 0.65。上唇感觉器官简单，非束状。背颏不具齿列。肛突长最少是宽的 3 倍……………………8

2a 头壳向前渐窄，头壳指数 0.65 ～ 0.70。头前缘的上唇感觉器官清晰可见。背颏齿不位于明显的板上。上颚钩状，具大的尖形基齿。触角长度至少为上颚长的 4 倍，触角比＞ 10。肛突位于腹部末端，两尾前须之间有一小的尖形乳突……………菱跗摇蚊属 *Clinotarypus*

2b 头壳前部圆形，头壳指数 0.75 ～ 1.00。头前缘的上唇感觉器官不明显。颏背齿位于有明显界限的颏板上。肛突位于后原足基部，两尾前须间无尖形乳突……………………3

3a 头壳指数约 1.0。上颚基部 1/2 膨大，端齿长度约为上颚长的 0.2 倍。颏附器无伪齿舌，舌栉毛极度退化……………………长足摇蚊属 *Tanypus*

3b 头壳指数＜ 0.95。上颚具或多或少的缺刻，端齿长度至少为上颚长的 0.25 倍。颏附器有伪齿舌，舌栉毛清晰可见……………………4

4a 上颚较大，基齿钝。唇舌端部 1/2 黑色……………………5

4b 上颚基齿尖。唇舌端部色淡或暗至深褐色……………………7

5a 触角叶比鞭节长。唇舌具 4 个齿……………………德亚摇蚊属 *Djalmabatista*

5b 触角叶最多与鞭节等长。唇舌具 5 个齿……………………6

6a 侧唇舌的主齿短，长度最多为次齿长的 2 倍，次齿大小相等。外侧齿的数目为内侧齿的 2 倍。舌栉毛少于 10 个齿且排列疏松………………前突摇蚊属 *Procladius*（*Psilotanypus*）

6b 侧唇舌的主齿最少为次齿长的 3 倍，次齿大，内齿无或仅有几个齿。舌栉毛具 10 个以上排列紧密的齿 ……………………前突摇蚊属 *Procladius*（*Holotanypus*）

7a 上颚明显弯曲，基部很宽、无基齿，端齿基部有 2 个较大的内齿。舌栉毛具双排大齿和几排小齿，背颏板约具 13 个齿……………………阿纳摇蚊属 *Anatopynia*

7b 上颚中等程度弯曲，基部中等宽，在基齿的背侧缘有小齿，端齿基部无内齿。舌栉毛具简单的齿列。背颏板的齿 6 ～ 8 个。唇舌齿列深度凹陷，内齿直或一定程度的向外弯。下颚须的环器位于基节近基部 1/3 处。触角第 2 节长为宽的 3.5 倍……………………大粗腹摇蚊属 *Macropelopia*

8a 下颚须基节再分为 2 ～ 5 节……………………9

8b 下颚须基节只有 1 节……………………10

9a 唇舌齿明显凹陷，内齿尖且向外弯。后原足具 1 个或多个暗色爪……………………………………………………………………………………………………无突摇蚊属 *Ablabesmyia*

9b 唇舌齿大小相同，内齿尖直且长于外齿和中齿，有时中间的 3 个齿平截、色淡。后原足无暗色爪……………………………………………无突摇蚊属 *Ablabesmyia*（*annulata* group）

10a 劳氏器与第 3 节等长，明显几丁质化，与触角第 2 节顶端融合呈音叉状。触角末节与第 3 节等长。后原足爪的内缘具 1 个内齿……长足摇蚊亚科 A 属 Tanypondinae genus A

10b 劳氏器最长为触角第 3 节长的 1/2，弱几丁质化，不与触角第 2 节外缘融合。触角末节通常比第 3 节短……………………………………………………………………………………11

11a 唇舌内齿尖直。上颚具 1 很大的、铲状突出的基齿和小的副齿。下颚须的环器位于基节端部 1/3 处。触角长为上颚长的 2 倍…………………………………纳塔摇蚊属 *Natarsia*

11b 唇舌内齿多少向外弯 ……………………………………………………………………… 12

12a 上颚具一大的短基齿和大的副齿。唇舌齿前缘平直，唇舌基部 1/2 窄。伪齿舌基部明显加宽，夹带有骨化的表皮内突…………………………………………扎突摇蚊属 *Zavrelimyia*

12b 上颚无大的基齿。唇舌内齿常向外弯曲，内齿与外齿一定程度愈合 ………………… 13

13a 下颚须的环器位于基节中部 1/3 处。舌栉毛的齿列中部的几个齿粗大。伪齿舌的细小颗粒平行纵向排列，基部与骨化区相连…………………………沟粗腹摇蚊属 *Trissopelopia*

13b 下颚须的环器位于基节端部 1/3 处。舌栉毛的齿列中部无明显大齿。伪齿舌基部不与骨化区相连……………………………………………………………………………………14

14a 下颚须 b 刚毛分 2 节。触角长最多为上颚长的 2 倍………特突摇蚊属 *Thienemannimyia*

14b 下颚须 b 刚毛分 3 节。触角长为上颚长的 2.5 ～ 3 倍………流粗腹摇蚊属 *Rheopelopia*

#### 2.9.16.1.1 无突摇蚊属 *Ablabesmyia*

**属征：**幼虫中到大型，体长可达 15 mm。头壳较长，黄褐色，后缘黑色。头壳指数 0.60 ～ 0.65。体色黄到棕色或具有黑点。下颚须基节分成 2 ～ 6 节。背颏无齿。颏附器与腹颏板交界处具有一个骨化区，下唇泡从此伸出，基部两侧有 3 个指状钝突。伪齿舌发达。唇舌具 5 个齿。舌栉毛具 14 ～ 24 个变化不等的齿。后原足的爪淡黄色或金黄色，其中有 0 ～ 4 个小爪棕褐色或者棕黑色。

### 无突摇蚊属分种检索表

1a 下颚须基节分 2 节…………………………………………………………………………………2

1b 下颚须基节分 5 节。后原足具 1 ～ 2 个棕褐色爪（图 2.9-43）……………………………………………………………………………长铗无突摇蚊 *Ablabesmyia longistyla* Fittkau

**已知分布：**国外日本、俄罗斯远东地区等，国内海南、辽宁（大连、朝阳）。

**生境：**幼虫生活在山地河流、溪流的缓流水体中。

2a 上颚背缘具皱褶，端部特化成 1 钝突。上颚基齿大，副齿相对小，齿下毛长。触角 4 节，触角叶比鞭节短。背颏无齿，颏附器三角形，基部两边骨化区具 1 折叠的钝突。伪齿舌梭形，颗粒排列均匀。唇舌 5 个齿、深褐色，长为端部宽的 2 倍。侧唇舌 2 分叉。舌栉毛具约 14 个近乎相等的齿。前、后原足长、爪简单。后原足具 2 个深褐色爪。尾前须突长，上具 7 根尾毛。肛突细长、纺锤形。体节两侧无游泳缨毛。幼虫体长约 9 mm。（图 2.9-44）……………………………………………………无突摇蚊 A 种 *Ablabesmyia* sp. AA

**已知分布：**辽宁（抚顺）。

**生境：**幼虫采自苏子河上夹河河段的流水中。

2b 上颚背缘无皱褶和突起。后原足具 2 ～ 3 个深褐色爪（图 2.9-45）……………………………………………………………………………费塔无突摇蚊 *Ablabesmyia phatta* Eggert

**已知分布：**国外俄罗斯远东地区等，国内内蒙古、湖北、云南、西藏、青海、辽宁（抚顺新宾、铁岭、本溪）。

**生境：**幼虫生活在河流缓流水体中。

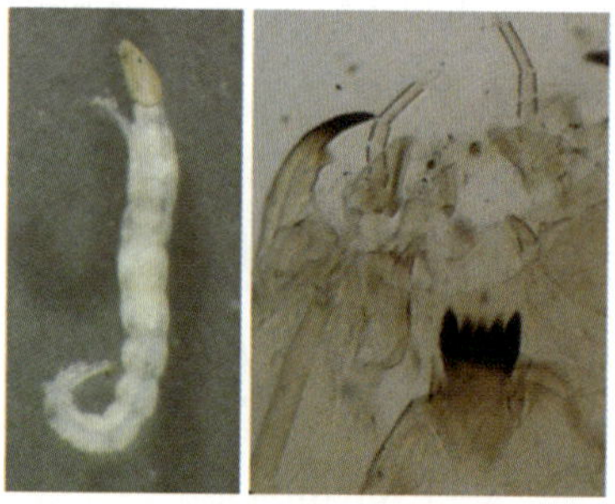

图 2.9-43　长铗无突摇蚊个体及其上颚、下颚须和唇舌

图 2.9-44　无突摇蚊 A 种幼虫个体及其上颚、唇舌

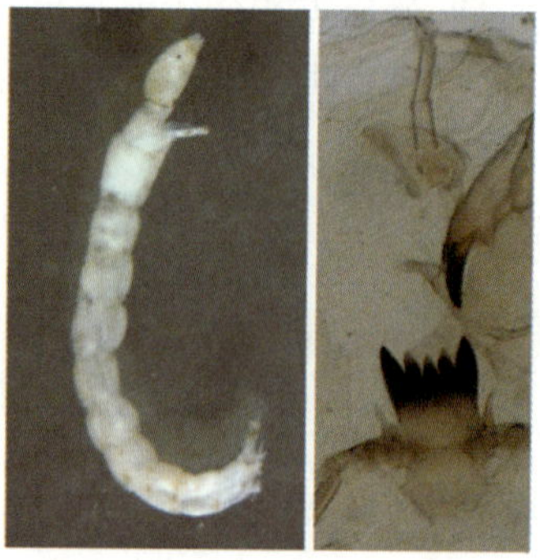

图 2.9-45　费塔无突摇蚊个体及其上颚、下颚须和唇舌

2.9.16.1.2 阿纳摇蚊属 *Anatopynia*

**属征：**幼虫大型，体红色，体长约 20 mm；头壳圆形至椭圆形，黑褐色。触角 5 节。上颚粗壮，顶齿大而弯，基部变宽；无基齿，仅具两个副齿；背颏具 13 ～ 14 齿，外侧的 3 ～ 4 齿逐渐变小。颏附器宽楔状，下唇泡扁长。唇舌具 5 齿，侧唇舌二分叉。舌栉毛具 4 ～ 5 排齿。尾刚毛台长是宽的 2.5 倍，上具 25 ～ 28 根尾毛。体具游泳缨毛。幼虫静水生活，多栖息在浅的池塘和湖泊之中。

羽阿纳摇蚊 *Anatopynia plumipes*（Fries）（图 2.9-46）幼虫体长 20 mm。触角 5 节。上颚弯曲，后部明显增大，端齿为上颚长的 1/4，内齿 2 个。背颏齿 13 对，颏附器楔形，伪齿舌明显，颗粒分布均匀。唇舌 5 个齿，外齿为内齿长和宽的 2 倍。侧唇舌 2 分叉。幼虫体节两侧具缨毛。尾刚毛台长为宽的 2.5 倍，尾毛约 32 根。肛突 4 个，短锥形。

**已知分布：**辽宁沈阳。

**生境：**幼虫采自虎石台镇古城子池塘中，4 月中旬羽化。

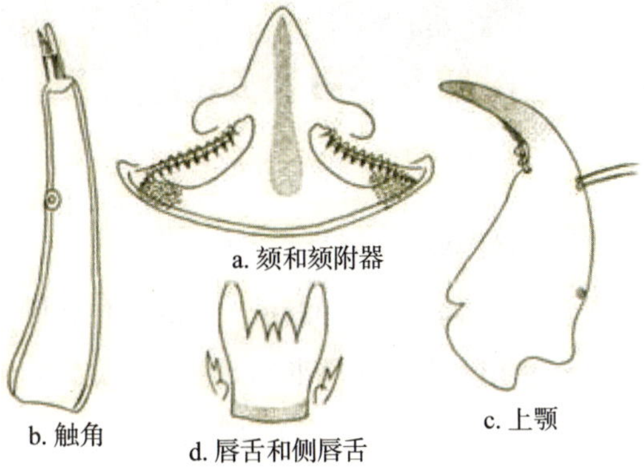


图 2.9-46　羽阿纳摇蚊头颏结构

2.9.16.1.3 菱跗摇蚊属 *Clinotarypus*

**属征：**大型幼虫，体长达 15 mm，体红色。头壳长圆锥形，头壳指数 0.7。触角长，约为上颚长的 5 倍。触角比＞ 10。触角叶大，伸出超过鞭节的 1/4。上颚端部 90° 弯曲呈镰刀形，端齿长约为基部宽的 3 倍，内缘基部具 2 个平滑的内齿。基齿很大，其下部具 2 或 3 个齿。下颚须基节很长，骨质化，其长为下颚宽的 5 倍。颏和颏附器膜质宽且大，表面具或多或少粗糙的颗粒。背颏齿在两侧由 5 ～ 15 个双列的小齿组成。伪齿舌矛形，颗粒分布适中。唇舌 5 ～ 7 个齿。侧唇舌细长，两侧具 2 ～ 4 个小刺。舌栉毛具 1 列 20 ～ 35 个向中逐渐大的齿。尾刚毛台长约为宽的 3 倍，上具 14 根尾毛。肛鳃锥形。后原足爪色浅，部分大爪具强大的内刺。体节侧缘具游泳缨毛。幼虫喜好各种类型的温水水体，常分布于湖泊、池塘及缓流河浅水底部的碎屑中。

颠峰菱跗摇蚊 *Clinotanypus nervosus*（Meigen）（图 2.9-47）幼虫红色，体长 10 mm。触角 4 节，约为头长的 3/5。上颚端齿弯曲、呈镰刀形。颏附器三角形，两边各有双向排列的三角形背颏齿 10 余个。唇舌具 6 个齿。侧唇舌细长，两侧具 2 ～ 4 个小刺。尾刚毛台长约为宽的 3 倍，上具 14 根尾毛。

**已知分布：**辽宁抚顺、丹东。

**生境：**幼虫采自大伙房水库、铁甲水库。

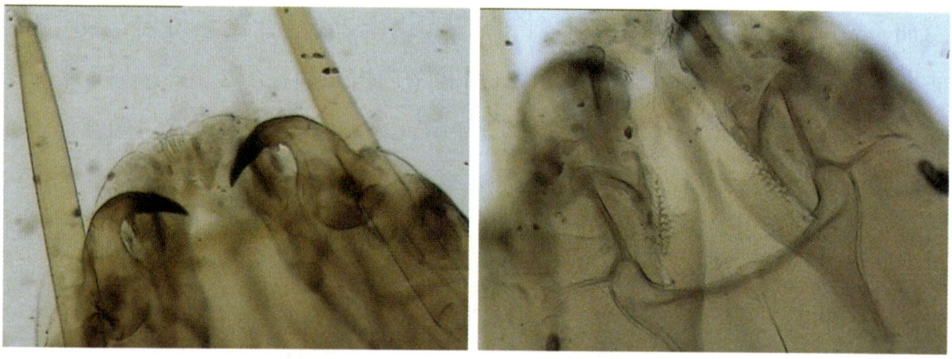

图 2.9-47　颠峰菱跗摇蚊上颚及颏

2.9.16.1.4 大粗腹摇蚊属 *Macropelopia*

**属征：**大型幼虫，体红色，体长 11 ～ 14 mm。头浅黄色，圆至椭圆形。头壳指数 0.8。触角比上颚稍长，触角比 6.5。触角叶与鞭节等长或比鞭节短，副叶约伸达第 3 节。上颚细长，弯曲度适中，端齿长为基部宽的 3 倍。基齿大而尖，内侧具一小齿。背颏具 7 ～ 8 对齿，外侧齿小。颏附器具宽而下垂的上唇泡。伪齿舌宽度均匀，基半部颗粒弱。唇舌 5 个齿，外齿为中齿长的 2 倍，内齿端部明显弯向外齿或稍直。侧唇舌细长，2 分叉，外叉至少是内叉的 3 倍。舌栉毛具 15 ～ 20 个或 18 ～ 25 个齿，基部具 1 列或少数 2 列简单的小齿。尾刚毛台具 12 ～ 13 根尾毛。后原足爪简单有时内外缘具细刺。体节两侧具游泳缨毛。幼虫生活在各种类型静水和流水的软沉积物底质中。

## 大粗腹摇蚊属分种检索表

1a 背颏 7 对齿，舌栉毛 17 个齿（图 2.9-48）…拟杂色大粗腹摇蚊 *Macropelopia notata*（Meigen）

**已知分布：**国外日本、俄罗斯远东，国内河北、浙江、安徽、福建、山东、河南、湖北、贵州、云南、陕西、甘肃、青海、辽宁（沈阳）。

**生境：**幼虫生活在河流或湖泊中，轻污染水体中常见。

1b 背颏 8 对齿，舌栉毛 22 个齿……………杂色大粗腹摇蚊 *Macropelopia nebulosa*（Meigen）

**已知分布：**辽宁抚顺。

**生境：**幼虫采自苏子河红升段清洁至轻污染水体中。

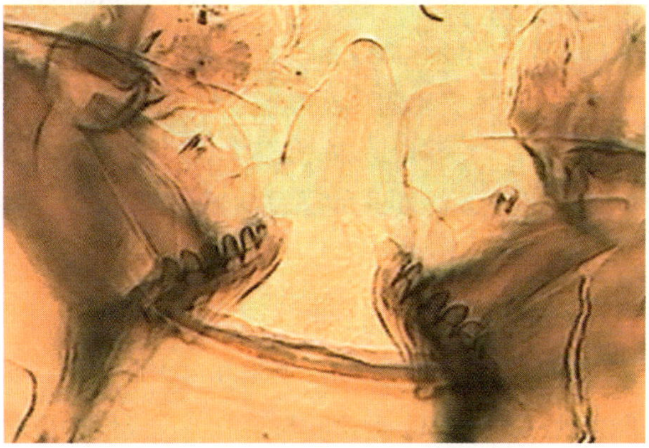

图 2.9-48　拟杂色大粗腹摇蚊颏附器

2.9.16.1.5 纳塔摇蚊属 *Natarsia*

**属征：**幼虫中等大小，体长达 10 mm，淡红色。头壳黄色，长椭圆形，头壳指数 0.6 ~ 0.7。触角 4 节。触角比 1.7 ~ 3.0。触角叶明显长或比鞭节短。上颚逐渐弯曲，端半部暗褐色。基齿大，副齿很小，齿下毛显著。下颚须 b 刚毛分 2 节。背颏无齿，颏附器三角形，基部两侧骨化区伸向腹颏并托起稍长的上唇泡。腹颏被弯曲的颏附器分开。伪齿舌端部稍窄，颗粒细、分布均匀。唇舌 5 个齿。侧唇舌 2 分叉，外叉长是内叉的 2 倍。舌栉毛具约 15 个齿。尾刚毛台长为宽的 6 ~ 7 倍，上具 7 根尾毛。肛鳃纯尖形。后原足爪简单，大爪的内外缘具小齿。体节两侧无游泳缨毛。幼虫喜冷水环境，栖息在山地流水或湖泊的沿岸地区。

斑点纳塔摇蚊 *Natarsia punctata*（Fabricius）（图 2.9-49）幼虫体长约 10 mm，黄褐色。触角 4 节，短于头长的 1/2，触角副叶长于触角叶。上颚端齿发达，基齿宽大，副齿小。颏附器三角形，前端圆钝。侧唇舌外叉是内叉的 2 倍。尾刚毛台背缘有褐色骨化部分，尾毛 7 根。

**已知分布：**国外俄罗斯远东地区等，国内内蒙古、湖北、云南、西藏、青海、辽宁（大连、抚顺新宾、本溪、铁岭）。

**生境：**幼虫生活在清洁至轻污染河流缓流处的水体中。

图 2.9-49　斑点纳塔摇蚊幼虫个体及其颏、上颚

2.9.16.1.6 前突摇蚊属 *Procladius*

**属征:** 幼虫中至大型，体长 6 ～ 11 mm，色微红。头椭圆形，头壳指数 0.8 ～ 0.85。触角约与上颚等长，触角比 3.5 ～ 5.0。触角叶与鞭节等长或仅达最末节。上颚细长、逐渐弯曲。端齿黑色，基部腹面具 1 小的尖齿。基齿宽大，顶端圆钝。背颏具 6 ～ 11 对亮褐色齿，外侧齿小。颏附器三角形，两侧的上唇泡下垂。伪齿舌明显，颗粒分布均匀，端部向基部方向逐渐变宽。唇舌 5 个齿，齿的前缘内凹，中齿最小。侧唇舌至少是唇舌长的 1/2，内缘具少数齿或无齿，外缘齿多达 10 个。舌栉毛具 10 ～ 15 个大齿。尾刚毛台具 12 ～ 18 根尾毛。肛鳃 4 个。后原足的爪 13 ～ 16 个，有的 1 个爪具 2 ～ 3 个内齿或 2 个爪具 3 ～ 4 个内齿。体节两侧具缨毛。本属幼虫在世界上广泛分布，幼虫生活在静水或缓流水体底部的淤泥中。

花翅前突摇蚊 *Procladius choreus*（Meigen）（图 2.9-50），触角第 2 节长约为宽的 2.1 倍。上颚端齿长约为基部宽的 2.8 倍。背颏齿 8 对。唇舌 5 个齿，长为端部宽的 1.7 倍。侧唇舌内缘具 3 个齿，外缘具 5 个齿。

**已知分布:** 国外日本、俄罗斯远东地区、北美，国内河北、浙江、湖北、湖南、内蒙古、宁夏、甘肃、青海、新疆、辽宁（大连、沈阳、抚顺、铁岭、本溪、辽阳、鞍山、盘锦、朝阳）。

**生境：** 幼虫生活在水库、池塘及河流缓流处软沉积物的底质中。常见于较重的污染型水体中。

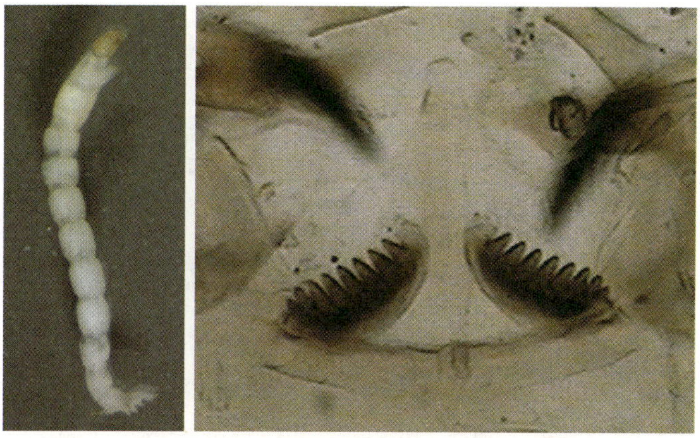

图 2.9-50 花翅前突摇蚊幼虫个体及其颏

2.9.16.1.7 流粗腹摇蚊属 *Rheopelopia*

**属征：**幼虫中形，体长达 8 mm，黄白色。头长椭圆形，后缘 2/3 处暗褐色，头壳指数 0.65。触角为上颚长的 2.5 ～ 3.0 倍，触角比 3.4 ～ 3.8。触角芒棒状。劳氏器小。触角叶和副叶明显超过鞭节。上颚端半部窄且弯曲，基半部增宽。端齿长为基部宽的 2 倍。基齿很小，无明显副齿。下颚须 b 刚毛分 3 节。背颏无齿。颏附器三角形，端部圆钝，上唇泡肾形。基部两侧骨化区具 2 个约等长的折叠的钝齿。伪齿舌从基部向顶部逐渐缩窄，由纵向并行排列的约 10 行颗粒组成。唇舌 5 个齿。齿的前缘微凹，内齿端部向外齿倾斜。侧唇舌 2 分叉，内叉长约为外叉的 1/2。舌栉毛具 18 ～ 20 个齿。尾刚毛台具 7 根尾毛。肛鳃纺锤形，长为宽的 3 倍。后原足的爪简单。体节两侧无缨毛。幼虫喜流水环境，生活在山地沙质底的流水水体中。

斑点流粗腹摇蚊 *Rheopelopla maculipennis*（Zetterstedt）（图 2.9-51），幼虫体长约 8 mm。触角 4 节，第 1 节长为基部宽的 10 倍。劳氏器小，触角芒棒状。触角叶明显超过鞭节。上颚端半部窄，基半部增宽。端齿长为基部宽的 1.8 倍，齿下毛细长。背颏无齿，颏附器三角形，端部圆钝，上唇泡肾形。基部骨化区有 2 个约等长的折叠钝齿。伪齿舌的颗粒纵向并行排列。唇舌具 5 个齿，长约为端部宽的 2.2 倍。尾刚毛台顶端具尾毛 7 根。肛管纺锤形，长约为宽的 3 倍。

**已知分布：**国外日本、俄罗斯远东地区，国内陕西、辽宁（辽阳、本溪、抚顺）。

**生境：**幼虫生活在清洁至轻污染河流水体中。

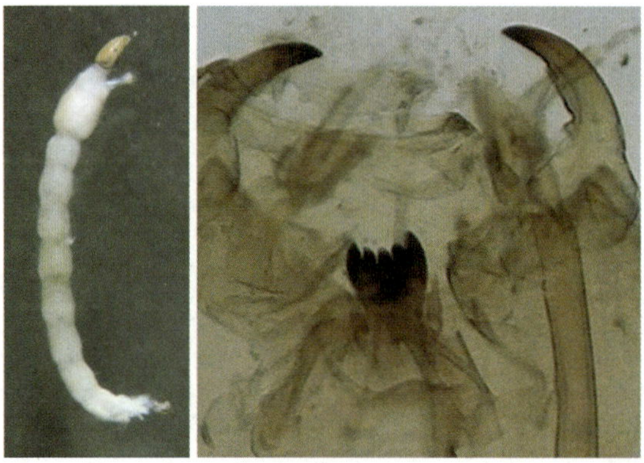

图 2.9-51　斑点流粗腹摇蚊幼虫个体及其唇舌、上颚

2.9.16.1.8 长足摇蚊属 *Tanypus*

**属征：**大型幼虫，体长 10 ～ 12 mm。头椭圆形，头壳指数 0.95。触角比 5 ～ 8。触角叶与鞭节等长或稍短。上颚相对短，端齿内缘具 2 个长扁状齿和紧挨着的 2 个大小相等的副齿。背颏 5 ～ 6 个齿，中齿的前缘和基部两侧具 1 个凹陷，末端向背侧弯曲。颏附器分离为 5 个叶突，中叶大而圆，两侧是叶形上唇泡和横卧在下面的两个宽叶。无伪齿舌。唇舌 5 个齿，齿的大小近乎相等。侧唇舌相对大，内缘光滑。外缘具 5 ～ 15 根细长的直刺。尾刚毛台长为宽的 5 倍，上具 14 ～ 15 根尾毛，其中 6 ～ 7 根刚毛短。肛鳃 4 ～ 6 个，有时无肛鳃。后原足具 15 个爪，大爪细长，几乎不弯曲，部分爪的内、外缘具细刺，1 ～ 3 个小爪的形状特别。体节两侧具游泳缨毛。幼虫生活在湖泊、池塘和流水的软沉积物底质中。温带地区种类和数量较多。幼虫掠食性，吸取其他摇蚊的体液。亦有植物食性者。

## 长足摇蚊属分种检索表

1a 背颏齿 6 对以上……………………………………………………………………………2

1b 背颏齿 5 对，深褐色。侧唇舌端部具两个长叉，基部外缘具 5 个短刺（图 2.9-52）…………
……………………………………………………………………长足摇蚊 A 种 *Tanypus* sp. TA

**已知分布：**辽宁（抚顺）。

**生境：**幼虫生活在河流的缓流处及湖泊、池塘等水体中。中污染偏重的水体中多见。幼虫采自苏子河上夹河河段。

2a 背颏齿 6 对。唇舌长为宽的 2 倍。侧唇舌外缘具 9 根直刺。上颚基部宽为端齿长的 2 倍。尾刚毛台长为宽的 4 倍（图 2.9-53）…………绒铗长足摇蚊 *Tanypus villipennis*（Kieffer）

**已知分布：**辽宁沈阳。

**生境：**幼虫采自近郊池塘及蒲河缓流处。

2b 背颏齿 8 对。唇舌长为宽的 2.4 倍。侧唇舌外缘具 12 根细长的直刺。上颚基部宽为端齿长的 2.2 倍。尾刚毛台长约为宽的 5 倍（图 2.9-54）……………………………………………………………………………………刺铗长足摇蚊 *Tanypus punctipennis*（Meigen）

**已知分布：**国外日本、俄罗斯远东及欧洲一些国家，国内河北、内蒙古、湖北、台湾、青海、辽宁（沈阳、抚顺、盘锦、朝阳、本溪、辽阳、铁岭、锦州）。

**生境：**幼虫广泛分布于静水水体，在富营养水体中常见且密度较大。本种采自水库沿岸地区及池塘和部分河流中。

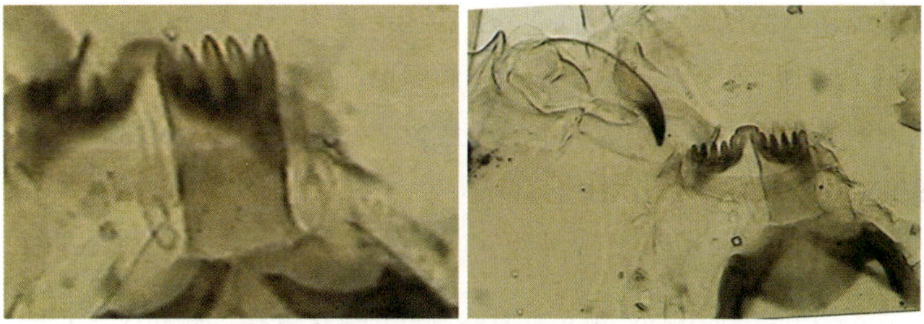

图 2.9-52　长足摇蚊 A 种幼虫唇舌及背颏

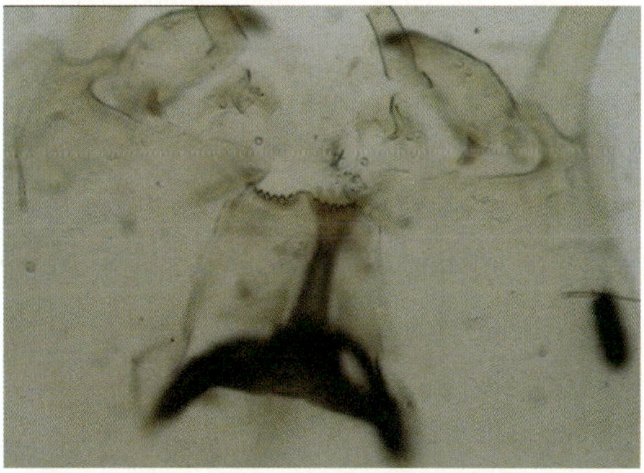

图 2.9-53　绒铗长足摇蚊的颏

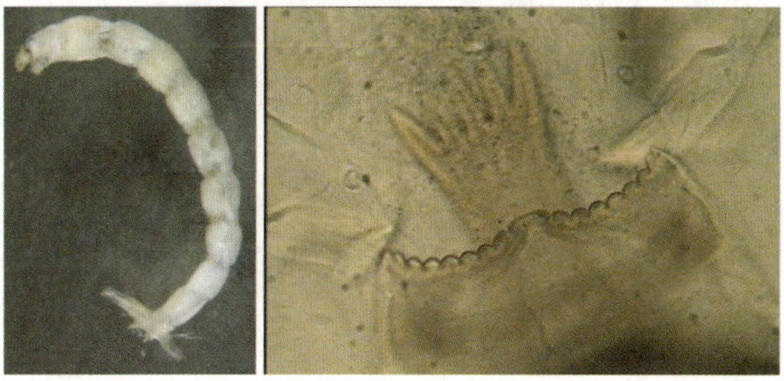

图 2.9-54　刺铗长足摇蚊个体及其唇舌、背颏

### 2.9.16.1.9 特突摇蚊属 *Thienemannimyia*

**属征：** 幼虫体中型，体长达 10 mm，黄白色。头浅褐色，后缘黑褐色。头壳长椭圆形，头壳指数 0.65 ～ 0.70。触角为头长的 1/2。触角比 4 ～ 6。触角叶稍比鞭节长，副叶伸至触角末节。上颚逐渐弯曲，端半部窄，暗褐色。基半部增宽，端齿的基部具 1 钝圆的副齿。齿下毛从基齿的末端伸出。下颚须 b 刚毛分 2 节，基节是端节长的 2 ～ 3 倍。背颏无齿。颏附器三角形，端部圆钝，中部侧缘具 1 大的和小的突起。上唇泡卵形。两边骨化区具 2 个折叠的钝突。伪齿舌约为纵向并行的 10 列，颗粒分布均匀。唇舌 5 个齿，齿的前缘内凹，内齿端部向外侧倾斜。侧唇舌 2 分叉，内叉长为外叉的 1/3。舌栉毛具约等长的 20 个齿。尾刚毛台具 7 根尾毛。肛鳃细，长纺锤形。后原足大爪的内、外缘具小齿，小爪的颜色黑。体节两侧无游泳缨毛。本属幼虫为聚氧生物，喜冷水环境。幼虫生活在泥沙底的河流中和贫营养湖库的沿岸地区。

#### 特突摇蚊属分种检索表

1a 触角第 2 节长约为宽的 10 倍，触角叶基环高约为宽的 2 倍，触角芒伸向第 4 节末端。唇舌长约为宽的 1.9 倍，中齿长约为宽的 1.7 倍。颏附器两侧的上唇泡卵形，基部骨化区具 1 钝突（图 2.9-55）…………合铗特突摇蚊 *Thienemannimyia fusciceps*（Goetghebuer）

**已知分布：** 辽宁（抚顺）。

**生境：** 幼虫喜冷水环境，生活在泥沙底的河流和贫营养湖库的沿岸地区。幼虫采自苏子河红升段。该段水质为清洁至轻污染。

1b 触角第 2 节长约为宽的 8 倍，触角叶基环高约为宽的 1.3 倍，触角芒不超过第 3 节。唇舌长约为宽的 2 倍，中齿长约为宽的 1.6 倍。颏附器两侧的上唇泡椭圆形，端部缩窄，基部骨化区具 2 个钝突（图 2.9-56）……………………………………………………………………………………………………………盖氏特突摇蚊 *Thienemannimyia geijskesi*（Goetghebuer）

**已知分布：** 辽宁（抚顺、本溪）。

**生境：** 幼虫为聚氧生物，喜冷水环境，生活在清洁泥沙底的河流中和贫营养湖库的沿岸地 区。幼虫采自社河上游水质清洁的山地流水中。

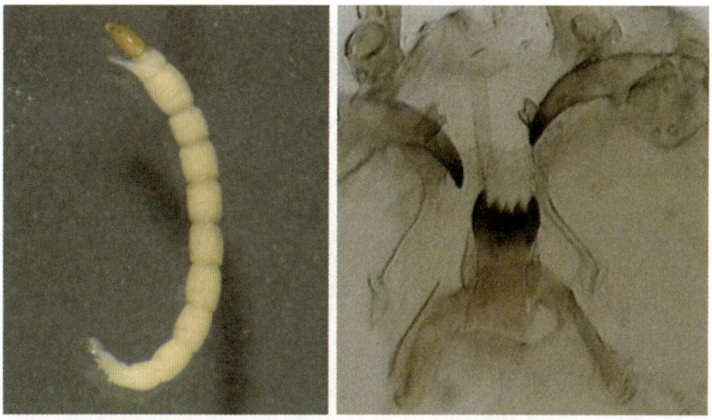

图 2.9-55 合铗特突摇蚊个体及其唇舌

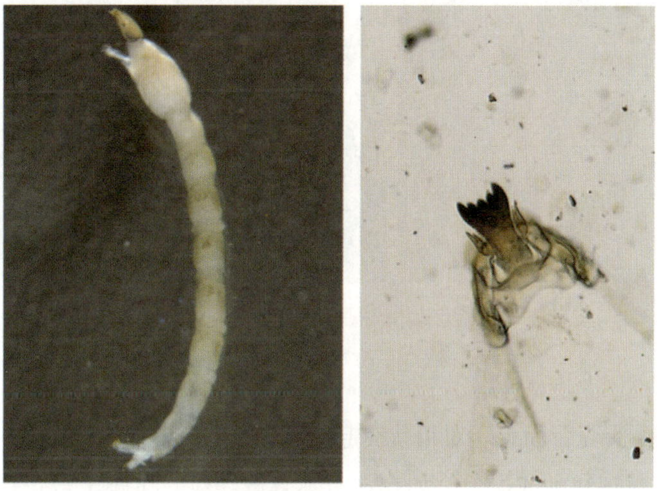

图 2.9-56 盖氏特突摇蚊个体及其唇舌

### 2.9.16.2 寡脉摇蚊亚科 Podnominae

**主要鉴别特征：**无前上颚。触角发达，第 3 节环状，基节长至少为宽的 3 倍。后原足发达，细长。尾刚毛台发达，高是宽的 8 ～ 10 倍。

北绿摇蚊属 *Borechlus*

**属征：**幼虫体长约 6 mm。触角细长，第 5 节不明显，第 2 节生有间距相等的触角环，环纹区中部具 1 小的劳氏器，触角叶超过触角第 2 节，副叶小或无。上唇刚毛 SⅠ 和 SⅡ 着生在高托上。内唇栉 3 叶形。上颚具 6 个内齿。颏具 1 突出的中齿和 7 ～ 8 对侧齿。尾刚毛台细长，前半部透明，后半部黑色，具尾毛 5 根。第 11 体节背部具 2 个小的通气孔。幼虫生活在冷急流水中的苔藓植物中。

西氏北绿摇蚊 *Borechlus thienemanni* Edwards（图 2.9-57），幼虫体长 6 mm，触角 5 节，

各节之间不易区分。第 3 节具环纹，环纹区中部具 1 小的劳氏器。触角叶比第 2 节长且位于触角基环上。上唇刚毛粗刺状，SⅠ和 SⅡ着生在粗大等高的托上。上颚具背齿、端齿和 6 个内齿，第 1、第 2 内齿小。颏中齿 1 个，侧齿 7 对。尾刚毛台长，黑褐色，上具 5 根黑色、长短不等的尾毛。

**已知分布：** 国外俄罗斯远东地区，国内吉林、辽宁（抚顺社河鸽子洞、丹东凤城）。

**生境：** 幼虫生活在山地河流、冷溪流苔藓植物丛中。常在清洁的水体中出现。

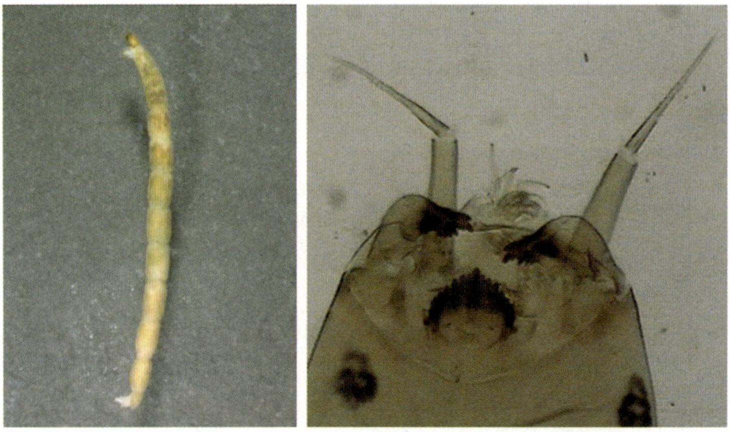

图 2.9-57　西氏北绿摇蚊个体及其触角、上颚及颏

### 2.9.16.3 寡角摇蚊亚科 Diamesinae

**主要鉴别特征：** 头壳背面有一对角状突起或无。触角第 3 节具环纹；前上颚端部具 2 个、5 个或 6 个分枝；腹颏缺如或退化，如存在也不具影线纹。尾刚毛台较长或退化，如无尾刚毛台，尾毛直接长在肛前节的背面。

## 寡角摇蚊亚科幼虫分属捡索表

1a 头部背面具瘤状突起或无，体表具多分支的刺或棒状突起，后原足的爪环形排列 ……………………………北七角摇蚊族 *Boreoheptagyiini*（北七角摇蚊属 *Boreoheptagya*）

1b 头部背面光滑，头壳仅具少数刚毛。体表没有多分支的刺或粗的棒状突起，后原足的爪排列不规则……………………………………………………………………寡角摇蚊族 *Diamesini* 2

2a 内唇栉具 5 个钝鳞……………………………………………………………………………………3

2b 内唇栉具 3 个尖鳞……………………………………………………………………………………4

3a 尾刚毛台小或无，尾毛 4 根。如无尾刚毛台则尾毛直接长在体壁上。触角第 5 节比第 4 节长……………………………………………………………………………寡角摇蚊属 *Diamesa*

3b 尾刚毛台明显，尾毛 6 根。颏、后颏及上颚深黑色。触角第 3 节比第 2 节长……………………………………………………………………………同寡角摇蚊属 *Syndiamesa*

4a 腹颏缺如。尾毛 7 ～ 12 根……………………………………………拉普摇蚊属 *Lappodiamesa*

4b 腹颏发达……………………………………………………………………………………………5

5a 前上颚无齿。颏中齿很宽（盖波摇蚊群 *Potthastia gaedii* group）或前上颚具 15 个小齿，颏无齿（高波摇蚊群 *Potthastia longimanna* group）……………………波摇蚊属 *Potthastia*

5b 前上颚具齿…………………………………………………………………………………………6

6a 颏侧齿黑色，齿式不易分清，中齿前缘有时具缺刻…………………帕摇蚊属 *Pagastia*

6b 颏侧齿色浅，齿式明显，中齿前缘平滑…………………………似波摇蚊属 *Sympotthastia*

#### 2.9.16.3.1 北七角摇蚊属 *Boreoheptagya*

**属征：** 中型幼虫，体长约 8 mm。头壳前后窄，小部分缩入胸部。头壳的背部表面具 4 ～ 5 个瘤突，瘤突具或无刚毛。触角 5 节，第 3 节具比第 2 节长的环纹，第 4 节很短。上唇 SI 毛状。上唇片由 2 个宽梳状叶片组成。内唇栉由 5 个宽而长的钝鳞组成。U 形板窄，无上唇基骨片。前上颚具 6 ～ 8 个钝齿。上颚端齿与第 1 内齿约等长，内齿 4 个。齿下毛长。上颚刷 10 ～ 16 根。颏具 1 或 2 个中齿，侧齿 5 ～ 7 对。腹颏板细长，亚颏毛着生在颏的后缘。下颚须具 5 ～ 6 个尖而薄的侧感器。前原足基部愈合，端部分开并具环形爪。后原足基部部分愈合，端部具环形爪。腹部末端弯曲，尾刚毛台很短或无，肛节侧缘具 6 ～ 8 根短尾毛。肛突 2 对。体表具多分枝的刺或粗壮突起。幼虫生活在山区冷而清澈的河流中或冰川河流的岩石表面。

### 北七角摇蚊属分种检索表

1a 头壳背面的瘤状突起上生有 1 根长刚毛。上颚齿下毛长并伸达第 1 内齿顶端。触角比 2.0（图 2.9-58）……………………………短跗北七角摇蚊 *Boreoheptagya brevitarsis* Tokunaga

**已知分布：** 吉林、辽宁（本溪滴台头、抚顺佟庄）。

**生境：** 幼虫喜生活在山区冷而清澈的河流中或冰川河流的岩石表面。

1b 头壳背面无瘤状突起。上颚齿下毛达第 3 内齿下缘。触角比 1.4…………………………………………………………………………………北七角摇蚊 A 种 *Boreoheptagya* sp.BA

**已知分布：** 辽宁（抚顺关家）。

**生境：** 幼虫喜生活在山区冷而清澈的河流中或冰川河流的岩石表面。

图 2.9-58　短跗北七角摇蚊头部背面、颏及腹部末端

2.9.16.3.2 寡角摇蚊属 *Diamesa*

**属征：**幼虫中等大小，体长约 11.5 mm。触角 5 节，第 5 节比第 4 节长，第 3 节具环纹。劳氏器小或无，触角芒约与第 3 节等长。上唇 SⅠ刚毛毛状或薄片状，SⅢ通常简单，偶而具 2 个分叉。内唇栉由 5 个细长的帽状鳞组成。U 形板宽，上唇基骨片长。前上颚具 5 ～ 7 个齿，侧刺端部具分支。上颚端齿 1 个，内齿 4 个。齿下毛小，上颚刷简单。颏具 1 或 2 个中齿，侧齿 7 ～ 11 对。腹颏板痕迹状或小，亚颏毛着生在颏的后缘。体节前、后原足分离，端部具爪。尾刚毛台缩小或无，如有则无侧毛，具尾毛 4 根，如无尾刚毛台，则尾毛长在体节上。体刚毛简单或不明显。幼虫喜冷水环境，多生活于流动水体、浅水湖泊和潮湿地带，多见于清洁水体中。

## 寡角摇蚊属分种检索表

1a 上唇刚毛单枝分布。上颚端齿与第 1 内齿等长。前上颚具 5 个齿。颏具 15 个齿，中齿与第 1、第 2 侧齿色淡，第 1、第 2 侧齿基部愈合。触角比 1.0…寡角摇蚊属 A 种 *Diamesa* sp. A

**已知分布：**辽宁（丹东宽甸）。

**生境：**幼虫喜生活在较清洁的山间冷水环境中。

1b 上唇刚毛 SⅢ分叉……………………………………………………………………… 2

2a 颏侧齿 10 对……………………………………………………………………………… 3

2b 颏侧齿 8 ～ 9 对…………………………………………………………………………… 4

3a 上颚端齿比第 1 内齿长，触角比 1.8（图 2.9-59）…………………………………………
………………………………………………………津氏寡角摇蚊 *Diamesa tsutsui* Tokunaga

**已知分布：**吉林、辽宁（抚顺新宾、清原、本溪滴台头、丹东凤城、宽甸）。

**生境：** 幼虫喜生活在较清洁的山间冷水环境中。

3b 上颚端齿与第 1 内齿等长，触角比 1.7 ……… 春寡角摇蚊 *Diamesa vernalis* Makarchenko

**已知分布：** 青海、甘肃、宁夏、辽宁（抚顺清原）。

**生境：** 幼虫喜生活在较清洁的山间冷水环境中。

4a 颏侧齿 8 对，中齿宽为第 1 侧齿的 1.5 倍。触角 5 节，触角比 1.7。上颚具 1 端齿，4 个内齿，齿下毛小。尾刚毛台退化。幼虫体长 11 mm（图 2.9-60）……………………………………………………………………稀见寡角摇蚊 *Diamesa insignipes* Kieffer

**已知分布：** 国外俄罗斯，国内吉林、辽宁（抚顺新宾、丹东宽甸）。

**生境：** 幼虫喜冷水环境，多生活在山地清洁流水的底质中。

4b 颏侧齿 9 对……………………………………………………………………………… 5

5a 触角比 1.7。尾刚毛台小，长为宽的 0.8 倍（图 2.9-61）……………………………………………………………………格氏寡角摇蚊 *Diamesa gregsoni* Edwards

**已知分布：** 吉林、辽宁抚顺（新宾）。

**生境：** 幼虫喜冷水环境，多生活在山地清洁流水的底质中。

5b 触角比 1.6。上颚具 1 端齿，4 个内齿，齿下毛小。颏具 1 个中齿，9 对侧齿。尾刚毛台退化，尾毛 4 根，长在体壁上。幼虫体长约 11mm（图 2.9-62）……………………………………………………………………泽尼寡角摇蚊 *Diamesa zernyi* Edwards

**已知分布：** 国外俄罗斯远东地区，国内吉林、辽宁（本溪滴台头）。

**生境：** 幼虫喜冷水环境，多生活在山地清洁流水的底质中。

图 2.9-59 津氏寡角摇蚊头壳腹面观

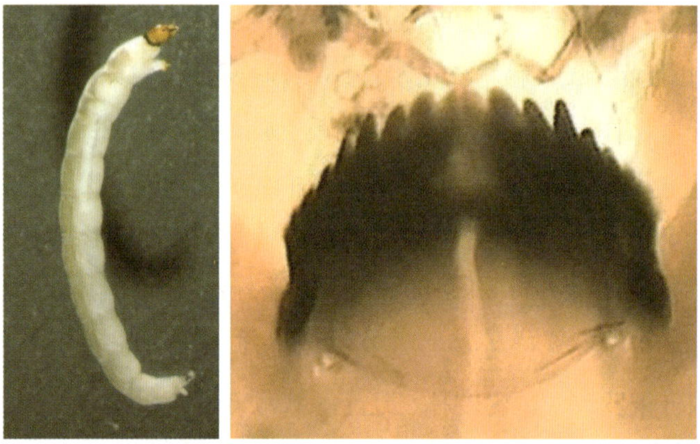

图 2.9-60　稀见寡角摇蚊个体及其颏

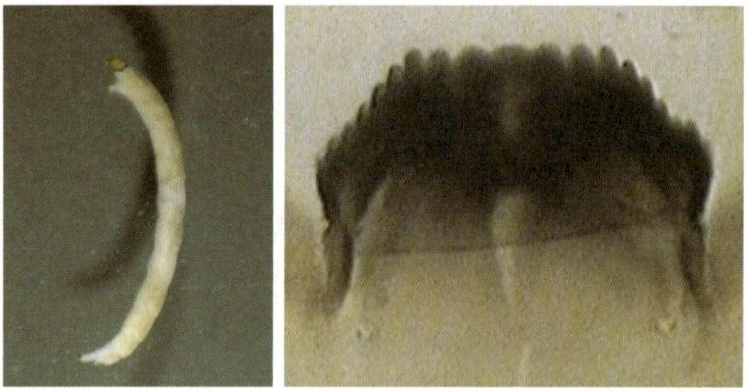

图 2.9-61　格氏寡角摇蚊个体及其颏

图 2.9-62　泽尼寡角摇蚊个体及其颏、触角、上颚

### 2.9.16.3.3 拉普摇蚊属 *Lappodiamesa*

**属征：**体中小型，体长 5 ～ 9 mm。头褐色至黑色，后头缘具窄的黑色带。触角 5 节。前上颚端部具 3 ～ 6 个齿。上颚具 1 个端齿、4 个内齿。颏具 1 个宽的中齿和 6 ～ 9 对侧齿。尾刚毛台骨化强，上具 7 ～ 12 根尾毛。幼虫在山地溪流及其他清洁流水的潮湿地带栖息。

## 拉普摇蚊属分种检索表

1a 前上颚具 6 个齿。颏具 13 个齿，中齿宽为第 1 侧齿的 4.7 倍。尾毛 12 根（图 2.9-63）……
……………………………………多毛拉普摇蚊 *Lappodiamesa multiseta* Makarchenko

**已知分布：**辽宁抚顺（关家）。

**生境：**幼虫喜生活在山地溪流及其他清洁流水的潮湿地带。

1b 前上颚具 5 个齿。颏具 17 个齿，中齿宽为第 1 侧齿的 1.6 倍。尾毛 7 根………………………
…………………………………………………博尔拉普摇蚊 *Lappodiamesa boltoni* Saether

**已知分布：**辽宁抚顺（关家）。

**生境：**幼虫喜生活在山地溪流及其他清洁流水的潮湿地带。

图 2.9-63　多毛拉普摇蚊颏、尾毛及触角

### 2.9.16.3.4 波摇蚊属 *Potthastia*

本属幼虫分为 2 个群，即高波摇蚊群 *Potthastia longimana* group 和盖波摇蚊群 *Potthastia gaedii* group。

高波摇蚊群 *Potthastia longimana* group：幼虫中型，体长约 10 mm。触角 5 节，第 3 节具环纹。劳氏器小。上唇 SⅠ刚毛细长，SⅢ通常简单。前上颚端部宽，具约 15 个细的尖齿和 1 个侧刺。上颚端齿长镰刀形，3 个短而尖的内齿直接从基部伸出。齿下毛钩状，无上颚刷。颏前缘无齿，腹颏板不明显。体节前、后原足分离，端部具爪。尾刚毛台短而宽，前缘骨质化。尾毛 5 ~ 7 根，亚端毛 2 根。肛管短。体刚毛色淡或不明显。

盖波摇蚊群 *Potthastia gaedii* group：中型幼虫，体长约 10 mm。触角 5 节，第 5 节比第 4 节长，第 2 节端部和第 3 节具环纹，第 2 节和第 3 节之间分界不明显，劳氏器小。上唇 SⅠ刚毛薄片状，SⅢ刚毛简单。前上颚窄、简单，端半部黑色，无侧刺。上颚端齿比 4 个内齿的长度短，上颚刷 16 ~ 21 根。颏具很宽的圆形中齿和 8 对侧齿，中齿和第 1 侧齿色淡，其它侧齿黑色，中齿为第 1 侧齿宽的 5 ~ 6 倍。腹颏板从中齿的侧面第 1 侧齿处连续伸出。体节前、后原足分离，端部具爪。尾刚毛台小，长宽约相等，后缘骨质化。具6～7根尾毛和2根亚端毛。肛管与肛前节等长。体刚毛色淡或不明显。高波摇蚊群和盖波摇蚊群幼虫广泛分布在富含沙质的清洁流水中，高波摇蚊群有时也在湖泊中栖息。

## 波摇蚊属分种检索表

1a 前上颚端部无齿，上颚端齿短于4个内齿长度之和……………………………………2

1b 前上颚端部具15个小齿和1个侧刺。上颚端齿长于4个内齿长度之和。颏无齿，仅为一梯形轮廓。触角比0.4（图2.9-64）……………高波摇蚊 *Potthastia longimana* Kieffer

**已知分布：**河北，辽宁抚顺、丹东（凤城）。

**生境：**幼虫喜生活在富含沙质的清洁流水或湖泊中。

2a 颏中齿为第1侧齿宽的4.4倍，侧齿8对。触角比1.5（图2.9-65）………………………………………………………………………………盖波摇蚊 *Potthastia gaedii*（Meigen）

**已知分布：**河北，辽宁丹东（凤城）。

**生境：**幼虫喜生活在富含沙质的清洁流水中。

2b 颏中齿为第1侧齿宽的4.2倍，侧齿11对。触角比1.8……………………………………………………………………………………山波摇蚊 *Potthastia montium*（Edwards）

**已知分布：**辽宁（本溪桓仁）。

**生境：**幼虫喜生活在富含沙质的清洁流水中。

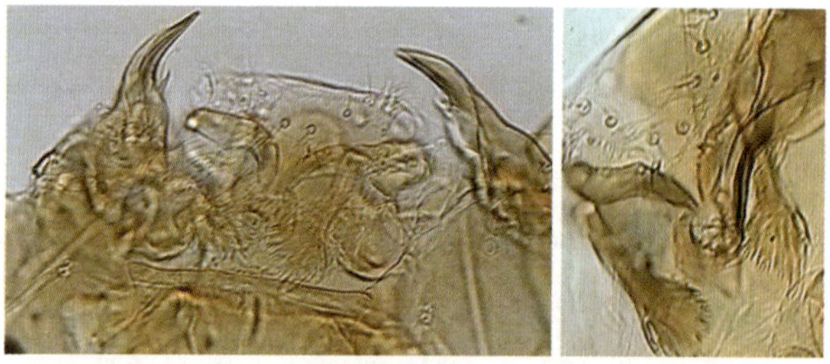

图2.9-64 高波摇蚊的颏、上颚及前上颚

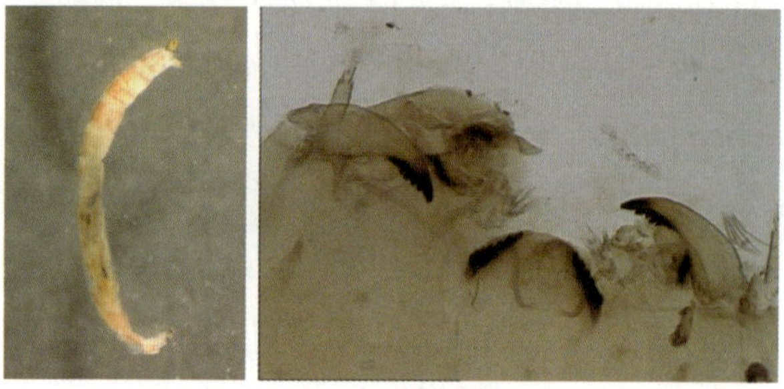

图2.9-65 盖波摇蚊幼虫个体及其颏、上颚

2.9.16.3.5 帕摇蚊属 *Pagastia*

**属征：**中型幼虫，体长约 11 mm。触角 5 节，第 3 节具环纹。劳氏器与第 3 节等长。上唇 SⅠ刚毛薄片状，SⅢ刚毛简单。内唇栉由 3 个窄的尖鳞组成。U 形板“U”形，无基鳞。前上颚具 5 ～ 6 个齿和 1 个简单的侧刺。上颚端齿比 4 个内齿的宽度长或短，4 个内齿联合在一起或单独排成一列。上颚刷 5 根。颏中间区域无齿，侧齿 6 ～ 8 对。颏在没有压平的情况下只能看到 3 ～ 4 个齿，最外侧的齿很小。腹颏板在背颏中区腹面以下融合，于颏齿的侧面和前面伸出。体节前、后原足分离，原足端部具爪。尾刚毛台后缘骨质化，稍长于宽。上具 7 ～ 8 根尾毛和 2 根亚端毛。体刚毛淡色至亮褐色。幼虫分布在中、小型流动的清洁水体中。

### 帕摇蚊属分种检索表

1a 上颚端齿短于 4 个内齿长度之和。触角比 1.7（图 2.9-66）……………………………………………………………………东方帕摇蚊 *Pagastia* orientalis Tshernovskij

**已知分布：**吉林、宁夏、辽宁（本溪桓仁）。

**生境：**幼虫喜生活在较清洁的溪流水体中。

1b 上颚端齿长于 4 个内齿长度之和。触角比 1.1（图 2.9-67）……………………………………………………………………剑帕摇蚊 *Pagastia lanceolata*（Tokunaga）

**已知分布：**辽宁（丹东宽甸）。

**生境：**幼虫喜生活在较清洁的溪流水体中。

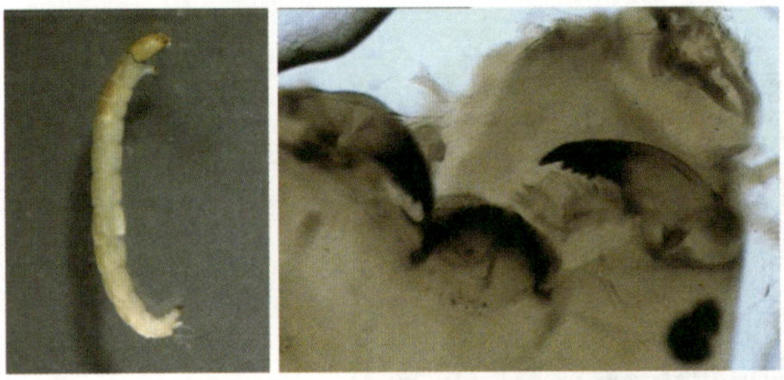

图 2.9-66 东方帕摇蚊幼虫个体及其颏、上颚

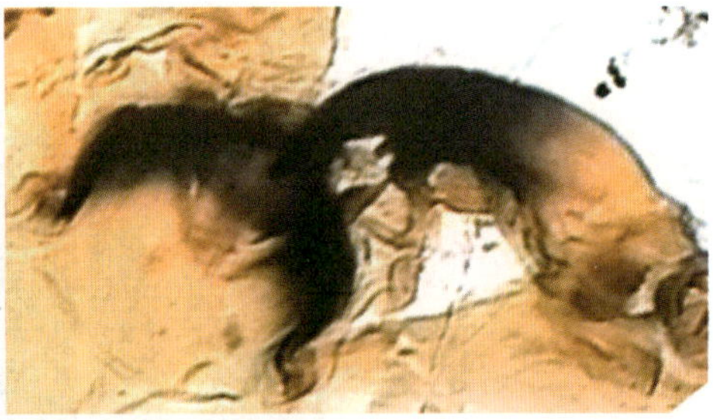

图 2.9-67 剑帕摇蚊的颏及上颚

2.9.16.3.6 似波摇蚊属 *Sympotthastia*

**属征：**中型幼虫，体长约 7 mm。触角 5 节，第 2 节端部的环纹与第 3 节的环纹分界不明显。劳氏器短，触角芒比第 3 节长。上唇 SⅠ刚毛扁叶状，SⅢ刚毛简单。内唇栉由 3 个长的尖鳞组成，侧鳞部分与中鳞融合。前上颚窄，具长的端齿和 2 ～ 3 个小的紧贴的内齿，端半部褐色。上颚端齿比 4 个内齿的长度短，有时端齿与第 1 内齿相同。上颚刷 12 ～ 21 根。

颏具 1 个中齿，8 ～ 10 对侧齿。中齿圆形，宽为第 1 侧齿的 2 ～ 3 倍。中齿和第 1 侧齿色浅，其他侧齿褐色。体节前、后原足分离，原足端部具爪。尾刚毛台短而宽，后缘骨质化。尾毛 7 根。体刚毛色淡或不明显。幼虫喜生活在清洁寒冷的流水中，包括溪流水体。

## 似波摇蚊属分种检索表

1a 上颚齿下毛小楔形。前上颚具 3 ～ 4 个齿……………………………………………………2

1b 上颚齿下毛长刺形。前上颚具 5 个齿。颏具 13 个齿，中齿宽为第 1 侧齿的 3 倍。触角比 1.9（图 2.9-68）………………………………高田似波摇蚊 *Sympotthastia takatensis* Tokunaga

**已知分布：** 国外俄罗斯远东地区、日本，国内吉林、辽宁（抚顺、本溪桓仁、丹东宽甸、凤城）。

**生境：** 幼虫喜冷水环境，在山地流水的砾石间生活。常见于清洁和轻污染水体中。

2a 前上颚具 3 个齿。颏具 17 个齿，中齿宽为第 1 侧齿的 4 倍。触角比 2.5………………………………………………………………………………黄褐似波摇蚊 *Sympotthastia fulva* Johannsen

**已知分布：** 宁夏、辽宁丹东（宽甸）。

**生境：** 幼虫喜冷水环境，在山地流水的砾石间生活。

2b 前上颚具 4 个齿。颏具 19 个齿，中齿宽为第 1 侧齿的 2.9 倍。触角比 2.1…………………………………………………………匐行似波摇蚊 *Sympotthastia repentina* Makarchenko

**已知分布：** 辽宁丹东（宽甸）。

**生境：** 幼虫喜冷水环境，在山地流水的砾石间生活。

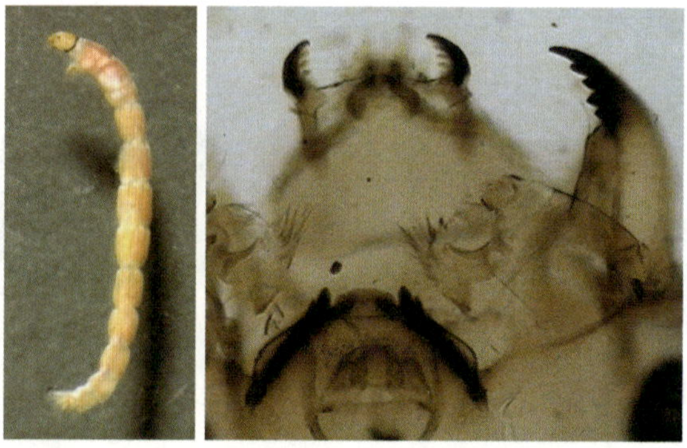

图 2.9-68　高田似波摇蚊个体及其前上颚、上颚、颏

### 2.9.16.3.7 同寡角摇蚊属 *Syndiamesa*

**属征：** 幼虫中型，体长约 11 mm。触角 5 节，第 3 节具环纹。上唇 SⅠ刚毛细叶状。内唇栉由 5 个伸长的罩形鳞组成。前上颚具 6 个齿，侧刺端部具分支。上颚端齿比第 1 内齿大。上颚刷 22 ～ 25 根，分支的端部具弱的锯齿。颏具 1 个中齿，侧齿 9 ～ 10 对。中

齿比第 1 侧齿宽，腹颏板小，亚颏毛从颏的后缘伸出。前、后原足分离，原足端部具爪。尾前须短而宽，后端具较长的基刺。尾毛 5 ～ 6 根，亚端毛 2 根。体刚毛简单。幼虫生活在清洁的溪流及其他流水和潮湿地带。

尤氏同寡角摇蚊 *Syndiamesa yosiii* Tokunaga（图 2.9-69），幼虫黄色，体长约 8 mm。触角 5 节，触角比 2.6。前上颚内缘具 6 个齿。上颚黑色，端齿比第 1 内齿长。颏黑色，具 19 个齿。尾刚毛台长宽约相等，尾毛 6 根。后原足的爪黑褐色。

**已知分布：**吉林、辽宁抚顺（社河上游）。

**生境：**幼虫生活在山地溪流清洁的水体中。

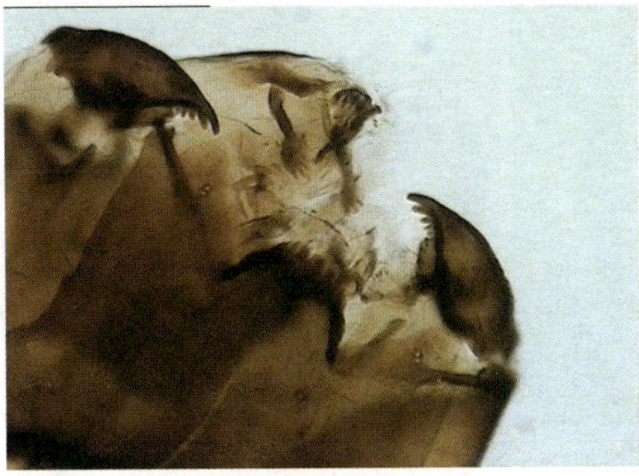

图 2.9-69　尤氏同寡角摇蚊的颏、上颚、前上颚

### 2.9.16.4 前寡角摇蚊亚科 Prodiamesinae

**主要鉴别特征：**头壳背面无突起，如存在也很小或退化；头壳具少数额刚毛；触角 4 节；上唇感觉毛 SⅠ 宽羽状。颏齿显著，中齿色淡。腹颏明显，且具显著长的腹颏口鬃。

## 前寡角摇蚊亚科分属检索表

1a 颏强拱形，腹颏板窄，腹颏口鬃不发达……………………………单寡角摇蚊属 *Monodiamesa*

1b 颏具凹进的中齿，腹颏板宽，腹颏口鬃发达……………………前寡角摇蚊属 *Prodiamesa*

#### 单寡角摇蚊属 *Monodiamesa*

**属征：**大型幼虫，体长约 16 mm。触角 5 节，环器位于第 1 节 1/2 到 1/3 处，触角叶稍比鞭节长。上唇 SⅠ 刚毛端部具齿。内唇栉由 3 个相同的刺状鳞组成。前上颚具 1 端齿和 1 个内齿，无前上颚刷。上颚具 1 长的端齿和 2 个内齿。上颚刷具 5 根相对短小的端部带锯齿的毛和 2 根长的简单的毛。颏具 13 个齿，中齿宽、中间凹陷。腹颏板长、相对窄，末端具 4 ～ 9 根小刚毛。体节无显著的体毛。幼虫生活在沙质底的中至寡营养湖泊水体中，亦喜生活在清洁流水和溪流中。

尼提达单寡角摇蚊 *Monodiamesa nitida*（Kieffer）（图 2.9-70），幼虫黄色，体长约 12mm。触角 5 节，第 3、第 4、第 5 节很小，触角叶稍比鞭节长，触角比 1.1。上唇 SⅠ 刚毛端部有小齿。前上颚强壮、端齿不分叉。上颚端齿强壮，2 个小的内齿紧密相靠，上颚刷 7 根。颏中齿宽、中间凹陷，侧齿 6 对。腹颏板窄长，末端具约 4 ～ 9 根小刚毛。尾刚毛台具尾毛 8 根。肛突长卵形。

**已知分布：**国外俄罗斯远东地区、日本，国内吉林、甘肃、辽宁（本溪、朝阳）。

**生境：**幼虫生活在砂质底的流水和溪流中。喜清水环境，常见于清洁至轻污染水体中。

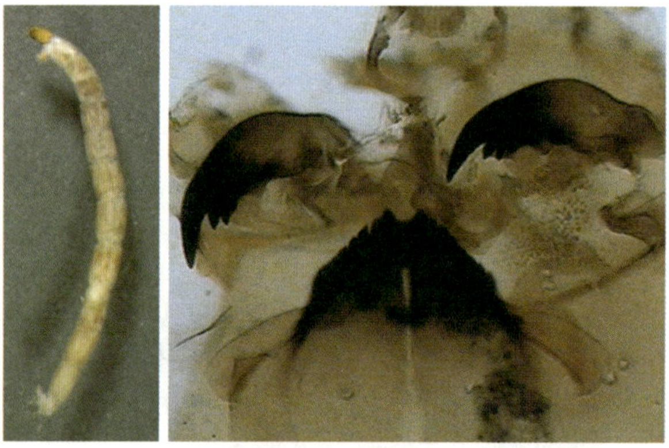

图 2.9-70　尼提达单寡角摇蚊的个体及其上颚、颏

### 2.9.16.5 直突摇蚊亚科 Orthocladiinae

**主要鉴别特征：**幼虫小到大型，体白色、黄色、绿色、褐色、紫色、少数红色。头壳大小不一，多数种类长是宽的 1.5 倍；触角 4 ～ 7 节，从极度退化到明显长于头壳变化不等。触角叶短于鞭节或者明显长于鞭节；劳氏器无或高度发达，少数种类劳氏器互生。上唇 SⅠ 单一、二分叉、锯齿状、掌状或羽状。内唇栉由 3 个独立的柱状骨片组成，偶尔在基部愈合。前上颚存在，端部具 1 ～ 6 齿，前上颚刷存在或缺失。上颚具端齿和 2 ～ 6 枚内齿。无上颚栉。有齿下毛；上颚刷 4 ～ 8 支，羽毛状或者锯齿状。颏具 3 ～ 29 个齿，通常具 8 ～ 12 齿。腹颏板退化或者相对较大。腹颏鬃存在或缺失。体节原足发达，端部分离，并具爪；尾刚毛台长大于宽，尾毛 3 ～ 7 根，有时退化。肛管两对，多数种类短于后原足。体毛常单一或成簇，发达者超过其着生体节宽度的一半。幼虫适应环境能力较强，从咸水到淡水，从陆地到海洋，从两极到赤道均可生存。幼虫习性多腐食、刮食和滤食，少数种类肉食，极少数种类可以和其他水生昆虫共生或者寄生。

## 直突摇蚊亚科分属检索表

1a 腹部末端无尾刚毛台，尾毛有或无。如有尾毛则尾毛和后原足不明显，前原足部分愈合……………………………………………………………………………………2

1b 腹部末端有尾刚毛台，尾毛有多有少。前原足完全分开……………………………7

2a 肛前节、肛节和后原足与 S 体轴成直角弯曲。有肛突，通常无尾刚毛台……………………………………………………………………苔摇蚊属 *Bryophaenocladius*

（该属成虫近苔摇蚊 *Bryophaenocladius propinquus* 分布在丹东凤城）

2b 肛前节、肛节与其余各节在同一轴线上……………………………………………3

3a 无肛突，具单个尾毛。SⅠ和 SⅡ刚毛宽，端部羽状。海生种…………海滨摇蚊属 *Clunio*

3b 有肛突，非海生种…………………………………………………………………4

4a 上唇 SⅠ和 SⅠ刚毛都是二分叉………………………………………………………5

4b 上唇 SⅡ刚毛不是二分叉……………………………………………………………6

5a 无后原足、尾刚毛台和尾前须毛。触角末节与触角叶等长。前上颚具 3 个齿……………………………………………………………………弯突摇蚊属 *Camptocladius*

5b 有后原足，若无则触角末节长最少为前一节长的 3 倍。前上颚具 4 个齿……………………………………………………………………伪施密摇蚊属 *Pseudosmittia*

6a 触角 4 节、极度退化，末端两节不易区分。触角叶长度超过触角鞭节……………………………………………………………………拟施密摇蚊属 *Parasmittia*

6b 触角 4 ～ 5 节，罕见退化，末端两节易区分。触角叶长度不超过触角鞭节……………………………………………………………………施密摇蚊属 *Smittia*

7a 触角长至少是头长的 1/2 或更长……………………………………………………8

7b 触角比头长的 1/2 短…………………………………………………………………9

8a 触角 4 节，长度超过头壳…………………………………………棒脉摇蚊属 *Corynoneura*

8b 触角 5 节，长度不超过头壳……………………………………提尼曼摇蚊属 *Thienemanniella*

9a 尾刚毛台上的 1 根毛长度达体长的 1/4 ……………………………………………10

9b 尾刚毛台上的毛不到体长的 1/4 ……………………………………………………12

10a 颏具 6 对窄的侧齿。上颚具 2 个端齿。尾刚毛台上的毛指向后方……………………………………………………………………松施密摇蚊属 *Krenosmittia*

10b 颏具 4 对侧齿。上颚具 1 个端齿。肛前节突出，尾前须毛向肛节的后方伸出………11

11a 上颚具 3 个内齿……………………………………………伪直突摇蚊属 *Pseudorthocladius*

11b 上颚具 1 ～ 2 个内齿……………………………………拟毛突摇蚊属 *Parachaetocladius*

（该属成虫 *Parachaetocladius akanoctavus* Sasa 分布在丹东宽甸）

12a 颏最少 16 个齿 ……………………………………………………………………… 13

12b 颏不超过 15 个齿 ……………………………………………………………………… 14

13a 颏明显呈拱形，中齿 6 个。前上颚具 2 个端齿。内唇栉由 8 ～ 10 个细刺组成。无肛突或最少有 1 对，体被发达的棕色毛………………………………骑蜉摇蚊属 *Epoicocladius*

13b 颏不呈拱形，中齿 1 个，侧齿 8 ～ 9 对。上唇 SⅠ刚毛 2 分叉。肛突 2 对………………………………………………………直突摇蚊属 *Orthocladius*（*Euorthocladius*）（部分）

14a 肛前节向后伸展并超过肛节，尾前须毛伸向后方…………拟距摇蚊属 *Paraphaenocladius*

（该属成虫诚拟距摇蚊 *Paraphaenocladius impensus*（Walker）分布在抚顺）

14b 肛前节发育正常……………………………………………………………………15

15a 腹颏板显著，无腹颏鬃。上唇 SⅠ刚毛不分叉……………………………………………16

15b 腹颏板小或退化。如大则具腹颏鬃或上唇 SⅠ刚毛 2 分叉……………………………21

16a 上唇刚毛简单、细小或难以辨认。腹颏板窄且相对延长………矮突摇蚊属 *Nanocladius*

16b 上唇刚毛明显。腹颏板宽但不延长……………………………………………………17

17a 上唇片 1 对、明显或弱小，有时位于 SⅠ刚毛基部下方。触角 5 节。具前上颚刷………………………………………………………………………毛突摇蚊属 *Chaetocladius*

17b 上唇片若有则简单，不成对或至少基部愈合。触角 5 节。无前上颚刷 ……………… 18

18a 触角 7 节，第 7 节痕迹状 ……………………………………………………………… 19

18b 触角最多 6 节，第 6 节小 ……………………………………………………………… 20

19a 颏具 4 对侧齿。前上颚简单，内唇栉由 3 个暗色刺鳞组成……………………………………………………………………………拟三突摇蚊属 *Paratrissocladius*

19b 颏具 5 对侧齿。前上颚 2 分叉，内唇栉由 3 个浅色、弱骨质化的齿状鳞组成……………………………………………………………………………异三突摇蚊属 *Heterotrissocladius*

20a 上唇 SⅠ刚毛的分叉少于 9 个，通常 3 ～个。前上颚具 1 端齿………………………………………………………………………………拟开氏摇蚊属 *Parakiefferiella*

20b 上唇 SⅠ刚毛具 9 个或更多的分叉。前上颚端齿 1 个以上。颏中齿 1 对，第 1 侧齿低于中齿……………………………………………………………水摇蚊属 *Hydrobaenus*

21a 腹颏板具腹颏鬃，若不明显则无肛突或颏中齿宽且圆，比侧齿色淡…………………22

21b 腹颏板无腹颏鬃，若极度不明显则有肛突。颏中齿非圆形，色暗…………………28

22a 上唇 SⅠ刚毛简单。颏中齿远长于第 1 侧齿。上颚端齿长度短于 3 个内齿长度之和。腹颏鬃长，呈放射状着生于同一部位……………………同直突摇蚊属 *Synorthocladius*

22b 上唇 SⅠ刚毛 2 分叉或羽状、掌状…………………………………………………………………23

23a 上唇 SⅠ刚毛 2 分叉，若每 1 分叉再分成 2 ～ 4 个叉，则无上颚刷 ……………… 24

23b 上唇 SⅠ刚毛羽状、掌状 ……………………………………………………………………… 26

24a 无上颚刷。上唇 SⅠ刚毛羽状。尾前须无距………………………异环足摇蚊属 *Acricotopus*

24b 有上颚刷。若上唇 SⅠ刚毛具 2 个以上的分叉则尾刚毛台基部有距…………………25

25a 尾刚毛台后部通常有距。颏具 2 个中齿和 5 对侧齿，腹颏鬃明显………………………………………………………………………………………………趋流摇蚊属 *Rheocricotopus*

25b 尾刚毛台无距。颏具 1 个中齿和 6 对或更多的侧齿，腹颏鬃不明显…………………………………………………………………………………………似突摇蚊属 *Paracladius*

26a 上唇 SⅠ刚毛掌状，具 3 ～ 10 个大小相同的齿。前上颚简单。尾刚毛台基部至少有 1 个骨质化的距……………………………………………………………刀突摇蚊属 *Psectrocladius*

26b 上唇 SⅠ刚毛掌状，其齿的大小不均。前上颚具 2 个或更多的齿。尾刚毛台基部无距…………………………………………………………………………………………………………27

27a 腹颏板具发达的腹颏鬃。上颚具 4 个内齿………………………双突摇蚊属 *Diplocladius*

27b 腹颏板具弱的腹颏鬃。上颚具 3 个内齿…………………………………浪突摇蚊属 *Zalutschia*

28a 上唇 SⅠ刚毛简单或具弱的分叉，无上唇片。若体毛长度超过相应体节的一半则颏的第 1 对侧齿明显高于第 2 对侧齿…………………………………………………………………29

28b 上唇 SⅠ刚毛明显 2 分叉，掌状或栉状。若简单则具上唇片。体毛长度至少为相应体节的一半。颏的第 1 对侧齿不明显高于第 2 对侧齿…………………………………………33

29a 前上颚内缘具刺。颏具明显硬化的条痕。尾刚毛台侧毛发达…………………………………………………………………………………………真开氏摇蚊属 *Eukiefferiella*

29b 前上颚内缘无刺。颏较平坦。尾刚毛台侧毛不发达 ………………………………… 30

30a 腹节具长体毛或毛簇 ………………………………………………………………………… 31

30b 腹节无明显体毛…………………………………………………………………………………32

31a 腹节具简单的长体毛。上唇 SⅠ刚毛端部具不明显的分叉或齿……………………………………………………………………………………………拟环足摇蚊属 *Paracricotopus*

31b 腹节侧毛 4 和个别侧毛 2 发达，呈毛簇状，其他体毛简单。上唇SⅠ刚毛简单……………………………………………………………………………环足摇蚊属 *Cricotopus*（部分）

32a 尾刚毛台正常。前上颚简单……………………………………德永摇蚊属 *Tokunagaia*

（该属成虫长方德永摇蚊 *Tokunagaia rectagularis* Goetghebuer 分布在抚顺社河上游）

32b 尾刚毛台极度退化。前上颚具 2 个不明显的端齿。上唇 SⅠ刚毛极度骨化……………………………………………………………………………心突摇蚊属 *Cardiocladius*

33a 上唇 SⅠ刚毛 2 分叉，无上唇片 ……………………………………………………… 34

33b 上唇 SⅠ刚毛掌状、栉状或简单，上唇片有或无……………………………………… 37

34a 头壳浅褐色或黄色。颏的第 1 对侧齿球形，齿的中部比基部宽…………………………………………………………………………拟刚毛突摇蚊属 *Paratrichocladius*

34b 头壳褐色、深褐色至黑色。颏的第 1 对侧齿三角形或圆形，齿的基部宽 …………… 35

35a 体节具毛簇或仅为单毛。上颚内缘具细齿或外缘具明显褶皱，有时褶皱不明显。颏侧齿 5 ～ 6 对，有时第 1 侧齿有明显缺刻…………………………环足摇蚊属 *Cricotopus* 36

35b 体节仅具简单的刚毛。上颚内缘无细齿。颏侧齿 6、7、8、9 对…………………………………………………………………………………直突摇蚊属 *Orthocladius*

36a 内唇栉由 3 个紧靠的尖鳞组成。前上颚具 1 个端齿……………………………………………………………………环足摇蚊亚属 *Cricotopus*( *Cricotopus* )

36b 内唇栉由 3 个分开的圆形鳞组成。前上颚具 2 个端齿…………………………………………………………………等突摇蚊亚属 *Cricotopus*( *Isocladius* )

37a 上唇片长梳状，位于 SⅠ刚毛基部和内唇栉之间。触角第 2 节在近基部 1/3 处被一弱骨化区分开……………………………………………………………………布摇蚊属 *Brillia*

37b 上唇片如存在则简单，若梳状则不位于 SⅠ刚毛基部之间………………………………38

38a 腹节体毛长度最少为相应体节长的一半。前上颚简单………………特维摇蚊属 *Tvetenia*

38b 腹节体毛长度比上述短……………………………………………………………………… 39

39a 触角正常，触角叶超出鞭节的长度是触角叶总长的一半。颏的 2 个中齿被“U”形缺刻分开………………………………………………………………………毛胸摇蚊属 *Heleniella*

39b 触角正常或退化，若正常则触角叶长度不超过鞭节末端。颏齿被“V”形缺刻分开…………………………………………………………………………………………………40

40a 前上颚无上颚刷，具 1 ～ 6 个齿。上唇片无或小 …………………………………… 41

40b 前上颚具上颚刷，具 2 ～ 4 个齿。上唇片若存在则明显的成对出现、分开或基部愈合…44

41a 无上唇片……………………………………………………………………………………42

41b 有上唇片但很弱小…………………………………………………………………………43

42a 腹颏板明显，常向两侧延伸至颏齿外侧。颏基部无齿……………………………………………………………………………………………………拟开氏摇蚊属 *Parakiefferiella*（部分）

42b 腹颏板弱或退化，颏基部有明显的齿。有些种腹部各节具毛簇…沼摇蚊属 *Limnophyes*

43a 触角 4 节，颏中齿宽，色浅，边缘不规则，侧齿 7 对…………裸须摇蚊属 *Propsiloerus*

43b 触角 5 节，颏中齿 2 个，侧齿 5 对 ………………………… 拟麦锤摇蚊属 *Parametrionemus*

44a 尾毛短。上唇片由钟形结构组成。触角常极度退化 …………… 麦锤摇蚊属 *Metrionemus*

44b 尾毛长。上唇片无或成对、基部分开。触角从不退化 ……………………………… 45

45a 腹颏板明显，常向两侧延伸至颏齿外侧。上唇片发达。有外颚叶栉……………………………………………………………………………………………刚毛突摇蚊属 *Trichocladius*

45b 腹颏板很窄，无上唇片和外颚叶栉……………………………特氏摇蚊属 *Thienemannia*

2.9.16.5.1 异环足摇蚊属 *Acricotopus*

**属征：** 幼虫中等大小，体长约 8 mm。触角 5 节，各节依次缩小，环器位于第 1 节基部 1/3 处。触角叶不超过触角末节。劳氏器约为第 3 节长的 1/2。触角芒约与第 3 节等长。上唇 SⅠ刚毛基部 2 分叉，端部双侧再度分叉。无上唇片和上唇基骨片。内唇栉由 3 个单鳞组成，中鳞比侧鳞长。U 形板“V”字形。前上颚具端齿和 1 个宽的内齿，无前上颚刷。上颚端齿比 3 个内齿的宽度稍长，齿下毛端部具缺刻，无上颚刷。颏中齿宽，表面有 4 个浅的刻痕。侧齿 6 对。腹颏板宽、基部具腹颏鬃。体节前后原足分离，足的端部具带齿的冠状爪。尾刚毛台短、稍长于宽，尾毛 5 ～ 7 根。肛鳃比后原足短。体刚毛简单。本属幼虫生活在流水以及沼泽或湖泊的沿岸水体中。

亮异环足摇蚊 *Acricotopus lucens* Zetterstedt（图 2.9-71），幼虫体长约 7 mm。头壳黄色，后头缘黑褐色。触角 5 节，触角比 2。触角叶达第 4 节端部。上唇 SⅠ刚毛二分叉，外叉端部又分 2 ～ 3 个细刺。前上颚单一。上颚具 1 端齿和 3 个内齿，无上颚刷。颏中齿宽，端部的 2 个小齿乳突状。侧齿 6 对，黑褐色。腹颏板显著，腹颏板鬃 14 ～ 18 根。尾刚毛台部分骨化，上具尾毛 6 根。

**已知分布：** 国外俄罗斯远东地区、古北区西部，国内吉林、内蒙古、新疆、辽宁（抚顺）。

**生境：** 幼虫生活在河流缓流处的水体中。常在轻污染的水体中出现。

2.9.16.5.2 布摇蚊属 *Brillia*

**属征：** 幼虫中等大小，体长约 9 mm。触角 4 节，各节依次缩小。第 2 节分两个部分，近端长约为远端的 1/3。触角叶短或比鞭节长。劳氏器明显。上唇 SⅠ刚毛羽状，其他刚毛简单。内唇栉由 3 个短鳞组成。前上颚端部分叉浅，无前上颚刷。上颚端齿比 4 个内齿的宽度短，齿下毛长。上颚刷 6 ～ 7 根，锯齿形或羽状。颏具 2 个大的中齿和 5 对侧齿，通常在 2 中齿之间有 1 小齿。第 4 和第 5 侧齿有时相互贴在一起。腹颏板小，无腹颏鬃。体节前、后原足分离，顶端具爪。尾刚毛台长约为宽的 2 倍，上具 8 根尾毛。肛鳃比后原足短。体刚毛简单。本属幼虫生活在流水或湖泊沿岸的水体中。常在沉入水中的树木或叶片间活动。

二叉布摇蚊 *Brillia bifida*（Kieffer）（图 2.9-72），头部背面额与唇基分离，上唇第 2 骨片方形，后缘不平滑。颏中齿 2 个，侧齿 5 对，第 4 侧齿小。幼虫体长约 9 mm。

**已知分布：** 国外俄罗斯远东地区、日本、欧洲一些国家，国内吉林、浙江、辽宁（本溪、抚顺）。

**生境：** 幼虫采自太子河和社河上游河段的流水中。

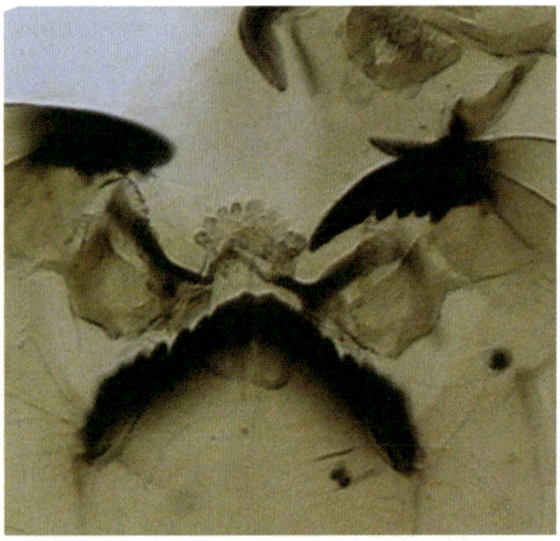

图 2.9-71　亮异环足摇蚊的上颚、颏

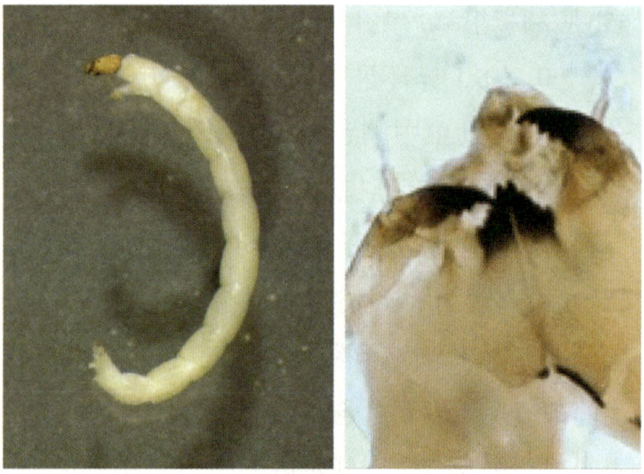

图 2.9-72　二叉布摇蚊个体及其颏、上颚

2.9.16.5.3 心突摇蚊属 *Cardiocladius*

**属征：** 幼虫中至大型，体长约 11 mm。触角 5 节，各节依次缩小或第 3 节和第 4 节的长度相等。触角叶短或比鞭节长。劳氏器大，触角芒长者可达第 4 节末端。上唇刚毛简单。内唇栉由 3 个顶端圆形的单鳞组成。U 形板近方形，两侧具 3 ～ 4 个尖棘。上唇基骨片侧缘直向伸长，端部圆锥形至圆形。前上颚端部简单或具不明显的分叉，内齿大，三角形。无前上颚刷。上颚端齿比 4 个内齿的宽度短，齿下毛短。上颚刷具长柄，端部具 5 个羽状分叉，内缘具 1 ～ 5 个锯齿形长刺，有时明显缺如。颏具 1 个宽的中齿和 5 对侧齿。腹颏板三角形。体节前原足基部融合，端部具冠状爪。后原足分离。尾刚毛台短，上具 2 根粗长的和 2 ～ 6 根细短的尾毛。肛鳃比后原足短。体刚毛简单。本属幼虫生活在流速快的水体中。常与蚋的幼虫伴生在一起而被后者掠食。

端心突摇蚊 *Cardiocladius capucinus* Zellerstadt（图 2.9-73），幼虫黄绿色，体长约

8mm。触角 5 节，触角比 1.9，触角叶长达第 3 节端部。上唇 SⅠ、SⅡ刚毛单一。前上颚端部不分叉。上颚具 1 个端齿和 3 个内齿。齿下毛超过第 1 内齿。上颚刷具长柄，端部具 5 ~ 6 个分支。颏具 1 宽的中齿和 5 对侧齿。尾刚毛台退化，端部具尾毛 7 根，其中 3 根强壮，4 根弱小。

**已知分布：** 国外日本、俄罗斯远东地区、欧洲一些国家，国内湖南、辽宁（丹东、本溪、抚顺、铁岭、辽阳）。

**生境：** 幼虫生活在山地溪流、河流流速快的清洁水体中。

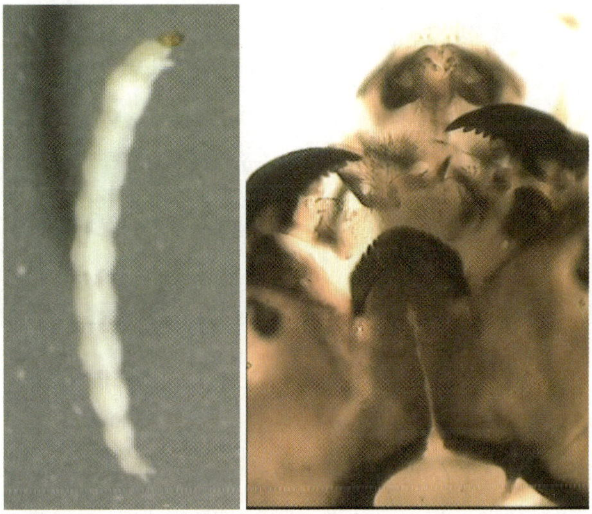

图 2.9-73　端心突摇蚊个体及其上颚、颏

2.9.16.5.4 棒脉摇蚊属 *Corynoneura*

**属征：** 幼虫小型，体长约 3 mm。触角 4 节，与头等长或比头长，第 3 节比第 2 节长，第 4 节细小，第 2 和第 3 节深褐色。环器明显具中刺。触角叶小，劳氏器不明显或无。上唇刚毛不发达。内唇栉由 3 个小刺组成。前上颚端部具 12 个小齿，前上颚刷发达，半透明状。上颚端齿短，内齿 4 个。无齿下毛。上颚刷缺如或半透明状。颏三角形，中齿 2 ~ 3 个。侧齿 5 对。腹颏板不发达，无鬃。胸部 2 节，中后胸节融合。前、后原足细长，端部具爪。尾刚毛台小，上具 4 根尾毛。肛管比后原足短，锥形。后原足的腹侧基部具 1 对粗壮刚毛，基部羽状。幼虫在静水、山地流水和其他流水的石缝间生活。

## 棒脉摇蚊属分种检索表

1a 颏的第 1 侧齿小。3 个中齿，中间的齿稍小。触角第 2 节黑褐色（图 2.9-74）…………
……………………………………………………………叶棒脉摇蚊 *Corynoneura lobata* Edwards

**已知分布**：国外俄罗斯远东地区、日本，国内宁夏、辽宁（本溪）。

**生境**：幼虫采自桓仁县、本溪县山地流水中。

1b 颏的第 1 侧齿与其他侧齿约相等。3 个中齿，中间的齿特小。触角第 2 节色淡（图 2.9-75）…
……………………………………………片状棒脉摇蚊 *Corynoneura scutellata* Winnertz

**已知分布**：国外俄罗斯远东地区、日本，国内内蒙古、青海、辽宁（沈阳）。

**生境**：幼虫采自虎石台镇半静止的水体中。

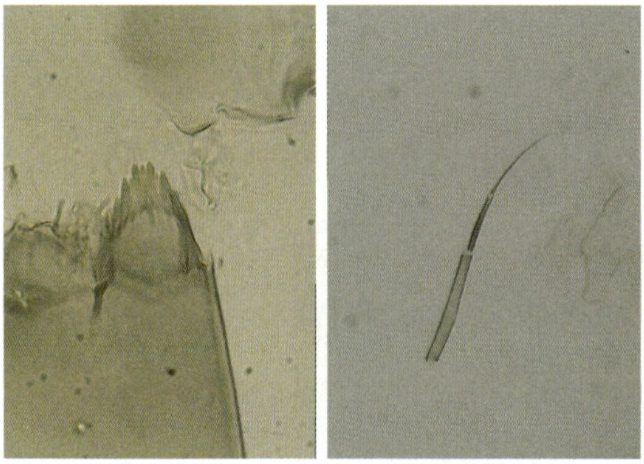

图 2.9-74　叶棒脉摇蚊的颏及触角

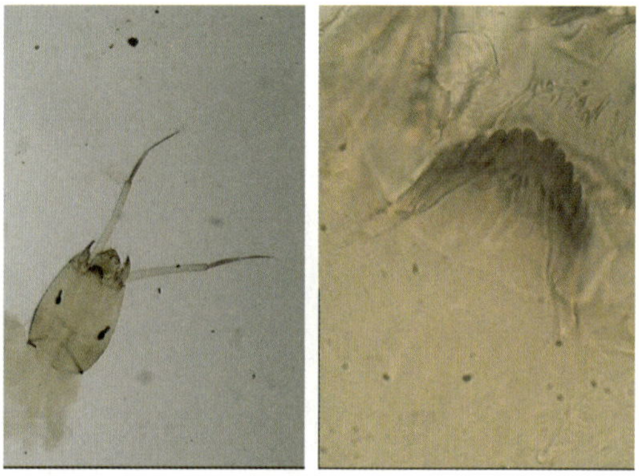

图 2.9-75　片状棒脉摇蚊的头部腹面及颏

2.9.16.5.5 环足摇蚊属 *Cricotopus*

**属征**：幼虫中等大小，体长约 8 mm。触角 4 节或 5 节，各节依次缩小或第 3 节、第 4 节等长，个别种类的触角很短。触角叶多数不超过触角末节，劳氏器明显，有时退化或无。上唇 SⅠ刚毛两分叉，极少数种类是单毛。无上唇片。内唇栉由 3 个鳞片或单鳞组成。U 形板多数“U”形，基骨片短。前上颚具 1 个端齿，极少数种类 2 个端齿。具前上颚刷或无。上颚端齿比 3 个内齿的宽度短。齿下毛端部尖或具钩状缺刻。上颚刷 6 ~ 7 根、简单或有锯齿。上颚臼平滑，有时具刺。颏具 1 个中齿和 6 对、很少是 5 对或 7 对的侧齿。腹颏板窄，无鬃。体节前原足端部具冠状爪，有时爪具明显的端齿。后原足的爪简单。尾刚毛台长宽约相等，上具 6 ~ 7 根尾毛。肛鳃长、短各异，通常比后原足短。腹节具 1 对束状刚毛，有时仅为简单的刚毛。本属幼虫生活在各种类型的淡水中，以及咸水湖和近海地区。有的幼虫与高等植物伴生，有的生活在藻丛中。

## 环足摇蚊属分种检索表

1a 内唇栉由 3 个紧靠的尖鳞组成。前上颚具 1 个端齿………………………………………
………………………………………………………环足摇蚊亚属 *Cricotopus*（*Cricotopus*）3

1b 内唇栉由 3 个分开的圆锥形鳞组成。前上颚具 2 个端齿……………………………………………………等突摇蚊亚属 *Cricotopus*（*Isocladius*）2

2a 触角为头长的 1/5。第 1 节基部具 1 个环器。幼虫体长约 6 mm（图 2.9-76）……………………………………………………三带环足摇蚊 *Cricotopus*（*I.*）*trifasciatus* Panzer

**已知分布：** 国外日本、俄罗斯远东地区、欧洲一些国家、北美，国内辽宁（全省）。

**生境：** 幼虫常出现在河流中下游地区，在污染水体中多见。

2b 触角为头长的 1/4。第 1 节基部具 3 个环器。幼虫体长约 7 mm……………………………………………………林间环足摇蚊 *Cricotopus*（*I.*）*sylvestris* Fabricius

**已知分布：** 国外日本、俄罗斯远东地区，国内河北、内蒙古、青海、辽宁（全省）。

**生境：** 幼虫广泛生活在各种类型的水体中。多见于污染较重的水体中。

3a 颏中齿宽为第 1 侧齿的 2.5 倍以下……………………………………………………6

3b 颏中齿宽为第 1 侧齿的 3 倍以上……………………………………………………4

4a 上颚臼光滑……………………………………………………5

4b 上颚臼具 3 个小刺。颏中齿和第 1、第 2 侧齿色淡（图 2.9-77）……………………………………………………双线环足摇蚊 *Cricotopus*（*C.*）*bicinctus* Meigen

**已知分布：** 国外日本，欧洲、北美一些国家；国内河北、浙江、青海、湖北、广西、海南、贵州、云南、新疆、台湾、辽宁（全省）。

**生境：** 幼虫多分布在河流中下游地区污染水体中。

5a 颏第 1、第 2 侧齿基部融合，第 6 侧齿特别小。颏和上颚黑色（图 2.9-78）……………………………………………………三束环足摇蚊 *Cricotopus*（*C.*）*trifascia* Edwards

**已知分布：** 国外日本，俄罗斯远东地区，欧洲、北美一些国家；国内内蒙古、云南、甘肃、青海、辽宁（全省）。

**生境：** 幼虫生活在山地河流及小型水库的沿岸地区。常出现在轻污染水体中。

5b 颏第 1 侧齿不与第 2 侧齿基部融合，第 6 侧齿不特别小（图 2.9-79）……………………………………………………委瑞环足摇蚊 *Cricotopus*（*C.*）*vierriensis* gr. sp. A

**已知分布：** 国外西欧，国内福建、辽宁（抚顺）。

**生境：** 幼虫采自新宾县苏子河永陵河段。

6a 触角叶与鞭节等长或稍长。劳氏器大……………………………………………………7

6b 触角叶仅达第 3 节顶端，劳氏器相对小。颏中齿约为第 1 侧齿宽的 2.5 倍……………………………………………………轮环足摇蚊 *Cricotopus*（*C.*）*anulator* Goetghebuer

**已知分布：**国外俄罗斯远东地区、日本，西欧、北美一些国家；国内河南、四川、甘肃、辽宁（丹东凤城）。

**生境：**幼虫生活在河流上游地区，多见于较清洁的水体中。

7a 上颚端齿约与3个内齿的宽度相等。齿下毛小，末端尖（图2.9-80）……………………………………………………白色环足摇蚊 *Cricotopus*（*C.*）*albiforceps* Kieffer

**已知分布：**宁夏、辽宁（丹东、抚顺、铁岭）。

**生境：**幼虫生活在各种类型水体中，常与水生植物伴生。在清洁至中污染水体中多见。

7b 上颚端齿比3个内齿的宽度短。齿下毛相对大，扁叶状（图2.9-81）……………………………………………三轮环足摇蚊 *Cricotopus*（*C.*）*triannulatus*（Mecquart）

**已知分布：**国外俄罗斯远东地区，西欧一些国家；国内甘肃、青海、台湾、辽宁（辽阳、铁岭、抚顺、本溪、朝阳）。

**生境：**幼虫常分布在轻污染至中污染河流中。

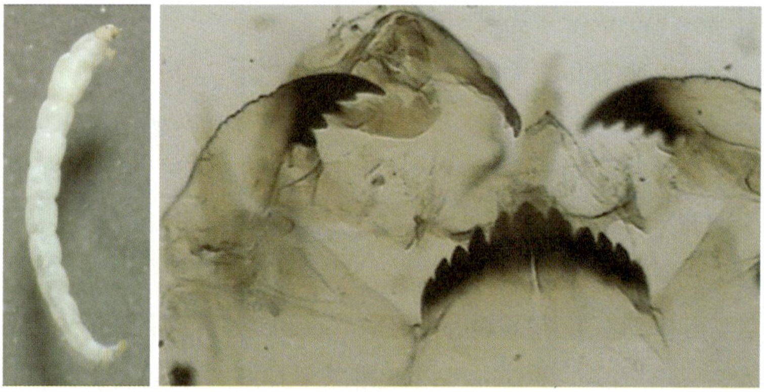

图 2.9-76　三带环足摇蚊个体及其上颚、颏

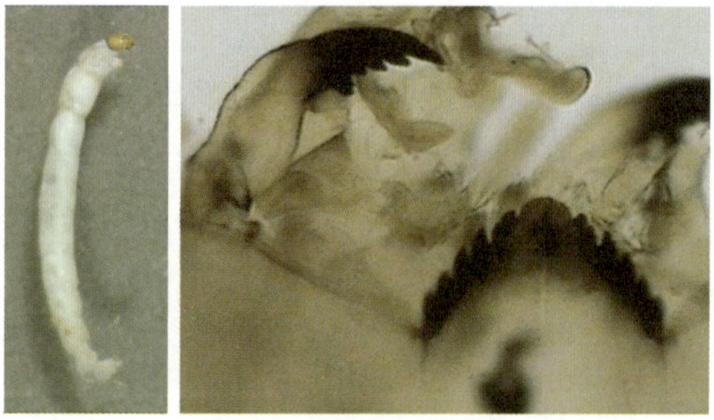

图 2.9-77　双线环足摇蚊个体及其上颚、颏

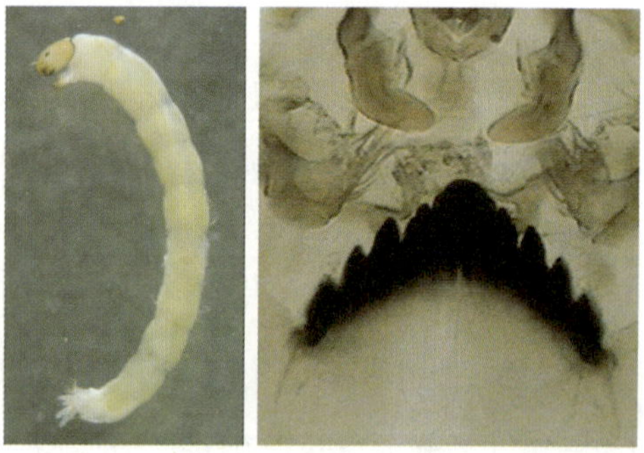

图 2.9-78　三束环足摇蚊个体及其颏

图 2.9-79 委瑞环足摇蚊的颏

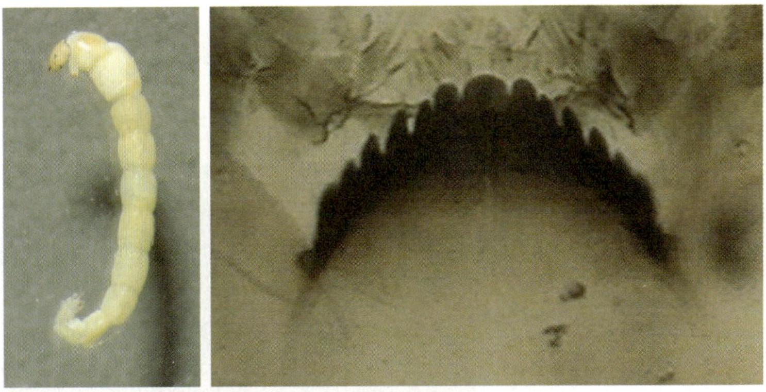

图 2.9-80 白色环足摇蚊个体及其颏

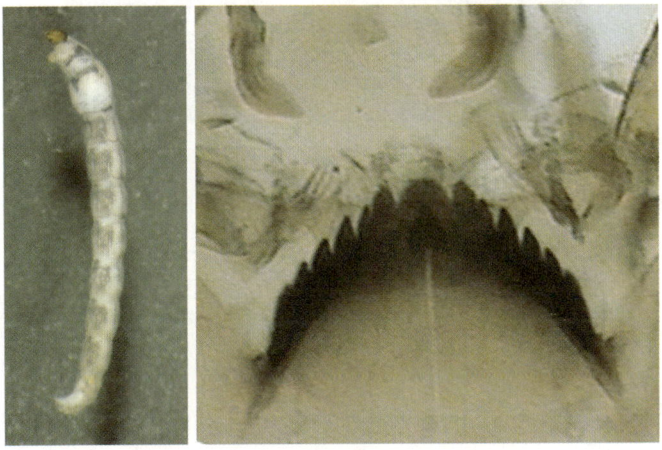

图 2.9-81 三轮环足摇蚊个体及其颏

2.9.16.5.6 双突摇蚊属 *Diplocladius*

**属征：**幼虫中型，体长达 7 mm。触角 5 节（偶见 6 节），各节长度逐渐减小。触角叶常超过第 3 节，劳氏器是第 3 节长的一半。上唇 SI 刚毛羽状。上唇片栉状。内唇栉 3 分叶。前上颚二分叉，无前上颚刷。上颚端齿短于 4 个内齿的宽度。齿下毛指状，上颚刷 7 ～ 8 支。颏具 2 个中齿（偶见 1 个），侧齿 6 对，齿的大小相等或中齿和第 1 侧齿比其他齿略大。腹颏狭长，腹颏鬃发达，亚颏毛着生在体节前，后原足分离。尾刚毛台长大于宽，尾毛 7 根。肛管比后原足短。幼虫喜欢较冷的环境，泉水、小型流动水体以及静水都有分布。

双突摇蚊 A 种 *Diplocladius* sp. DA（图 2.9-82），幼虫体长约 6 mm。头壳褐色，后缘黑褐色。触角 6 节，第 6 节毛发状。触角比 1.8。触角叶长达第 4 节端部，触角副叶长达第 2 节末端。上唇 SI 刚毛羽状，SⅡ感觉毛单一。前上颚具 3 个端齿，无前上颚刷。上颚具 1 个端齿和 4 个内齿。颏中齿 1 个、圆形，侧齿 6 对。腹颏鬃明显长，约 18 ～ 22 根。尾刚毛台部分骨化，长与基部宽相等，上具 7 根尾毛。

**已知分布：**辽宁沈阳、抚顺、本溪。

**生境：**幼虫采自河流上游较清洁的水体中。

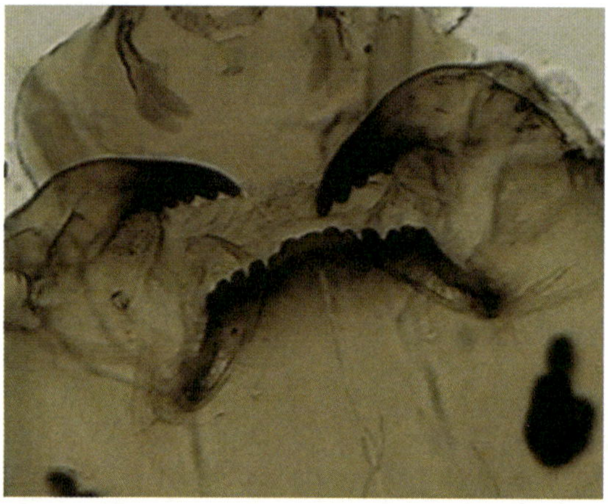

图 2.9-82　双突摇蚊 A 种的上颚及颏

2.9.16.5.7 骑蜉摇蚊属 *Epoicocladius*

**属征：**幼虫中等大小，体长约 5 mm。触角 4 节，第 4 节比第 3 节长。触角叶超过触角末节。无劳氏器。上唇 SⅠ刚毛简单。SⅡ刚毛细长，端部梳状。无上唇片。内唇栉为 3 个针样的细刺。前上颚分叉，无前上颚刷。上颚端齿比 4 个内齿的宽度长，内齿仅最内部的齿明显分开，另外的 2 个内齿不易区分。齿下毛前端尖，弯曲。上颚刷具简单分支。颏中齿 6 个，侧齿 5 对。腹颏板显著，无腹颏鬃。体节前、后原足分离，后原足的爪分为粗和细 2 部分。尾刚毛台长稍大于宽，上具不同长度的尾毛 6 ～ 7 根。肛鳃 1 对，圆锥形，比后原足短。体表具褐色粗刚毛。本属幼虫营寄生生活，常在蜉蝣稚虫的翅芽下寄生。

蜉蝣骑蜉摇蚊 *Epoicocladius ephemerae*（Kieffer）（图 2.9-83），幼虫体长约 4 mm。头壳黄色，后头缘黄色或褐色。触角 4 节，触角比 1.8。触角叶超过鞭节，劳氏器退化。上唇 SⅠ刚毛羽状。内唇栉具 6 ～ 8 根细刺。前上颚二分叉，无前上颚刷。上颚齿褐色，内齿扁平。齿下毛前端尖，弯曲。颏梯形，端部具 6 个中齿，最外侧两齿较大，黑褐色，中间四齿淡黄色。侧齿 5 对，第一对侧齿色淡，明显宽于其他侧齿；腹颏板退化呈带状，无腹颏鬃。腹部体节被短粗体毛，每节数目从 80 ～ 120 根不等。后原足短。尾刚毛台高是宽的 2 倍，上具 6 根尾毛。肛管 1 对，长是宽的 2 倍。

**已知分布：**国外日本、俄罗斯远东地区、欧洲一些国家，国内云南、甘肃、宁夏、辽宁（抚顺、本溪、铁岭）。

**生境：**幼虫寄生在蜉蝣稚虫的翅芽下与之共生，生活在清洁的流水中。

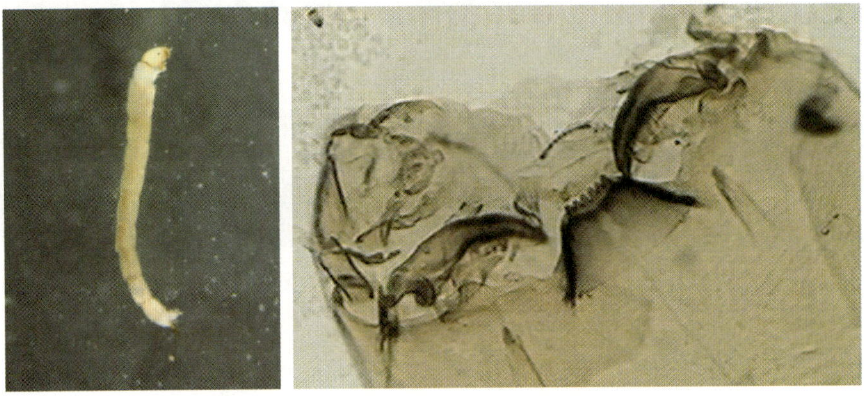

图 2.9-83　蜉蝣骑蜉摇蚊个体及其上颚、颏

2.9.16.5.8 真开氏摇蚊属 *Eukiefferiella*

**属征：**幼虫小至中型，体长约 7 mm。触角 4 节或 5 节，第 4 节比第 3 节长或相等。触角叶比鞭节短。劳氏器与第 3 节等长。上唇 SⅠ、SⅡ刚毛简单，SⅢ有时有分支。无上唇片。内唇栉由 3 个鳞片组成。U 形板“U”形或矩形。具长圆形基骨片。前上颚宽，端部不分叉。无前上颚刷。上颚端齿比 3 ～ 4 个内齿的宽度短。齿下毛类似钉状。上颚刷 4 ～ 7 根，简单或具锯齿。上颚臼具 1 ～ 5 个刺或无。颏具 1 或 2 个中齿，侧齿 4 ～ 6 对（通常 5 对），具不同形状的褐色硬化条纹。腹颏窄或不明显，无腹颏鬃。体节前、后原足分离，端部具褐色爪。尾刚毛台发达，长至少是宽的 1.5 倍，上具 4 ～ 7 根尾毛。肛管比后原足短。体刚毛简单。本属幼虫为广温性种类，生活在各种类型的流水中。

## 真开氏摇蚊属分种检索表

1a 上颚臼具 3 个长刺。颏中齿 1 个，宽圆形，约为第 1 侧齿的 3 倍。腹颏板不显著（图 2.9-84）
……………………………………………伊尔克真开氏摇蚊 *Eukiefferiella ilkleyensis* Edwards

**已知分布：**国外日本、俄罗斯远东地区，西欧、北美一些国家；国内河北、浙江、四川、云南、甘肃、辽宁（铁岭、抚顺、本溪、辽阳）。

**生境：**幼虫栖息于山地河流、溪流中。常在清洁或轻微污染水体中出现。

1b 上颚臼具 3 个小刺。颏中齿 2 个，与第 1 侧齿约等宽。腹颏板退化（图 2.9-85）……………
………………………………………………亮铗真开氏摇蚊 *Eukiefferiella claripennis* Lundbeck

**已知分布：**国外日本、俄罗斯远东、欧洲一些国家；国内内蒙古、浙江、甘肃、辽宁（铁岭、抚顺、本溪）。

**生境：**幼虫栖息于山地河流、溪流中。常在清洁或轻微污染水体中出现。

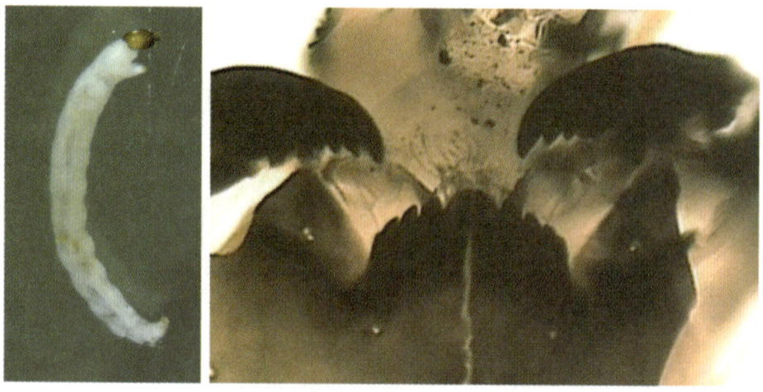

图 2.9-84　伊尔克真开氏摇蚊个体及其上颚、颏

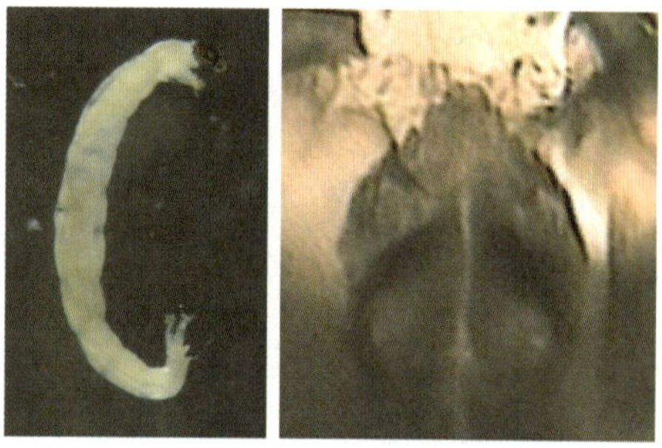

图 2.9-85　亮铗真开氏摇蚊个体及其颏

2.9.16.5.9 尤里摇蚊属 *Euryhapsis*

**属征：**幼虫中型，体长 8 ～ 10 mm。触角 4 节，各节依次变小。触角叶明显长于鞭节。劳氏器和触角芒清晰，短于第 3 节。上唇骨片 1 和 2 分离。上唇 SI 刚毛羽状，其他刚毛简单。内唇栉由 3 个骨片组成。前上颚宽，端部 2 分叉。无前上颚刷。上颚端齿比 3 个内齿的宽度短。齿下毛长针状、弯折状。上颚刷 6 ～ 7 根，锯齿状或羽状。颏具 1 个中齿和 6 对侧齿，第 1 侧齿加长，第 5、第 6 侧齿等高或呈梯度逐渐变小。腹颏细长，腹颏鬃微弱。亚颏毛着生在后头缘到颏基部之间的中部。腹部前、后原足分离。尾刚毛台长是宽的 1.5 ～ 2.0 倍。上具 7 根尾毛。肛管比后原足短。生活在山地溪流及河流上游的各类流水中。

尤里摇蚊属 A 种 *Euryhapsis* sp. EA（图 2.9-86），幼虫体长约 10 mm。触角 4 节，触角叶长，超过鞭节。前上颚端部 2 分叉，无前上颚刷。上颚端半部黑色，具 1 个端齿和 3 个内齿，齿下毛长，伸达第 2 内齿端部。颏黑色，具 1 个小的中齿，6 对侧齿，第 1 侧齿长，其他侧齿依次下降。腹颏细长，腹颏鬃不明显。尾刚毛台具 7 根尾毛。肛管长锥形。

**已知分布：**国外新北区、古北区，国内辽宁（小孤家子）。

**生境：**幼虫采自河流上游的流水中。

图 2.9-86　尤里摇蚊属 A 种的颏、上颚、触角及上颚齿下毛

### 2.9.16.5.10 异三突摇蚊属 *Heterotrissocladius*

**属征：**幼虫中至大型，体长约 9.5 mm。触角 7 节，第 3 节比第 4 节小，第 7 节毛发状。触角叶比鞭节短或长。劳氏器无或退化。上唇 SI 刚毛羽状。内唇栉微骨质化，由 3 个锯齿状的鳞组成。前上颚具 2 个明显的齿，无前上颚刷。上颚端齿比 3 ~ 4 个内齿的宽度短。上颚刷 6 ~ 7 根。颏具 1 对中齿，5 对侧齿。腹颏板发达，无腹颏鬃。尾刚毛台发达。肛管比后原足短。体刚毛显著。本属幼虫的多数种类分布在湖泊的沿岸带或深水区，少部分分布于河流和塘堰中，为寡污染水性种类。

软异三突摇蚊 *Heterotrissocladius marcidus*（Walker）（图 2.9-87），幼虫体长约 5.8 mm。头壳黄色，后颏明显黑化。触角共 7 节，第 7 节毛状。触角比 1.2。环器着生在第 1 节近 1/5 ~ 1/6 处。触角叶延伸至第 5 节顶端。上唇 SI 刚毛端部羽状，SⅡ 刚毛单一。前上颚 2 分叉。上颚具 3 个内齿和 1 个端齿，端齿的长比 3 个内齿的合宽短。齿下毛伸达第 1 内齿。颏具 1 对中齿，5 对侧齿。腹颏板宽，无腹颏鬃。尾刚毛台具 7 根尾毛。肛管长约是宽的 4 倍。

**已知分布：**国外俄罗斯远东地区，欧洲、北美；国内吉林、辽宁（抚顺、铁岭）。

**生境：**幼虫生活在较低温度流水中，更喜好湖泊沿岸地区。常出现在中污染水体中。

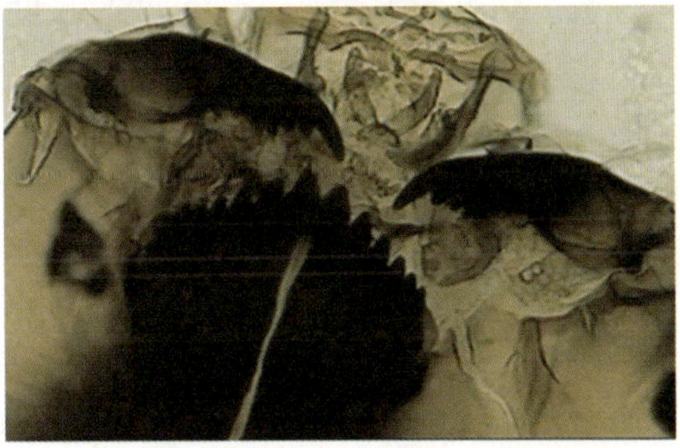

图 2.9-87　软异三突摇蚊的上颚及颏

### 2.9.16.5.11 水摇蚊属 *Hydrobaenus*

**属征：**幼虫大型，体长约 9 mm。触角 6 节，各节依次缩小，第 6 节退化。触角叶比鞭节短。劳氏器约与第 3 节等长或稍短。上唇 SI 刚毛粗，有时细羽状。内唇栉由 3 个骨质化的小刺组成。前上颚具 2 个明显的端齿、内齿钝圆，无前上颚刷。上颚端齿比 3 个内齿的宽度短。齿下毛端部具锯齿或缺刻。上颚刷平滑或有锯齿。颏具 2 个中齿，6 对侧齿。腹颏板很发达，无腹颏鬃。尾刚毛台发达。后缘骨质化，上具 7 根尾毛。肛管比后原足短或稍长。本属幼虫生活在静水和流水中，多数种类分布在北方的湖泊中，喜寡营养环境。一些种类的 2 龄幼虫在固定的巢中栖息。

## 水摇蚊属分种检索表

1a 体中型，体长约 7 mm。尾刚毛台长宽约相等。颏的第 1 侧齿约与中齿等高（图 2.9-88）
……………………………………………………………鲁古水摇蚊 *Hydrobaenus lugubris* Fries

**已知分布：**国外欧洲西部，国内河北、辽宁（朝阳、阜新）。

**生境：**幼虫生活在河流缓流处及湖（库）等静水水体中。

1b 体大型，体长约 11 mm。尾刚毛台长明显大于宽。颏的第 1 侧齿明显比中齿低（图 2.9-89）
……………………………………………………………近藤水摇蚊 *Hydrobaenus kondoi* Saether

**已知分布：**国外日本，国内浙江、辽宁（沈阳、辽阳）。

**生境：**幼虫生活在河水的缓流环境中，常出现在中度污染的水体中。

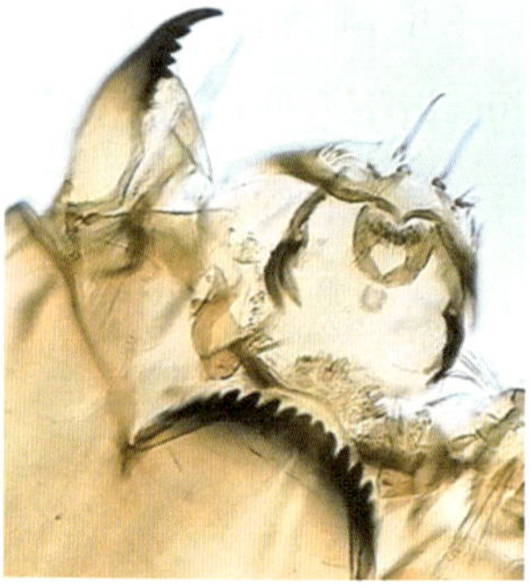

图2.9-88　鲁古水摇蚊的颏、上颚及前上颚

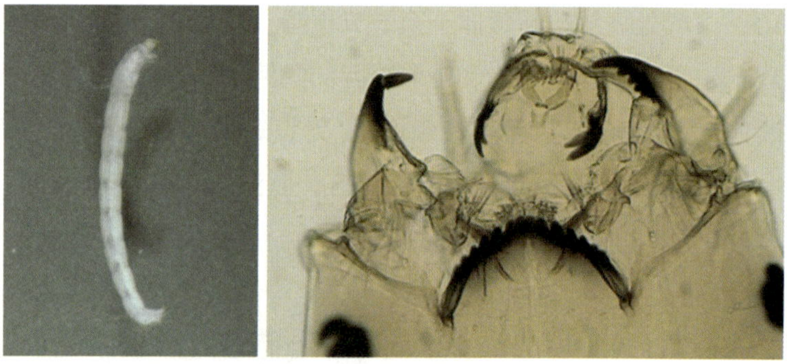

图 2.9-89　近藤水摇蚊个体及其前上颚、上颚、颏

### 2.9.16.5.12 松施密摇蚊属 *Krenosmittia*

**属征：**小型幼虫，体长约 3.5 mm。触角 4 节，第 4 节比第 3 节长。触角叶与鞭节等长。劳氏器小。上唇 S Ⅰ刚毛简单或微锯齿状。内唇栉由 3 个细刺组成。前上颚具 2 个相同的端齿和 1 个宽的内齿，无前上颚刷。上颚尖，端齿比 3 个内齿的宽度长。齿下毛细长。上颚刷梳状。颏中齿 1 个，乳突状。侧齿尖，6 对。腹颏板小，无腹颏鬃。体节前后原足分离，端部具爪。尾刚毛台具 1 根很长的尾毛，为体长的 1/2。肛管比后原足短，不溢缩。本属幼虫主要生活在流水中。

弯松施密摇蚊 *Krenosmittia camptophleps*（Edwards），（图 2.9-90）幼虫体长约 3.5 mm。头壳淡黄色，后头缘暗淡。触角 5 节。触角比 1.5。触角叶伸至第 5 节基部。前上颚端部具 3 个齿。上颚具端齿和 3 个内齿，端齿是 3 个内齿宽的 1.3 倍。齿下毛伸达第 3 内齿顶端。颏中齿 1 个、乳突状，宽是第 1 侧齿的 2.5 ～ 3.0 倍。尾刚毛台小，顶端具 5 根尾毛，最长的尾毛是体长的 1/2。肛管短于后原足。

**已知分布**：国外欧洲西部，国内四川、辽宁（本溪桓仁）。

**生境**：幼虫生活在山地河流、溪流中。常在清洁和轻度污染的水体中出现。

2.9.16.5.13 沼摇蚊属 *Limnophye*

**属征**：中型幼虫，体长约 6 mm。触角 5 节，第 4 节比第 3 节长。触角叶与鞭节等长。劳氏器有或无。具触角芒。上唇 SI 刚毛简单或端部单侧具锯齿。内唇栉简单。前上颚具 2 ~ 4 个齿，前上颚刷有或无。上颚端齿比 3 个内齿的宽度短。具齿下毛。上颚刷端部羽状。颏具 2 个高的或比第 1 侧齿高的中齿，侧齿 4 对。颏的基部具圆形齿。腹颏板小，无腹颏鬃。体节前、后原足分离，端部具爪。尾刚毛台长大于宽，上具 6 ~ 7 根尾毛。肛管长度不等，通常比后原足短，体刚毛发达程度不同，通常简单。本属幼虫广适应性，生活在各种类型的水体中。

单毛沼摇蚊 *Limnophyes asquamatus* Andersen（图 2.9-91），幼虫体长约 6 mm。头壳黄色，后头缘淡黄色或黄色。触角 5 节，第 4 节比第 3 节长。触角比 1.2。环器靠近中间，触角叶几乎与鞭节等长或略长于鞭节。上唇 SI 刚毛顶端锯齿状，具 4 ~ 6 分支，SⅡ感觉毛单一。前上颚具 2 个基齿和 2 个顶齿。上颚端齿是 3 个内齿宽的 0.7 倍。齿下毛伸至第一内齿顶端。颏具 2 个中齿和 5 对侧齿。腹颏板退化。腹部后原足基部长宽比 1.6 ~ 2.0。尾刚毛台长宽比 1.2 ~ 1.5，顶端具 7 根尾毛。

**已知分布**：国外欧洲西部、北美，国内辽宁、吉林、河北、四川。

**生境**：幼虫采自山地河流中，中污染偏轻水体中多见。

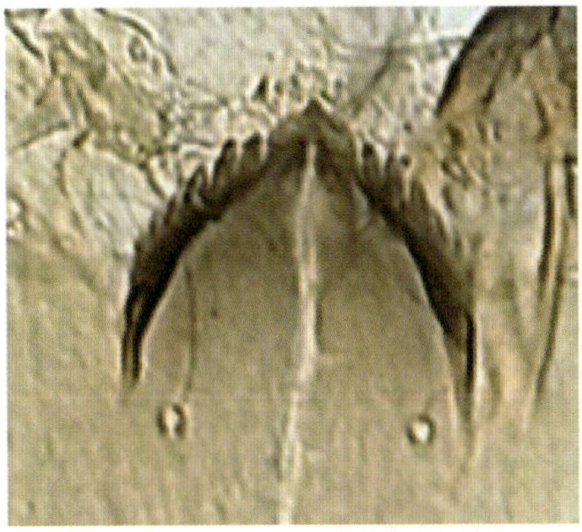

图 2.9-90　弯松施密摇蚊的颏

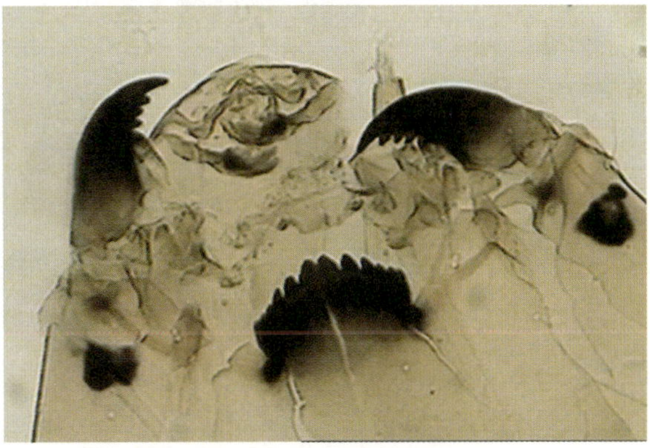

图 2.9-91　单毛沼摇蚊的上颚及颏

2.9.16.5.14 矮突摇蚊属 *Nanocladius*

**属征**：小型幼虫，体长约 5 mm，黄色。触角 5 节，各节依次缩小，第 5 节毛发状或退化。

触角比 1.0 ~ 2.3。触角叶比鞭节短。劳氏器显著。上唇 SI ~ SⅢ刚毛简单。内唇栉由 3 个尖鳞组成。前上颚具 3 ~ 5 个齿或简单。上颚端齿比 3 个内齿的宽度长。齿下毛细长。上颚刷 3 ~ 5 根。颏中齿宽，双乳突状。侧齿 3 对、5 对或 6 对，第 1 和第 2 侧齿基部融合。有时侧齿很不清楚或微小。腹颏板长，尾端圆或边缘直。体节原足发达。前原足的爪光滑或具弱至强壮的锯齿。尾刚毛台发达，上具 3 ~ 6 根尾毛。肛管 2 对，大小相同或比后原足短，有时有 1 对比后原足长。本属幼虫生活在湖泊和池塘，特别在河流的中上游地区栖息。

## 矮突摇蚊属分种检索表

1a 前原足的爪光滑。触角比 1.8。触角叶和副叶约等长。前上颚具 1 个端齿。颏侧齿 5 对。腹颏板尾端边缘直。体长约 4.5 mm（图 2.9-92）…………………………………………………………………………………………………………………双色矮突摇蚊 *Nanocladius bicolor* Zetterstedt

**已知分布：** 国外俄罗斯远东地区、西欧各国，国内河北、甘肃、辽宁（大连庄河、铁岭）。

**生境：** 幼虫生活在河流、溪流各种底质中。轻污染至中污染水体中常见。

1b 前原足的爪具锯齿。触角比 1.7。触角叶比副叶长。前上颚端部具 2 个不明显的齿。颏侧齿 6 对。腹颏板尾端边缘圆。体长约 5 mm（图 2.9-93）…………………………………………………………………………………………………………直脉矮突摇蚊 *Nanocladius rectinervis* Kieffer

**已知分布：** 辽宁大连、本溪。

**生境：** 幼虫采自本溪县小汤河沙石底的流水中。

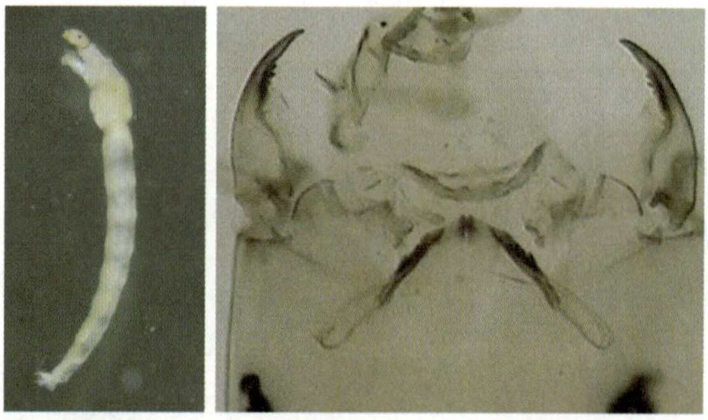

图 2.9-92　双色矮突摇蚊个体及其上颚、颏

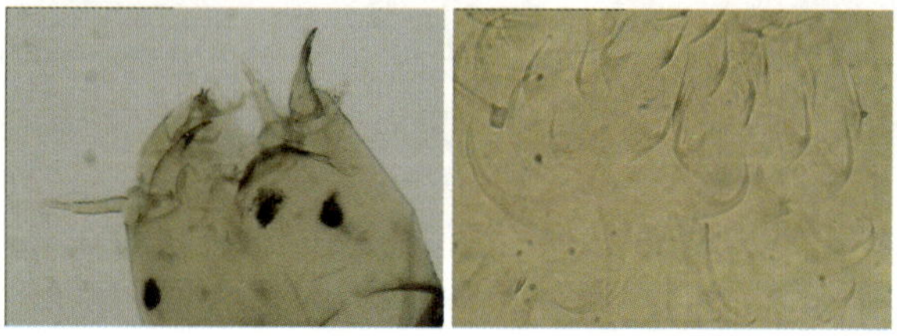

图 2.9-93　直脉矮突摇蚊头壳及前原足爪

2.9.16.5.15 直突摇蚊属 *Orthocladius*

**属征：**中至大型幼虫，体长约 12 mm。触角 5 节，有时 4 节。各节依次缩小或第 3、第 4 节等长。触角叶不超过鞭节。劳氏器大或小。上唇 SI 刚毛 2 分叉。前上颚具 1 ～ 2 个端齿，前上颚刷有或无。上颚端齿比 3 个内齿的宽度短。齿下毛尖或有缺刻。上颚刷 5 ～ 8 根，简单或有锯齿。上颚臼无刺。颏中齿 1 个，侧齿 6 ～ 9 对。腹颏板小。下颚须后棘突三角形。外颚叶具简单的和梳状叶突。外颚叶栉无或很小。前、后原足分离，端部具爪。尾刚毛台长大于宽，上具 5 ～ 7 根刚毛。肛管 2 对，比后原足短或等长。体刚毛简单。幼虫生活在各种类型的淡水水体中。

## 直突摇蚊属分种检索表

1a 触角叶与鞭节等长。颏中齿比第 1 侧齿高，宽为第 1 侧齿的 4.5 倍。幼虫体长约 6 mm（图 2.9-94）……………………………茨城直突摇蚊 *Orthocladius*（*O.*）*makabensis* Sasa

**已知分布：**国外日本，国内辽宁（抚顺）。

**生境：**幼虫采自浑河上游的流水中。

1b 触角叶达第 4 节端部。颏中齿比第 1 侧齿低，宽为第 1 侧齿的 2.5 倍。幼虫体长约 8 mm（图 2.9-95）……………………………………石栖直突摇蚊 *Orthocladius*（*O.*）*saxicola* Kieffer

**已知分布：**宁夏、青海、甘肃、辽宁（抚顺、丹东）。

**生境：**幼虫采自河流上游的流水中。

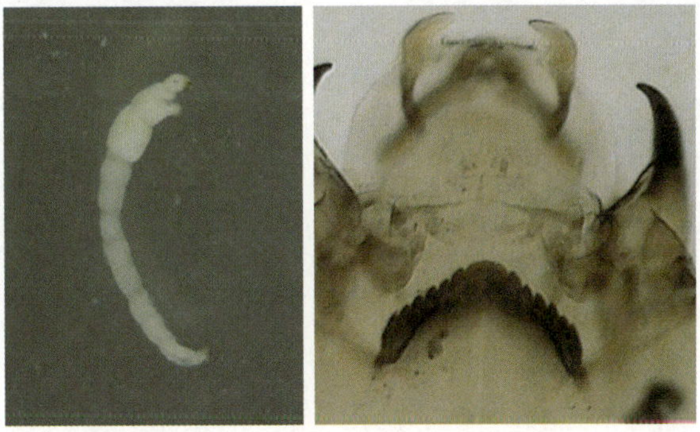

图 2.9-94　茨城直突摇蚊个体及其颏

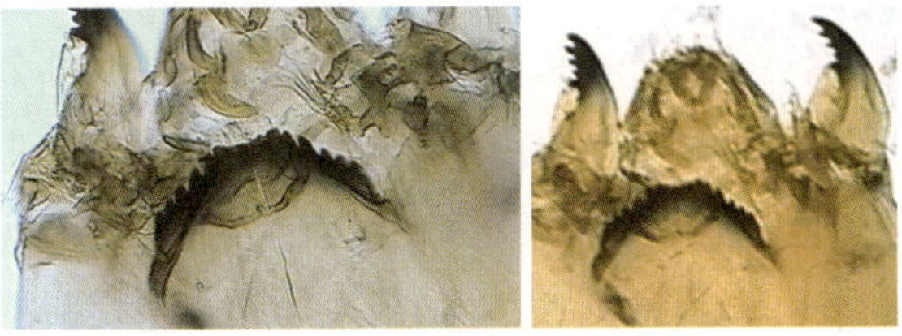

图 2.9-95　石栖直突摇蚊的颏及上颚

### 2.9.16.5.16 拟麦锤摇蚊属 *Parametrionemus*

**属征：** 中至大型幼虫，体长约 9 mm。触角 5 节，第 4 节比第 3 节短或相等。触角叶约与鞭节等长或短。劳氏器发达。上唇 SI 刚毛羽状，SII 简单或羽状，内唇栉由 3 个简单的短鳞组成。前上颚具 2 ～ 6 个齿，无前上颚刷。上颚端齿比 3 个内齿的宽度短，具齿下毛，上颚刷羽状。颏中齿 2 个，侧齿 5 对。腹颏板明显，无腹颏鬃。尾刚毛台长大于宽，上具 5 ～ 7 根尾毛。肛鳃比后原足短。体节刚毛不明显。本属幼虫生活在泉水、冷溪流和急流河水中。

#### 拟麦锤摇蚊属分种检索表

1a 触角 5 节，第 4 节长约为第 3 节的 1.5 倍。颏的第 4 侧齿比第 5 侧齿低（图 2.9-96）………
……………………………………………………刺拟麦锤摇蚊 *Parametrionemus stylatus* Kieffer

**已知分布：** 国外日本、俄罗斯远东地区、欧洲各国，国内福建、四川、江西、贵州、青海、辽宁（本溪、铁岭、抚顺）。

**生境：** 幼虫在山地河流、溪流的水环境中生活，常出现在清洁水体中。

1b 触角 5 节，第 4 节长约为第 3 节的 2.5 倍。颏的第 4 侧齿与第 5 侧齿等高（图 2.9-97）……
……………………………………………伦德拟麦锤摇蚊 *Parametrionemus lundbecki* Johannsen

**已知分布：** 国外俄罗斯远东地区，欧洲、北美一些国家；国内浙江、内蒙古、辽宁（丹东）。

**生境：** 幼虫采自丹东凤城草河上游流水中。

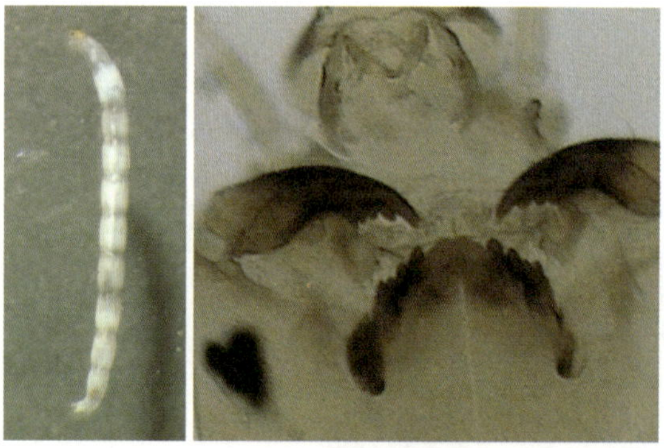

图 2.9-96　刺拟麦锤摇蚊个体及其上颚、颏

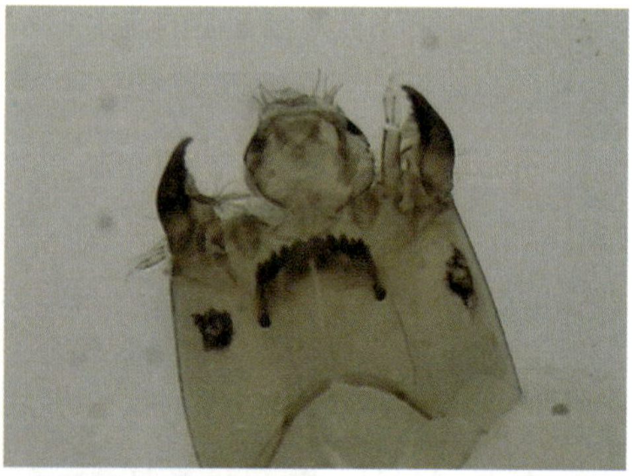

图 2.9-97　伦德拟麦锤摇蚊头壳腹面的颏及上颚

### 2.9.16.5.17 裸须摇蚊属 *Propsilocerus*

**属征：** 中型幼虫，体长约 8 mm。头部背面具额唇基。触角 4 节，各节依次缩小。触角叶末端达第 3 节。劳氏器为第 3 节长的 1/2。上唇 SI 刚毛羽状，其他刚毛简单。内唇栉由 3 个端部圆形的长鳞组成。前上颚端部分叉，无前上颚刷。

上颚端齿比 4 个内齿的宽度长或等长。齿下毛短且尖。上颚刷 5 ～ 11 根。颏中齿宽，前缘不规则。侧齿 7 对，但有时有个小的第 8 侧齿。中齿和第 1 侧齿比其他齿色淡。腹颏板细长，无腹颏鬃。体节前、后原足分离，端部具褐色爪。尾刚毛台长大于宽，上具 6 ~ 7 根尾毛。肛管短，体节刚毛简单。本属幼虫主要生活在湖泊及其他静水和海滨地区的半咸水中。

## 裸须摇蚊属分种检索表

1a 颏侧齿 7 ~ 8 对 ………………………………………………………………… 2

1b 颏侧齿 10 对。腹颏板极度发达，端半部向上膨出（图 2.9-98）…………………………………………………………红裸须摇蚊 *Propsilocerus akamusi*（Tokunaga）

**已知分布：** 国外日本，国内河北、内蒙古、上海、江苏、湖北、云南、辽宁（沈阳、铁岭、抚顺）。

**生境：** 幼虫广泛分布于河流及湖泊等有机污染严重的水体中。

2a 前上颚分叉大。颏的 2 个中齿具 3 ~ 4 个钝突。侧齿 8 对，第 2 侧齿比邻齿小（图 2.9-99）……………………………………………等叶裸须摇蚊 *Propsilocerus paradoxus*（Lundabeck）

**已知分布：** 国外俄罗斯远东地区、欧洲西部，国内河北、辽宁（沈阳）。

**生境：** 幼虫采自沈阳虎石台附近富营养化的池塘中。

2b 前上颚端部分叉小。颏的 2 个中齿具 2 个钝突。侧齿 7 对，第 1 侧齿扁平，第 2 侧齿比其他侧齿大，第 4 侧齿小（图 2.9-100）……………………………………………………………中华裸须摇蚊 *Propsilocerus sinicus* Saether & Wang

**已知分布：** 河北、辽宁（沈阳）。

**生境：** 幼虫采自沈阳虎石台附近富营养化的池塘中。

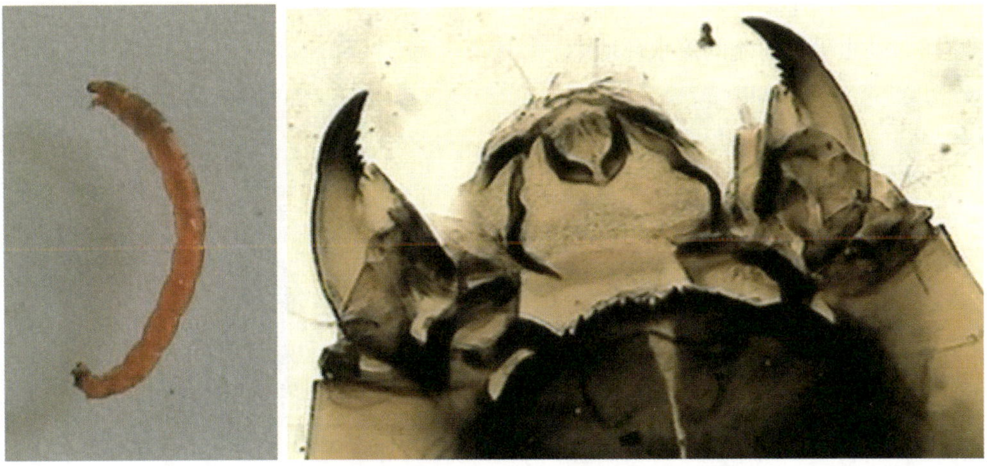

图 2.9-98 红裸须摇蚊个体及其上颚、颏

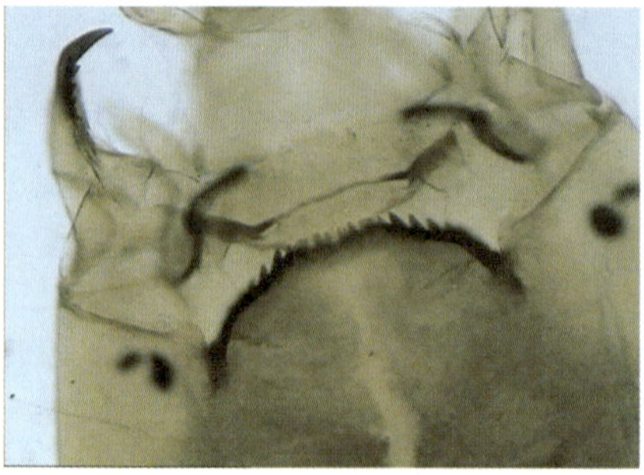

图 2.9-99 等叶裸须摇蚊头壳腹面的颏及上颚

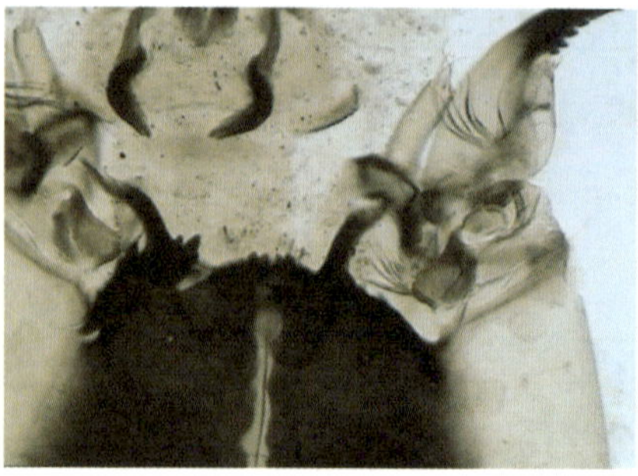

图 2.9-100 中华裸须摇蚊头壳腹面的颏及上颚

2.9.16.5.18 伪施密摇蚊属 *Pseudosmittia*

**属征：** 小至中型幼虫，体长 3 ~ 15 mm。触角 3 ~ 5 节。触角叶粗大，超过鞭节。劳氏器不明显。上唇 SI 和 SII 刚毛 2 分叉，SIII 和 SIV 简单。内唇栉由 3 个简单有时带锯齿的鳞组成。前上颚具 2 ~ 4 个齿，前上颚刷显著。上颚端齿比 3 个内齿的宽度短。齿下毛小或无，无上颚刷。颏中齿乳突形，侧齿 4 对。腹颏板明显，有些种具腹颏侧板。无腹颏鬃。体节前原足显著，后原足小或无。无尾刚毛台。肛管 2 对，比后原足长。本属幼虫生活在湖泊或河流的沿岸地区。

伪施密摇蚊 A 种 *Pseudosmittia* sp. PA（图 2.9-101），幼虫体长约 5 mm。头壳黄褐色，上颚和颏板黑色，后头缘黑色。触角退化，后续鞭节不易分清。触角比接近 1。上颚端齿比 3 内齿的宽度短。齿下毛小。颏具 1 个中齿和 4 对侧齿。颏中齿宽约是第 1 侧齿的 3 倍。后原足退化，可见黑褐色爪。

**已知分布：** 辽宁铁岭。

**生境：** 幼虫采自河流的流水环境中。

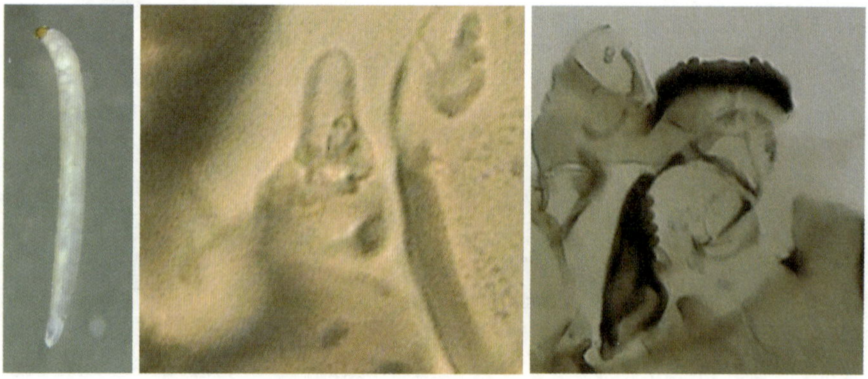

图 2.9-101 伪施密摇蚊 A 种个体及其触角、上颚、颏

2.9.16.5.19 趋流摇蚊属 *Rheocricotopus*

**属征：**中型幼虫，体长约 6.5 mm。胸节常有褐色条纹，头淡黄色，次后头缘黑色。触角 5 节，各节依次缩小。触角叶比鞭节短。劳氏器明显但比第 3 节短。上唇 SI 刚毛二分叉或有时具 6 ～ 8 个端齿。内唇栉由 3 个光滑相同的或外侧宽的鳞组成。前上颚具 1 个端齿，无前上颚刷。上颚端齿比 3 个内齿的宽度短。齿下毛具端钩。上颚刷 5 ～ 6 根，简单或羽状。颏中齿 2 个，有或无附属齿。侧齿 5 对。腹颏板宽，末端伸向颏齿的外侧，腹颏鬃显著。前原足爪具内齿。尾刚毛台长大于宽，尾毛 3 ～ 5 根，后缘中部有 1 距。肛管短。体刚毛长或短或无。本属幼虫广泛分布在流水中。

### 趋流摇蚊属分种检索表

1a 颏的 2 个中齿两侧各有 1 相连的小齿。尾刚毛台后缘骨质化，中部有 1 距，顶端具 3 根粗尾毛和 2 根细尾毛（图 2.9-102）……钢灰趋流摇蚊 *Rheocricotopus chalybeatus* Edwards

**已知分布：**国外俄罗斯远东地区、欧洲各国，国内河北、浙江、新疆、辽宁（朝阳、本溪、抚顺、丹东凤城）。

**生境：**幼虫在山地河流缓流水体中生活。常出现在轻污染和中污染的水体中。

1b 颏的 2 个中齿简单。尾刚毛台长大于宽，顶端具 5 根相同的长尾毛（图 2.9-103）…………………………………………………………………散趋流摇蚊 *Rheocricotopus effuses* Walker

**已知分布：**国外俄罗斯远东地区、日本，欧洲、北美一些国家；国内吉林、浙江、辽宁（本溪、抚顺、丹东）。

**生境：**幼虫生活在山地河流的中上游，常生活在轻或中污染的水体中。

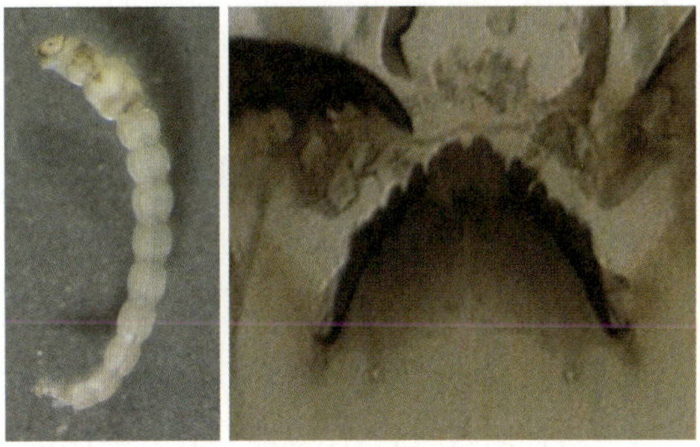

图 2.9-102 钢灰趋流摇蚊个体及其上颚、颏

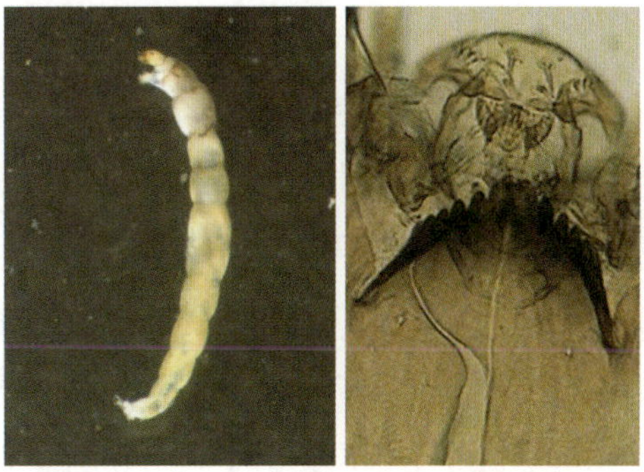

图 2.9-103 散趋流摇蚊个体及其颏

2.9.16.5.20 特维摇蚊属 *Tvetenia*

**属征：**小至中型幼虫，体长约 7 mm。触角 5 节，第 3 节和第 4 节几乎相等或第 4 节

比第 3 节长。触角叶不超过鞭节。劳氏器明显，约与第 3 节等长。触角芒发达，通常与第 3 节等长。上唇 SI 刚毛微羽状，其他刚毛简单。无上唇片。内唇栉由 3 个鳞片组成。前上颚具 1 个端齿，无前上颚刷。上颚端齿比 3 个内齿的宽度短。齿下毛小钉状，上颚刷 6 根、光滑或具锯齿。上颚臼具 2 ~ 3 个简单的刺。颏具 1 ~ 2 个中齿，侧齿 5 对。腹颏板窄，无腹颏鬃。尾刚毛台骨质化，端部具 5 ~ 6 根尾毛。肛管比后原足短。体刚毛强壮，至少是各节长的 1/2。本属幼虫主要栖息在流水的植物间。

塔马特维摇蚊 *Tvetenia tamafulva* Sasa（图 2.9-104），幼虫体长 7 mm。触角 5 节，触角第 3 节明显小。触角叶与鞭节等长。上颚端齿比第 1 内齿长，上颚臼具 2 个小刺。颏具 2 个中齿，5 对侧齿。腹部尾刚毛台长超过宽的 1.5 倍。肛管短于后原足。

**已知分布：** 国外日本，国内辽宁丹东、本溪、抚顺。

**生境：** 幼虫生活在水生植物较多的流水中。常出现在轻污染水体中。

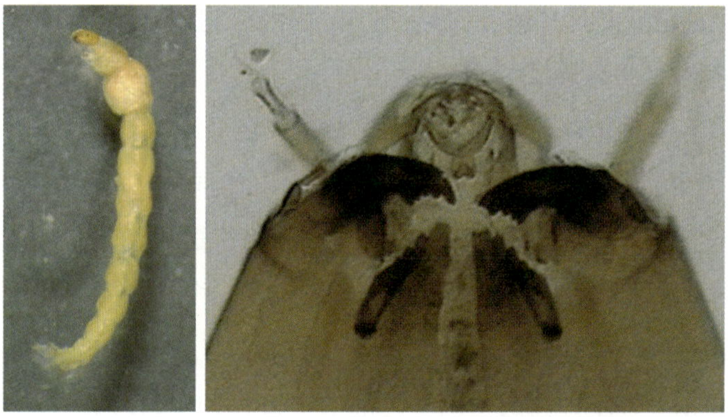

图 2.9-104 塔马特维摇蚊的个体及其上颚、触角和颏

### 2.9.16.5.21 浪突摇蚊属 *Zalutschia*

**属征：** 中型幼虫，体长约 7 mm。触角 6 节，各节依次缩小，第 6 节痕迹状。触角叶比鞭节长或短。劳氏器明显比第 3 节短。上唇 SI 刚毛为细或粗的羽状毛。内唇栉由 3 个简单光滑的鳞组成。前上颚具 2 个端齿和 1 个低的内齿，无前上颚刷。上颚端齿比 3 个内齿的宽度短。齿下毛具缺刻，上颚刷光滑。颏黑色，具 2 个中齿，侧齿 6 对，第 1 侧齿小。偶尔具 2 或 3 个中齿，第 1 和第 6 侧齿缩小。腹颏板伸向颏的侧面，无腹颏鬃。尾刚毛台发达，端部具 7 根尾毛。肛管比后原足长或等长。幼虫生活在湖泊或河流中，多数种类发现在北方原始的寡营养湖中。

浪突摇蚊 A 种 *Zalutschia* sp. ZA（图 2.9-105），触角 6 节，触角叶比鞭节长。上颚具 1 端齿和 3 个内齿，端齿短于 3 个内齿的宽度。颏具 2 个中齿，侧齿 6 对，第 1 侧齿小，第 2 侧齿比中齿低。腹颏板细长，末端尖。尾刚毛台具 7 根尾毛。

**已知分布：**辽宁抚顺。

**生境：**幼虫采自抚顺新宾苏子河上游的溪流中。

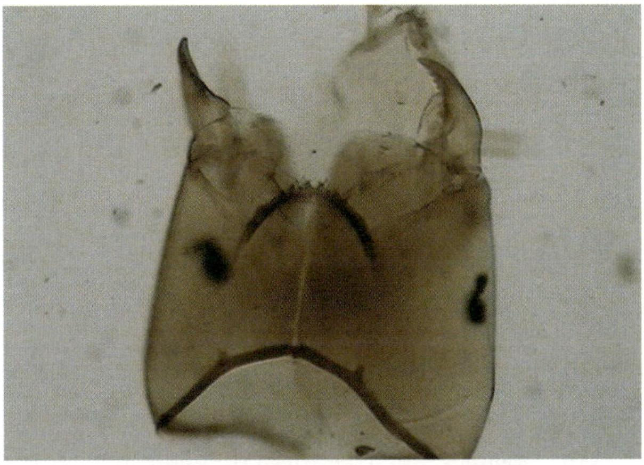

图 2.9-105　浪突摇蚊 A 种的颏及上颚

### 2.9.16.6 摇蚊亚科 Chironominae

**主要鉴别特征：**幼虫小至大型，体色有红色，白色，褐色或绿色。头壳背面具额唇基，有时额唇基与额板分离。上唇由单一或成对的骨片组成，在少数几个属中额板的亚前端具椭圆形或圆形凹陷。触角 5 ~ 8 节，在哈尼摇蚊属中，部分种类触角分节不明显，不易辨认。触角叶发达或不发达，副叶一般短于触角叶。劳氏器有或无。若存在，则在第 2 节的顶端对生或在第 2 ~ 3 节顶端互生。在摇蚊族（Chironomini）和伪摇蚊族（Pseudochironomini）中，触角着生在原突起上，而在长跗摇蚊族（Tanytarsini）着生在发达的触角托（antennalpedestal）上，触角托端部边缘常常有距。上唇 SI 刚毛单一，掌状或羽状，两 SI 刚毛基部在摇蚊族和伪摇蚊族中永远分离，而长跗摇蚊族 SI 刚毛基部愈合。SII 刚毛在摇蚊族中单一，在伪摇蚊族和长跗摇蚊族中，呈羽状。SⅢ 和 SIV 单一。上唇片发达，栉齿状，在哈尼摇蚊属中退化或无。内唇栉由 3 片锯齿状骨片组成，或具单一宽的栉齿状结构，在哈尼摇蚊属的内唇栉由单一骨片组成，游离端栉状或片状或单一。在长跗摇蚊族中，通常由 3 个骨片组成，每片再分成若干小齿，或由单一骨片，前端分成 3 ~ 5 叶组成。前上颚多样，具齿 1 ~ 7 个，前上颚刷发达。上颚在摇蚊族和长跗摇蚊族中，常具背齿，个别种类还具表齿。通常由端齿和几个三角或平直的内齿组成。上颚栉发达。上颚刷由 4 个羽状分支组成。颏板由 9 ~ 16 个黑色齿组成，有时颏中齿和整个颏板颜色较淡。腹颏板发达，扇形或矩形，通常具有发达的影线纹。体节前、后原足分离，尾刚毛台发达。在摇蚊族中，腹部第 8 节常具 1 ～ 2 对腹管，第 7 节常具 0 ～ 1 对侧腹管。肛管 2 对，形态各异。在长跗摇蚊族中，腹部Ⅱ～Ⅶ节的侧后方常具二分叉的羽状刚毛。幼虫通常生活在非移动的栖管中，少数种类具有像毛翅目那样移动的栖管。哈尼摇蚊群的种类全部营自由生活，兼有捕食的行为。

## 摇蚊亚科分属检索表（仿 Pinder and Reiss，1983）

1a 上唇 SⅠ刚毛基部愈合；SⅡ刚毛着生于长的基座上；触角毛存在；触角 5 节，劳氏器对生在第 2 节顶端或者 2，3 节互生，偶尔 1 个劳氏器位于第 2 节中部，另一个位于远端；腹颏板从中间分开处距离小于颏中齿宽…………………………长跗摇蚊族 Tanytarsini 52

1b 上唇若 SⅠ刚毛基部愈合，SⅡ刚毛着生于长的基座上或具触角毛，则触角 6 节，或无腹颏板，劳氏器着生在第 2 节端部，或互生在第 2 节、第 3 节上。腹颏板从中间分开处距离大于颏中齿宽……………………………………………………………………………2

2a 上唇 SⅠ和 SⅡ刚毛简单，常叶状；极少数 SⅡ分成 3 ～ 5 叶；常无上唇片。内唇栉为一骨板和鳞片，有时具大的明显的齿，但通常为小的不明显的齿。上颚背齿常缺失；上颚栉无或退化成 1 ～ 4 个棘，偶尔多…………哈尼氏摇蚊群 Harnischia genericcomplex 38

2b 上唇 SⅠ刚毛羽状，SⅡ刚毛非叶状；上唇片存在；内唇栉单一，游离端具有一排齿或者分成 3 片，每片游离端均具有小齿，偶尔为指状；上颚背齿有或无；上颚栉发达，偶尔缺失…………………………………………伪摇蚊族 Psedochiromini，摇蚊族 Chironomini 3

3a 幼虫具可移动的巢；第 11 体节背侧具隆起；侧腹管长至少为第 11 体节的 1/2…………4

3b 幼虫的巢不能移动；第体 11 节背侧无隆起；侧腹管若存在则长为第 11 体节的 1/2……5

4a 巢开口处环形；侧腹管宽、长；第 11 体节隆起伸向头部。齿下毛和亚颏毛单一…………………………………………………………………………………………刷毛摇蚊属 *Zavrreliella*

4b 巢开口处狭缝状；侧腹管短、端部尖；第 11 体节隆起伸向尾部。齿下毛端部具齿，亚颏毛羽状……………………………………………………劳氏摇蚊属 *Lauterborniella*

5a 腹管 2 对；有或无侧腹管…………………………………………………………………6

5b 腹管至多 1 对，通常无侧腹管……………………………………………………………8

6a 上唇骨片 1 存在；腹颏板末端倾斜，与其长轴成 110° ～ 130° 角。齿下毛大、弯曲，镰刀状、内缘具齿……………………………………………… 裸突摇蚊属 *Goeldichironomus*

6b 无上唇骨片 1；腹颏板长轴与身体纵轴成直角；齿下毛小、直，内缘无齿………………7

7a 肛管 2 对，发达，前上颚大多具 2 齿 ………………………………摇蚊属 *Chironomus*

7b 肛管退化成扁平隆起，前上颚具 5 齿 ……………………………… 弱摇蚊属 *Baeotendipes*

8a 头壳背腹扁平，远端渐细、楔形。颏明显内凹；腹颏板退化。触角叶仅与第 2 节等长，具触角芒。胸节明显加粗。腹部后端变细，后原足退化………狭摇蚊属 *Stenochironomus*

8b 头壳与上述不同，颏的形状不同。触角明显长于第 2 节；无触角毛。除在预蛹期外，胸节不加粗。腹部和后原足正常……………………………………………………………………9

9a 上唇被密的、分成二裂的上唇片刷覆盖。上唇骨片 1 分成两片。颏齿排列独特，常严重磨损……………………………………………………………………异摇蚊属 *Xenochironomus*

9b 无上唇片刷。上唇骨片 1 若存在，则不分裂，颏齿排列与上述不同……………………10

10a 颏中齿或侧齿明显凹陷 ………………………………………………………………… 11

10b 颏中齿或侧齿不明显凹陷 ……………………………………………………………… 13

11a 幼虫体长大于 10 mm；颏黑色，第 1 侧齿宽且高；齿下毛短。具上颚栉和上颚刷。额板和唇基存在………………………………………………………哈珀摇蚊属 *Hyporhygma*

11b 幼虫体长小于 10 mm；颏深棕色，第 1 侧齿正常；齿下毛很长。无上颚栉和上颚刷；额板存在，唇基消失……………………………………………………………………12

12a 颏中齿简单；第 1 侧齿低于第 2 侧齿；上颚具有 4 个内齿，齿下毛细直，内唇栉骨片端齿状，上唇骨片 1 缺失…………………………………………斯蒂摇蚊属 *Stelechomyia*

12b 颏中齿 1 对，中间深裂 ；第 1 侧齿高于第 2 侧齿。上颚具有 3 个内齿，齿下毛粗长、弯曲成"S"形。内唇栉骨片单一；上唇骨片 1 存在…………菲斯摇蚊属 *Fissimentum*

13a 颏和上颚齿均淡色，颏齿排列独特；幼虫小，仅 4 ～ 5 mm………………………………14

13b 颏和上颚齿棕色或黑色，至少部分如此。颏齿排列与上述不同；幼虫体长大于 5 mm…………………………………………………………………………………………………15

14a 复眼紧靠；触角第 1 节短于鞭节。颏中齿 4 个，外侧 2 个宽中间 2 个小；腹颏板基部 1/2 具影线……………………………………………………尼罗摇蚊属 *Nilothauma*

14b 复眼分离处宽; 触角第 1 节的长为鞭节的 2 倍；4 个颏中齿外侧窄; 整个腹颏具影线……………………………………………………………………………帕加摇蚊属 *Pagastiella*

15a 触角 6 节；劳氏器大，互生于第 2、第 3 节……………………………………………16

15b 触角 5 节；劳氏器有时难以辨别，在第 2 节顶端对生，具典型的多足摇蚊属的颏… 21

16a 颏中齿单一，色淡；上唇 SⅡ刚毛着生在柱状的托上；上颚无背齿…………………………………………………………………………拟劳氏摇蚊属 *Paralauterborniella*

16b 颏中齿 3 ～ 4 个，淡色或黑色；上唇 SⅡ刚毛无托；上颚背齿存在…………………17

17a 上颏齿和颏齿棕色；颏中齿 4 个，高于其他侧齿……………………………………18

17b 上颚背齿色浅，颏中齿色淡或深，矮于第 2 侧齿。第 1 侧齿高于第 2 侧齿 ………… 19

18a 上颚具背齿，颏中齿中间的 1 对明显小于外侧的 1 对；触角鞭节短于基节；颏常严重破损；偶尔仅具有 3 个颏中齿……………………………齿斑摇蚊属 *Stictochronomus*

18b 上颚无背齿；颏中齿中间 1 对比外侧 1 对高；触角鞭节稍长于基节……………………………………………………………………………齿斑摇蚊属（部分）*Stictochronomus*

19a 颏中齿 3 个、色淡，上颚具 3 个内齿。内唇栉骨片至少由 3 部分组成。额板与唇基被一条直缝分离………………………………………………倒毛摇蚊属 *Microtendipes*

19b 颏中齿 4 个；上颚具 2 个内齿；内唇栉由 3 个分离的小骨片组成，额唇基存在 …… 20

20a 颏中齿色淡，等高或中间 1 对高。内唇栉远端大多数非锯齿状；上唇 SI 刚毛基部愈合…………………………………………………………………………间摇蚊属 *Paratendipes*

20b 颏中齿色深，偶尔比侧齿色淡；中间 1 对窄、凹陷，外边 1 对宽、高、向内倾斜。内唇栉远端大多数锯齿状。上唇 SI 刚毛基部分裂…………………… 欧米摇蚊属 *Omisus*

21a 腹颏板宽大于颏宽的 1.5 倍…………………………………………………………22

21b 腹颏板宽小于颏宽的 1.5 倍…………………………………………………………23

22a 上唇骨片 1 存在；触角托无瘤突；上颚具 4 个扁平内齿，无背齿，齿下毛具齿。上唇 SI 刚毛锯齿状。前上颚具 6 个齿………………………………阿克西摇蚊属 *Axarus*

22b 无上唇骨片 1；触角托具瘤突；上颚具背齿，色淡；内齿 3 个，齿下毛简单。上唇 SI 刚毛羽状；前上颚具 5 个齿……………………………………李氏摇蚊属 *Lipiniella*

23a 上颚具 2 个清晰的内齿 ……………………………………………………………… 24

23b 上颚具 3 个清晰的内齿 ……………………………………………………………… 26

24a 上颚外缘基部具一列辐射排列的沟纹。内唇栉分成 3 部分，被细的毛状齿所覆盖。具额唇基和上唇骨片 2；触角副叶短于第 2 节的一半………底栖摇蚊属 *Benthalia*（部分）

24b 上颚外缘基部无沟纹。内唇栉仅 1 块，无细的毛状齿所覆盖。上唇骨片 2 存在，或具额板和上唇骨片 1，触角副叶与第 2 节等长 ……………………………………………25

25a 额板与唇基分离，上颚具 3 个内齿，有或无腹管………雕翅摇蚊属 *Glyptotendipes*（部分）

25b 额板与唇基不分离，上颚具 2 个内齿，腹管 1 对…………………德美摇蚊属 *Demeijera*

26a 额板端部具大的凹陷或斑痕 ………………………………………………………… 27

26b 额板端部无凹陷或斑痕 ……………………………………………………………… 30

27a 腹颏板比颏窄；内唇栉齿宽、钝，少于 13 个…………………二叉摇蚊属 *Dicrotendipes*

27b 腹颏板比颏宽或与颏同宽；内唇栉齿细尖，多于 15 个……………………………28

28a 无上唇骨片 1，额板前缘心形凹陷，额近缘具颗粒和前缘凸起。上颚齿下毛细长、简单；前上颚具 2 个尖的端齿和 2 个钝的基齿……………………恩非摇蚊属 *Einfeldia*

28b 有上唇骨片 1，额远端中部具小的凹陷或斑痕，额近缘无颗粒和前缘凸起；上颚齿下毛细、抹刀形，远端具齿；前上颚具 6 ～ 7 个尖齿……………………………………29

29a 腹颏板间距为颏宽的 1/3；额前缘中间具一椭圆形凹陷；上唇 SI 刚毛两侧羽状………………………………………………………………………………基弗摇蚊属 *Kiefferulus*

29b 腹颏板间距为颏宽的 1/8；额前缘中间具一网状痕迹；上唇 SI 刚毛掌状…………………………………………………………………………………短须摇蚊属 *Nilodorum*

30a 腹颏板细长，中部几乎连在一起；腹颏板中间影线纹清晰，基部杆状。上颚齿色淡，无上颚栉………………………………………………………伪摇蚊属 *Pseudochironomus*

30b 腹颏板形状不如上述，中间分开处距离至少和颏中齿等宽。若在中部相接，则上颚端齿淡色，上颚栉存在……………………………………………………………………31

31a 上唇骨片 1 存在 ……………………………………………………………………32

31b 上唇骨片 1 缺失 ……………………………………………………………………33

32a 额前缘向内凹陷。颏中齿 1 个或两侧圆齿，第 1 侧齿高于第 2 侧齿。内唇栉 1 片；上颚齿下毛短………………………………………雕翅摇蚊属（部分）*Glyptotendipes*

32b 额前缘平直。颏中齿 4 个，第 1 侧齿低于第 2 侧齿。内唇栉分 3 部分。上颚齿下毛长…………………………………………………………………………三叶摇蚊属 *Tribelos*

33a 颏分 3 部分。颏中齿 4 个与颏的其他部分分开并与腹颏板前端相接………………34

33b 颏不分 3 部分。颏中齿两侧不与腹颏板前端相接 ………………………………36

34a 额与唇基有一细缝分开。上颚背齿很短，不超过背缘；齿下毛短，至多达第 1 内齿。上唇 SI 刚毛弱、三角形，近内侧羽状。前上颚羽状；内唇栉表面及端部具小齿……………………………………………………………………内摇蚊属 *Endochironomus*

34b 额唇基不如上述。上颚背齿大，超过背缘；齿下毛长，达第 2 内齿或第 3 内齿。上唇 SI 刚毛叶状，两侧羽状。前上颚简单；内唇栉仅端部具齿 ……………………35

35a 颏和上颚齿黑色，颏中部的 2 个齿比外侧的 2 个中齿窄且低。上颚具 3 个内齿，基齿前具凹刻……………………………………………………明摇蚊属 *Phaenopsectra*

35b 颏和上颚齿暗褐，颏的 4 个中齿等宽，中间 1 对比外侧的齿稍低。上颚具 4 个内齿，基齿前无深的缺刻……………………………………………………瑟摇蚊属 *Sergentia*

36a 额唇基前缘平直，前缘两侧加宽呈叶状凸起。颏具 4 中齿。上颚背齿若存在则色淡。上唇 SⅡ 刚毛多羽状。内唇栉分 3 部分，端部具小齿……………多足摇蚊属 *Polypedilum*

36b 额唇基前缘凸起。颏中齿高且简单，偶具 1 缺刻。上颚背齿色淡。上唇 SⅡ 刚毛和内唇栉单一……………………………………………………………………………………37

37a 内唇栉表面具小齿或毛发状，无明显分叶，上唇片背面无棘……………………………………………………………………………………底栖摇蚊属 *Benthalia*（部分）

37b 内唇栉表面无小齿。上唇片与 SⅠ 刚毛基部区域具小棘……………弗里摇蚊属 *Fleuria*

38a 触角 8 节，约与头部等长。颏凹陷或明显凹陷。腹部前 7 节具复分节，整个体节达 20 节……………………………………………………………………切诺摇蚊属 *Chernoskiia*

38b 触角短，至多 7 节，一般 5 节或 6 节。颏与上述不同。体节正常 ……………… 39

39a 内唇栉具透明的端部分齿的骨片 ………………………………… 拟摇蚊属 *Parachironomus*

39b 内唇栉与上述不同，鳞状，可能分成 2 ～ 3 叶或 2 ～ 3 个齿，常明显退化………40

40a 前上颚 2 个齿，颏外侧的 2 ～ 3 对侧齿通常形成明显的一组齿，齿列向中间倾斜 … 41

40b 前上颚至少具 3 个齿，通常更多。颏齿不如上述 ………………………………… 43

41a 颏中齿 2 个或至少中部具明显的切刻，若简单则颏中部不明显倾斜…………………………………………………………………………………枝角摇蚊属 *Cladopelma*

41b 颏中齿圆形，侧面具缺刻或明显分 3 叶，若简单则颏中部比两侧更倾斜……………42

42a 颏中齿宽、简单，具缺刻或明显分 3 叶；第 2 侧齿位于第 1 侧齿后方，中部明显倾斜；触角叶短于鞭节，后颏一般具有黑斑…………………………弯铗摇蚊属 *Cryptotendipes*

42b 中齿分 3 叶，颏中部稍倾斜，触角叶长于鞭节，后颏一般不具有黑斑…………………………………………………………………………小摇蚊属 *Microchironomus*

43a 触角 7 节 ……………………………………………………………………………… 44

43b 触角 5 节或 6 节 ……………………………………………………………………… 46

44a 颏中部宽、色淡，侧齿 7 对、褐色，向中间倾斜……拟隐摇蚊属 *Demicryptochironomus*

44b 颏与上述不同 ………………………………………………………………………… 45

45a 颏中齿宽，常分 3 叶，侧齿 4 对 ……………………………… 贝克摇蚊属 *Beckidia*

45b 颏具 14 齿，齿的大小相等或中齿稍宽且低于侧齿………………………罗摇蚊属 *Robackia*

46a 颏前缘凹陷，中部宽、色淡；侧齿色暗、透明 …………………………………… 47

46b 颏与上述不同 ………………………………………………………………………… 48

47a 内唇栉为一小鳞片，远端具 3 个分界不明显的小叶。SⅠ 刚毛很小，刚毛状…………………

……………………………………………………………………………………吉罗摇蚊属 *Gillitia*

47b 内唇栉为呈三角形的锯齿状鳞片。上唇 SI 刚毛发达，长为 SII刚毛的 1/2………………………………………………………………………………………隐摇蚊属 *Cryptochironomus*

48a 颏中齿很宽、三角形。触角叶长度超过触角顶端………………阿卡摇蚊属 *Acalcarella*

48b 颏中齿与上述不同。触角叶长度不超过触角顶端………………………………………49

49a 触角 5 节，第 2、3 节几乎等长。内唇栉端部具 3 个相等的齿……哈摇蚊属 *Harnischia*

49b 触角 5 ～ 6 节，若 5 节则第 2 节长于第 3 节。内唇栉端部无 3 个相等的齿……………50

50a 触角 5 节，第 2 节 2/3 非骨质化……………………………………脊突摇蚊属 *Cyphomella*

50b 触角 5 ～ 6 节，若 5 节则第 2 节完全骨质化 ……………………………………………… 51

51a 触角 6 节，前上颚常具 3 个齿………………………………………………萨摇蚊属 *Saetheria*

51b 触角 5 节，前上颚常具 4 ～ 6 个齿…………………………拟枝角摇蚊属 *Paracladopelma*

52a 腹颏板间距至少是 3 个颏中齿的宽度…………………………………………………………… 66

52b 腹颏板中间几乎相互接近，间距小于颏中齿的宽度 ………………………………………… 53

53a 前上颚具 3 ～ 5 个齿 ………………………………………………………………………… 54

53b 前上颚二分叉 …………………………………………………………………………………… 59

54a 颏中部由 3 个宽的齿组成，易与两侧部分区分。上颚无内齿，端齿钝圆、几丁质化；或具排列独特的齿……………………………………………………短棒摇蚊属 *Corynocera*

54b 颏中部不易与两侧部分区分。上颚正常，锯齿状 ………………………………………… 55

55a 颏侧齿 4 对；劳氏器小、无柄。海生种类…………………………………海摇蚊属 *Pontomyia*

55b 颏侧齿 5 对；劳氏器具柄；主要为淡水种类 ……………………………………………… 56

56a 触角第 2 节基部具窄的未骨化区。劳氏器的柄很长，柄上大部分具环纹………………………………………………………………………………………………雨摇蚊属 *Nimbocera*

56b 触角第 2 节与上述不同。劳氏器的柄上无环纹 ………………………………………… 57

57a 触角第 2 节楔状，长度小于等于第 3 节。劳氏器大，着生在柄上，柄短于劳氏器。后原足一些爪的内缘具细锯齿………………………………枝长跗摇蚊属 *Cladotanytarsus*

57b 触角第 2 节圆柱状，长于第 3 节。劳氏器小，柄长。后原足的爪简单或具小齿 …… 58

58a 后原足的爪为简单钩状 …………………………………………… 长跗摇蚊属 *Tanytarsus*

58b 后原足的一些爪具一排或多列粗壮小钩……………………杆长跗摇蚊属 *Virgatanytarsus*

59a 内唇栉 3 ～ 5 片，劳氏器无柄或具短柄 ……………………………………………… 60

59b 内唇栉 3 片，端部具小齿或内唇栉具单片栉齿状 ………………………………………… 62

60a 上颚外缘具明显的隆起。劳氏器柄中等长；触角第 2 节楔状 …… 萨博摇蚊属 *Sublettea*

60b 上颚与上述不同。劳氏器柄短或无柄；触角第 2 节柱状 ………………………………… 61

61a 触角托具 2 个锥形突起；栖息于高山溪流中，用石灰质栖管固着于石头上……………………………………………………………………………………石长跗摇蚊属 *Lithotanytarsus*

61b 触角托无突起；栖管与上述不同 ………………………… 拟长跗摇蚊属 *Paratanytarsus*

62a 劳氏器长至少为触角第 3 ～ 5 节总长……………………………………………………63

62b 劳氏器长不超过触角第 3 ～ 5 节总长的 1.5 倍 ………………………………………… 65

63a 上颚外缘具明显的隆起，端部细长。触角叶短、粗 ……… 拟突长跗摇蚊属 *Parapsectra*

63b 上颚与上述不同。触角叶更长更细 ………………………………………………………… 64

64a 第 11 体节具明显的背部隆起………………………………………………泉摇蚊属 *Krenopsectra*

64b 第 11 体节无上述隆起…………………………………………………小突摇蚊属 *Micropsectra*

65a 颏侧齿 4 对或 5 对。劳氏器大，具宽柄。触角第 2、第 3 节约等长……………………………………………………………………………………肛齿摇蚊属 *Neozavrelia*

65b 颏侧齿 5 对。劳氏器小，柄细弱。触角第 2 节与末节等长……………………………………………………………………………………流长跗摇蚊属 *Rheotanytarsus*

66a 一劳氏器从触角第 2 节中部伸出，另一个从端部伸出 …………………………………… 67

66b 两个劳氏器都从第 2 节端部伸出 ……………………………………………………………… 68

67a 内唇栉由 3 个纤细的小骨片组成。前上颚端部具 2 个或 3 个细长的齿，稍倾斜于前上颚主轴…………………………………………………………拟花托摇蚊属 *Stempellinella*

67b 内唇栉由 3 个骨片组成。前上颚端部具 4 个粗壮齿，与前上颚主轴成直角……………………………………………………………………………………扎氏摇蚊属 *Zavrelia*

68a 劳氏器具柄 ……………………………………………………………………………………… 69

68b 劳氏器无柄 ………………………………………………………… 特氏摇蚊属 *Thienemannio*

69a 触角托具明显的掌状突，偶尔具端距 ………………………… 花托摇蚊属 *Stempellina*

69b 触角托无掌状突，具端距……………………………………………昏眼摇蚊属 *Constempellina*

#### 2.9.16.6.1 底栖摇蚊属 *Benthalia*

**属征：** 幼虫中到大型，体色淡红色至深红色。触角 5 节，触角叶与鞭节等长或稍长于鞭节，基部具黑斑。上唇 SⅠ刚毛两侧羽毛状，SⅡ、SⅢ单一。上唇片发达，倒“人”字形；内唇栉具 2 个或 3 个界线不明显的骨片，端部缨毛状。前上颚端部具有 2 齿，外侧齿纤细，前上颚刷发达。上颚背齿色淡，端齿黑色，内齿 2 个，上颚臼常具假齿。齿下毛粗壮。上颚刷 4 根。颏中齿单一，两侧具缺刻，中齿明显高于第 1 侧齿，侧齿 6 对，第 4 侧齿比相邻的齿低；腹颏发达，宽度长于背颏，两腹颏间距大于颏中齿的宽度，影线纹发达；后颏颜色加重。腹部第 8 节具 1 对腹管，中间具有 2 ～ 3 个缢缩，端部常常弯折，长度稍微长于其着生体节宽度；尾刚毛台长稍微大于宽；肛管 2 对，香肠状，不长于后原足。幼虫滤食性，生活在底质柔软的静水中，富营养到超富营养水体多见。

分离底栖摇蚊 *Benthalia dissidens*（Walker）（图 2.9-106），幼虫体长约 7 mm，活体红色，头壳黑褐色，后头缘黑色。触角 5 节，第 4 节比第 3 节长，触角比 1.3。触角叶超过鞭节。劳氏器约是第 3 节长的一半。上唇 SⅠ刚毛两侧羽状，SⅡ刚毛单一。内唇栉为 3 个独立的缨毛状鳞片，前上颚二分叉，具前上颚刷。上颚具 1 端齿，2 个内齿。上颚刷 4 分枝。颏具 1 个中齿和 6 对侧齿。中齿明显高于侧齿，两侧具缺刻。第 5 侧齿明显高于第 4、第 6 侧齿。腹部第 8 节具 1 对腹管，长是其着生体节的 1.5 倍。尾刚毛台顶端生有 6 根刚毛。肛管 2 对。

**已知分布：** 国外日本、俄罗斯远东地区、欧洲一些国家，国内河北、浙江、广东、云南、辽宁（朝阳、沈阳）。

**生境：** 幼虫生活在河流的缓流处及湖沼等静水水体中。常出现在较重污染水体中。

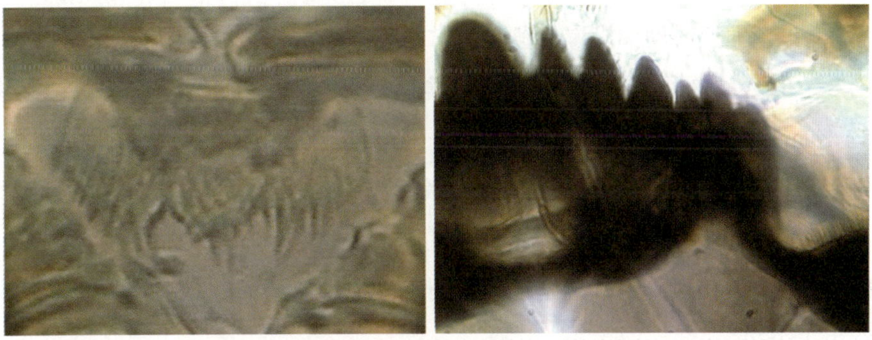

图 2.9-106　分离底栖摇蚊的内唇栉及颏

#### 2.9.16.6.2 摇蚊属 *Chironomus*

**属征：** 幼虫中到大型，体色淡红色到深红色。额唇基仅 1 片骨片。触角 5 节。上唇 SⅠ刚毛羽状。上唇片倒“人”字形。内唇栉为单一的栉齿状，游离端具 15 ～ 30 个小齿。前上颚端部具 2 齿，少数种类具 5 ～ 7 齿，前上颚刷发达。上颚背齿色淡，顶齿黑色，内齿 3 个。上颚基部具放射状沟纹。颏中齿三分叉，侧齿 6 对，第 1 和第 2 侧齿基部愈合或无。腹颏扇形，影线纹发达。后颏明显颜色加重或者无。腹部第 8 节具 0 ～ 2 对腹管，第 7 节具有 0 ～ 1 对侧腹管，长度变化不一。尾刚毛台存在或退化。肛管两对，近乎等大。幼虫以滤食水中的食物碎屑为生，多生活在底质柔软的中度富营养到超富营养水体中，部分种类海水或者咸水生活，少数种类仅局限生活在腐殖质中。

## 摇蚊属分种检索表

1a 腹部第 7 节具侧腹管……………………………………………………………………………4

1b 腹部第 7 节无侧腹管……………………………………………………………………………2

2a 腹部第 8 节的 2 对腹管等长………………………………………………………………………3

2b 腹部第 8 节的 2 对腹管，前 1 对稍短，后 1 对长且弯曲。内唇栉 11 个齿。幼虫红色，体长约 7 mm（图 2.9-107）…………若西摇蚊 *Chironomus yoshimatusui* Martin & Sublette

**已知分布：**辽宁（大连）。

**生境：**幼虫采自金县马桥子镇的养鱼池中。

3a 腹部第 8 节的 2 对腹管与着生体节的宽度约相等。内唇栉 15 个齿。颏倒数第 3 侧齿明显比邻齿低。幼虫红色，体长约 12 mm（图 2.9-108）…………………………………………………………………………………………………………墨黑摇蚊 *Chironomus lugubris* Zetterstedt

**已知分布：**国外日本、朝鲜、泰国、印度，国内河北、青海、西藏、云南、香港、辽宁（铁岭、抚顺、本溪、辽阳、大连、朝阳）。

**生境：**幼虫在河流或湖泊沿岸带栖息。常见于中度富营养水体中。

3b 腹部第 8 节的 2 对腹管长约为其着生体节宽的 2 倍。内唇栉 13 ～ 15 个齿。幼虫红色，体长约 10 mm（图 2.9-109）……………………溪流摇蚊 *Chironomus riparius* Meigen

**已知分布：**国外日本、俄罗斯远东地区，欧洲、北美一些国家；国内河北、青海、浙江、辽宁（铁岭、抚顺、本溪、辽阳）。

**生境：**幼虫生活在河流中，常见于中污染水体中。

4a 上颚背齿 1 个……………………………………………………………………………………6

4b 上颚背齿 2 个……………………………………………………………………………………5

5a 颏齿尖，腹颏板明显弯曲。上唇 SI 刚毛羽状或梳状，内唇栉具 15 个齿。幼虫红色，体长约 12 mm（图 2.9-110）……………………………………………………………………………………………………苍白摇蚊 *Chironomus*（*camptochironomus*）*pallidivittatus* Malloch

**已知分布：**辽宁（沈阳）。

**生境：**幼虫采自西辽河及卧龙湖。

5b 颏齿钝圆。幼虫红色，体长约 22 mm（图 2.9-111）……………………………………………………………………伸展摇蚊 *Chironomus*（*camptochironomus*）*tentans* Fabricius

**已知分布：** 辽宁（沈阳）。

**生境：** 幼虫采自沈阳卧龙湖。

6a 第 7 对侧腹管指状……………………………………………………………………………………7

6b 第 7 对侧腹管钩状，第 8 节的 2 对腹管中，前面的 1 对向后伸，后面的 1 对基部 1/3 弯曲。幼虫红色，体长 15 ～ 18 mm（图 2.9-112）…………猛摇蚊 *Chironomus attenuatus* Walker

**已知分布：** 国外日本、德国、美国，国内海南、辽宁（沈阳、大连）。

**生境：** 幼虫可生活在极酸的环境下（pH=1.4）及含硫黄的湖泊中。重污染水体中常见。

7a 后颏深褐色。额唇基板后端颜色加深。内唇栉具 16 个齿。腹部第 7 节的侧腹管尖而长，第 8 节的 2 对腹管长于着生体节的 2 倍。幼虫红色，体长 15 ～ 20 mm（图 2.9-113）……………………………………………………………黄色羽摇蚊 *Chironomus flaviplumus* Tokunaga

**已知分布：** 国外日本、朝鲜，国内河北、江苏、浙江、福建、山东、河南、湖北、湖南、贵州、云南、陕西、甘肃、青海、辽宁（沈阳、本溪、辽阳、抚顺、铁岭、盘锦、朝阳）。

**生境：** 幼虫喜爱软淤泥底质，生活在各种静水水体和流水中，常在重污染水体中形成优势种群。

7b 后颏和颊强烈黑化。上颚内齿黑褐色，腹颏板前缘强烈褶皱状。腹部第 7 节的侧腹管短指状，第 8 节的 2 对腹管不长于其着生体节。幼虫红色，体长 18 ～ 26 mm（图 2.9-114）……………………………………中华摇蚊 *Chironomus sinicus* Kiknadze and Wang

**已知分布：** 河北、辽宁（沈阳）。

**生境：** 幼虫生活在池塘、湖泊、水库及河流中，常在重污染水体中形成优势种群。

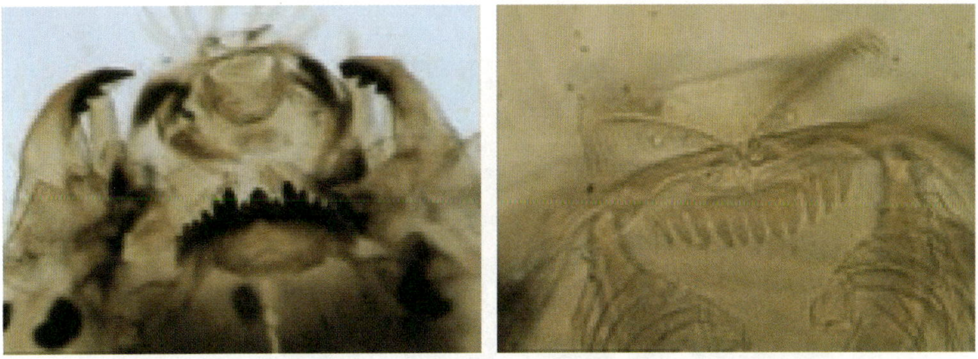

图 2.9-107　若西摇蚊颏及内唇栉

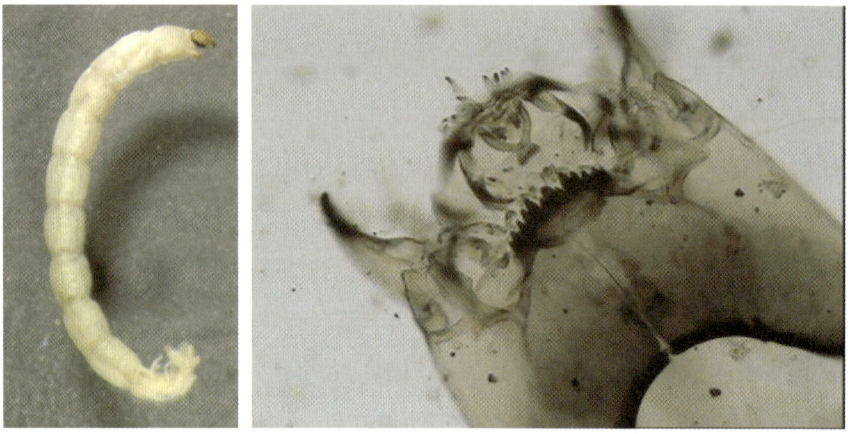

图 2.9-108　墨黑摇蚊个体及其颏

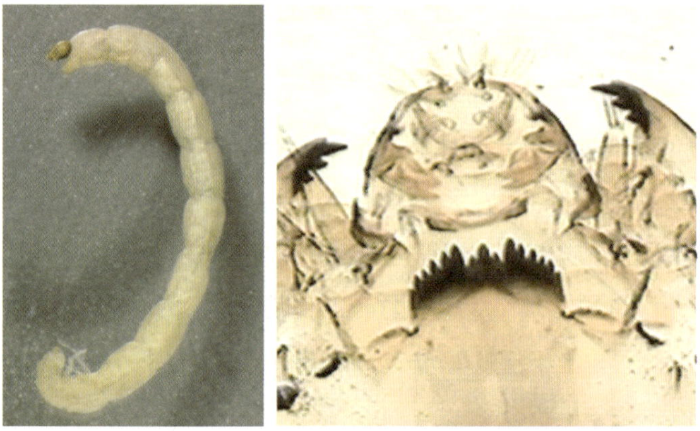

图 2.9-109　溪流摇蚊个体及其上颚、颏

图 2.9-110　苍白摇蚊上颚及颏

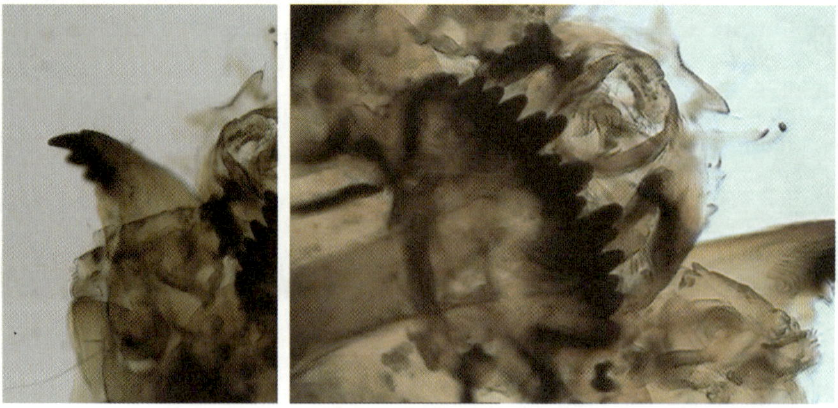

图 2.9-111　伸展摇蚊上颚及颏

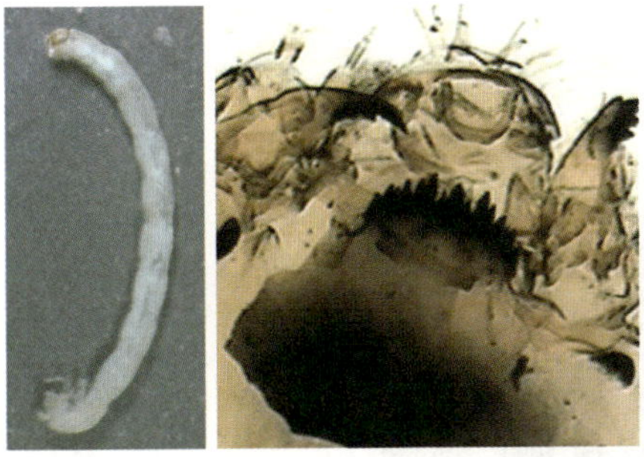

图 2.9-112 猛摇蚊个体及其上颚、颏

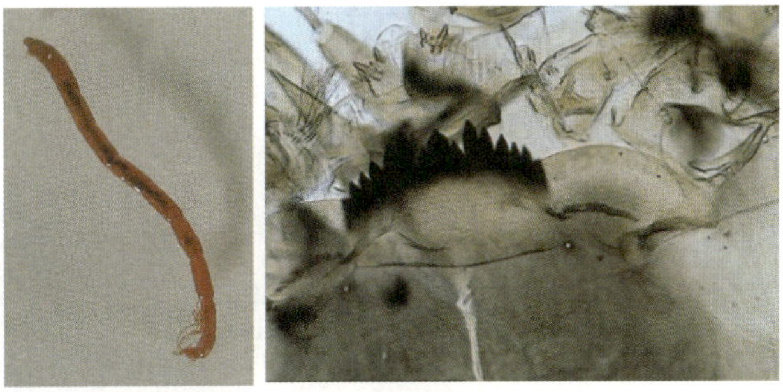

图 2.9-113 黄色羽摇蚊个体及其颏

图 2.9-114 中华摇蚊的上颚及颏

2.9.16.6.3 枝角摇蚊属 *Cladopelma*

**属征：**中型幼虫，体长约 7 mm。触角 5 节，第 1 节比鞭节长。触角叶发达。上唇 S I 刚毛尖叶状，SIV A 刚毛分 2 节。前上颚 2 分叉，前上颚刷发达。上颚无背齿，具 1 个端齿和 2 个扁平的内齿。齿下毛细长。上颚刷具 4 根羽状毛，无上颚栉。颏中齿通常为 2 个，侧齿 7 对，最外侧齿有时很小，或多或少与邻近齿融合。第 2 侧齿小，第 2 侧齿增大并向中部倾斜。腹颏基半部影线明显。后原足爪简单。幼虫生活在沙质和软泥底的湖泊或河流中。

平铗枝角摇蚊 *Cladopelma edwardsi*（Kruseman）（图 2.9-115），幼虫体长约 5 mm。头壳黄色，后头缘黑色。触角 5 节，触角第 4 节是第 3 节的 2 倍。触角比 1.6。触角叶不超过第 4 节顶端。上唇 SI 刚毛单一。前上颚单一。上颚无背齿，具 1 三角形和 1 扁平内齿。颏中齿中间具 1 凹刻，侧齿 7 对，第 5、第 7 侧齿小，第 6 侧齿发达并向中间倾斜。腹部尾刚毛台退化，上具 4 ～ 7 根尾毛。肛管 2 对，肠形。

**已知分布：**国外日本、俄罗斯远东地区、北美各国，国内河北、黑龙江、江苏、福建、云南、辽宁（朝阳、本溪、抚顺、沈阳）。

**生境：**幼虫生活在山地河流缓流水体中。采样河段水质轻污染。

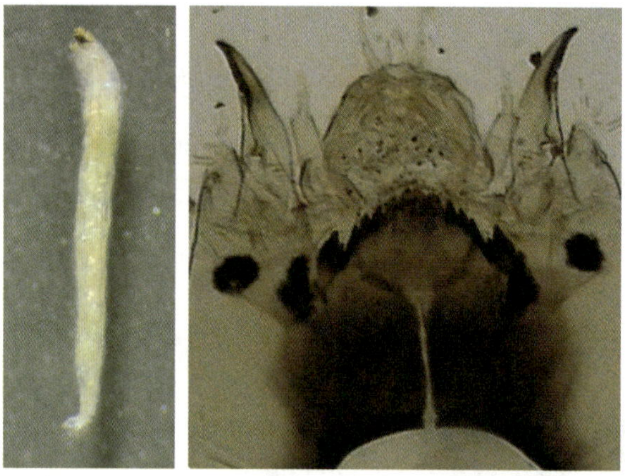

图 2.9-115　平铗枝角摇蚊个体及其上颚、颏

2.9.16.6.4 枝长跗摇蚊属 *Cladotanytarsus*

**属征：**幼虫小至中型，体长达 5 mm。触角 5 节，触角托短。第 1 节与鞭节等长或稍长，第 2 节楔形。劳氏器大，花蕾状，柄短粗。上唇 SⅠ刚毛梳状，SⅡ刚毛位于高托之上，末端羽状。上唇片发达。内唇栉由 3 个锯齿状鳞组成。前上颚具 4 ～ 5 个小齿，前上颚刷发达。上颚背齿色淡、端齿和 3 个内齿褐色。齿下毛长。上颚刷 4 根，羽状。上颚栉发达。颏中齿宽，侧面具缺刻，侧齿 5 对，向侧面逐渐缩小或第 2 侧齿比邻齿小。偶尔第 1 侧齿很小。腹颏的长比颏的宽度宽。后原足的一些爪的内缘具细的锯齿。幼虫适应性广。河流、湖泊、池塘以及温水溪流都是它们的栖息场所。

## 枝长跗摇蚊属分种检索表

1a 触角第 1 节比鞭节长。颏第 1 侧齿比第 2 侧齿大（图 2.9-116）…………………………………………………………………………残枝长跗摇蚊 *Cladotanytarsus mancus* Walker

**已知分布：**国外日本、俄罗斯远东地区、欧洲一些国家，国内河北、青海、西藏、辽宁（沈阳、铁岭、抚顺、本溪、大连）。

**生境：**幼虫生活在河流或湖泊中。常在中营养至富营养型水体中生活。

1b 触角第 1 节约与鞭节等长。颏第 1 侧齿比第 2 侧齿小（图 2.9-117）……………………………………………………………………范德枝长跗摇蚊 *Cladotanytarsus vanderwulpi* Edwards

**已知分布：**国外日本、俄罗斯远东地区、欧洲一些国家，国内河北、浙江、四川、辽宁（沈阳、铁岭、抚顺）。

**生境**：幼虫生活在河流或湖泊中。常在中营养至富营养型水体中生活。

图 2.9-116 残枝长跗摇蚊个体及其颏

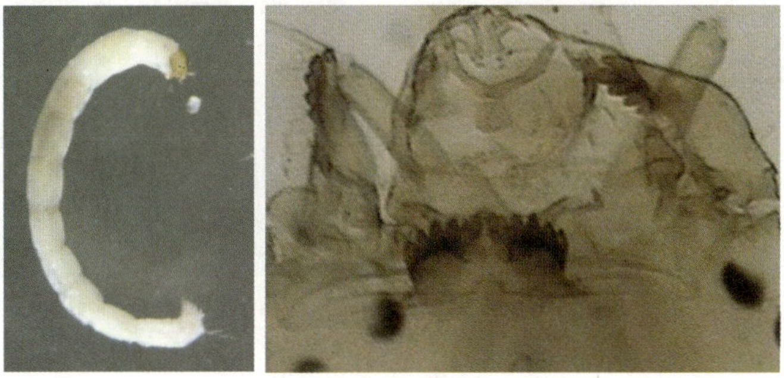

图 2.9-117 范德枝长跗摇蚊个体及其上颚、颏

2.9.16.6.5 隐摇蚊属 *Cryptochironomus*

**属征**：幼虫中至大型，体长达 15 mm。触角 5 节，第 1 节与鞭节约等长或比鞭节长。触角副叶短。无劳氏器。上唇 SⅠ刚毛短，SⅡ刚毛长、尖叶状，SIV 刚毛细长、分 3 节。内唇栉三角形，分 3 叶，前缘具锯齿。前上颚具 4 ～ 6 个齿，具前上颚刷。上颚无背齿，具 1 个长的端齿和 2 个三角形内齿。齿下毛细长。上颚刷 1 ～ 4 根，1 根时只为单一的毛，具 4 根时，前 2 根羽状，后 2 根简单。上颚栉毛 1 根，简单或基部具细齿。颏中齿宽，色淡。侧齿 6 ～ 7 对，向中部倾斜。第 1 侧齿通常与中齿融合，最外侧的齿具凹刻。腹颏板影线细。体节后原足爪简单。幼虫生活在湖泊、小溪和河流的各种底质中。

## 隐摇蚊属分种检索表

1a 上颚刷 1 根。上颚栉基半部具细齿。触角叶达第 3 节端部。颏侧齿 6 对（图 2.9-118）……
……………………………………………………凹铗隐摇蚊 *Cryptochironomus defectus*（Kieffer）

**已知分布**：国外俄罗斯远东地区、欧洲各国，国内河北、上海、江苏、湖南、云南、西藏、辽宁。

**生境**：幼虫生活在池塘、湖泊等静水水体中，常在中度富营养水体中形成优势种群。

1b 上颚刷4根，前2根羽状，后2根简单。上颚栉简单。触角叶伸达触角末节。颏侧齿6对（图2.9-119）……………………………………喙隐摇蚊 *Cryptochironomus rostratus* Kieffer

**已知分布：**国外俄罗斯远东地区、欧洲各国，国内河北、福建、浙江、湖北、云南、辽宁（本溪、铁岭、抚顺、沈阳、辽阳、朝阳、鞍山、大连、盘锦）。

**生境：**幼虫生活在河流或湖泊、水库中，常出现在中污染水体中。

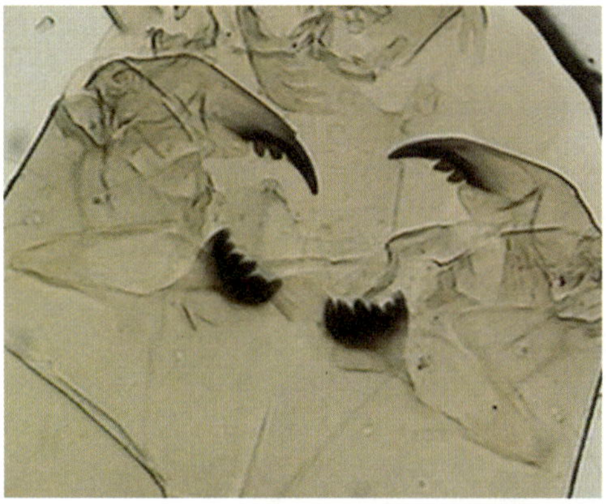

图 2.9-118　凹铗隐摇蚊的上颚及颏

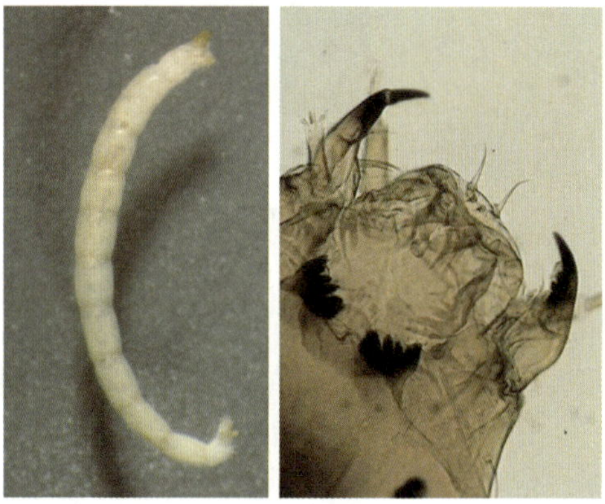

图 2.9-119　喙隐摇蚊个体及其颏、上颚

### 2.9.16.6.6 弯铗摇蚊属 *Cryptotendipes*

**属征：**幼虫中型，体长达6 mm。触角5节，第1节稍长于鞭节。触角叶和副叶约等长。无触角芒和劳氏器。上唇SⅠ和SⅡ刚毛宽叶状，SⅣ刚毛小，分2节。无上唇片。内唇栉为1宽鳞，端部具3个浅的钝突。前上颚端部具2个细齿，前上颚刷发达。上颚无背齿，具1个端齿和2个扁平的内齿。齿下毛细长。上颚刷4根，端部2根羽状，后2根简单。无上颚栉。颏中齿圆且宽、侧面具凹刻或三分叶，侧齿6对，外侧的2个齿仅靠在一起并向中部倾斜，第2侧齿紧靠第1侧齿。腹颏板影线明显。体节后原足爪简单，无腹管。幼虫生活在沙质和泥质的湖泊和河流中。

## 弯铗摇蚊属分种检索表

1a 上颚具1个端齿和2个内齿。幼虫体长约5 mm（图2.9-120）……………………………………………………………………………………弯铗摇蚊A种 *Cryptotendipes* sp. CA

**已知分布：**辽宁本溪。

**生境：**幼虫采自水库泥沙底质沿岸带。

1b 上颚具1个端齿和3个内齿。幼虫体长约7 mm（图2.9-121）……………………………………………………………………亮黑弯铗摇蚊 *Cryptotendipes nigronitens*（Edwards）

**已知分布：**国外欧洲。国内河北、福建、青海、辽宁（沈阳、铁岭、大连）。

**生境：**幼虫在河流缓流水体中生活。常出现在轻污染河流中。

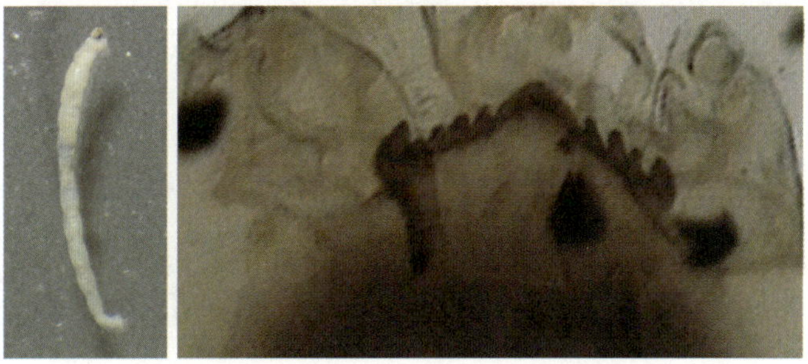

图 2.9-120　弯铗摇蚊 A 种个体及其颏

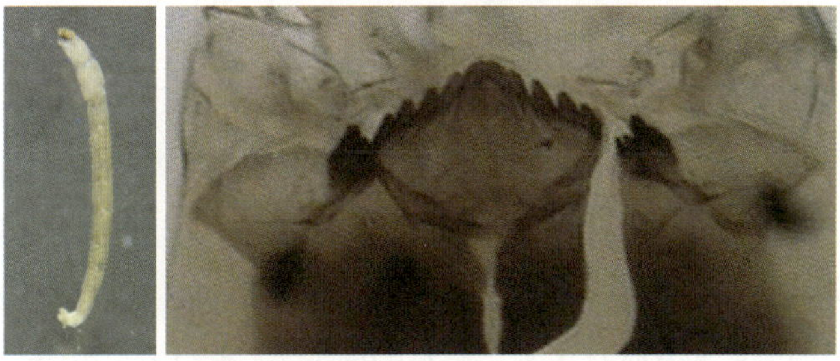

图 2.9-121　亮黑弯铗摇蚊个体及其颏

2.9.16.6.7 拟隐摇蚊属 *Demicryptochironomus*

**属征：**幼虫中至大型，体长达 12 mm。触角 7 节，第 1 节比鞭节短。触角叶和触角芒着生在第 3 节上。无劳氏器。上唇 SⅠ刚毛短毛状，SⅡ刚毛长叶状，SⅣA 刚毛细长，分 3 节。无上唇片。内唇栉为 1 锯齿状的三角形鳞。前上颚具 4 个粗齿，无前上颚刷。上颚无背齿，端齿细长，2 个内齿尖。齿下毛短。上颚刷毛 2 根。具上颚栉。颏中齿宽、色淡，侧齿 7 对，褐色，类梳状。腹颏板明显比颏宽，侧端尖锥形，影线细。后原足爪简单，无腹管。幼虫生活在湖泊和河流沙质和富含软泥的底质中。

缺损拟隐摇蚊 *Demicryptochironomus vulneratus*（Zetterstedt）（图 2.9-122），幼虫体长约 7 mm。头壳灰黄色，后头缘灰色。触角 7 节，触角第 2 节长大于宽，触角比 0.9。触角叶达第 6 节基部。上唇 SⅠ刚毛小，SⅡ刚毛单一且粗壮。前上颚具 4 个齿。上颚具 1 个端齿和 2 个尖的内齿。颏中齿宽，半圆形，侧齿 7 对，向中间倾斜。腹颏板长，影线细。尾刚毛台具 8 根尾毛。

**已知分布：**国外俄罗斯远东地区、日本、欧洲一些国家，国内吉林、浙江、山东、福建、贵州、甘肃、辽宁（抚顺、铁岭、本溪、辽阳）。

生境：幼虫生活在河流、湖泊等有水草的水体中。常在轻污染至中污染的水体中出现。

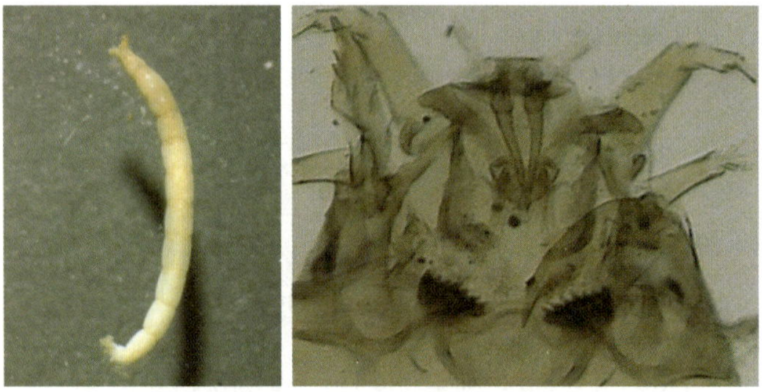

图 2.9-122　缺损拟隐摇蚊个体及其触角、上颚、颏

2.9.16.6.8 二叉摇蚊属 *Dicrotendipes*

**属征：**幼虫中型，体长 8 ～ 11 mm，淡红至棕红色。眼点 2 ～ 3 对，头部背面、额的前部具椭圆形或圆形印痕，有时具粗糙的颗粒状隆起。额唇基大部分具圆形齿状末端，前侧缘伸出延长呈翅形。触角 5 节。触角叶比鞭节短或等长，副叶通常超过第 2 节。上唇 SⅠ刚毛掌状或羽状。内唇栉由 5 ～ 7 个钝齿组成。前上颚具 3 个齿，第 2 齿和第 3 齿宽钝。上颚具 1 个淡色背齿，基部有时具 1 ～ 2 个小的副齿。端齿 1 个，内齿 3 个。齿下毛简单，相对宽。颏中齿两侧具缺刻，侧齿 6 对，第 1 侧齿倾斜并与第 2 侧齿基部融合，第 6 侧齿有时向外缘扩展成 1 宽突。腹颏板窄、弯曲，背缘光滑或钝齿形，腹颏板影线完整。亚颏毛简单或末端分叉。腹部无侧腹管，有或无 1 对短的腹管。幼虫生活在静止水体和流水的沉积物中。

## 二叉摇蚊属分种检索表

1a 额具黑色条带。触角为鞭节长的 1.4 倍以上。颏中齿两侧无缺刻，宽约为第 1 侧齿的 2 倍，腹颏板影线纹 22 ～ 26 条。幼虫体长约 5 mm（图 2.9-123）……………………………………………………………………………黑头二叉摇蚊 *Dicrotendipus nigrocephalicus* Niitsuma

**已知分布：**国外日本、俄罗斯远东地区，国内河南、辽宁（抚顺）。

**生境：**幼虫生活在河流的中下游地区。

1b 额无黑色条带。触角为鞭节长的 1.2 倍以下。颏中齿两侧无缺刻，宽约为第 1 侧齿的 1.7 倍，第 1 侧齿与第 2 侧齿基部愈合。腹颏板影线纹 24 ～ 26 条。幼虫体长约 7 mm（图 2.9-124）…………………………………………三段二叉摇蚊 *Dicrotendipus tritomus* Kieffer

**已知分布：**国外日本、俄罗斯远东地区，国内辽宁（抚顺、沈阳）。

**生境：**幼虫生活在河流中下游和湖沼沿岸地区。

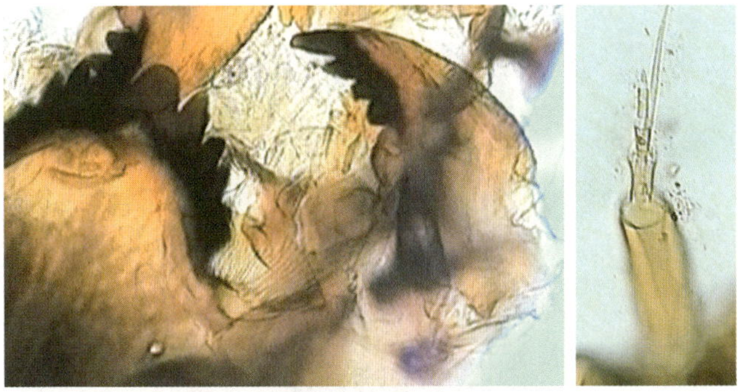

图 2.9-123 黑头二叉摇蚊的颏、上颚及触角

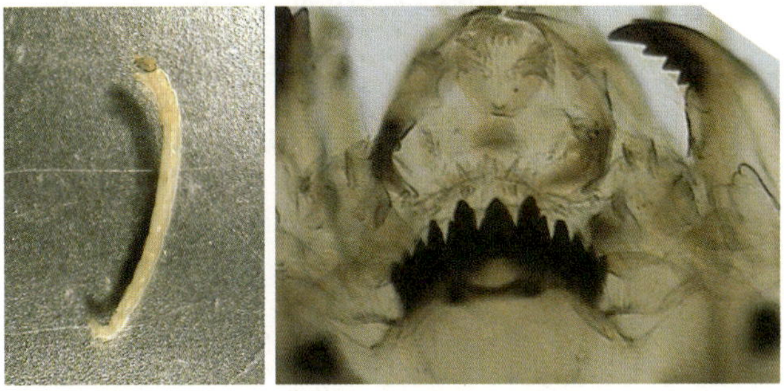

图 2.9-124 三段二叉摇蚊个体及其上颚、颏

### 2.9.16.6.9 恩非摇蚊属 *Einfeldia*

**属征**：幼虫中型，体长 10 ~ 13 mm，红色。头部（部分种类）额的前部具 1 大的心形凹陷，前端被颗粒状区包绕。触角 5 节，触角叶稍比鞭节短。上唇 S Ⅰ刚毛羽状。内唇栉端部具 1 列齿或表面附加的无规律排列的齿或分 3 部分，每个部分的表面具细的毛状刺。前上颚具 2 个长的细齿或 2 个钝圆的内齿。上颚具 1 淡色背齿，内面具附加的小齿。端齿通常紧跟 3 个内齿，偶有 2 个内齿，齿下毛简单。上颚刷发达。颏中齿两侧具缺刻或无。侧齿 6 对，第 1 和第 2 侧齿部分基部融合，第 4 侧齿有时比邻齿低。腹颏板约与颏等宽，中间分开的距离仅为颏中齿的宽，背缘平滑，具平行排列的完整的或中间折断的腹颏板影线。亚颏毛简单。腹部无或仅有 1 对腹管。幼虫分布于湖泊及各种小水体的边缘地区，倾向于富营养化水体。

分齿恩非摇蚊 *Einfeldia dissiden* Walker（图 2.9-125），幼虫红色，体长约 10 mm。触角 5 节，第 2 节比第 3 节长，触角叶达第 5 节顶端，第 1 节的劳氏器明显大。颏中齿两侧具微刻，侧齿 6 对，第 4 侧齿小。腹部第 8 节具 1 对短腹管。

**已知分布**：辽宁（本溪）。

**生境：**幼虫采自桓仁县浑江水库沿岸地区。

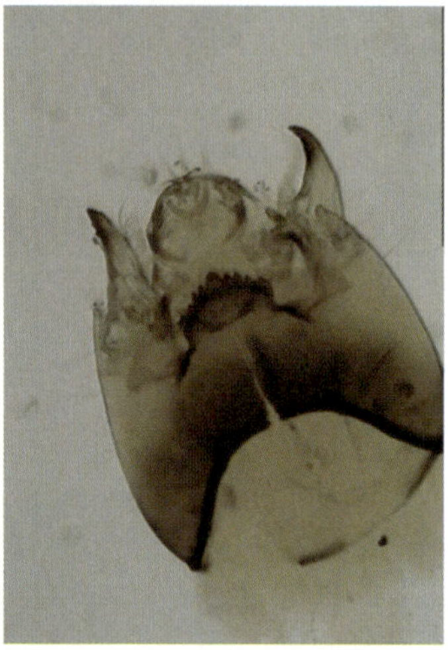

图 2.9-125　分齿恩非摇蚊

2.9.16.6.10 雕翅摇蚊属 *Glyptotendipes*

**属征：**幼虫中至大型，体长 8 ~ 10 mm，红色或黑红色。额前缘向内凹陷，平直或向前凸。具上唇骨片 1 和 2，有些种类上唇片 1 的后缘向内凹陷，有些种类上唇片具一长方形的印痕。某些种仅具上唇骨片 2，上唇骨片 1 的位置为六角形。触角 5 节，触角叶明显比鞭节短。上唇 SⅠ 刚毛羽状、齿状或掌状。内唇栉具多或少、长度不等的齿。前上颚具 2 个齿。上颚背齿色淡，具端齿和 3 个内齿，有时仅有 2 个内齿，齿下毛长叶状。颏中齿简单，两侧具缺刻或无。侧齿 6 对，第 4 侧齿有时比 2 个邻齿小。腹颏板中间分开的距离约为颏中齿宽的 1.5 倍或近乎相连，背缘平滑或具波纹，影线通常是不间断的。腹部无侧腹管。有些种具 1 对短的或中等长度的腹管。幼虫生活于湖泊、池塘及各种小型水体和流水富含碎屑的沿岸地带。

## 雕翅摇蚊属分种检索表

1a 上颚背齿色淡，端齿和内齿黑色……………………………………………………………………2

1b 上颚背齿和 3 个内齿色淡，端齿和另 2 个内齿黑色。颏中齿圆形，两侧具缺刻。腹颏板中间分开的距离约为颏中齿宽的 0.75 倍。幼虫红色，体长约 10 mm（图 2.9-126）……
……………………………………………柔嫩雕翅摇蚊 *Glyptotendipes cauliginellus*（Kieffer）

**已知分布：**国外俄罗斯远东地区、欧洲各国，国内河北、内蒙古、江苏、河南、广东、四川、云南、陕西、宁夏、辽宁（沈阳、本溪、抚顺）。

**生境：**幼虫是水生植物的钻蛀者，常在死亡水生植物较多的水体中生活。

2a 颏中齿比第 1 侧齿稍低，第 4 侧齿很小。颏板中间分开的距离约为颏中齿宽的 1.1 倍。幼虫红色，体长约 7 mm（图 2.9-127）……德永雕翅摇蚊 *Glyptotendipes tokunagai* Sasa

**已知分布：**国外俄罗斯、日本，国内河北、内蒙古、四川、辽宁（大连、盘锦、本溪）。

**生境：**幼虫生活在泥沙底的河流或湖泊中。常在中污染型水体中生活。

2b 颏中齿不比第 1 侧齿低，第 4 侧齿稍比邻齿小。颏板中间分开的距离约为颏中齿宽的 1.25 倍。幼虫体长约 10 mm（图 2.9-128）………浅白雕翅摇蚊 *Glyptotendipes pallens* Meigen

**已知分布：**国外俄罗斯远东地区、日本、欧洲各国，国内河北、辽宁（铁岭、本溪、辽阳、沈阳、盘锦、大连）。

**生境：**幼虫生活在泥沙底的河流或湖泊中。中污染型水体中常见。

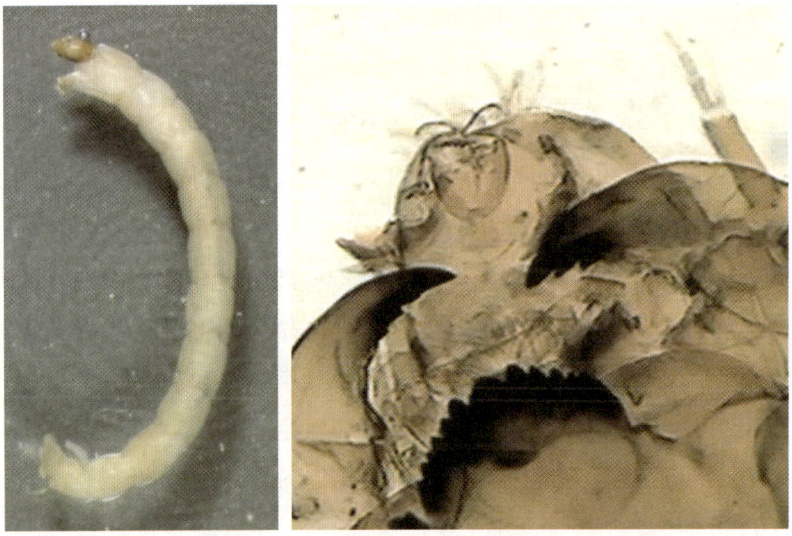

图 2.9-126　柔嫩雕翅摇蚊个体及其触角、上颚、颏

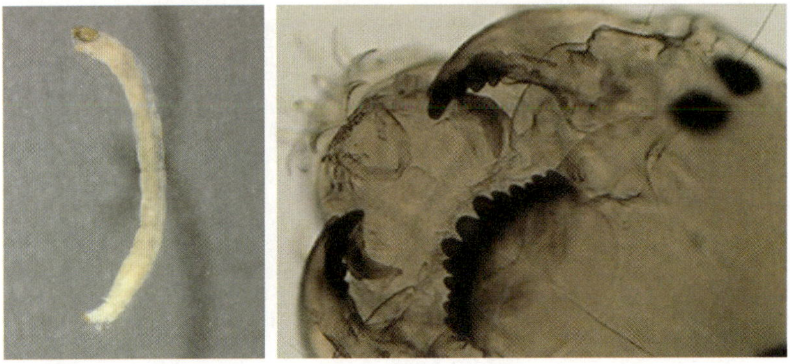

图 2.9-127　德永雕翅摇蚊个体及其上颚、颏

图 2.9-128　浅白雕翅摇蚊个体及其上颚、颏

2.9.16.6.11 哈摇蚊属 *Harnischia*

**属征：**幼虫中型，体长约 9 mm。触角 5 节，第 1 节比鞭节长，第 2 和第 3 节约等长，触角叶与第 2 节基部融合。无劳氏器。上唇 SⅠ 和 SⅢ刚毛小毛状，SⅡ刚毛长叶状，SIV A 细长，分 3 节。内唇栉为单一的端部 3 分叶的骨片。前上颚具 2 个大的端齿和 4 个小齿，具或无前上颚刷。上颚无背齿，端齿约与 1 或 2 个拉平的内齿等长。齿下毛细长，上颚刷 4 根，端部的 2 根粗，单面具锯齿。后面的 2 根细长。颏中齿圆，色淡，有时中间具 1 凹刻，侧齿 7 对。腹颏板长约为宽的 3/4，影线纹弱。后原足的爪简单，腹部无侧腹管和腹管。幼虫生活于湖泊和河流的各种基质上。

暗肩哈摇蚊 *Hanischia fuscimana* Kieffer（图 2.9-129），幼虫橙红色，体长约 5 mm。触角 5 节，第 2 节和第 3 节约等长。触角叶达第 3 节端部。前上颚具 2 个大齿和 4 个小齿。上颚具 1 端齿和 1 个拉平的内齿，上颚刷 4 根，前 2 根端部梳状，后 2 根简单。颏中齿色淡，中间具 1 凹刻。侧齿 7 对，黑色。尾刚毛台长宽约相等，上具 6 根尾毛。肛管三角锥形。

**已知分布：**国外俄罗斯远东地区、欧洲各国，国内河北、湖北、辽宁（沈阳、抚顺、大连、朝阳、本溪）。

**生境：**幼虫生活在河流或湖泊的各种基质上。常在中污染型水体中生活。

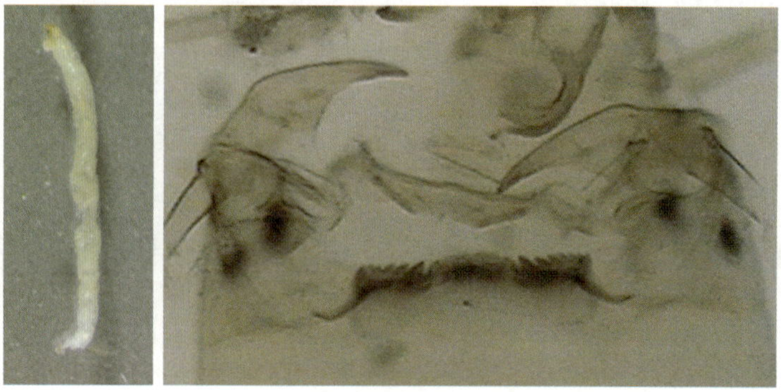

图 2.9-129　暗肩哈摇蚊个体及其上颚、颏

2.9.16.6.12 基弗摇蚊属 *Kiefferulus*

**属征：**幼虫中型到大型，体长 9 ～ 12 mm，红色。头部额板与唇基分离，额板亚端部具有椭圆形的缢痕，两侧角凸起。触角 5 节，触角叶不长于鞭节，副叶与第 2 节等长。上唇 SⅠ 刚毛羽状。内唇栉单排栉齿状，游离端具 15 ～ 20 个小齿。前上颚具 6 个齿，上颚刷存在。上颚背齿色淡，端齿和 3 个内齿黑色；齿下毛靴状。上颚刷 4 根、羽状。颏中齿两侧具缺刻，侧齿 6 对，第 1 侧齿与第 2 侧齿基部部分愈合；两腹颏板之间的间距大于颏中齿的宽度；亚颏毛常单一。腹部第 7 节无侧腹管或残留 1 对指状突起。第 8 节具有 1 对腹管，长度与后原足等长或明显长于后原足；尾刚毛台具 6 根尾毛；肛管 2 对，香肠状。两对近乎等大，不长于后原足。幼虫生活在小型水体中，能容耐低的溶解氧，多生活在富营养水体中。

毛跗基弗摇蚊 *Kiefferulus barbatitarsis*（Kieffer）（图 2.9-130），幼虫体长约 8 mm，红色或暗红色。触角 5 节，触角比 1。触角叶长达第 4 节的顶端，劳氏器退化。上唇 SⅠ 刚毛锯齿状。内唇栉单一，游离端具 1 排齿。前上颚顶端具 6 齿，前上颚刷发达。上颚具 1 端齿、1 背齿和 3 个内齿。背齿颜色淡，内齿和端齿均黑褐色。齿下毛端部锯齿状，长度不超过第 1 侧齿。颏具 13 个齿，中齿两侧具缺刻，比第 1 侧齿稍低，倒数第 3 侧齿明显比其相邻的两侧齿小。两腹颏板间距约为颏中齿的宽度。腹部第 8 节具有 1 对腹管，长度与着生体节的宽度相等。后原足具 15 ～ 16 爪，尾刚毛台具 6 根尾毛，肛管 2 对，长度不超过后原足。

**已知分布：**国外日本、印度、缅甸、马来西亚，国内河北、浙江、台湾、辽宁。

**生境：**幼虫具有筑巢习性，在静水或流水中分布，中度污染水体中常见。

2.9.16.6.13 林摇蚊属 *Lipiniella*

**属征：**幼虫大型，体长约 11 mm，淡红色。触角 5 节。触角叶相对短。触角托内具 1 暗色瘤突。上唇 SⅠ 刚毛羽状。内唇栉为 2 个细条分离成 3 个紧靠在一起的节，前缘具大或小的齿。前上颚具 5 个齿。上颚具短的淡色背齿，端齿后面是 3 个内齿，齿下毛短。上颚栉端部具 2 ～ 3 个小叉。上颚背缘具显著的隆突。颏中齿 4 个，近乎相等。侧齿 6 对，依次向侧面缩小。腹颏板窄，中部连接，影线细，近中部有 1 横向的黑带。腹部无侧腹管，具 1 对短的腹管。幼虫生活在河流的缓流处和水库 0 ～ 5m 沙质底的沉积物中，也生活在半咸的水体中。

赛库林摇蚊 *Lipiniella sekundad* Shilova（图 2.9-131），幼虫体长约 10 mm，淡红色。触角 5 节，触角叶不超过鞭节。上唇 SⅠ 刚毛羽状。内唇栉端部具长短不齐的 12 ～ 14 个齿。

前上颚具5个齿。上颚背齿色淡，端齿和3个内齿黑褐色。齿下毛短。颏黑色，中齿4个，中间的2个大，两侧的相对小，侧齿6对。腹颏板长约为颏宽的2倍。腹部第8节具有1对腹管，长度约与肛管等长。

**已知分布：** 国外俄罗斯远东地区，国内辽宁（铁岭、沈阳、抚顺）。

**生境：** 幼虫生活在大型河流中，常在轻至中度污染水体中出现。

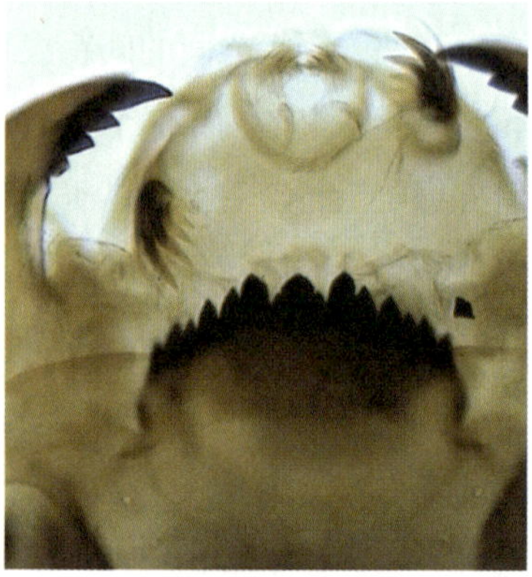

图2.9-130　毛跗基弗摇蚊的前上颚、上颚及颏

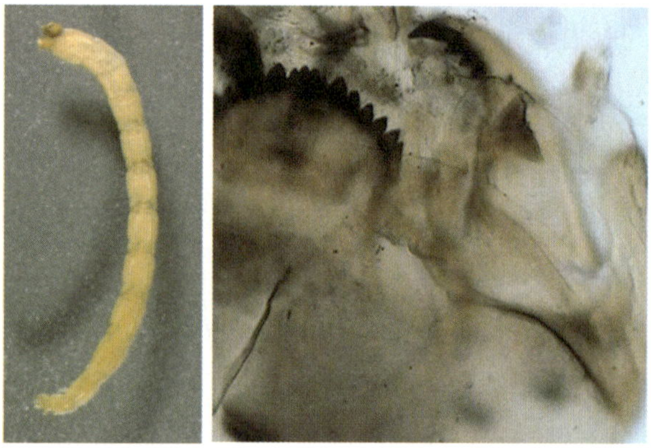

图2.9-131　赛库林摇蚊个体及其上颚、颏、腹颏

2.9.16.6.14 倒毛摇蚊属 *Microtendipes*

**属征：** 幼虫大型，体长达15 mm，橙红色或黑红色。触角6节。触角叶比鞭节短或稍长，副叶很短。劳氏器互生。上唇SI刚毛粗羽状。前上颚具3个或5个齿，前上颚刷发达。上颚背齿色淡，端齿和3个内齿深褐色。齿下毛细长。上颚刷发达。颏中齿3个，有时中间的齿很小，深陷在2个外侧中齿的中间。侧齿6对，黑色。第1和第2侧齿基部融合，第1侧齿比第2侧齿窄和低。腹颏板中间的距离为颏宽的1/2，影线粗壮。腹部无侧腹管。幼虫多生活在大型水体浅水区底部的沉积物中，也生活在流水的苔藓和软沉积物中。

## 倒毛摇蚊属分种检索表

1a 内唇栉端部三叉状……………………………………………………………………………2

1b 内唇栉端部梳状，具9～11个齿。上唇片具22～24个齿。触角叶约与鞭节等长。颏的3个中齿色淡，腹颏板影线纹36条。幼虫体长约5 mm（图2.9-132）……………………………………………………………平截倒毛摇蚊 *Microtendipes truncatus* Kawai & Sasa

**已知分布：** 国外日本，国内云南、贵州、福建、浙江、河北、辽宁（丹东）。

**生境：** 幼虫生活在河流中上游的流水中，常在较清洁至轻度污染的河流中栖息。

2a 上唇片19～22个齿。颏中齿黑褐色，腹颏板影线纹26条。幼虫体长约7 mm（图2.9-133）

……………………………………………………黑斑倒毛摇蚊 *Microtendipes britteni*（Edwards）

**已知分布：** 国外俄罗斯远东地区、日本、欧洲各国家，国内安徽、河南、河北、辽宁（朝阳）。

**生境：** 幼虫在河流中下游地区分布，常出现在较清洁的水体中。

2b 上唇片 9 ～ 11 个齿。颏中齿色淡，腹颏板影线纹 28 条。幼虫体长约 12 mm（图 2.9-134）……………………………………………………绿倒毛摇蚊 *Microtendipes chloris*（Meigen）

**已知分布：** 国外日本、欧洲各国，国内浙江、江西、辽宁（抚顺、本溪、铁岭、辽阳、沈阳）。

**生境：** 幼虫生活在湖泊、池塘及河流缓流处。常在中污染水体中出现。

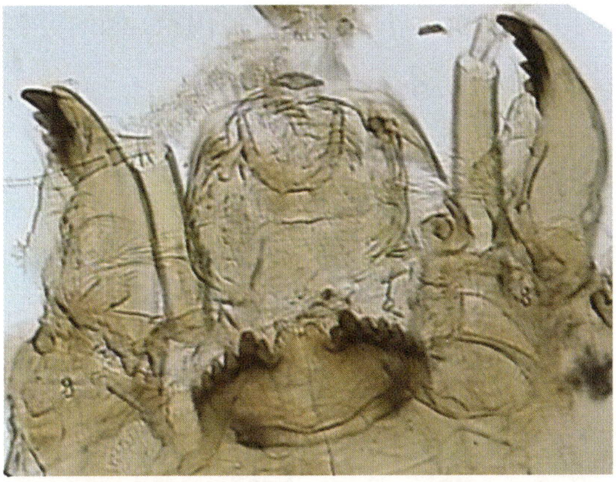

图 2.9-132　平截倒毛摇蚊颏及上颚

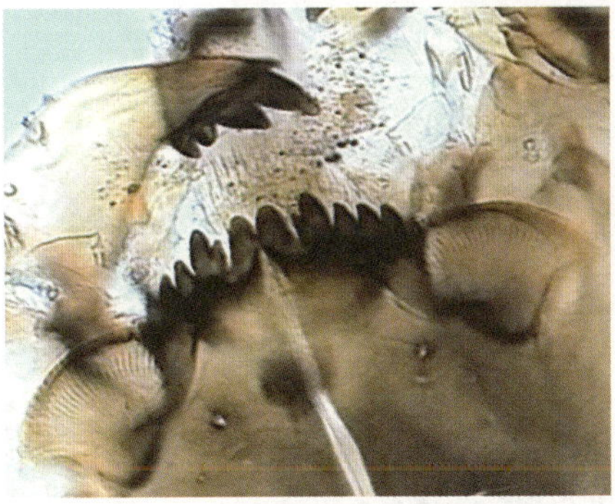

图 2.9-133　黑斑倒毛摇蚊颏及上颚

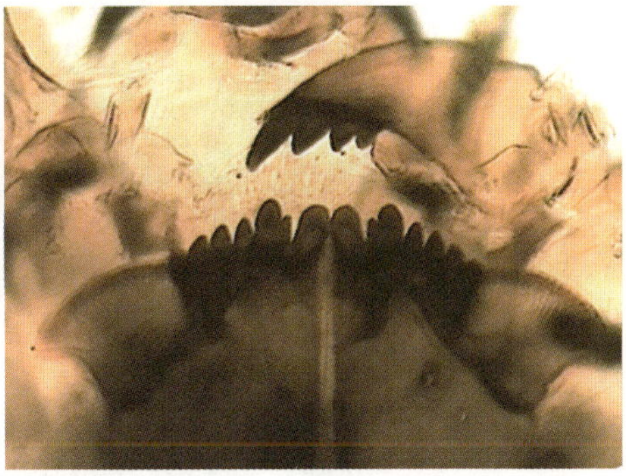

图 2.9-134　绿倒毛摇蚊颏及上颚

### 2.9.16.6.15 小突摇蚊属 *Micropsectra*

**属征：** 幼虫中至大型，体长达 8 mm。触角 5 节，触角托发达，端部具明显的刺突，长度为 10 ～ 40μm。触角叶细长，劳氏器小，柄长为 3 ～ 5 节的 3 ～ 5 倍。上唇 SⅠ刚毛梳状，SⅡ刚毛位于高托之上，弱羽状或明显简单。内唇栉由 3 个端部带锯齿的鳞组成。

前上颚端部二分叉，前上颚刷发达。上颚背齿、端齿和3个内齿褐色。齿下毛长，弯曲。上颚刷由4根羽状毛组成。上颚栉10～15根。颏中齿色淡，侧面具缺刻或无，侧齿5对。腹颏板的长约为颏宽的1.2倍，中间靠近。后原足端部由密集的爪排列呈马蹄形，有时具少数单爪。幼虫生活在各种类型的水体中，包括热泉水和温带池塘，亦分布于中营养和富营养湖和小的河流中，多数种类喜冷水环境。

## 小突摇蚊属分种检索表

1a 劳氏器的柄长约为后3节长的4倍。触角第1节约为第2节长的3倍。颏中齿侧面具缺刻，侧齿5对（图2.9-135）………………………异带小突摇蚊 *Micropsectra atrofasciata*（Kieffer）

**已知分布：** 国外俄罗斯远东地区、日本、欧洲各国家，国内吉林、内蒙古、河北、宁夏、辽宁（沈阳、抚顺、本溪、大连、朝阳）。

**生境：** 幼虫生活在山地河流中。清洁至轻污染水体中多见。

1b 劳氏器的柄长约为后3节长的3.2倍。触角第1节约为第2节长的3.3倍。颏中齿圆形，侧齿5对（图2.9-136）………………………中禅小突摇蚊 *Micropsectra chuzeprima* Sasa

**已知分布：** 国外日本，国内四川、辽宁（抚顺、本溪、铁岭、辽阳，沈阳）。

**生境：** 幼虫生活在流水中。常在轻污染至中污染水体中出现。

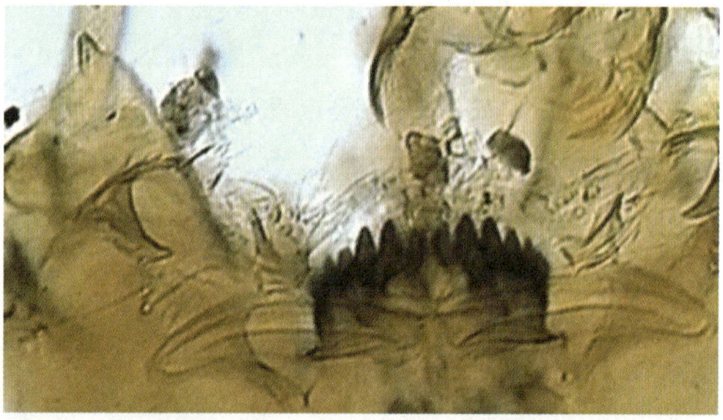

图2.9-135　异带小突摇蚊颏及上颚

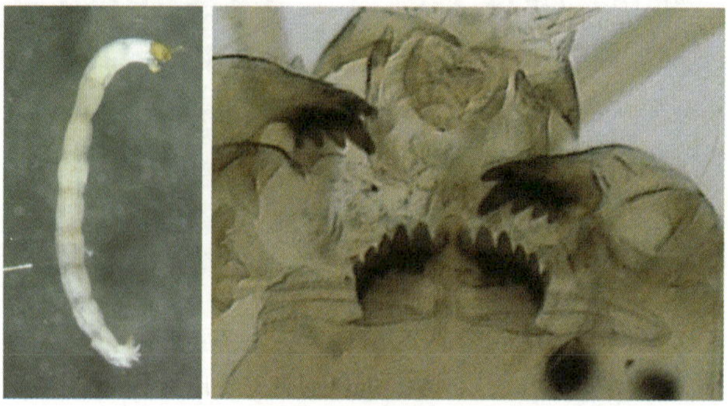

图2.9-136　中禅小突摇蚊个体及其上颚、颏

2.9.16.6.16 肛齿摇蚊属 *Neozavrelia*

**属征：** 幼虫小型，体长达 4 mm。触角 5 节，触角托小，端部无刺突。第 1 节与鞭节等长，第 2 节楔形，约与第 3 节等长。劳氏器大、柄长。触角叶从第 1 节端部伸出。上唇 SⅠ刚毛梳状，SⅡ刚毛位于高托之上，羽状或简单，SⅢ刚毛小毛状。内唇栉由 3 个端部带锯齿的鳞组成。前上颚端部二分叉，背侧具 1 个浅色细齿，前上颚刷发达。上颚背齿褐色或淡黄色，端齿和 2 个内齿的颜色相同。齿下毛细长。上颚刷由 4 根羽状毛组成。上颚栉发达。颏中齿圆形，侧齿 4 ～ 5 对，第 5 对侧齿很小。腹颏板的长约为颏宽的 1.2 倍，中间靠近。原足上具简单的钩形爪。幼虫喜冷水环境，生活在山地河流和湖泊中。

凤城肛齿摇蚊 *Neozavrelia fengchengensis* Wang & Wang（图 2.9-137），头部背面上唇骨片 SⅠ2 的前缘向内微凹。触角第 1 节长约为宽的 3 倍，劳氏器柄长约为后 3 节长的 1.1 倍。上颚端齿比 2 个内齿的宽度长。颏中齿与第 1 侧齿等高，侧齿 4 对。腹颏板影线发达。

**已知分布：** 辽宁（丹东、大连）。

**生境：** 幼虫生活在山地溪流中，清洁水体中多见。

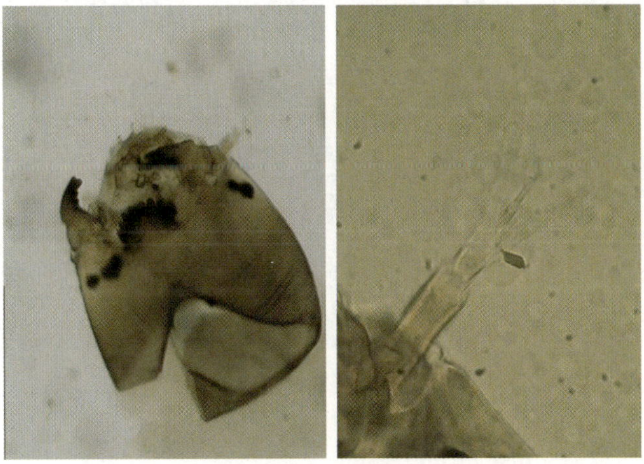

图 2.9-137　凤城肛齿摇蚊的颏及触角

2.9.16.6.17 乌烈摇蚊属 *Olecryptotendipes*（中国新记录属）

**属征：** 幼虫中型，最长达 9 mm。触角 6 节，第 4 节退化，仅残存，第 5、第 6 节细小，触角第 2、第 3 节近似相等。触角叶长不超过鞭节。触角芒发达，长度超过第 4 节顶端。上唇 SⅠ刚毛柳叶状，SIVA 分 3 节，中节最长。内唇栉为单一的三角形骨片，外缘锯齿状。前上颚具 2 个宽齿，前上颚刷不明显。上颚齿大于 2 个内齿的宽度。齿下毛达第 2 内齿顶端，上颚刷 4 根。上颚栉 6 根。颏具 1 三角形中齿，7 对侧齿。颏板内凹。中齿大约是第 1 侧齿的 3 倍，淡黄色或者浅色。腹颏板发达，外侧被腹颏板套，两腹颏板间距大于颏宽度的一半，影线纹 14 ~ 16 条。体节 20 节。前原足粗壮，具发达的钩状爪。后原足细长。肛管细长，大约是后原足长度的 3/5；尾刚毛台长稍大于宽，尾毛 6 ~ 7 根，其中 2 ~ 3 根非常强壮，最长的一根尾毛相当于腹部末端 9 个体节的长度，大约相当于整个躯干长度的一半。幼虫生活在流水中，多见于小型河流含有砂质的河床中。

伦氏乌烈摇蚊 *Olecryptotendipes lenzi*（Zorina）（图 2.9-138），幼虫体长约 9 mm。触角 6 节，触角比 0.86。触角长达第 5 节顶端，触角芒位于第 3 节顶端。上唇 SI 和 SⅡ刚毛柳叶状，SI 短，SⅡ稍长。前上颚具 2 个齿，无前上颚刷。上颚具 1 个端齿和 2 个内齿，齿下毛达第 2 节顶端。上颚刷 4 根。颏中齿宽是第 1 侧齿的 3 倍，两侧具缺刻。侧齿 6 对。腹颏板不规则，前部外缘具 1 个隆起，影线纹显著。幼虫细长，体节多达 20 节。尾刚毛台小，顶端具 6 ~ 8 根尾毛，其中 1 ~ 2 根强壮，是躯干长的一半。肛管长锥形。

**已知分布：**国外俄罗斯远东，国内湖南、新疆、辽宁（抚顺、本溪、铁岭、辽阳）。

**生境：**幼虫生活在河流沙质底的河床中。常在轻污染至中污染水体中出现。

图 2.9-138　伦氏乌烈摇蚊个体及其颏

2.9.16.6.18 拟摇蚊属 *Parachironomus*

**属征：**幼虫中至大型，体长达 12 mm。触角 5 节，第 1 节比鞭节长，触角叶具很发达的副叶。劳氏器具小柄。上唇 SI 和 SⅡ刚毛长叶状，有时 SI 刚毛具 3 ~ 5 个齿。无上唇片。内唇栉的宽板上具若干大小不等的齿。前上颚具 2 ~ 6 个齿，无前上颚刷。上颚无背齿，端齿长，内齿 2 个。齿下毛短或不明显。上颚刷有或无。颏中齿 1 个或 2 个或具微弱缺刻，侧齿 6 ~ 7 对，颏颜色均匀，有时色淡。腹颏板稍比颏宽，前缘通常具强壮的钝突。后原足爪简单。腹部无腹管。幼虫多生活在静水和各种流水中，有的种类寄生于无脊椎动物身上或穴居水生植物茎叶内。

## 拟摇蚊属分种检索表

1a 颏中齿 2 个，颏板微凹，上唇 SI 刚毛 3 ~ 4 支，前上颚具 6 个齿（图 2.9-139）……………………………………………………………频拟摇蚊 *Parachironomus frequens*（Johansen）

**已知分布：**辽宁沈阳。

**生境：**幼虫喜生活在静水和各种流水中。

1b 颏中齿 1 个，颏板凸出，颏板侧齿从中间向两侧逐渐减小。前上颚具 2 个齿。触角叶达第 4 节顶端…………………………………弯拟摇蚊 *Parachironomus arcutus*（Goetghebuer）

**已知分布：**辽宁沈阳、盘锦。

**生境：**幼虫喜生活在静水和各种流水中，鉴定标本采自沈阳蒲河南桥河段。

### 2.9.16.6.19 明摇蚊属 *Phaenopsectra*

**属征：**幼虫中型，体长达 8 mm，红黄色。触角 5 节，触角叶比鞭节长。劳氏器对生，触角芒位于第 2 节。上唇 SI 和 SII 刚毛羽状。内唇栉由 3 个分离的端部具齿的鳞组成。前上颚具 3 个齿。上颚齿黑色，背齿相对短，端齿下面是 3 个内齿，近基部的内齿深凹。齿下毛细长。上颚刷发达。颏亮黑色，中齿 4 个，中间的 1 对比外侧的 1 对稍短。侧齿 6 对，第 2 对和第 3 对侧齿大，第 1 对、第 4 ~ 6 对侧齿小，第 5 对侧齿有时明显退化。腹颏板中间的距离为颏宽的 0.5 倍。影线粗壮。腹部无侧腹管及腹管。幼虫生活在小型静水及流水的淤泥底和沙底中。

黄明摇蚊 *Phaenopsectra flavipes*（Meigen）（图 2.9-140），幼虫红色，体长约 8 mm。触角 5 节，触角比 1.2，劳氏器对生，触角叶稍长于鞭节。SI 和 SII 刚毛羽状。前上颚具 3 个齿，黑色。颏黑色，中齿 4 个，其中间的 1 对较之外侧的小，侧齿 6 对，第 1 侧齿明显低于邻齿，最后 1 对侧齿常发生不同程度的愈合。尾刚毛台具 8 根尾毛。

**已知分布：**河北、湖北、贵州、云南、陕西、新疆、辽宁（沈阳、抚顺）。

**生境：**幼虫生活在小型静水及流水的淤泥底或沙底中。常在中污染水体中生活。

图 2.9-139　频拟摇蚊幼虫个体及其上颚和颏

图 2.9-140　黄明摇蚊的上颚及颏

2.9.16.6.20 拟枝角摇蚊属 *Paracladopelma*

**属征：**幼虫中型，体长达 10 mm。触角 5 节，第 3 ～ 5 节短。触角叶和副叶与第 2 节基部融合。劳氏器不发达。上唇 SⅠ 和 SⅢ刚毛小毛状，SⅡ刚毛长叶状，SⅣA 刚毛分 3 节，长度不等。内唇栉三角形，有时侧面具缺刻或为分离的 3 个叶突。前上颚具 4 ～ 7 个齿，无前上颚刷。上颚无背齿，端齿长，内齿 2 ～ 3 个。齿下毛中等长。上颚刷 4 根。上颚栉 2 ～ 4 根，列外有 7 ～ 9 根。颏中齿宽，有时中间具凹刻。侧齿 7 对，少数种类仅具 3 对侧齿。腹颏板影线粗，前缘具粗大的钝突。后原足长为宽的 1.5 ～ 3 倍，爪简单。腹部无腹管。幼虫生活在湖泊或河流软沉积物底质中。

长方拟枝角摇蚊 *Paracladopelma undine*（Townes）（图 2.9-141），上颚内齿 2 个，前上颚具 4 个齿和 1 个背刺。触角叶基部与第 2 节融合，伸达第 3 节中部。触角芒位于第 3 节端部。颏中齿中部具凹刻。腹颏板长约为颏宽的 0.8 倍。尾刚毛台具 7 根刚毛。

**已知分布：**国外俄罗斯远东地区、欧洲、北美一些国家，国内辽宁（大连、抚顺、本溪）。

**生境：**幼虫栖息在河流上游的沙质底河床中，常在轻污染水体中生活。

2.9.16.6.21 小摇蚊属 *Microchironomus*

**属征：**幼虫中型，体长达 8 mm。触角 5 节，第 1 节和鞭节约等长，触角叶超过触角末端。劳氏器不发达。上唇 SⅠ 和 SⅡ刚毛叶状。内唇栉为单一骨片或 3 分叶。前上颚端部二分叉，前上颚刷发达。上颚无背齿，端齿与 2 个扁平的或三角形的内齿长度约相等。齿下毛粗壮。上颚刷 4 根，无上颚栉。颏中齿 3 分叶，侧齿 6 对、褐色。第 4 对侧齿很小。第 5 对、第 6 对侧齿向颏中部倾斜。腹颏板影线后缘明显。后原足爪简单。腹部无侧腹管和腹管。幼虫生活在湖泊或河流中，包括半咸的水体中。

1a 后颏深棕色。颏具 1 中齿和 6 对侧齿，最外侧的 3 个齿不聚集，侧齿逐渐减小。上颚齿下毛达第 1 内齿顶端。体长约 7 mm（图 2.9-142）…………………………………………………………………………………………多巴小摇蚊 *Microchironomus tobarui* Sasa

**已知分布：**国外日本，国内河北、湖北、江苏、辽宁（沈阳）。

**生境：**幼虫采自静水水体，中度富营养水体中多见。

1b 后颏无色；颏中齿 3 分叶，侧齿 6 对，最外的 3 个齿明显聚集，倒数第 3 侧齿明显比邻齿低。上颚齿下毛长最多超过第 1 内齿。幼虫体长约 8 mm（图 2.9-143）………………………………………………………………………………软铗小摇蚊 *Microchironomus tener*（Kieffer）

**已知分布：**国外俄罗斯远东地区、日本，国内河北、浙江、辽宁（沈阳）。

**生境：**幼虫生活在静水软沉积物底质中。富营养水体中多见。

图 2.9-141　长方拟枝角摇蚊的前上颚、上颚及颏

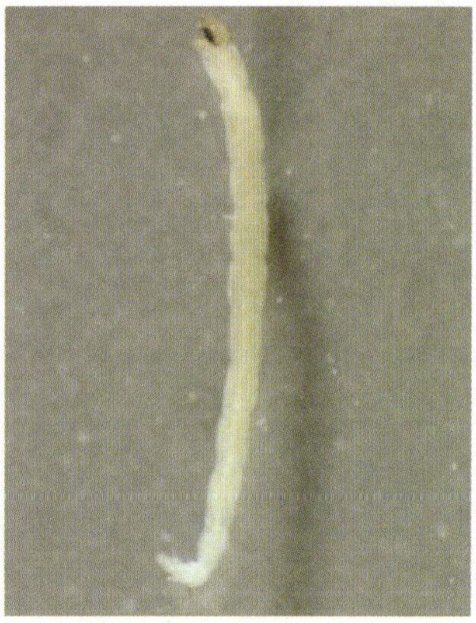

图 2.9-142　多巴小摇蚊个体

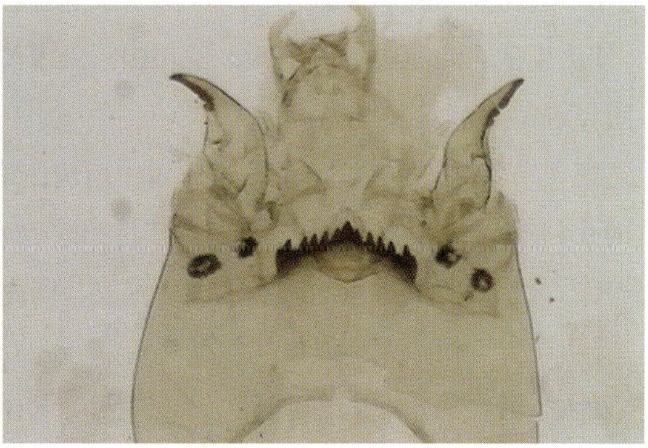

图 2.9-143　软铗小摇蚊个体及其颏

2.9.16.6.22 多足摇蚊属 *Polypedilum*

**属征**：幼虫体长 5 ～ 14 mm，淡橘红色至深红色。触角 5 节（少数种类 6 节），触角叶比 2 ～ 5 节的长度短或等长。劳氏器对生或互生。上唇 SⅠ刚毛宽羽状，SⅡ刚毛细羽状。内唇栉由 3 个分离的锯齿形鳞组成，少数种内唇栉无锯齿。前上颚具 1 ～ 3 个齿，前上颚刷发达。上颚背齿显著、黑色，有些种无背齿，端齿下面有 2 个内齿，少有 3 个内齿。齿下毛细长。颏齿黑色，正常类型具 4 个中齿和 6 对侧齿，中齿中间的 1 对高，两边的 1 对低。侧齿大小不一，正常类型仅具 5 对侧齿。腹颏板中间的距离宽，至少是颏宽的 1.2 倍，腹颏板影线细或粗。腹部无侧腹管及腹管。幼虫种类多，分布广，除北极及高山地区外，各种流水及静水水域皆有分布。

## 多足摇蚊属分种检索表

1a 触角叶不超过触角末节，第 3 节和 5 第节不特别短……………………………………………3

1b 触角叶超过触角末节，第 3 节和 5 第节特别短………………………………………………2

2a 触角第 2 节比第 4 节长，第 3 节、第 5 节痕迹状。尾刚毛台具 7 根刚毛。幼虫体长约 6 mm（图 2.9-144）…………梯形多足摇蚊 *Polypedilum*（*Tripodura*）*scalaenum* Sehrank

**已知分布**：国外日本、俄罗斯远东地区，北美、欧洲一些国家；国内河北、吉林、浙江、湖北、四川、青海、辽宁（沈阳、大连、抚顺、本溪、朝阳、丹东）。

**生境**：幼虫生活在静水或者流水中，常在中污染水体中出现。

2b 触角第 2 节与第 4 节等长，第 3 节、第 5 节短。尾刚毛台具 6 根尾毛。幼虫体长约 5 mm（图 2.9-145）…………………马速达多足摇蚊 *Polypedilum*（*T.*）*masudai*（Tokunaga）

**已知分布**：国外俄罗斯远东地区、日本、韩国，国内河北、江西、湖南、辽宁（朝阳）。

**生境**：幼虫生活在河流中上游地区，常在中污染水体中出现。

3a 触角叶约与触角末节等长…………………………………………………………………………4

3b 触角叶达第 4 节顶端。颏齿 16 个，第 2 对中齿稍比第 1 侧齿小。腹颏板中间的距离约为颏宽的 0.4 倍（图 2.9-146）………白角多足摇蚊 *Polypedilum*（*P.*）*albicome*（Meigen）

**已知分布**：国外俄罗斯远东地区、欧洲各国家，国内河南、福建、陕西、甘肃、宁夏、辽宁（朝阳大凌河、抚顺新宾）。

**生境**：幼虫生活在静水或者流水中，常在中污染水体中出现。

4a 劳氏器对生…………………………………………………………………………………………5

4b 劳氏器互生，上颚具背齿、端齿和 2 个内齿。颏齿 16 个，第 2 中齿小。腹颏板长约与颏的宽度相等（图 2.9-147）…………………云集多足摇蚊 *Polypedilum*（*P.*）*nubifer* Skuse

**已知分布：**国外日本、俄罗斯远东地区，欧洲、北非、北美和澳洲区至东洋区；国内河北、浙江、云南、西藏、甘肃、青海、宁夏、辽宁（大连）。

**生境：**幼虫生活在静水及流水中，常在中污染水体中形成优势类群。

5a 颏的第 2 对中齿小，上颚内缘具 3 个刺……………………………………………………6

5b 颏的 4 个中齿大小约相等………………………………………………………………7

6a 腹颏板中间的距离约为颏宽的 0.5 倍，腹颏板影线粗壮，前缘具钝凸（图 2.9-148）…………………………………………拟踵突多足摇蚊 *Polypedilum*（*Urepedilum*）*paraviceps* Niitsuma

**已知分布：**河北、四川、辽宁（本溪、辽阳、抚顺、铁岭、朝阳）。

**生境：**幼虫生活在泥沙底的河流中。常在中污染水体中形成优势类群。

6b 腹颏板中间的距离约为颏宽的 0.2 倍，腹颏板影线细（图 2.9-149）……………………………………………………………………小云多足摇蚊 *Polypedilum*（*P.*）*nubeculosum* Meigen

**已知分布：**国外日本、俄罗斯远东地区，欧洲、北美一些国家，国内河北、浙江、福建、云南、西藏、辽宁（抚顺、本溪、铁岭、辽阳、鞍山、沈阳、大连、丹东）。

**生境：**幼虫栖息在静水及流水中，常见于中污染水体中。

7a 上颚无背齿，具端齿和 3 个内齿。颏 4 个中齿相同大小，侧齿依次缩小。腹颏板中间的距离约为颏宽的 0.3 倍。尾刚毛台具 7 根刚毛。幼虫红色，体长约 8 mm（图 2.9-150）……………………………………………………………步行多足摇蚊 *Polypedilum*（*P.*）*pedestre* Meiger

**已知分布：**河北、浙江、福建、四川、辽宁（丹东）。

**生境：**幼虫生活在泥沙底的河流中。常见于中污染水体中。

7b 上颚具背齿、端齿和 2 个内齿。颏的第 2 对中齿稍比第 1 对中齿小。腹颏板中间的距离约为颏宽的 0.4 倍。尾刚毛台具 8 根尾毛。幼虫红色，体长约 10 mm（图 2.9-151）………………………………………………………………鲜艳多足摇蚊 *Polypedilum*（*P.*）*laetum*（Meigen）

**已知分布：**国外俄罗斯远东地区，欧洲、北美一些国家；国内青海、新疆、辽宁（本溪）。

**生境：**幼虫生活在静水或流水中，常在中污染水体中形成优势种群。

图 2.9-144　梯形多足摇蚊个体及其触角、上颚、颏

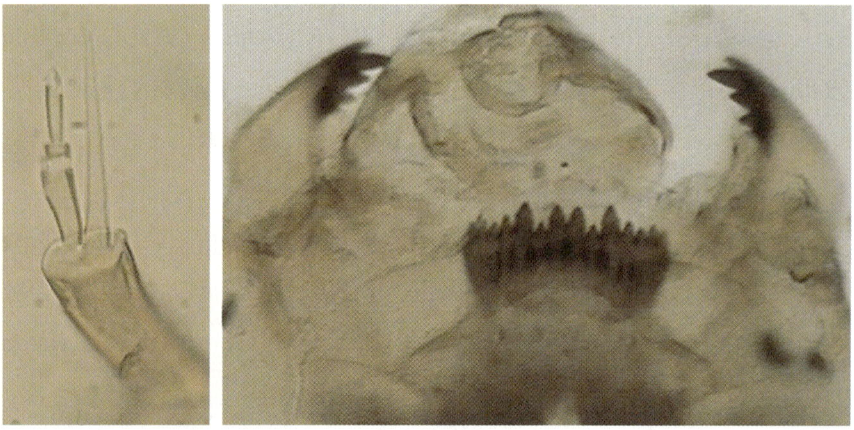

图 2.9-145　马速达多足摇蚊的触角、上颚及颏

图 2.9-146　白角多足摇蚊个体及其头壳腹面的颏及上颚

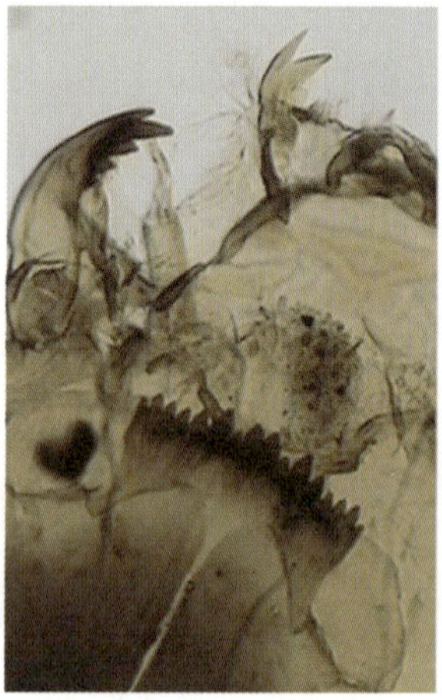

图 2.9-147　云集多足摇蚊的前上颚、上颚及颏

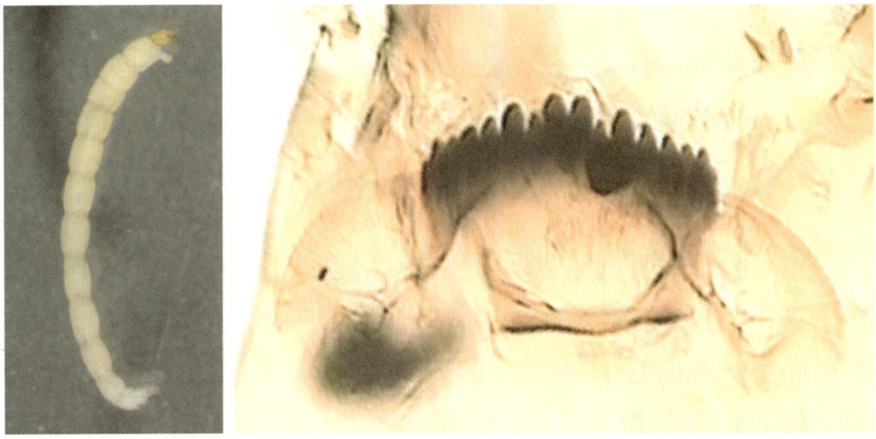

图 2.9-148　拟踵突多足摇蚊个体及其颏

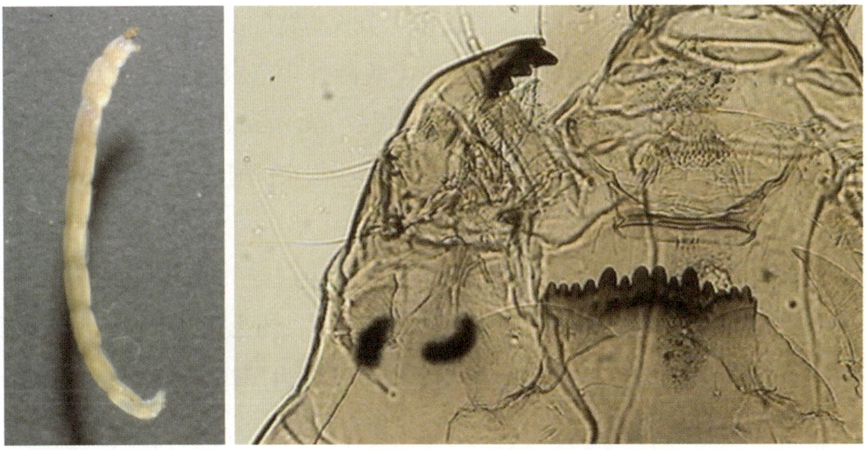

图 2.9-149　小云多足摇蚊个体及其上颚、颏

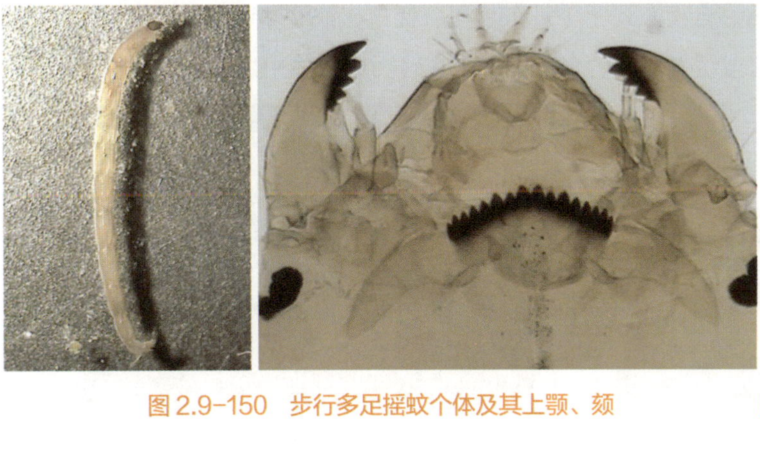

图 2.9-150　步行多足摇蚊个体及其上颚、颏

图 2.9-151　鲜艳多足摇蚊的上颚及颏

### 2.9.16.6.23 流长跗摇蚊属 *Rheotanytarsus*

**属征：** 幼虫小型，体长达 5 mm。触角 5 节，触角托端部无刺突。第 1 节比鞭节长，第 2 节楔形。劳氏器柄和触角叶不超过触角末节，副叶短。上唇 SI 刚毛梳状，SII 刚毛端部羽状，位于触角托之上，SIII 刚毛细毛状。上唇片发达。内唇栉单一梳状或分为 3 个梳状鳞。前上颚端部二分叉，前上颚刷发达。上颚背齿褐色，端齿和 2 ～ 3 个内齿的颜色相同。齿下毛长。上颚刷 4 根，羽状。上颚栉发达。颏中齿 1 个，侧缘有缺刻，有时明显的分为 3 个齿。侧齿 5 对。腹颏板前缘明显弯曲，中部几乎连在一起。腹节侧后角具“人”字形刚毛。后原足的爪简单。尾刚毛台和肛管正常。幼虫喜冷水环境，有筑巢习性，巢筒“臂”状，依附于石块或植物体上，生活在小溪或河流中。

## 流长跗摇蚊属分种检索表

1a 头壳黄色或黄褐色，触角颜色正常，触角第 1 节长为宽的 9.5 倍，劳氏器柄长为第 3 节长的 1.2 倍。内唇栉具 22 ～ 24 个齿。颏中齿两侧具 4 个缺刻。幼虫灰绿色，体长约 4 mm（图 2.9-152）··················五柄流长跗摇蚊 *Rheotanytarsus pentopoda* Johannsen

**已知分布:** 国外俄罗斯远东地区，欧洲、北美一些国家；国内河北、山东、四川、陕西、福建、辽宁（抚顺、大连）。

**生境:** 幼虫生活在山地流水中。本幼虫采自抚顺社河上游的流水中。

1b 头壳褐色或黑褐色，触角前 3 节黑褐色，触角第 1 节长约为宽的 5 倍，劳氏器柄约与第 3 节等长。内唇栉具 15 个齿。颏中齿两侧具缺刻，侧齿黑褐色（图 2.9-153）···················································苔流长跗摇蚊 *Rheotanytarsus muscicola* Kieffer

**已知分布:** 国外俄罗斯远东地区，欧洲、北非、北美一些国家；国内河北、福建、山东、四川、陕西、云南、辽宁（丹东草河、抚顺、铁岭、辽阳）。

**生境:** 幼虫生活在流水或缓慢流动的水体中，常在轻污染水体中出现。

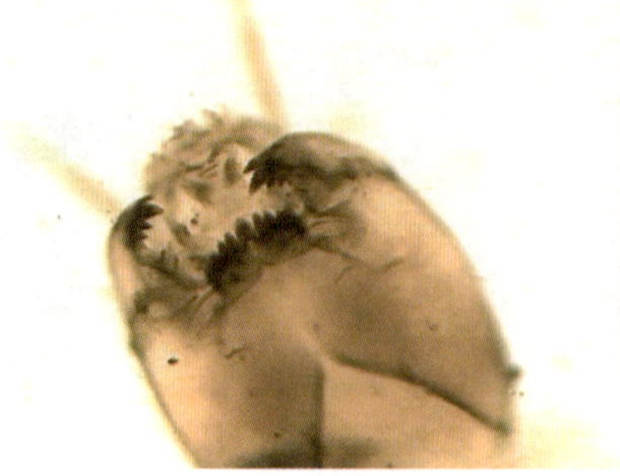

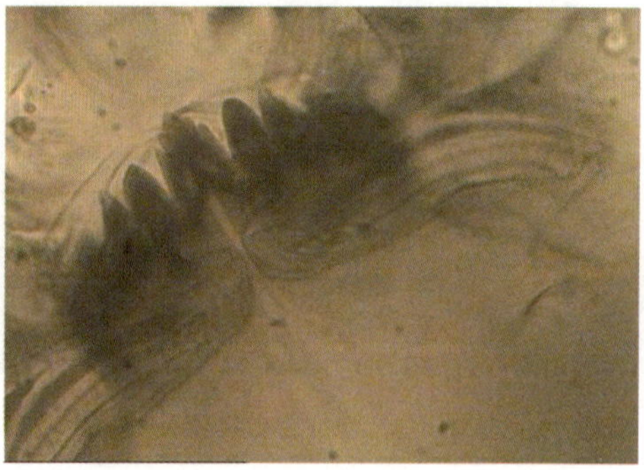

图 2.9-152　五柄流长跗摇蚊的颏

图 2.9-153 苔流长跗摇蚊个体及其触角、上颚、颏

2.9.16.6.24 罗摇蚊属 *Robackia*

**属征：**幼虫中型，体长约 8 mm。触角 7 节，第 1 节比第 2 节和第 3 ～ 5 节的长度短。环器位于第 1 节近中部。触角叶着生在第 2 节端部，达第 4 节顶端。无劳氏器，第 5 节具 1 大的触角芒，长度超过触角末端。上唇 SI 和 SⅢ刚毛细毛状，SⅡ刚毛中等长且宽，SIV A 刚毛分 3 节。无上唇片。内唇栉为 1 小的三角形鳞。前上颚具 4 个齿，具前上颚刷。上颚无背齿，端齿长，内齿 4 个。齿下毛长，无上颚刷和上颚栉。颏具 12 或 14 个单色齿，中齿 1 对，比第 1 侧齿低。腹颏板与颏等宽，腹颏板影线粗壮，前缘具不规则的钝凸。下颚须很长，第 1 节长为宽的 4 倍。后原足细长，长为基部宽的 6 ～ 7 倍。尾刚毛台高为宽的 1/2。肛管圆锥形，为后原足长的 1/2。本属幼虫生活在河流沙底和湖泊的沿岸带。

毛尾罗摇蚊 *Robackia pilicauda* Saether（图 2.9-154），幼虫体长约 9 mm，黄绿色，腹部各节具复节。触角 7 节，最后 2 节极小。前上颚具 4 个齿。上颚具 1 个端齿，3 个内齿，第 1 内齿端部分叉。颏齿平直，具 12 个尖锐的小齿。腹颏板具粗而不规则的隆突，影线纹粗壮。后原足细长。尾刚毛台小，上具 7 根尾毛。

**已知分布：**国外俄罗斯远东地区、欧洲各国，国内福建、广东、辽宁（铁岭、本溪、抚顺、丹东）。

**生境：**幼虫在河流上游沙砾河床的底质中。常在轻污染水体中出现。

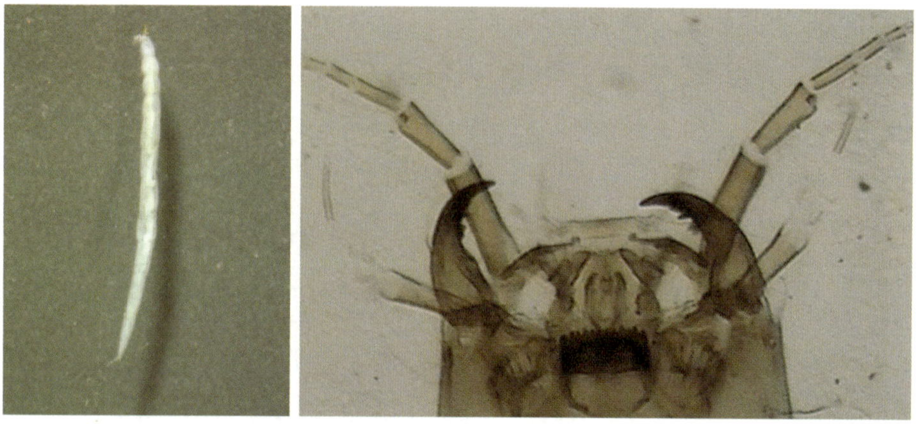

图 2.9-154　毛尾罗摇蚊个体及其触角、上颚、颏

### 2.9.16.6.25 萨摇蚊属 *Saetheria*

**属征：**幼虫中至小型，体长达 5 mm。触角 5 ～ 6 节，如为 5 节，则第 2 节比第 3 节长。触角叶位于第 2 节端部或亚端部。触角芒生于第 3 节上。上唇 SⅠ 和 SⅢ 刚毛毛状，SⅡ 刚毛宽叶状，侧面具 1 根或 2 根长叶状棘毛。SIVA 刚毛细长、分 3 节。内唇栉为中部裂开的小三角形鳞。前上颚具 3 个齿，无前上颚刷。上颚无背齿，具端齿和 2 ～ 3 个内齿，三角形或第 1 内齿扁平。齿下毛长叶状或细长。上颚刷 4 根，端部具锯齿。上颚栉 3 ～ 5 根。颏中齿窄或宽，色淡或与 6 ～ 7 对侧齿的颜色相同。腹颏板中间距离宽，腹颏板影线显著。下颚须发达，比触角稍短或等长。后原足爪简单，无侧腹管和腹管。幼虫生活在沙底的湖泊和河流中。

瑞斯萨摇蚊 *Saetheria ressi* Jackson（图 2.9-155），幼虫体长约 5 mm。触角 6 节，触角比 1.3。触角叶达第 4 节顶端，触角副叶达第 3 节端部。前上颚具 3 个端齿和 1 个基齿。上颚具端齿和 3 个三角形内齿，端齿是内齿的 3 倍。颏具一个宽的中齿和 6 对侧齿。中齿宽是第 1 侧齿的 5 倍。第 3 对侧齿比邻齿小。腹颏板影线粗壮，宽是长的 1.4 倍。尾刚毛台小，上具 7 根尾毛。后原足细长，肛管圆锥形。

**已知分布：**国外俄罗斯远东地区，欧洲、北美一些国家；国内四川、贵州、云南、辽宁（抚顺、大连、铁岭、本溪、辽阳）。

**生境：**幼虫生活在沙底的河流或湖泊中。在轻污染至中污染水体中常见。

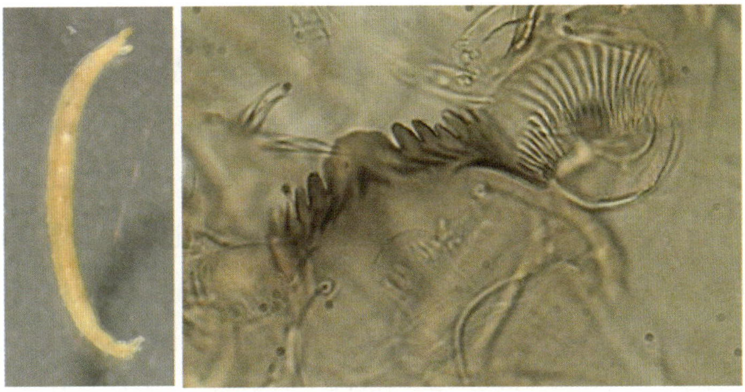

图 2.9-155 瑞斯萨摇蚊个体及其颏

2.9.16.6.26 瑟摇蚊属 *Sergentia*

**属征：**幼虫大型，体长达 18 mm，红色。触角 5 节，触角叶与鞭节等长或稍短，副叶很短。劳氏器和触角芒着生在第 2 节端部。上唇 SI 和 SII 刚毛羽状。内唇栉由 3 个分离的端部有锯齿的鳞组成。前上颚具 2 ~ 4 个齿，前上颚刷显著。上颚齿暗褐色，背齿短，端齿和 4 个内齿依次缩小。齿下毛细长。上颚刷发达。颏齿暗褐色，中齿 4 个，中间的 2 个齿低，侧齿 6 对。腹颏板长约与颏的宽度相等。亚颏毛简单。腹部无侧腹管和腹管。幼虫生活在寡营养和中营养湖泊的沿岸地区。

包氏瑟摇蚊 *Sergentia baueri* Wulker, Kiknadze, kerkis & Nevers（图 2.9-156），幼虫红色，体长约 13 mm。触角 5 节，约为头长的 1/4，环器位于第 1 节基部近 1/3 处。前上颚具 4 个齿。上颚背齿短，端齿和 4 个内齿依次缩小。颏齿暗褐色，中齿 4 个，中间的 2 个齿低，侧齿 6 对，第 1 侧齿比邻齿低。腹颏板长约与颏的宽度相等。后原足具约 15 个淡黄色爪。尾刚毛台小，上具 8 根刚毛。

**已知分布：**国外俄罗斯远东地区，欧洲、北美一些国家；国内山东、辽宁（抚顺）。

**生境：**幼虫生活在溪流或山地流水中。

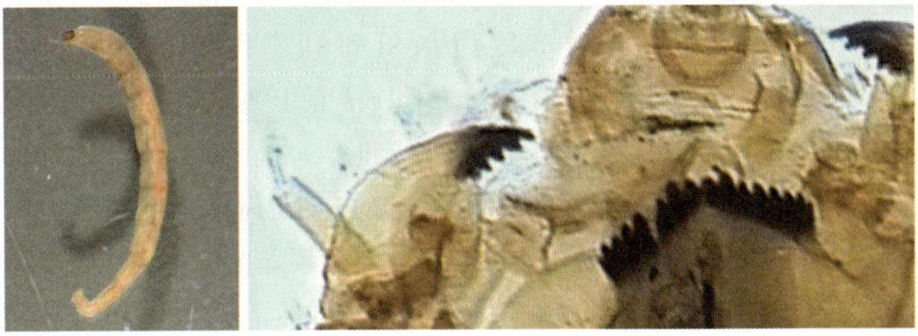

图 2.9-156 包氏瑟摇蚊个体及其颏、上颚

2.9.16.6.27 狭摇蚊属 *Stenochironomus*

**属征：**幼虫大型，体长达 18 mm，浅红色或红色。触角 5 节，触角叶宽，约与第 2 节等长。上唇 SⅠ 和 SⅡ 刚毛端部羽状。内唇栉由 10 ～ 20 个叶状骨片组成。前上颚具 3 个齿。上颚宽，三角形。背齿、端齿和 2 个内齿黑色。齿下毛单一。无上颚栉和上颚刷。颏板向内凹，齿黑色，4 个中齿大小相等，侧齿 3 ～ 4 对。腹颏板退化。腹部无侧腹管和腹管。后原足短，尾刚毛台缺失。幼虫生活在河流水生植物丰富的沿岸地区，常钻蛀枯叶或新鲜的植物叶片。

狭摇蚊属 A 种 *Stenochironomus* sp. SA（图 2.9-157），幼虫体长约 16 mm，浅红色。触角 5 节。前上颚 3 个齿。上颚三角形，背齿、端齿和 2 个内齿黑色，颏的 4 个中齿相同大小，侧齿 3 对，腹颏退化，端部具若干个小刺。前后原足退化。

**已知分布：**国外新北区、古北区、新热带区，国内湖北、辽宁（抚顺）。

**生境：**幼虫生活在山地河流水生植物较多的水体中。

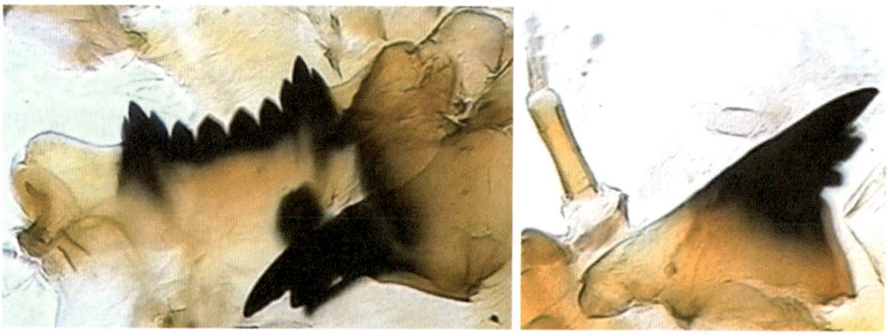

图 2.9-157　狭摇蚊属 A 种的颏及上颚

2.9.16.6.28 齿斑摇蚊属 *Stictochironomus*

**属征：**幼虫大型，体长达 18 mm，红色。2 对眼点分离，头部背面额前缘向前凸。无上唇骨片 1，具上唇骨片 2。触角 6 节，有时第 2 节和第 3 节很短。环器位于第 1 节基部 1/3 ～ 1/4 处。触角叶与鞭节等长或稍比鞭节短，副叶约为第 2 节长的 1/2。劳氏器互生在第 2 节和第 3 节上。触角芒生于第 3 节上。上唇 SⅠ 和 SⅡ 刚毛羽状，SⅢ 和 SⅣ 刚毛及上唇片正常。内唇栉由 3 个分离的端部有锯齿的鳞组成。前上颚具 3 个齿，前上颚刷显著。上颚宽，基部膨大。上颚齿黑色，背齿长，具端齿和 2 ～ 3 个内齿。齿下毛简单、细长，端部弯曲。颏齿黑褐色，具 4 个抬高的中齿，中间的 1 对中齿小。侧齿 6 对，第 1 和第 4 侧齿小。腹颏板中间距离约为颏宽的 1/3，腹颏板长约为颏宽的 1.2 倍。腹颏板影线显著，亚颏毛简单。后原足爪简单，无腹管和侧腹管。本属幼虫生活于深水的软沉积物底质中，在寡营养、中营养湖和缓流河川的沙底中都有分布。

## 齿斑摇蚊属分种检索表

1a 颏中齿 4 个，中间的 1 对中齿较低或与侧中齿等高……………………………………2

1b 颏中齿 3 个，侧齿 6 对。触角 6 节，前上颚端部具 2 个齿。幼虫体长约 7 mm，红色（图 2.9-158）……………………………………齿斑摇蚊属 A 种 *Stictochironomus* sp.SA

**已知分布：**辽宁本溪。

**生境：**幼虫采自桓仁县浑江水库。

2a 触角第 3 节长于第 2 节，劳氏器发达，顶端延伸超过其对应的触角节。颏中间的 2 个齿相对小，齿的前缘尖。幼虫淡红色，体长约 8 mm……………………………………………………………多齿齿斑摇蚊 *Stictochironomus multannulatus*（Tokunaga）

**已知分布：**辽宁本溪。

**生境：**本幼虫采自桓仁县浑江水库。

2b 触角第 3 节短于第 2 节，劳氏器一般不超过其对应的触角节…………………………3

3a 颏的第 1 侧齿明显比邻齿低…………………………………………………………4

3b 颏的第 1 侧齿约与邻齿等高…………………………………………………………5

4a 触角叶稍长于鞭节，后颏颜色明显加深，内唇栉 3 个骨片的齿数分别为 7，4，7。颏中间的 2 个齿相对大，齿的前缘钝圆。幼虫红色，体长约 10 mm（图 2.9-159）……………………………………………………俊才齿斑摇蚊 *Stictochironomus juncai* Qi & Wang

**已知分布：**辽宁沈阳、铁岭。

**生境：**幼虫生活在流水中，常出现在中污染水体中。

4b 触角叶明显长于鞭节，后颏颜色不加深，内唇栉 3 个骨片的齿数分别为 4，4，4。颏的第 1 侧齿明显比邻齿低。幼虫黄褐色，体长约 6 mm（图 2.9-160）…………………………………………………………秋月齿斑摇蚊 *Stictochironomus akizukii*（Tokunaga）

**已知分布：**国外日本、俄罗斯远东地区，国内辽宁抚顺。

**生境：**幼虫生活在河流中上游的流水中。

5a 颏齿相对较尖，两亚颏毛中间的距离大于 140μm。上颚背齿比端齿长。幼虫红色，体长 8 ~ 9 mm（图 2.9-161）…………斯蒂齿斑摇蚊 *Stictochironomus sticticus*（Fabricius）

**已知分布：**国外俄罗斯远东地区、欧洲各国，国内河北、青海、云南、新疆、辽宁（抚顺、本溪）。

**生境：**幼虫栖息在静水或流水中，常在中污染水体中生活。

5b 颏齿相对较钝，两亚颏毛中间的距离小于 130μm。上颚背齿比端齿短。幼虫体长约 15 mm（图 2.9-162）……………………皮可齿斑摇蚊 *Stictochironomus pictulus*（*Meigen*）

**已知分布：**国外俄罗斯远东地区、欧洲各国，国内新疆、辽宁（抚顺、铁岭）。

**生境：**幼虫生活在河流的缓流处或湖沼等静水中。

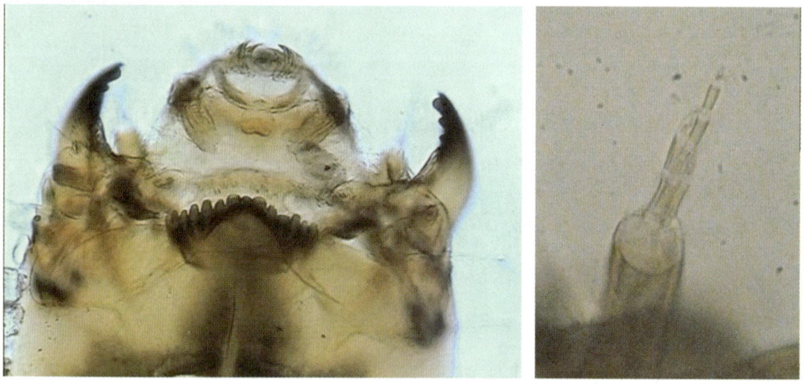

图 2.9-158　齿斑摇蚊属 A 种的头壳及触角

图 2.9-159　俊才齿斑摇蚊的上颚及颏

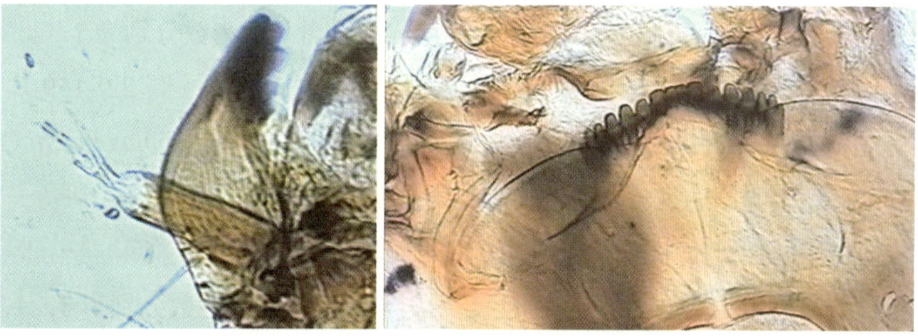

图 2.9-160　秋月齿斑摇蚊的触角、上颚及颏

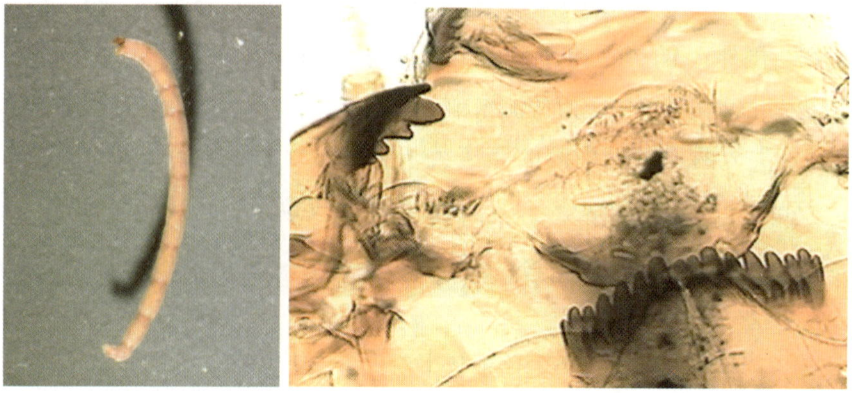

图 2.9-161　斯蒂齿斑摇蚊个体及其上颚、颏

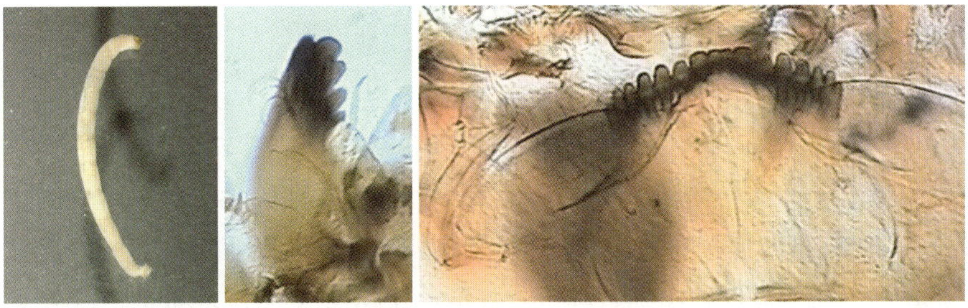

图 2.9-162　皮可齿斑摇蚊个体及其上颚、颏

2.9.16.6.29 长跗摇蚊属 *Tanytarsus*

**属征：**幼虫中至大型，体长达 9 mm。触角 5 节，触角托有或无刺突，第 1 节比鞭节长，第 2 节圆柱形、比第 3 ~ 5 节的长度长或等长。触角叶不超过触角第 2 节。劳氏器小，柄细长，远超过触角末节。上唇 SI 刚毛梳状，SII 刚毛简单或羽状，位于高托之上。内唇栉由 3 个端部具锯齿的鳞组成。前上颚具 3 ~ 5 个齿，前上颚刷发达。上颚背齿黄色或黄褐色，有些种具 2 个背齿和 1 个或 2 个其他齿。端齿和 3 个内齿褐色。齿下毛长。上颚刷 4 根，羽状。上颚栉发达。颏中齿圆形，侧缘具缺刻或无，中间常比侧区色淡，侧齿 5 对。腹颏板窄，中部分离。肛管发达。后原足仅具简单少数呈马蹄形排列的爪。栖息在咸水中的种类除外。幼虫分布于各种类型的水体中，有几种为海洋种类。幼虫较流长跗摇蚊具有更广泛的适应性。

## 长跗摇蚊属分种检索表

1a 上颚除背齿外，还具 1 个小的副背齿，上颚端齿比 3 个内齿的宽度短。劳氏器柄短，仅为第 3 节长的 1.2 倍，不超过触角末节。触角第 1 节长约为宽的 16 倍。颏中齿两侧具缺刻，侧齿 5 对（图 2.9-163）………台湾长跗摇蚊 *Tanytarsus formosanus* Kieffer

**已知分布：**国外印度，欧洲、北美各国家；国内河北、黑龙江、贵州、云南、台湾、辽宁（沈阳、大连、抚顺、本溪、铁岭、朝阳）。

**生境：**幼虫生活在有机质丰富的河流、湖泊等水体中。常出现在营养丰富的水体中。

1b 上颚无副背齿…………………………………………………………………………………………2

2a 额唇基毛单一。劳氏器柄长约为最后 3 节长的 1.5 倍，超过触角末节。触角第 1 节长约为宽的 6.8 倍。上颚具背齿、端齿和 3 个内齿。颏中齿两侧具缺刻（图 2.9-164）…………………………………………………………渐变长跗摇蚊 *Tanytarsus mendax* Kieffer

**已知分布：**国外日本、俄罗斯远东地区，欧洲、北美各国家；国内河北、内蒙古、浙江、云南、湖北、黑龙江、辽宁（抚顺、本溪、铁岭、朝阳、丹东）。

**生境：** 幼虫生活在河流上游的流水中。常出现在轻污染水体中。

2b 额唇基毛羽状。劳氏器柄长约为最后 3 节长的 2.1 倍。颏中齿两侧无缺刻，腹颏板长约为宽的 5 倍。幼虫体长约 5 mm（图 2.9-165）…………………………………………………………………………………………………乌萨姆长跗摇蚊 *Tanytarsus usamuensis* Pagast

**已知分布：** 国外俄罗斯远东地区、欧洲各国家，国内河北、内蒙古、辽宁（朝阳、抚顺）。

**生境：** 幼虫在河流或湖泊中都有分布。常出现在轻污染至中污染的水体中。

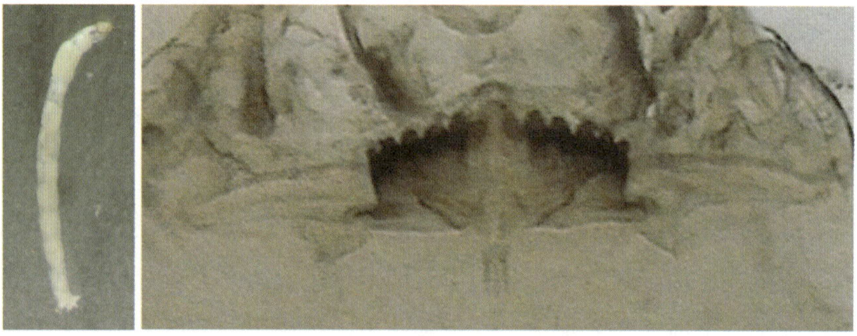

图 2.9-163　台湾长跗摇蚊个体及其颏

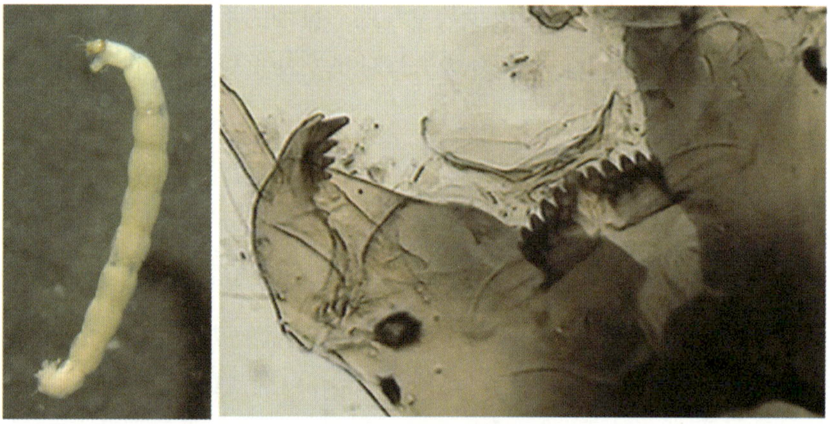

图 2.9-164　渐变长跗摇蚊个体及其上颚、颏

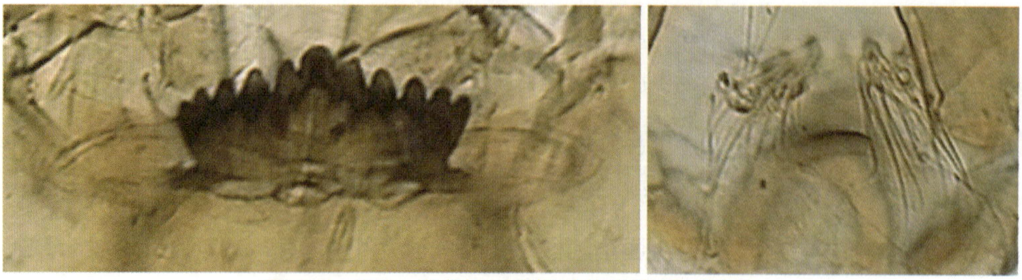

图 2.9-165　乌萨姆长跗摇蚊的颏及额唇基毛

# 附　录

# Appendix

LIAO HE LIUYU
SHUISHENG KUNCHONG FENLEI
JIANDING JIANSUO TUJIAN

# 中文名索引

# 拉丁名索引

# 参考文献

[1] Albu P. Fam. Chironomidae - Subfam. Chironominae. - Fauna Rep. Soc. România, Insecta, Diptera, 1980, 11（13）: 320.

[2] Armitage P, Cranston P, Pinder C.（eds.）The Chironomidae. Biology and ecology of non-bitingmidges. Chapman Hall, Lond., Glasgow, Weinheim, N. Y., Melbourne, Madras.1995, 12: 572.

[3] Ashe P, Cranston P S. Family Chironomidae. - In: Soós, Á. and PAPP, L.（eds.）: Catalogue of Palaearctic Diptera, 1990, 2: 113-355.

[4] 边冬菊 . 中国龙虱科分类及区系分析 [D]. 中国科学院沈阳应用生态研究所，2009.

[5] 陈汉彬，安继尧 . 中国黑蝇 [M]. 北京：科学出版社，2003.

[6] 川合祯次，石田胜義，石田昇三，等 . 日本产水生昆虫检索图说 [M]. 东京：东京大学出版会，1985.

[7] Cranston P S, Judd D D. Diptera: Fam. Chironomidae of the Arabian Peninsula. – Fauna Saudi Arabia, 1989, 10: 236-289.

[8] 段学花，王兆印，徐梦珍 . 底栖动物与河流生态评价 [M]. 北京：清华大学出版社，2010.

[9] 杜予州 . 中国襀翅目昆虫系统分类研究进展 [J]. 应用昆虫学报，2020.2.284-297.

[10] Edington J M, Hildrew A G.A key to the caseless caddis larvae of the british isles with notes on their ecology.[M]. Wales: Freshwater Biological Association Scientific Publication.1981.

[11] Edwards. F W. British non-biting midges（Diptera, Chironomidae）. - Trans. R. ent. Soc. Lond, 1929, 77: 279-430.

[12] Freeman P. A study of the Chironomidae（Diptera）of Africa South of the Sahara. Ⅲ. - Bull. Br. Mus. nat. Hist. Ent, 1957, 5: 323-426.

[13] Goetghebuer M. Diptères（Nématocères）. Chironomidae Tanypodinae. - Faune Fr, 1927, 15: 1-83.

[14] 桂富荣，杨莲芳 . 云南毛翅目昆虫区系研究 [J]. 昆虫分类学报，2000，22（3）：213-222.

[15] Hasegawa H , Sasa M. Taxonomical notes on the chironomid midges of the tribe Chironomini collected from the Ryukyu Islands, Japan, with description of their immature stages. - Eisei Dobutsu [=Jap. J. sanit. Zool.], 1987, 38: 275-295.

[16] 河田党，江崎悌三，石井悌，等 . 日本幼虫图鉴 [M]. 东京：株式会社北隆馆，昭和56年 .

[17] 黄其林，田立新，杨莲芳 . 农业昆虫鉴定 [M]. 上海：上海科学技术出版社，1984.

[ 18 ] 何志辉，严生良，谢祚浑，等 . 淡水生物学 [M]. 北京：农业出版社，1982.

[ 19 ] 贾凤龙，王佳，王继芬，等 . 中国真龙虱属 Cybister Curtis 分类研究 [J]. 昆虫分类学报，2010，32（4）：255-263.

[ 20 ] Johannsen O A. Orthocladiinae of the Malayan subregion of the Dutch East Indies. - Arch. Hydrobiol. Suppl，1932a，9：715-732.

[ 21 ] Johannsen O A. Aquatic Diptera. Ⅳ. Chironomidae：Subfamily Chironominae. – Mem. Cornell Univ. agric. Exp. Stn，1937b，210：3-56.

[ 22 ] Kiknadze I I，Wang XH，Istomina A G，et al. A new chironomus species of the plumosus sibling-group（Diptera，Chironomidae） from China. – Aquatic Insects，2005，27（3）：199-211.

[ 23 ] 辽宁省环境监测实验中心 . 辽河流域底栖动物监测图鉴 [M]. 北京：中国环境出版社，2014.

[ 24 ] 刘凌云，郑光美，李兆华，等 . 普通动物学 [M]. 北京：高等教育出版社，2009.

[ 25 ] 刘国卿，卜文俊 . 河北动物志（半翅目：异翅亚目）[M]. 北京：中国农业科学技术出版社，2009.

[ 26 ] 刘文亮，何文珊 . 长江河口大型底栖无脊椎动物 [M]. 上海：上海科学技术出版社，2007.

[ 27 ] Michael T Barbour, Jeroen Gerritsen, Blaine D Snyder, et al. 溪流及浅河快速生物评价方案 [M]. 郑丙辉，刘录三，等译 . 北京：中国环境科学出版社，2010.

[ 28 ] Morse J C，Yang L-F，Tian L-X. Aquatic Insects of China Useful for Monitoring Water Quality[M]. Nanjing：Hohai University Press.1994.

[ 29 ] Macan T T. A key to the nymphs of British Ephemeroptera [M].Freshwater Biological Association Scientific Publication.1979.

[ 30 ] Nelson C H. Note on the Phylogenetic Systematics of the Family Pteronarcyidae（Plecoptera），with a Description of the Eggs and Nymphs of the Asian Species. Entomological Society of America. 1988，81（4）：560-576.

[ 31 ] 欧阳玖，陈启杰，陈凤虎 . 黑龙江省蜻蜓目（ODONATA）昆虫调查初报 [J]. 哈尔滨师范大学自然科学学报，1998，14（6）：89-93.

[ 32 ] Ralph W. Holzenthal. Studies in Neotropical leptoceridae（Trichoptera），a New Species of Amphoropsyche，with a Redescription of the Immature Stages of A.insularis（Flint）. Annals of the Entomological Society of America.1986，79（1）：251-255.

[ 33 ] 任树芝 . 我国水栖半翅目昆虫简介及其若虫鉴别 [J]. 江西植保，1983，6（2）：34-37.

[ 34 ] Saether O A. Some Nearctic podonominae，Diamesinae，and Orthocladiinae（Diptera：Chironomidae）. - Bull. Fish. Res. Bd Can，1969，170：1-154.

[ 35 ] Sasa M. A comparative study of adults and immature stages of nine Japanese species of the

genus Chironomus（Diptera，Chironomidae）. - Res. Rep. natn. Inst. envir. Stud，1978，3：1-63.

[ 36 ] Sasa M, Kamimura K. Chironomid midges collected on the shore of lakes in the Akan National park，Hokkaido（Diptera，Chironomidae）. - In：Yasuno，M.，Sugaya，Y.，Sasa，M. and Kamimura，K.：Studies on the chironomid midges of lakes in the Akan National Park，Hokkaido. Res. Rep. natn. Inst. envir. Stud，1987，104：9-61.

[ 37 ] Sasa M, Kikuchi M. Chironomidae（Diptera） of Japan. - Univ. Tokyo Pr.，Tokyo. 1995，333.

[ 38 ] Sasa M. Studies on the chironomids in Japan，- Res. Rep. Toyama Pref. envir. Sci. Res. Cent，1996，12-102.

[ 39 ] 史会云，史玉强，王俊才，等 . 大伙房水库水生动植物图鉴 [M]. 沈阳：辽宁科学技术出版社，2012.

[ 40 ] 孙长海，杨莲芳 . 中国原石蛾属五新种（毛翅目：原石蛾科）[J]. 昆虫分类学报，1999，21（1）：39-46.

[ 41 ] Tong Xiao-li，David DUDGEON. Three New Species of the Genes Caenis from Hong Kong，China（Ephemeroptera：Caenidae）. [J]. Zoological Research. 2002，23（3）：232-238.

[ 42 ] 苏翠荣，尤大寿 . 小蜉属小蜉亚属一新种（蜉蝣目：小蜉科）[J]. 动物分类学报，1989，14（2）：182-185.

[ 43 ] 田立新 . 中国的角石蛾属昆虫（毛翅目：角石蛾科）[J]. 昆虫学报，1988，31（2）：194-202.

[ 44 ] 王备新 . 大型底栖无脊椎动物水质生物评价研究 [D]. 南京：南京农业大学，2003.

[ 45 ] 王德铭，王明霞，罗森源，等 . 水生生物监测手册 [M]. 南京：东南大学出版社，1993.

[ 46 ] 王洪建，徐红霞，王香枝，等 . 甘肃南部襀翅目昆虫研究初报 [J]. 甘肃林业科技，2009，34（1）：6-9.

[ 47 ] 王俊才，王新华 . 中国北方摇蚊幼虫 [M]. 北京：中国言实出版社，2011.

[ 48 ] 王俊才，李开国 . 辽宁省摇蚊科幼虫分类与检索 [M]. 沈阳：辽宁科学技术出版社，1989.

[ 49 ] Wang Shi-lei，Xie Hui，Chen Ping，et al. Diversity and biogeography of mayflies in northeast Asia（insecta，Ephemeroptera）[J].Acta Zootaxonomica Sinica，2009，34（2）：193-198.

[ 50 ] 王新华，刘跃丹，唐红渠，等 . 河北动物志（摇蚊科 CHIRONOMIDAE）. 中国农业科学技术出版社，2009：186-253.

[ 51 ] Wang X. A revised checklist of chironomids from China（Diptera）. - In：Hoffrichter，O.（ed.）：Late 20th Century Research on Chironomidae：an Anthology from the 13th

International Symposium on Chironomidae，2000，629-652.

[ 52 ] 王士达，钱秋萍，谢翠娴 . 武昌东湖地区摇蚊科昆虫的研究 [J]. 水生生物学集刊，1977，6（2）：227-236.

[ 53 ] 魏玉莲，姬兰柱，王森，等 . 长白山北坡静水水体中甲虫分布与环境关系的典范对应分析 [J]. 应用生态学报，2002，13（1）：91-94.

[ 54 ] 吴璟，杨莲芳，李强，等 . 西苕溪中上游流域水生甲虫分布与环境的关系 [J]. 应用与环境生物学报，2008，14（1）：64-68.

[ 55 ] 吴兴永，尤大寿 . 中国蜉蝣一新属新种（蜉蝣目：河花蜉科）[J]. 动物分类学报，1986，11（4）：401-405.

[ 56 ] Wülker W，Ryser H M，Scholl A. Revision der Gattung Chironomus Meigen（Diptera）. VⅢ . Arten mit Larven des fluviatilis-Typs（obtusidens-Gruppe）：C. acutiventris n. sp. und C.obtusidens Goetgh. - Revue suisse Zool，1983，90：725-745.

[ 57 ] 萧采瑜 . 中国蝽类昆虫鉴定手册 [M]. 北京：科学出版社，1977.

[ 58 ] 忻介六，杨庆爽，胡成业 . 昆虫形态分类学 [M]. 上海：复旦大学出版社，1985.

[ 59 ] 许荣皋 . 对鱼苗有危害的三种半翅目昆虫 [J]. 动物学杂志，1960，（6）：269-270.

[ 60 ] 尤大寿，苏翠荣 . 南京宽基蜉、福建似河花蜉和江西等蜉稚虫的描述（蜉蝣目：小裳蜉科、花鳃蜉科、二尾蜉科）[J]. 动物分类学报，1987，12（3）：332-336.

[ 61 ] 于力 . 长白山原石蛾属六种幼虫记述（毛翅目：原石蛾科）[J]. 昆虫学报，1997，40（3）：300-302.

[ 62 ] 于力 . 长白山区小蜉科（蜉蝣目）稚虫新纪录种、亚种检索 [J]. 昆虫学报，1998，41（3）：435-436.

[ 63 ] 于力 . 长白山水生昆虫的研究 [J]. 水生生物学报，1997，21（1）：31-39.

[ 64 ] 于力，李平 . 吉林省山地河流毛翅目幼虫的分布及对水质监测和评价的研究 [J]. 中国环境监测，1996，12（4）：47-49.

[ 65 ] 张巍巍，李元胜，刘晔，等 . 中国昆虫生态大图鉴 [M]. 重庆：重庆大学出版社，2011.

[ 66 ] 张泽华，苏红田，杨集昆 . 狭溪泥甲属四新种（鞘翅目：泥甲总科，溪泥甲科）[J]. 中国农业大学学报，2003，8（1）：106-108.

[ 67 ] 赵文，王丽卿，王高学，等 . 水生生物学 [M]. 北京：中国农业出版社，2005.

[ 68 ] 周长发 . 中国大陆蜉蝣目分类研究 [D]. 天津：南开大学，2002.

[ 69 ] 周长发，周开亚，归鸿 . 蜉蝣属 *Ephemera* 五种稚虫描述 [J]. 南京师范大学报（自然科学版），2003，26（1）：69-73.

[ 70 ] 邹明权，杨青 . 武夷山地区水生昆虫种类调查 [J]. 华东昆虫学报，2004，13（1）：15-25.